Christoph Hoffmann
Unter Beobachtung
Naturforschung in der Zeit der Sinnesapparate

»Wissenschaftsgeschichte«
herausgegeben von
Michael Hagner und Hans-Jörg Rheinberger

Christoph Hoffmann

Unter Beobachtung

Naturforschung in der Zeit der Sinnesapparate

WALLSTEIN VERLAG

Für Alexandre Métraux,
der an dieses Buch schon dachte,
als noch keine Zeile geschrieben war.

Inhalt

1. Die Sinne der Naturforschung

Seit ihren Anfängen im 16. Jahrhundert kennzeichnet die moderne Naturforschung eine Spannung, die niemals weicht. An der Erfahrung hat sich zu prüfen, was von den Vorgängen am Himmel und den Verhältnissen der Körper auf der Erde, von der Darstellung der Stoffe und der Erscheinung und dem Leben der Tiere und Pflanzen zu verstehen ist, und darf zugleich von den Umständen der Erfahrung nicht berührt sein. Ganz gleich also, ob man Astronomie, Physik, Chemie, Naturgeschichte und später Biologie betreibt, diese und alle anderen Wissenschaften, die seither noch dazugekommen sind, bezeichnen immer mindestens zwei Dinge: eine spezifische, materiell wie theoretisch organisierte Praxis des Beobachtens, Messens und Experimentierens, mit deren Hilfe sich Erfahrungen einstellen, und einen Korpus von Erkenntnissen, der sich hierauf stützt, aber unabhängig von den Handlungen der Wissenschaften Gültigkeit besitzen soll. Daß eine »Tat*sache*« stets auch eine »*Tat*sache« ist,[1] beschreibt exakt den konstitutiven Zwiespalt des Baconschen Projekts, wie es, in seinen Prämissen zur Selbstverständlichkeit abgesunken, immer noch andauert. Grundsätzlich geändert hat sich jedoch über die Zeiten, an welchen Aspekten das Prekäre dieser Verfassung moderner Naturforschung hervordringt.

Die Situation in einem astrophysikalischen Observatorium am Anfang des 21. Jahrhunderts unterscheidet sich radikal von der Lage eines Sternguckers in den Tagen Galileis. Ferner denn je sind die zu beobachtenden Gegenstände, nicht weil der Kosmos inzwischen so unvergleichlich an Tiefe hinzugewonnen hat, das auch, sondern weil Forscherinnen und Forscher den Blick gar nicht mehr nach draußen richten, vielmehr aufmerksam den Computermonitor vor ihren Augen studieren.[2] Diese Szene nach denselben Kategorien zu fassen wie die Arbeit auf einer Sternwarte selbst noch vor hundertfünfzig Jahren, liefe nur darauf hinaus, den kritischen Punkt im Verhältnis von Erfahrungswissen und Akteuren der Erfahrung zu verkennen. Mit der verschachtelten Beziehung zwischen dem, was das Zusammenspiel aus Radio- oder Photodetektoren und Datenverarbeitung jeweils darstellt, zu den Erscheinungen, die im Weltraum unter Umständen lauern, gerät das Verhältnis von Erfahrungswissen und Akteuren der Erfahrung in ganz andere Fraglichkeiten als in Epochen, in denen zuletzt doch die menschlichen Sinne das Datum der Natur festhalten mußten. Wer dennoch den Vergleich zu früheren Zuständen zieht, mag zu dem Schluß kommen, daß gegenwärtige Naturforschung die »biologische Ausstattung« des Menschen weitestgehend hinter sich gelassen hat,[3] näher betrachtet ist dies aber immer ihre Voraussetzung gewesen. Was Wissenschaften herausbringen, soll eben konventionsgemäß unabhängig von den Forschenden und ihren Instrumenten Bestand haben.

Um dem Begriff der Sinne in der modernen Naturforschung nachzugehen, muß man auf jede noch so naheliegende Verfallsgeschichte Verzicht leisten. Für das Erkenntnisinteresse dieses Buches folgt hieraus, daß es gerade nicht darum geht, das Verständnis unserer Gegenwart aus einer wie auch immer charakterisierten Vergangenheit heraus zu schärfen. Vielmehr soll eine Episode der Naturforschung, die sich zur aktuellen Situation wissenschaftlichen Handelns kaum in Bezug setzen läßt, weil *Tat*sachen hier wirklich noch primär *Empfindungs*sachen sind, in ihrer genuinen Ereignishaftigkeit ermessen werden. Der Vorgang, von dem die Rede sein wird, fällt, knapp gesagt, mit dem Auftritt der Sinne als Akteure eigenständigen Agierens am Anfang des 19. Jahrhunderts zusammen. Hiermit verbindet sich ein anderes Regime der Kontrolle sinnlicher Operationen in der Beobachtungspraxis der Naturforschung, unter dem Auge und Ohr des Beobachters ganz so wie seine Instrumente als unhintergehbare Fehlerquellen einer jeden Beobachtung Präsenz gewinnen. Im Größeren betrachtet treten in diesem Geschehen dann aber die Sinne zu Artefakten in einen Bezug, der geeignet ist, ihr Denken *in diesem Verhältnis*, das bis in die jüngste Zeit hinein anhält, gegen Vergessenheiten der Tradierung und liebgewordene Argumentationsmuster neu zu eröffnen. »Unter Beobachtung« gerät damit zuletzt nicht die rezente Praxis des Forschens, sondern die Gegenwart eines Schreibens über die Sinne im Rekurs auf Apparate und Instrumente, das mit seiner Problemlage aus dem 19. Jahrhundert auf uns gekommen ist und zugleich die Gewordenheit, Geschichtlichkeit und Mehrdeutigkeit dieser Problemlage vergessen macht.

Appareils des sensations

Von den menschlichen Sinnen zu handeln, gehört zu den Selbstverständlichkeiten einer ordentlichen Einleitung in die Naturlehre, wie sie zuhauf in der zweiten Hälfte des 18. Jahrhunderts verfaßt werden. Dieses Faktum zeugt zuerst davon, daß die Gegenstände des Wissens in dieser Zeit noch nicht so deutlich verschiedenen Fächern zugeordnet werden, wie es heute üblich ist. Es zeugt aber genauso davon, daß ein elementares Verständnis der sinnlichen Wahrnehmung zur Ausrüstung eines jeden Naturforschers gezählt worden ist. Die zunehmende disziplinäre Abtrennung des Wissens ändert hieran zunächst nichts: Auch die ersten so bezeichneten Lehrbücher der Physik am Anfang des folgenden Jahrhunderts enthalten noch Abschnitte über die Sinnesorgane. Es ist deshalb nicht weiter verwunderlich, wenn der französische Physiker Jean-Baptiste Biot in seinem 1817 erschienenen *Précis Élémentaire de Physique Expérimentale*, einem für dieses Genre epochemachenden Werk, ebenfalls in einiger Ausführlichkeit auf diese Gegenstände zu sprechen kommt. Aufmerksamkeit verdient jedoch seine allgemeine Vorbemerkung, mit der das zehnte Kapitel über die »Werkzeuge des Gehörs und der Stimme« eröffnet wird. »Sind wir durch Erfahrungen«, so Biot,

> und durch Zusammenstellung des durch Erfahrung Gegebenen dahin gelangt, die Gesetze, welche eine Classe von Naturerscheinungen gemeinschaftlich beherrschen, zu entdecken, und finden wir in den organischen Wesen Apparate, welche die Bestimmung haben, uns die Wahrnehmung dieser Erscheinungen möglich zu machen, so muß es ein Gegenstand des höchsten Interesses seyn, den Mechanismus dieser Apparate zu studiren und in Bezug zu unsrer Theorie zu betrachten; [...].[4]

So ungezwungen dieser Gedankengang auch entwickelt wird, die Art und Weise, wie hier die Sinne von einem Naturforscher des frühen 19. Jahrhunderts in Betracht gezogen werden, hat in der Zeit noch wenig Vergleichbares.

Nicht der »Mechanismus« dieser Apparate selbst steht für Biot im Vordergrund, sondern die Relation zwischen den für gesetzmäßig erachteten Einsichten in die Erscheinungen der Natur und der Arbeit jener Apparate, die diese Erscheinungen zugänglich machen. Die Frage also, ob und wie die Erkenntnis der Natur durch die Verwicklung der Sinne – denn sie sind hier gemeint – in ihre Erfahrung nicht nur Grenzen gesetzt bekommt, die durch geeignete Maßnahmen überwunden werden können, sondern unter Umständen unhintergehbar geprägt wird, begründet für Biot die Dringlichkeit seines Aufrufs, und ihr folgend wird kenntlich werden, daß sich mit diesem Zugriff eine gänzlich neue Präsenz der Sinne in der Epistemologie der Naturforschung verbindet. Biots Ausführungen sind, unmerklich für den heutigen Leser, durch ein Datum gekennzeichnet, vor dem sie so nicht hätten formuliert werden können. Denn von Sinnesorganen als Apparaten, nämlich als »Sinnapparate[n]« oder »appareils des sensations«, sprach sein Gewährsmann an dieser Stelle, der Physiologe François Magendie, zum ersten Mal prominent in seinem nur ein Jahr zuvor, 1816, publizierten *Précis Élémentaire de Physiologie*.[5]

Die Rede vom Apparat, wie sie hier aufscheint, folgt aus einem Umbruch im Begriff der menschlichen Physis am Anfang des 19. Jahrhunderts. Es sind die Arbeiten französischer Forscher, neben denen Magendies vor allem die der Anatomen Xavier Bichat und Georges Cuvier und des Physiologen Pierre Flourens, in denen damit begonnen wird, die Gesamtheit des Körpers systematisch in »fonctions« zu gliedern und diese Verrichtungen, wie der Begriff in den deutschen Ausgaben ihrer Schriften zumeist übersetzt worden ist, zum Ausgangspunkt der Analyse und Darstellung zu machen. Damit einher geht, daß die neuen funktionellen Einheiten des Körpers je nach dem Grad ihrer Komplexität zueinander in ein Verhältnis gerückt werden. In diesem Zusammenhang unterscheidet Bichat im 1801 erschienenen ersten Band seines *Traité d'anatomie descriptive* zwischen dem »System«, mit dem ein bestimmtes der von ihm definierten »einfachen Gewebe« bezeichnet wird, dem »Organ«, das aus verschiedenen Geweben ein Ganzes bildet, und dem »Apparat«, der eine »assemblage« von mehreren Organen zu einer Funktion, beispielsweise der Verdauung, darstellt.[6] Obwohl solche Apparate zunächst begrifflich Realität gewinnen, sind sie für den, der sie untersucht und von ihnen schreibt, keineswegs allein virtuell auf der Ebene der Klassifikation und der ordnenden Konzepte gegeben. Für Magendie »bestehen« Augen- und Ohren-, Tast-, Geruchs- und Geschmacksapparate nicht nur jeweils »aus einem äussern Theile, welcher physische Eigenschaften besitzt, die zu denen der Körper in Verhältnis stehen, und aus Nerven, welche die Eindrücke empfangen und zum Gehirne fortpflanzen«[7], diese »appareils« sind auch Akteure eigener Kraft. Zwar heißt es zunächst, daß die Sinnesverrichtungen »uns in passive Verbindung mit den uns umgebenden Körpern und mit uns selbst [setzen].« Sie tun dies aber, wie sich Magendie sogleich korrigiert, nicht eigentlich passiv, »denn die Verrichtungen der Sinne sind, wie die übrigen Functionen des Organismus, das Resultat der Thätigkeit der Organe und folglich offenbar *activ*.«[8] Ein Apparat ist demnach zugleich eine vom Forscher eingeführte Kategorie, die hilft, den Körper als Organismus neu zu strukturieren, und eine organische Arbeitseinheit, die das, was als Leben bezeichnet wird, hervorbringt und in diesem Fall zwischen der Welt äußerer Objekte und ihrer Auffassung durch den menschlichen Verstand agiert.

Man könnte meinen, daß dieser als Akteur des Empfindens bestimmte »appareil des sensations«, den Magendie vorstellt, ganz derselbe ist, den auch Jonathan Crary anführt, wenn er in seiner so oft zitierten Studie *Techniques of the Observer* (1990) die Neubestimmung des Sehens am Anfang des 19. Jahrhunderts unter anderem einmal so zusammenfaßt, daß »sich das Sichtbare der zeitlosen Anordnung der Camera obscura [entzieht] und in einem anderen Apparat, innerhalb der unstabilen Physiologie und Vergänglichkeit des menschlichen Körpers angeordnet [wird].«[9] Dieser Eindruck trügt allerdings, denn mit der Formulierung vom »anderen Apparat« und dem Bezug auf die Camera obscura als das ältere, nun abgelöste Leitmodell des Sehens suggeriert Crary, daß der physiologische, im Körper situierte Sehapparat mit einem technischen Apparat vergleichbar ist und eine Art technischer Apparathaftigkeit besitzt. Dagegen partizipiert der Begriff des Apparats bei Bichat und bei allen, die ihn von dort her aufgreifen, an einer anderen Bedeutung des Ausdrucks, die im 18. Jahrhundert ebenso einschlägig wie vorherrschend gewesen ist.

Dieser Apparat ist kein technisches Ding: Entsprechende Verwendungen des Ausdrucks sind selten und bilden in Zedlers *Universal-Lexikon* oder der *Encyclopédie* nicht einmal einen eigenen Eintrag. Dieser »Apparatus, französisch Appareil«, umfaßt vielmehr »insgemein jede Zurüstung und Vorrath allerhand nöthiger Sachen«.[10] Man kennt ihn heute noch als den kritischen Apparat der Philologie, der ursprünglich einen Vorrat von Büchern, Glossen und Kommentaren meint, er ist als Kriegsapparat kurrent, der eine Gesamtheit von Waffen und Männern zur Kriegsführung bezeichnet, als chirurgischer Apparat, der einen Vorrat von Instrumenten für Operationen umfaßt und teilweise auch als Bezeichnung für eine bestimmte Art von Operation dient, und im selben Sinne wird beispielsweise auch vom Küchenapparat gesprochen.[11] Daß Bichat diesen Apparatbegriff aufnimmt, geht aus der Definition organischer Apparate als »assemblage« mehrerer Organe hervor. Hier wie auch in Magendies Formulierung, daß man es einen Apparat nennt, »wenn mehrere dieser Organe durch ihre Verrichtungen einen gemeinschaftlichen Zweck haben«,[12] liegt der Akzent auf der Verbindung einer Vielheit von separat vorliegenden, für sich stehenden Einheiten unter einem bestimmten Telos, wie es den Apparatus des 18. Jahrhunderts auszeichnet. Allerdings läßt sich auch nicht übersehen, daß Apparate bei Magendie, indem sie als Akteure eigener Wirksamkeit bestimmt werden, einen höheren Grad der Verschmelzung ihrer einzelnen Elemente zeigen, mit der Tendenz, daß sich das Verhältnis zwischen Apparat und konstituierenden organischen Einheiten umkehrt und letztere, wie im Fall der »appareils des sensations«, schließlich als Teile dem Apparat, der sich aus ihnen zusammensetzt, untergeordnet werden. Die »Sinnapparate« Magendies markieren mit anderen Worten den Moment, an dem aus einem Konzept der Klassifikation allmählich ein für sich existierendes Ding des Forschens und Lehrens hervorgeht. Es ist dieser organische Apparat, der in Begriffsbildungen wie ›respiratorischer Apparat‹ oder ›Golgi-Apparat‹ auch noch heute zum gebräuchlichen anatomischen und physiologischen Vokabular gehört; und dieser Apparat erhält seine Konnotationen, wie eben gezeigt, keineswegs zuerst vom technischen Apparat.

Daß Crary den »productive physiological apparatus«[13], von dem er spricht, in einen Kontext mit technischen Apparaten versetzt, rührt vermutlich daher, daß er Vorstellungen und Praktiken der Sinnesphysiologie einige Jahrzehnte später auf die Situation am Anfang des 19. Jahrhunderts zurückwendet. Verloren geht dabei die Einsicht, daß die »appareils des sens« respektive »Sinnesapparate«, wie Biot schreibt und sein Übersetzer Gustav Theodor Fechner übernimmt,[14] erst zu dem werden müssen, was sie nach Crary scheinbar immer gewesen sind: nämlich Surrogate technischer Anordnungen. Magendies Definition der Sinnesorgane als organische Apparate breitet sich verhältnismäßig schnell aus und hinterläßt, unterstützt durch die Übersetzung der einschlägigen Schriften, bereits Mitte der 1820er Jahre in Johannes Müllers Fragment zur »Physiologie des Gehörsinns« erste Spuren, in dem unter anderem die Schnecke als ein »sehr vollkommene[r] Apparat« des Innenohres bezeichnet wird.[15] Ab Mitte der 1830er Jahre gehört der Ausdruck dann in seinen verschiedenen Verbindungen auch unter deutschsprachigen Physiologen zum gängigen Vokabular,[16] und wenn Hermann von Helmholtz 1863 in dem berühmten Kapitel über Klangfarben in seiner *Lehre von den Tonempfindungen als physiologische Grundlage für die Theorie der Musik* einerseits von dem tonerzeugenden »Apparat« spricht, den er in seinen Versuchen benutzt, und andererseits vom »Apparat der Paukenhöhle« und von Cortis Organ als einem schwingenden und schwingungsleitenden »Apparat«, so ist daran für die Zeitgenossen nicht die geringste Auffälligkeit gewesen.[17] Zugleich hat sich hier aber die ubiquitäre Rede von Apparaten mit einer entscheidend anderen Bedeutungsnuance aufgeladen. Im Kontext des physikalistischen Programms der Physiologie, dem Helmholtz und viele seiner Kollegen anhängen, sind die zum Experimentieren verwendeten Apparate immer weniger reine Hilfsmittel der Forschung und gewinnen immer mehr den Status von Modellen des Erforschten. So stellt der Apparat zur Tonerzeugung, den Helmholtz in seinen Untersuchungen über Klangfarben benutzt, gleichzeitig ein »reverses materielles Modell des Ohrs« vor.[18] Erst in dieser Doppelung von theoretischen Prämissen und praktischer Handhabung des Forschungsgegenstands wird dem Begriff des Sinnesapparats jene bei Crary aufgerufene zweite Bedeutung des Apparativen untergeschoben, die nicht auf den Apparatus des 18. Jahrhunderts zurückverweist, sondern an der neu aufgetauchten Bestimmung des Apparats als technischem Ding partizipiert.

Im Licht der Herkunft betrachtet bezeichnet das technisch bestimmte Konzept des Sinnesapparats, wie es bei Helmholtz ins Spiel kommt und heute selbstverständlich vorausgesetzt wird, eine spezifische Wendung im Verhältnis von Sinnen und Apparaten. Neu ist dabei nicht, daß man die Arbeitsweise von Sinnesorganen in Analogie zur Leistung technischer Artefakte brachte. Dies besitzt, man denke an die erwähnte Bedeutung der Camera obscura für das Verständnis des menschlichen Auges seit Kepler, eine lange Tradition. Wirklich neu ist, wie selbstverständlich solche Bezüge zwischen Organ und Artefakt für den Prozeß der Forschung *handlungsleitend* werden, statt sich allein theoretisch und auf dem Papier auszuführen, wie dies für die Darstellung des Auges im Modell der Camera obscura der Fall gewesen ist. So gilt beispielsweise für den in der zweiten Hälfte des 19. Jahrhunderts notorischen Vergleich von Retina und photographischer Schicht, daß man das eine mit dem anderen nicht nur begrifflich in Beziehung setzt, sondern vor allem auch dem Verhalten der organischen Rezeptoren gegen das Licht mit dem Repertoire photographischer Prozeduren nachgeht.[19] Solche *Sinnesapparate*, kursiv gesetzt zur Unterscheidung von den Magendieschen »appareils des sensations«, zeichnet, so betrachtet, mindestens zu gleichen Teilen eine physikalistisch geprägte Auffassung physiologischer Vorgänge *und* eine Verfahrensweise der Untersuchung aus, die Sinnesorgane als technische Apparate auseinandersetzt.

Daß Organe mit Apparaturen nicht nur zusammengedacht, sondern einen wirklichen operativen Zusammenhang bilden, gehört sicherlich in die größere Geschichte dessen, was im Rückblick als »Experimentalisierung des Lebens« im 19. Jahrhundert bezeichnet wird. Es führt aber auch, weniger offensichtlich, aus dem Gebiet der hierhergehörigen Wissenschaften wieder heraus und zurück zu der bei Biot so eindringlich aufgeworfenen Grundsatzfrage nach dem Verhältnis von Erkenntnis und sinnlicher Erfahrung. Es ist eine These dieser Studie, daß das sinnesphysiologische Experimentieren in der zweiten Hälfte des 19. Jahrhunderts einen Zugriff auf die Sinne ausbeutet (und zugleich fundamental verwandelt), der sich zuerst in jener bereits angedeuteten Auseinandersetzung mit ihrem Einfluß auf die Erkenntnis der Natur umrissen hat. Dieser Bezug zwischen der Untersuchung der Sinne im Rahmen eines Regimes der Beobachtung und der Erforschung der Sinne als Gegenstände physiologischen Wissens ist aber weder ein direkt konzeptioneller, etwa derart, daß die Sinne in diesem Zusammenhang bereits vorgreifend als technische Apparaturen ausgedeutet worden sind. Noch hat sich dieser Bezug einfach nach dem Muster von Frage und Antwort eingestellt, auch wenn einzelne Untersuchungen über Sinnesverrichtungen in den 1820er und 1830er Jahren aus dem Interesse für die sinnlichen Bedingungen von Beobachtungen herauswachsen, zu Hauptsachen der Forschung werden und im weiteren sogar technisch-apparative Modelle sinnlicher Verrichtungen hervorbringen. Die *Sinnesapparate* der Physiologengeneration um 1850 teilen mit der Diskussion der Sinne als Umstände der Naturforschung einige Jahrzehnte früher vornehmlich einen Handlungsraum, in dem Sinne und Instrumente als in gleicher Weise angehbar und nach den selben Kriterien analysierbar zurechtgelegt werden.

Regime der Beobachtung

Unter einem Regime der Beobachtung werden im weiteren alle offen formulierten oder impliziten Vorausetzungen begriffen, nach denen sich zu einem gegebenen Zeitpunkt bestimmt, wie vorzugehen ist, damit sich Beobachtungen im Rahmen der Naturforschung geltend machen können. Von einer allgemeinen Methodenlehre unterscheidet sich dieses Regime durch den Umstand, daß es unmittelbar die Praxis des Beobachtens angeht und die hierbei jedesmal ins Spiel kommenden Umstände zu seinem Gegenstand macht. Enger gefaßt betrifft ein Regime der Beobachtung vornehmlich die Verwicklung des Beobachters und der verwendeten Instrumente in die Untersuchung des jeweiligen Forschungsgegenstands. Ein solches Regime kennzeichnet, daß es sich nicht in Reflexionen erschöpft, sondern in Handlungsanweisungen und Handlungen realisiert. Man hat es mit einem operativen Wissen zu tun, das immer mit einer konkreten Situation der Beobachtung verbunden bleibt und im Bezug auf diese hervortritt. Ein Regime der Beobachtung legt entsprechend fest, was in der Ausführung von Beobachtungen zu berücksichtigen ist, damit man sich nicht nur mit seinen Äußerungen, sondern auch mit seinem Handeln ›im Wahren‹ der jeweiligen Wissenschaft befindet.[20] Ein solches Regime der Beobachtung kann deshalb für jede Wissenschaft Variationen aufweisen und steht nach seinen Grundzügen nicht anders als das Wissen der Wissenschaften in der Geschichte. Wie sich der Vorgang der Beobachtung in Maßnahmen seiner Bewährung fügt, wie Beobachter und Instrumente darin Präsenz gewinnen, verändert sich mit den Bewegungen der Naturforschung selbst.

Mit der Absicht, den Sinnen der Naturforschung unter dem Perspektiv eines Beobachtungsregimes nachzuspüren, gerät noch einmal Jonathan Crarys Studie *Techniques of the Observer* in Betracht. Seine Generalthese, daß am Anfang des 19. Jahrhunderts ein neues produktives Modell visueller Wahrnehmung erscheint, das den Akt der Beobachtung von der passiven Aufnahme der umgebenden Welt in eine Prozedur verwandelt, an der die Sinne des Beobachters unhintergehbar mitwirken, umreißt genau jenes Ereignis, das vorhin als Ausgangspunkt auch dieses Buches bezeichnet wurde. Dabei mag es zutreffen, daß Crary die vielfach zu bemerkenden Verflechtungen und Überschneidungen zwischen ›altem‹ und ›neuem‹ Typus des Beobachters einer ungebührlich vergröbernden Polarisierung geopfert hat.[21] Teilt man aber seine Position, gibt sich ein anderer, grundsätzlicherer Mangel zu erkennen. Offenkundig wird dann, daß Crarys Studie weniger an ihrem Argumentationsstil leidet als an dem Umstand, daß ihr Titel einen nicht unbeträchtlichen Etikettenschwindel betreibt. Die Hauptbezugspunkte des vorgetragenen Arguments bilden eine Reihe von Untersuchungen über subjektive Gesichtserscheinungen, zentriert um die Arbeiten Goethes und Johannes Müllers, sowie Experimente über stroboskopische und stereoskopische Wahrnehmung, deren Anordnungen im Lauf des 19. Jahrhunderts den Grundstock schnell sich verbreitender Unterhaltungsgerätschaften bilden. Von »Techniken des Beobachters« im engeren Sinne, also vom Beobachter der Naturforschung und von Verfahrensweisen des Beobachtens, ist dagegen in Crarys Schrift weitgehend Schweigen. Bedauerlich ist dies vor allem, weil seine These erheblich mehr epistemologische Tiefe gewonnen hätte, wäre sie entlang des Verständnisses der Sinne in der Praxis der Naturforschung entwickelt worden.[22]

Wo Naturforscher auf die Sinne in ihrem eigenen Verhalten stoßen, kommt mehr ins Spiel als einige solitäre Forschungsunternehmen. Entsprechende Ansätze in der Beobachtungspraxis einzelner Wissenschaften am Anfang des 19. Jahrhunderts sind nicht abzulösen von einem Einschnitt in die Grundlagen der Naturforschung, der üblicherweise unter das Schlagwort von der Probabilisierung der Erfahrung gefaßt wird. Gemeint ist damit die Einführung der Wahrscheinlichkeitsrechnung in die Evaluierung von Beobachtungsdaten, die sowohl für den Begriff von der Natur wie für die Vorstellung von den Möglichkeiten ihrer Erkenntnis tiefgreifende Konsequenzen hat. Um diese zu ermessen, muß man sich aber Rechenschaft darüber geben, daß die Etablierung des Beobachtungsfehlers als neuer Leitgröße für die Beurteilung von Erfahrungswissen in zwei nach ihrer Realisierung vollkommen verschiedenen Schritten geschieht. Denn die Untersuchung dieser Fehler fügt sich nur zu einem Teil in Rechenvorgänge, die an den als zufällig erachteten Abweichungen der gewonnenen Daten ansetzen und mit dem Wort Bruno Latours als »paper shuffling«[23] zu charakterisieren sind. Zu einem anderen Teil aber fügt sich die Untersuchung der Beobachterfehler in eigene Versuchsreihen, die nach den systematischen Fehlern in den Beobachtungsoperationen und den hierbei verwendeten Instrumenten fahnden, zu numerischen Bestimmungen führen und sich im weiteren entweder in beständig neu zu ermittelnden Korrekturgrößen oder in Änderungen an den Verfahrensweisen und Instrumenten der Beobachtung niederschlagen.

Dieses experimentelle, um den Beobachter und die technischen Mittel der Beobachtung bekümmerte Regime der Nachforschung, das sich komplementär zum probabilistischen Regime der Berechnung ausbildet, führt nicht unbedingt auf metaphysische Fragen. Es greift aber entschieden in das Verständnis sehr weltlicher Dinge wie einer Uhr oder eines Sinnesorgans ein. Was gleichermaßen Instrumente wie Sinne unter der Perspektive des systematischen Fehlers auszeichnet, ist der Umstand, daß alle diese Fehler nicht einen Mangel an ihnen bezeichnen, sondern als unhintergehbare Bedingung ihrer Verrichtungen definiert sind. Systematische Fehler bezeichnen mit anderen Worten eine Eigenschaft von Instrumenten und Beobachtersinnen, die nach ihren Ursachen und ihrer jeweiligen Größe analysiert und minimiert werden kann, deren Einfluß auf den Beobachtungsvorgang aber nicht zu verhindern und ein für allemal zu beseitigen ist.

Wenn die Sinne nach ihrer Fehlerhaftigkeit am Anfang des 19. Jahrhunderts in Operationen der Beobachtung als Akteure eigener Regelmäßigkeiten vorfällig werden, heißt dies natürlich nicht, daß von ihnen zuvor überhaupt kein Aufheben war. Die pragmatische Beschäftigung mit den Sinnen des Beobachters reicht mindestens zurück bis zu den Zeiten Keplers und Galileis, als die Wahrnehmung des Auges gegen Beobachtungen an neuen Instrumenten, zuerst am Fernrohr und später im 17. Jahrhundert auch am Mikroskop in ihren Besonderheiten abzustehen beginnt. Kenntnisse über den Bau des Auges und die Brechung des Lichts werden dabei ebenso berücksichtigt wie eine Reihe von sogenannten optischen Täuschungen, wobei als Prämisse der Satz gelten kann, mit dem das Kapitel über das Auge in Pieter van Musschenbroeks *Grundlehren der Naturwissenschaft* (1747) eröffnet wird: »Man kann sich gar nicht vorstellen«, so Musschenbroek, »wie und auf was für eine Art die außer uns befindlichen Dinge gesehen werden, wenn man von dem Werkzeuge des Sehens, von dem Auge, keinen deutlichen Begriff hat.«[24] So unmißverständlich hier die Beschäftigung mit dem Auge von vornherein mit einem praktischen Interesse an den Umständen der Wahrnehmung ›äußerer Dinge‹ verbunden ist und so unzweifelhaft der Vorgang des Sehens nach einer bestimmten »Art« erfolgen soll, bedeutet dies aber keineswegs, daß das Auge und der Sehvorgang selbst auch den Ansatzpunkt für die Kontrolle des Gesehenen bilden. Vielmehr fällt diese Frage im 17. und 18. Jahrhundert mit dem richtigen Gebrauch des Sinnesorgans in Beobachtungen zusammen und führt weiter auf einen Begriff des Sinnesorgans, das durch Übung anzuleiten ist und dessen Wahrnehmungen beständig durch die Vernunft zu korrigieren sind.[25] So werden auch optische Täuschungen nicht dem Organ, sondern direkt dem Verstand als der Instanz angelastet, die die vermittelten Eindrücke zuletzt interpretiert. Vor allem aber impliziert ein solcher Begriff des Sinnesorgans als ›Werkzeug‹ des Verstands, daß es möglich ist, jeden Einfluß der Sinne auf die Erfahrung der Natur durch die skrupulöse Ausbildung des Beobachters im Verein mit einer beständigen Vorsicht vor Trugschlüssen zu überwinden.

Die Einsicht, daß die Verrichtungen von Sinnesorganen Umstände zeigen können, die sich durch keine Übung ausräumen lassen und jeder willentlichen Anstrengung des Beobachters entzogen sind, hat sich am Anfang des 19. Jahrhunderts zuerst im Kontext astronomischer Beobachtungen Geltung verschafft. Wie es allerdings auch dort seine Zeit braucht, bis die neuen Erkenntnisse und zugehörigen Konsequenzen breitere Aufmerksamkeit finden, gilt insgesamt, daß der Zugriff auf die Sinne als Akteure eigener Regelmäßigkeit und, hiermit verbunden, als unvermeidliche Quelle von Fehlern nicht an jedem Ort und in jedem Zweig der Naturforschung sofort und häufig genug nie übernommen worden ist. Selbst Biot beweist für diesen Punkt in der Praxis – trotz seiner programmatischen Bekundungen – kaum anders als die meisten seiner Physikerkollegen zu Beginn des 19. Jahrhunderts wenig Gespür.[26] Andererseits gerät der Beobachter in dieser Zeit keineswegs nur in messenden Wissenschaften nach seinem Eingriff in das Beobachte in den Blick. Zwar wird im folgenden immer nur von solchen Unternehmen die Rede sein, in denen Größen bestimmt werden – die Intensität einer Lichtquelle, der Fall einer Kugel, der Ort eines Sterns am Himmel oder die räumliche Ausdehnung eines Körpers –, Vergleichbares läßt sich aber ebensogut für die Teile der Naturforschung zeigen, die ihr Wissen im wesentlichen auf der Beobachtung von Qualitäten gründen.

Ein Beispiel hierfür bieten Jan Evangelista Purkinjes *Beiträge zur Kenntnis des Sehens in subjectiver Hinsicht* aus dem Jahr 1819. Nach guter Tradition können sie zusammen mit den Untersuchungen Goethes und Johannes Müllers als Anfang aller Arbeiten über das »Eigenleben« der Sinne gelesen werden, wie Purkinje selbst seinen Untersuchungsgegenstand bezeichnet.[27] Zugleich werden diese Sinne aber auch – in einer Schleife vom Objekt zum Mittel der Untersuchung zurückführend – »als die feinsten Messer und Reagenten der ihnen gehörigen Qualitäten und Verhältnisse der Materien« ins Spiel gebracht, mit denen man die »Gesetze der materiellen Welt« des Organismus erforschen muß, so wie der Physiker mit seinem »mannigfaltigen Apparat« die Gesetze der äußeren Natur untersucht.[28] Noch deutlicher wird dieser Zusammenhang zwischen der Thematisierung der Sinne als Quellen der Erfahrung und der Untersuchung des menschlichen Körpers in den Arbeiten der mikroskopischen Anatomie. Wie Jutta Schickore zeigt, findet hier am Anfang des 19. Jahrhunderts ebenfalls eine Akzentverschiebung im Beobachtungsregime statt, die nach ihrem Grundzug ohne weiteres vergleichbar ist mit den Vorgängen in messenden Wissenschaften. Wo bis dahin das Urteilsvermögen des Beobachters, seine Vorsicht vor Täuschungen und die Idee einer immer noch wachsenden Vervollkommnung der Instrumente im Mittelpunkt einer jeden Debatte über Beobachtungen gestanden hat, wendet sich nun die Aufmerksamkeit direkt auf die Funktionsweise des Mikroskops, die ihm nach seinem Prinzip notwendig eigenen Abbildungsfehler und vor allem auch auf die Anatomie und Physiologie des Sehens.[29]

Auch dies ist gewiß ein exemplarischer Vorgang, der nicht wenig damit zusammenhängen wird, daß die Gegenstände der mikroskopischen Anatomie einzig durch das Instrument vermittelt verfügbar sind und sich so von vornherein die Vermitteltheit des Beobachtungsvorgangs handgreiflich vorstellig macht – zumindest legt das analoge Beispiel der praktischen Astronomie, von dem im Verlauf dieses Buches ausführlich die Rede sein wird, diesen Schluß nahe. Trotz dieser Besonderheiten kann man aber festhalten, daß dieser in den 1820er und 1830er Jahren stattfindende »reflexive turn«[30] auf die materiellen Bedingungen von Beobachtungen oder, anders gesagt, auf die konkrete Anordnung, in der sich Erfahrungswissen einstellt, quer zu den sich allmählich stabilisierenden disziplinären Abgrenzungen durch ganz verschiedene Wissensgebiete verläuft. Mit Blick auf die erwähnte, gleichzeitig einsetzende Probabilisierung der messenden Wissenschaften wäre sogar zu überlegen, ob diesem Vorgang nicht gerade die als »reflexive turn« sich artikulierende Einsicht in die unabänderliche Fehlerhaftigkeit jeder Beobachtung vorausläuft; ob also Probabilisierung nicht ebensosehr Antwort auf einen Umbruch im Verständnis des Beobachtungsvorgangs gewesen ist wie dessen Ursprung.

Mit der These, daß das »Eigenleben« der Sinne nicht zum wenigsten aus einer Verschiebung in der Epistemologie des Messens und Beobachtens hervorgeht, verbindet sich gleichwohl nicht der Anspruch, es handele sich um einen jeden Winkel der Naturforschung gleichmäßig durchdringenden Vorgang. Mit Blick auf die Entwicklung der Experimentalphysik ist zum Beispiel zu berücksichtigen, daß die Sinne des Beobachters hier nach der Jahrhundertmitte zunehmend an Bedeutung verlieren. So werden im ›Kochbuch‹ der deutschen Physikerausbildung, Friedrich Kohlrauschs zwischen 1870 und 1920 mehr als ein dutzendmal aufgelegtem *Leitfaden der praktischen Physik*, die Sinne nur eingangs kurz nach ihren »Unvollkommenheiten« als Quelle zufälliger Beobachtungsfehler erwähnt.[31] Dagegen liest man von ihnen bei der Beschreibung besonderer Meßoperationen nichts. Dieser Umstand erklärt sich nur zu einem Teil aus dem allmählichen Übergang zu selbstaufzeichnenden Registrierverfahren und der Einführung erster Anzeigegeräte. Zum anderen Teil spielt hier eine Rolle, daß sich die Sinne zum Hauptgebiet der Experimentalphysik im 19. Jahrhundert, dem Elektromagnetismus, zwar nicht indifferent, aber undifferenziert verhalten haben. Die Zeiten, da ein Vorrat von Fröschen und die Sensibilität des Experimentators zum diesbezüglichen Instrumentenbestand zählten, endeten in den 1820er Jahren mit der Einführung der Multiplikatorspule, auch wenn mit Michael Faraday einer der Hauptakteure auf diesem Forschungsfeld ein Jahrzehnt später in seinen Untersuchungen über die Induktion in ausgesuchten Fällen immer noch auf die Empfindungen seiner Zunge vertraute.[32]

Obwohl also die Aufmerksamkeit auf die Verrichtungen der Sinne als Bedingungen von Beobachtungen kaum für die gesamte Naturforschung des 19. Jahrhunderts und auch nicht durch die ganze Zeitspanne von gleicher Wichtigkeit gewesen ist, läßt sich festhalten, daß die hieraus resultierenden Maßnahmen und Handlungsroutinen nicht weniger als die sinnesphysiologischen Forschungen in der Zeit nach 1850 zur Ausformung von Auge, Ohr oder Tastsinn analog zu technischen Apparaten beigetragen haben. Nur geschieht dies auf dem grauen Weg einer permanenten Gleichbehandlung des Beobachters und seiner Instrumente und ereignet sich an den Rändern eigentlich ganz anders ausgerichteter Untersuchungen. Welche nachhaltige Wirkung solche Vorgänge abseits der physiologischen Disziplin im engeren Sinne haben können, hat aber schon – auf einem anderen Gebiet – Philipp Sarasin für die Rolle des hygienischen Wissens bei der Herausbildung des modernen, von der ›Gesundheit‹ dominierten Körperbegriffs herausgestellt.[33] Eine sich in regelmäßig wiederholten Handlungen vollziehende Festschreibung, die auf der Ebene der Bedingungen wissenschaftlicher Erkenntnis ihren Ort hat, erlangt eine Tiefenwirkung, die den genuin sinnesphysiologischen Forschungen verwehrt geblieben ist. Während diese nämlich dauernd dem Druck neuer Erkenntnisse ausgesetzt sind, an die sie ihre Modelle anpassen müssen, bis sie schließlich nicht mehr zu halten sind, besitzt die routinemäßige Kontrolle sinnlicher Vorgänge eine erstaunliche Langlebigkeit. Noch Anfang der 1950er Jahre finden sich in den gedruckten Journalen des »Greenwich Observatory« Angaben über Beobachterfehler, obwohl die fraglichen Beobachtungsvorgänge bereits seit Jahrzehnten fast vollkommen automatisiert sind.

Entstehung und Überlieferung

Die Vorgänge, von denen im folgenden zu reden sein wird, sind beiläufiger Natur, sicher nicht ohne weitreichende Konsequenzen, aber doch Vorgänge am Rande von Untersuchungen, die anderen Gegenständen gelten, und es sind Vorgänge, in denen sich größere Bewegungen in kleinen Differenzen zu denken geben. Mit einem Wort Nietzsches in seiner Auslegung durch Michel Foucault wird mit der vorliegenden Arbeit in letzter Konsequenz ein »Entstehungsherd« bezeichnet;[34] die Szene einer Überwältigung, eines Umsturzes in der Gegebenheit der Sinnesorgane. Wenn dieser Begriff und keiner der zahllosen anderen bemüht wird, die seit Thomas Kuhns »Paradigmenwechsel« die Wissenschaften in ihren Diskontinuitäten zum Gegenstand machen, dann deshalb, weil unter der Perspektive der Entstehung die Diskontinuität als solche hervorgehoben wird, während in der Kuhnschen Spur und deren Revisionen oder Verlängerungen zuletzt doch der Zusammenhang zwischen dem, was einer Diskontinuität vorhergeht, und dem, was auf sie folgt, den Einsatz des Denkens bildet und wiederzugewinnen ist. Die Perspektive der Entstehung zu übernehmen, wie sie Foucault in Auseinandersetzung mit Nietzsches Schriften als Verfahrensweise eines wahren historischen Sinns skizziert hat, rührt folglich aus heuristischen Gründen. Die Ereignishaftigkeit des Entstehenden soll gegen den Willen zum Zusammenhang verteidigt werden, der noch da sich geltend macht, wo scheinbar nur von Diskontinuitäten die Rede ist. Damit soll keineswegs behauptet werden, daß es in meinem Argument nicht um Zusammenhänge, Ursachen und Wirkungen ginge. Es geht aber zugleich in jedem Augenblick darum, das Beschriebene nach der Seite des Ereignisses vor Augen zu rücken und zu zeigen, wie das Hervortreten der Sinne als Akteure eigener Ordnung symmetrisch zu Instrumenten und Apparaten eine neue Lage schafft.

Den Ausgangspunkt meiner Überlegungen bildet in Kapitel 2 eine Skizze des Regimes der Vorschrift, das am Ende des 18. Jahrhunderts die Anerkennung von Beobachtungen bestimmt. In den Kapiteln 3 und 4 wird der Status von Instrumenten und Beobachtersinnen in der Naturforschung des ausgehenden 18. Jahrhunderts näher in den Blick genommen und zugleich an ausgewählten Unternehmungen auf Momente hingewiesen, da Abstände auftauchen und gut befestigte Annahmen unterlaufen werden. Kapitel 5 und 6 analysieren in Form einer zweigeteilten Fallstudie die Entdeckung konstanter Beobachterdifferenzen in der Astronomie Anfang der 1820er Jahre sowie die Konsequenzen dieses Phänomens für den astronomischen Beobachtungsbetrieb in den nächsten Jahrzehnten. In Kapitel 7 werden zwei Modellierungen des Organischen unter Bezug auf Instrumente oder Apparate im Kontext anatomischer und physiologischer Forschung aufgegriffen, die aus einem »reflexive turn« auf die Beobachtersinne herauswachsen und damit zugleich auch den fundamentalen Unterschied zwischen der Erforschung von *Sinnesapparaten* und einer analogen Untersuchung von Sinnen und Apparaten klarstellen. Kapitel 8 schließlich nimmt diesen Punkt – mit der Absicht einer Kritik der Überlieferung – noch einmal von der Seite der weiteren Karriere solcher *Sinnesapparate* als leitende Kategorie rezenter Reflexionen des Verhältnisses von Sinnen und Apparaten auf.

Auf dem Spiel steht damit am Ende doch die Gegenwart im Verhältnis zur Vergangenheit. Nicht wie die Gegenwart aus der Vergangenheit hervorgegangen ist, soll jedoch interessieren, sondern der Umstand, daß in der Formation dessen, was heute, in unserer Zeit, von den Sinnen zu wissen und zu sagen ist, ein vergangener, im Zuge seiner Tradierung selbstverständlich gewordener Zugriff, unbedacht, bloß einfach wiederholt, weiter andauert. Die Modellierung der Sinne als Apparate, die eben nicht mehr Magendiesche organische, sondern technisch überformte *Sinnesapparate* darstellen, hat jenseits ihrer Funktion in der Forschungspraxis der Sinnesphysiologie, und lange nachdem sie dort außer Kurs gesetzt worden ist, als Denkfigur sich etabliert, die nun seit gut hundertfünfzig Jahren in verschiedenen Wendungen und tief in den Alltag vorgedrungen ihre Wirkung entfaltet. Diese Arbeit rückt deshalb nicht nur einen anderen Entstehungszusammenhang solcher apparativen Anordnungen der Sinne und eine andere Geschichte ihrer Wirksamkeit in den Blick, die in den Voraussetzungen wissenschaftlichen Handelns ihren Ort hat und sich in den Praktiken des Beobachtens und Experimentierens niederschlägt. Mit dieser anderen Ableitung verbindet sich die Absicht, das apparative Verständnis der Sinne zu vervielfältigen, seinen jüngsten Formulierungen ein wenig von ihrer Entschiedenheit zu nehmen, diese vor die Tradition zu bringen, in der sie argumentieren, und mit einer anderen Linie der Tradierung zu konfrontieren, in der Sinne und Apparate gleichartig erfaßt werden und die Behandlung der Sinne gleich Apparaten eine pragmatische Bedeutung hat. Statt die Beziehung von Sinnen und Apparaten auf einfache Formeln zu reduzieren, muß es darum gehen, die Komplexität dieser Beziehung weiter zu erhöhen, oder, was dasselbe ist, die anhaltende Reproduktion einer bestimmten Ausformung in der zweiten Hälfte des 19. Jahrhunderts als solche in Erinnerung zu rufen.

2. Beobachtung nach Vorschrift

In einem der einflußreichsten wissenschaftstheoretischen Texte der letzten zwanzig Jahre, Ian Hackings *Representing and Intervening* (1983), wird über die Beobachtung in den Wissenschaften lapidar und wenig schmeichelhaft vermerkt:

> Die Beobachtung im Sinne einer primären Datenquelle hat immer schon zur Naturwissenschaft gehört, ist aber nicht von sonderlich großer Bedeutung. Gemeint ist der philosophische Beobachtungsbegriff, wonach der Experimentator sein Leben damit verbringt, Beobachtungen anzustellen, welche die Daten liefern, mit deren Hilfe eine Theorie geprüft oder aufgestellt wird. Diese Art von Beobachtung spielt bei den meisten Experimenten eine verhältnismäßig geringfügige Rolle.[1]

Hackings Einschätzung muß angesichts der Bedeutung, die der Beobachtung im Selbstverständnis der Naturforschung beigemessen wird, verwundern, und sie wird auch nicht durch den Umstand abgemildert, daß es ihm nicht um die Beobachtung allgemein geht, sondern um einen bestimmten, den »philosophischen Beobachtungsbegriff« und hier noch einmal um eine besondere Spielart, welche die Akte der Beobachtung nach Karl Poppers Formulierung als Testen von Theorien begreift.[2] Denn aus der Kritik dieses Begriffs geht keineswegs eine neue Wertschätzung der Beobachtung hervor. Die Herausforderung heutigen Forschens, heißt es weiter, liegt weit weniger im »Beobachten und Berichterstatten« als darin, »daß man es schafft, einem bestimmten Gerät die Fähigkeit abzugewinnen, Phänomene in zuverlässiger Weise aufzuzeigen.«[3] An diese These knüpft Hackings verfeinerter wissenschaftlicher Realismus an, der die Gegebenheit von Entitäten ›in der Welt‹ an der Möglichkeit festmacht, sie im Experiment operativ zu gebrauchen. Zugleich liefert diese These aber auch die Begründung, warum ihm die Beobachtung als Mittel der Erfahrung zweitrangig erscheint. Macht sich doch in der Art und Weise, wie die technische Manipulation gegen die Tätigkeit der Sinne ausgespielt wird, der Stand wissenschaftlicher Verfahrensweisen geltend. Von nicht sonderlicher Bedeutung ist Beobachtung »im Sinne einer primären Datenquelle«, weil die primäre Quelle von Daten heute fast ausnahmslos Geräte sind.

Blättert man durch das Photo-Dossier, das Bruno Latour und Steve Woolgar ihrer mittlerweile klassischen Studie *Laboratory Life* (1979) beigegeben haben, dann zeigt sich, daß sich die Blicke der abgebildeten

Personen während und nach dem Ablauf von Versuchen und Messungen zuerst auf Anzeigen, Monitore oder Drucker richten.[4] Natürlich fungieren diese Aufnahmen mit Latours eigenem Wort auch als »immutable mobiles«[5], sind flache, transportable Argumente, die das sperrige Geschehen in einem Labor schlagkräftig zuspitzen – und stellen, wie ganz ähnliche Abbildungen in der wenig später entstandenen Untersuchung *Die Fabrikation von Erkenntnis* von Karin Knorr-Cetina vermuten lassen, mindestens so sehr den soziologischen Blick *auf* ein Labor wie die Arbeit *in* einem Labor aus.[6] Dennoch liegt auf der Hand, daß sich seit dem späten 19. Jahrhundert die eigentliche Arbeit der Beobachtung immer mehr hin zu technischen Arrangements verschoben hat. »The Observer and the Scientist« lautet der Titel des ersten Unterabschnitts von Latours und Woolgars Studie. Die Gegenüberstellung mag, genauso wie Auswahl und Zuschnitt der abgedruckten Photographien, eine These implizieren. Sie erinnert aber auch daran, daß Beobachten als Verfahren, das unmittelbar die untersuchten Objekte erfaßt und erste Quelle ihrer Kenntnis ist, weitgehend von den Natur- auf die Sozialwissenschaften übergegangen ist. Von der Tätigkeit des Beobachtens liest man in den Laborstudien bevorzugt, wenn ihre Autoren über sich selbst sprechen.[7]

Dem Blick ins Labor und Hackings Geringschätzung der Beobachtung entspricht auf seiten wissenschaftstheoretischer Handbuchartikel, daß dort von Beobachtung als Tätigkeit fast nichts zu lesen ist. Selbst wenn Beobachtungen explizit als »Typus von Handlungen beim Treiben von Erfahrungswissenschaft«[8] definiert werden, gilt das Interesse nicht eigentlich diesem »Treiben«, sondern dem kognitiven oder epistemologischen Kontext, der es organisieren soll. Zum Ausdruck bringt sich darin ein Verständnis von Beobachtung, das ganz auf den Beobachter als Ursprung von Denkvorgängen abgestellt ist und sich Beobachtungen in ihrer Abhängigkeit von einem intentional bestimmten, theoretisch instruierten Zugriff des forschenden Subjekts oder Kollektivs zurechtlegt.[9] Wohin man sich also wendet: Entweder ist der Vorgang des Beobachtens gar kein Problem, sondern nur die Interpretation der aus ihm resultierenden Beobachtungen, oder er scheint überhaupt im Aussterben begriffen, von den Apparaturen der Wissenschaften zum Verschwinden gebracht. Andererseits ist es unter Naturwissenschaftlern bis heute üblicher Sprachgebrauch, das eigene Tun als Beobachten zu bezeichnen, obwohl die meisten Beobachtungen technisch hervorgebracht sind und die beobachteten Gegenstände nur apparativ vermittelt sinnlich wahrgenommen werden. Hacking hat, wie zu erwarten, für diesen Einwand wenig übrig. Ganz gleich ob unmittelbar oder mittelbar gegeben: als Beobachtung soll all das gelten, was unabhängig von Theorien über den zu beobachtenden

Gegenstand diesen Gegenstand selbst charakterisiert.[10] Gegen dieses Argument ist, sofern es auf Beobachtungen definiert als Ergebnis eines Beobachtungsakts bezogen ist, nichts einzuwenden. Dagegen ist es durchaus verunklarend, den vorhergehenden Vorgang der Wahrnehmung eines technisch hervorgebrachten Phänomens mit einem Beobachtungsvorgang gleichzusetzen. Hackings schlichte Feststellung: »Normalerweise werden Gegenstände oder Ereignisse mit Hilfe von Instrumenten beobachtet. Die Dinge, die in der Wissenschaft des zwanzigsten Jahrhunderts ›gesehen‹ werden, kann der Mensch nur selten mit unbewaffneten Sinnen wahrnehmen«,[11] hat weitreichendere Konsequenzen, als es ihm scheint. Nicht nur geschieht Beobachtung durch Instrumente; es ändert sich damit auch grundsätzlich ihr Charakter. Unbestritten, daß es unter den rezenten Bedingungen von Laborforschung noch immer eines menschlichen Akteurs bedarf, »der auf diese Experimentalapparaturen schaut«, wie Olaf Breidbach meint.[12] Aber schon sein Nachsatz: »und sei es auch nur, um ein geeignetes Auswertprogramm für den an diese Apparatur gekoppelten Computer zu entwerfen«, stellt klar, daß diese Tätigkeit vollkommen anders verfaßt ist, als wenn ein Naturforscher dazu genötigt ist, »Gegenstände oder Ereignisse« mit Auge und Ohr, Hand, Nase und Zunge zu ergreifen. Jedenfalls gründet »die Objektivität der Naturwissenschaften« heute weit mehr darauf, daß man einigermaßen die Leistung der angeordneten Apparate begreift, als darauf, »daß es jemanden gibt, der zuschaut.«[13]

›Wir müssen leider draußen bleiben‹[14] – dieser Satz, der bündig zusammenfaßt, was dem Forscher geschieht, wenn sich Experimente in einem geschlossenen Regelkreis selbst ausführen und aufzeichnen können, bezeichnet allgemeiner noch die tiefgreifenden Verschiebungen in der Praxis der wissenschaftlichen Beobachtung, seitdem sich der Akt des Beobachtens aus seiner Abhängigkeit von einem menschlichen Beobachter gelöst hat. Nicht nur ist die Arbeit der Beobachtung sehr weit gehend externalisiert worden,[15] unter diesen Bedingungen kann Beobachten auch gar nicht mehr das primäre, sinnliche Registrieren und Fixieren eines Phänomens meinen. Vielmehr definiert sich Beobachten beispielsweise in einem molekularbiologischen Labor als das Betrachten, Inspizieren und Beurteilen eines technisch eingelagerten, apparativ angezeigten Geschehens.[16] Ein solcher Akt ist deshalb auch kein Akt, in dem sich eine Vorstellung bestätigt oder ein Datum der Natur entsteht. Er handelt sich vielmehr um einen Akt der Information: Der Forscher wird durch seine Geräte über Eigenschaften der untersuchten Gegenstände informiert, so wie der Reisende auf dem Bahnhof der Abfahrtstafel entnehmen kann, von welchem Gleis sein Zug abfährt, ohne daß ihn die Anzeige schon davon überzeugen wird, daß der Zug auch tatsächlich am genannten Gleis bereitsteht.

Wo Apparate und Instrumente Erscheinungen und Vorgänge registrieren und fixieren und wo diese Aufzeichnungen auch von Apparaten und Maschinen analysiert und ausgegeben werden,[17] ist für einen Begriff von Beobachtung als eine im Sinneszeugnis gegründete Erfahrung der Natur kein Platz mehr. Beobachten Laborforscher heute und informieren sich nicht einfach, dann gilt ihre Aufmerksamkeit meistenfalls nicht dem Stück Natur, das experimentell angeordnet worden ist, sondern den Apparaturen und Techniken, aus denen sich die Anordnung zusammensetzt. Mit Blick auf die Arbeitspraxis der Hochenergiephysik hat Karin Knorr-Cetina treffend bemerkt, daß dort »die Sorge um die Objekte«, das heißt um die Forschungsgegenstände, wesentlich und aus zwingenden Gründen durch »die Sorge um sich« oder die Sorge um die »experimentellen Komponenten und Prozesse« ersetzt worden ist.[18] In der Tat ist die einzige »Art von Beobachtung«, die Hacking »unerläßlich« scheint, jene, welche »die aufschlußreichen Sonderbarkeiten oder unerwarteten Ergebnisse dieser oder jener Vorrichtung wahrnimmt.«[19] Daß dieses Beobachten mehr durch ein ›achtsam-sein‹ denn durch ein sinnliches Wahrnehmen charakterisiert ist und daß es weniger auf eine Tätigkeit hinausläuft denn auf eine Fertigkeit, stellt noch einmal seine gänzlich verschiedene Ausrichtung klar.

Wenn Beobachten am Anfang des 21. Jahrhunderts meint, eine Schar dienstbarer Apparate in ihrem Funktionieren zu belauern, so soll damit weder ein Verlust von Sinnlichkeit im wissenschaftlichen Alltag beklagt, noch Wissenschaft als ein auf Empirie gegründetes Konzept von Erkenntnis in Frage gestellt werden. Deutlich werden soll die Eigenart der gegenwärtigen Beobachtungspraxis und damit die Differenz zu einer Praxis, in der Beobachten noch jene Bedeutung hat, die ihr heute nurmehr untergeschoben wird. Wie groß der Abstand ist, wird am auffälligsten, wenn man eine vermeintliche Parallele in den Blick nimmt. Beobachten ist für Hacking nicht nur eine Fertigkeit, diese Fertigkeit läßt sich auch durch »Schulung und Übung«[20] erwerben und vertiefen. Geht man zweihundert Jahre zurück, stößt man auf ein sehr ähnliches Konzept des Beobachtens. Während Hacking aber die Geschicklichkeit im Sinn hat, mit der ein Beobachter das Verhalten seiner Apparate überblickt, wird dort das Geschick im Aufmerken auf die Natur und die Gaben, die man hierfür mitbringen muß, zum Gegenstand des Wissens. Anders ist auch der Status dieses Wissens: Es verhält sich nicht sekundär zum untersuchten Gegenstand, vielmehr hängt die Diskussionsfähigkeit von Beobachtungen wesentlich davon ab, daß die Regeln guten Beobachtens erfüllt werden. Wenn Hacking schreibt: »Manche bedeutende Experimentatoren sind schlechte Beobachter gewesen«,[21] so ist das ein Satz, der sich vielleicht auch vor 1800 bewahrheiten ließe, auf keinen Fall aber von einem Zeitgenossen hätte ausgesprochen werden dürfen.

Registrieren, Abnehmen, Hervorbringen

Die Aufzeichnung einer Zeitangabe im Bild, wie es heute bei jeder digitalen Kamera durch den Datumsstempel geschieht, ist eine Errungenschaft des ausgehenden 19. Jahrhunderts, als man zunächst schlicht den Zeiger eines Chronometers mit in den Bildausschnitt serienphotographischer Aufnahmen rückt.[22] Ganz anders ist die Lage für einen astronomischen Beobachter am Anfang desselben Jahrhunderts. Das Objekt der Beobachtung wird ihm nicht fixiert vorgelegt, es ist am Fernrohr mit dem Auge zu verfolgen, und geht es darum, den Zeitpunkt eines beobachteten Vorgangs zu notieren, muß der Observator diesen nicht nur selbst bestimmen, er muß zusätzlich auch das zugehörige Zeitmaß festhalten. Eine kleine Bemerkung in einem Brief Carl Friedrich Gauss' vom Dezember 1837 läßt ahnen, in welchem Ausmaß der Beobachter in die Messung seiner Gegenstände verwickelt gewesen ist:

> In Lalande's Astronomie 3me édition Art. 2466, steht als Forderung an einen praktischen Astronomen, er solle die Secunden so sicher fortzählen können, qu'il puisse marcher, observer, écrire et même parler, sans cesser de compter les secondes et sans s'y tromper.
> Ich kann noch vielmehr als das, ich kann während des Secundenzählens an ganz andere Dinge zusammenhängend denken, oder eine zweite von den Secunden ganz unabhängige Zählung machen. Auch ein Buch oder einen Brief lesen. Das ist aber alles gar nichts Besonderes; denn ich habe die Erfahrung gemacht, dass, sonst anstellige, Leute dies alles auch bald lernen können.
> Aber das letzte von Lalande kann ich nicht. Ich darf nicht sprechen, wenigstens nicht mehr als ein Paar Worte, ohne aus dem Zählen zu kommen.[23]

Joseph Jérôme Lalandes *Astronomie* war schon damals ein historisches Werk; die erste Ausgabe erschien 1764, die hier erwähnte dritte Auflage 1792. Die Beobachtungsverfahren hatten sich aber seitdem nicht wesentlich verändert. So gehörte auch in den 1830er Jahren das Zählen der Sekunden zu den allergewöhnlichsten Tätigkeiten in der praktischen Astronomie oder auch in der Experimentalphysik.[24] Der Grund dafür ist, daß Zeiteinheiten wie Sekunden für einen Naturforscher jener Tage nicht zuerst durch die Stellung eines Uhrzeigers wahrnehmbar werden, sondern als Schlag eines Uhrpendels. Mit dem Ohr diesen Schlag aufnehmend und die Anzahl der Schläge mitzählend verfolgt der Beobachter beispielsweise, wann ein Stern durch den Meridian des Beobachtungsortes geht. Und selbst wenn etwa bei der Beobachtung von Sternbedeckungen so viel Zeit verstreicht, daß man inzwischen getrost den Blick vom Himmel ab- und Büchern zuwenden kann, ist man über das Zählen der Sekunden weiter in den Ablauf der Beobachtung verwickelt. Daß wissenschaftliches Handeln – Beobachten, Experimentieren – untrennbar mit »Skills oder manuellen Fertigkeiten« verwoben ist, wird so betrachtet nicht erst augenfällig, wenn die Replikation historischer Experimente auf der Basis der überlieferten Instrumente, Apparaturen, Beschreibungen und Abbildungen nicht gelingen will.[25] Für die Epoche um 1800 gilt aber, wie eben gesehen, zusätzlich, daß hier der Forscher nicht nur dadurch mit den Gegenständen der Untersuchung in Verbindung tritt, daß er Apparaturen und Instrumente präpariert, anordnet und abstimmt, sondern auch dadurch, daß er zugleich Arrangeur seiner selbst ist, sich selbst als Element von Experimental- oder Beobachtungsvorgängen anordnet.

Unmittelbar evident wird dieser Umstand mit Blick auf die Erschließung elektrischer Phänomene im Ablauf des 18. Jahrhunderts.[26] Um nur einige wenige Beispiele zu nennen: Zunächst sind es die Hände von Francis Hauksbee Sr., die, auf die evakuierte, rotierende Glaskugel gelegt, das bald als elektrisches Fluidum bezeichnete Aufleuchten in ihrem Inneren hervorbringen. Wenig später, in den 1730er Jahren, kommen mit den Versuchen Stephen Grays – für seine »dext'rous hand« besungen – die komplizierten Arrangements in Gebrauch, in denen Versuchspersonen, in einer Aufhängung über dem Boden schwebend oder auf einer isolierenden Unterlage stehend, Funken sprühen.[27] Zur Mitte des Jahrhunderts mit der Erfindung der Leydener Flasche werden Entladungen dann durch die menschliche Kette geleitet; zugleich Spektakel und ein Indikator für die Kapazität der verwendeten Flaschenbatterien. Kurz vor 1800 schließlich erklärt Alessandro Volta im Streit um die Interpretation der Galvanischen Versuche seinen vielfach wiederholten Zungenversuch zum Fundament einer neuen Art Elektrizität.[28] Trotz der Verschiedenheit der Zugriffe und Konzepte eint alle diese Unternehmungen im Experimentierfeld des Elektrischen zwischen 1700 und 1800, daß sie den Beobachter in sich einschließen, seine Sensibilität im Experimentieren anordnen. Dabei geht es vorerst um die Anzeige von Erscheinungen durch den Körper und seine Reaktionen. Um ihretwillen wird der Forscher zum Beobachter seiner selbst – während beispielsweise in Johann Wilhelm Ritters Selbstversuchen mit galvanischem Strom am Anfang des 19. Jahrhunderts, die aus dieser Vorgehensweise herauswachsen, das Verhalten des Körpers, des Auges, der Zunge, der Haut zur Debatte steht.[29] Dieser Unterschied ist wichtig, gilt es doch, vom Experimentieren am eigenen Leibe eine Versuchs- und Beobachtungspraxis abzugrenzen, die das Verhalten eines Forscherkörpers nicht als Gegenstand der Erkenntnis, sondern als »primäres Forschungsinstrument«[30] begreift. Am nachdrücklichsten wird dies deutlich, wenn man sich dem weit prosaischeren Geschäft der Messung zuwendet.

Unter den messenden Wissenschaften setzt im 18. Jahrhundert, sowohl was die Ansprüche an die Genauigkeit der Daten wie an die verwendeten Instrumente angeht, die praktische Astronomie die Maßstäbe. Messungen mit Hilfe einer regelmäßig geteilten Skala gehören hier zur täglichen Routine, beispielsweise wenn zur Bestimmung der Deklination die Erhebung eines Sterns über den Beobachtungsort beim Durchgang durch den Ortsmeridian bestimmt werden soll. Die Arbeit des Beobachters zerfällt dabei in zwei Schritte. Zunächst ist das Instrument – ein Quadrant oder ein Mauerkreis, bestehend aus einem Fernrohr und einem regelmäßig geteilten Winkelkreis – auf das zu messende Objekt einzurichten, dann ist der Meßwert selbst zu ermitteln. Während sich der Beobachter für die erste Operation an den Objekten der Messung ausrichten kann und von diesen her Orientierung erhält, stellt sich die zweite Operation erheblich schwieriger dar. Allein dann, wenn der mit dem Fernrohr verbundene Anzeiger genau auf einen Teilstrich des Winkelkreises zeigt, wird der Beobachter das Ergebnis der Messung direkt von der Skala ablesen können. In allen anderen Fällen aber muß er das Ergebnis von der Skala abnehmen, indem er den Betrag zwischen angezeigtem Punkt auf der Skala und dem nächstliegenden Skalenstrich schätzt. Der Beobachter macht folglich nicht nur eine durch ein Instrument vermittelte Beobachtung und wird nicht allein benötigt, um das Instrument zu bedienen, sondern das Resultat der Beobachtung wird durch ihn, durch seine Schätzung, konstituiert. Versteht man mit Martin Heidegger das Wesen neuzeitlicher Naturwissenschaft als das Schaffen von Beständen, dann geschieht dies hier – entgegen Heideggers Auffassung – sehr wörtlich »*im* Menschen« und »maßgebend *durch* ihn«.[31]

Daß Beobachten in dieser Epoche der Naturforschung bedeutet, in das Resultat der Beobachtung konstitutiv verwickelt zu sein, wird auch an den Anfängen photometrischer Messungen deutlich, die an anderer Stelle noch ausführlicher besprochen werden.[32] Das von Pierre Bouguer im *Essay d'Optique sur la Gradation de la Lumière* (1729) und in dem wesentlich umfangreicheren, posthum erschienenen *Traité d'Optique sur la Gradation de la Lumière* (1760) angegebene Meßverfahren setzt den Beobachter ins Zentrum der Meßanordnung. Der Vorgang der Messung ist als Vergleich zweier Flächen gestaltet, die, gegeneinander abgeschirmt, von zwei Lichtquellen beleuchtet werden, deren eine fixiert ist, während der Abstand der anderen zu der von ihr beleuchteten Fläche variiert werden kann. In der simpelsten Einrichtung dieser Anordnung ist es Aufgabe des Beobachters, die verschiebbare Lichtquelle so weit der beleuchteten Fläche zu nähern, bis ihm diese gleich hell erleuchtet erscheint wie die Fläche, die von der fixierten Lichtquelle beleuchtet wird. In einer etwas komplexeren Anordnung wird statt der Lichtquelle eine Sammellinse verschoben, die in den Strahlengang zwischen Lichtquelle und beleuchteter Fläche gestellt wird (Abb. 1).[33] Messen fällt in diesem Verfahren im wesentlichen mit zwei Handlungen zusammen: mit der Beobachtung der beleuchteten Flächen und mit dem Verschieben der beweglichen Lichtquelle oder der Sammellinse. Diese Handlungen werden durch die Anordnung gestützt, etwa durch den Schirm, der die beleuchteten Flächen gegeneinander abschließt. Auch können die Meßwerte und anderen Daten, die anschließend in die Berechnung des Verhältnisses der Lichtstärke eingehen, von der Anordnung als Längenmaße abgenommen werden. Die Hervorbringung des Meßwertes aber fällt dem Beobachter zu. Nach seiner Empfindung der zwei Lichteindrücke wird der Abstand der beweglichen Lichtquelle oder der beweglichen Linse vom Schirm bestimmt, dessen Größe allen Berechnungen zugrunde liegt. Der Beobachter ist so betrachtet nicht nur Urheber des Meßdatums, sondern auch Ursprung der im Akt der Messung miteinander verglichenen Größen. Bestimmt wird nicht das Verhältnis der Stärke zweier Lichtquellen, sondern das Verhältnis der Empfindungen zweier beleuchteter Flächen. Dies zu konstatieren heißt aber noch nicht, verstanden zu haben, was Beobachten in diesem und in den meisten anderen Fällen im 18. Jahrhundert heißt. Beschrieben ist nur eine Situation, die von den Naturforschern ebensogut übergangen wie berücksichtigt werden konnte.

Die Regulierung der Beobachtung

Zur Mitte des 18. Jahrhunderts tritt im deutschen Sprachraum mit Schriften wie Johann Gottlob Krügers *Naturlehre* (1740), Johann Andreas Segners *Einleitung in die Natur-Lehre* (1746) oder Christian August Crusius' *Anleitung über natürliche Begebenheiten ordentlich und vorsichtig nachzudenken* (1749) ein neues Genre wissenschaftlicher Schriften auf. Was die

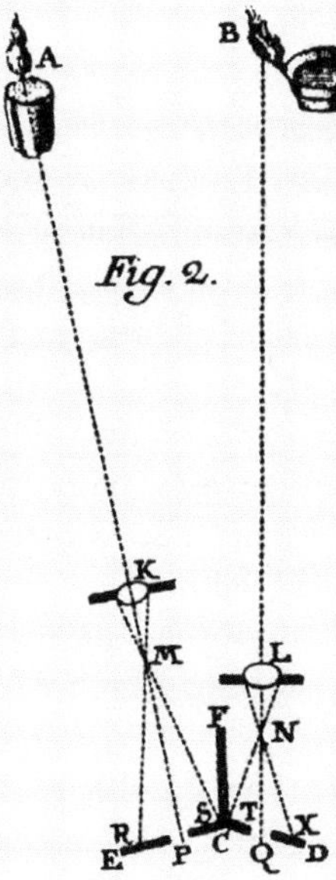

Abb. 1: Das von den zu vergleichenden Lichtquellen A und B kommende Licht wird durch die Konvexlinsen K und L auf dem schwarzen Karton ECD gesammelt. An den Punkten P und Q ist in den Karton jeweils ein Fenster aus weißem Papier eingelassen. Zwischen CF befindet sich ebenfalls ein Stück schwarzen Kartons. Der Beobachter vergleicht die beleuchteten weißen Fenster von der Rückseite her. Um die Helligkeit des einen Fensters der des anderen gleichzumachen, wird entsprechend die Linse K der stärkeren Lichtquelle verschoben. In: Pierre Bouguer, *Traité d'optique sur la gradation de la lumière. Ouvrage posthume*, hgg. von M. l'Abbé de la Caille, Paris 1760, Fig. 2.

Professorenautoren »auf Verlangen und zum Nutzen«[34] ihrer Hörer dem Druck übergeben, sind die Ausarbeitungen für den mündlichen Vortrag des Gegenstands. Man kann diese Bücher als Anzeichen eines grundsätzlichen Wandels im wissenschaftlichen Unterricht verstehen, in dem die Vorlesung zum Vorspiel eines Nachlesens wird. Man kann diese Bücher aber auch als Ausdruck einer neuen Funktion von Schriften in der Naturforschung lesen. Wenn sie darauf ausgelegt sind, »die gründe der wissenschaften [zu] enthalten«,[35] so hat dies stets zwei Bedeutungen: den Wissensstand der Zeit zu präsentieren und Wissenschaft eine verbindliche Definition zu geben. Beispielhaft ist in dieser Hinsicht Krügers Schrift. Nach der anthropologischen Fundierung der Naturlehre in der »Neugierigkeit« des Menschen und ihrer mechanischen Definition als

»eine Wissenschaft dessen, was durch die Kräfte der Cörper möglich ist«, heißt es im nächsten Paragraphen:

> § 2. Weil die Naturlehre eine Wissenschaft ist: so müssen darinnen unumstößliche Gründe des Erweises anzutreffen seyn, aus welchen die Sätze durch richtige Vernunftschlüsse hergeleitet werden. Wer sieht also nicht, daß man sich vor allen Dingen um richtige Erklärungen und sorgfältig angestellte Erfahrungen bekümmern müsse? Wir erfahren alles dasjenige, welches wir erkennen, wenn wir auf unsere Empfindungen acht haben. Wir können aber hier zwey Wege erwehlen. Denn wir bemercken entweder bloß dasjenige, was sich bey denen Cörpern von selbst ereignet, oder wir setzen sie in solche Umstände, darein sie vor sich nicht würden gekommen seyn. In dem ersten Falle machen wir Observationen, im andern Experimente. Nichts ist gewisser, als daß man in der Naturlehre auf beyde zu sehen habe.[36]

Der apodiktische Ton sollte nicht darüber hinwegtäuschen, daß dieser Entwurf, was als Naturlehre gelten soll, keineswegs schon unumstritten war. Zunächst gilt es, mit Blick auf die Bedeutung, die Krüger Beobachtungen und Versuchen einräumt, die Konkurrenz von empiristischen und rationalistischen Konzepten wissenschaftlicher Erkenntnis am Anfang des 18. Jahrhunderts in Erinnerung zu behalten. Dann aber geht es darum, was Wissenschaft charakterisiert, nämlich eine bestimmte Weise des »Erweises« und eine bestimmte Weise, sich zu »bekümmern«. Diese Definition kommt nicht überraschend: Auf ihr beruht ja das Baconsche Programm in seiner reinen Form der Royal Society und nach verschiedenen Graden auch die Mischformen von Deduktion und Empirie, die sich über die anderen Wissenschaftszentren Europas verteilt gegen das Londoner ›strong program‹ profilieren. In einem Punkt setzen Krügers Ausführungen jedoch einen neuen Akzent. Um Wissenschaft zu sein, genügt es seiner Naturlehre nicht, sich um Erklärungen und Erfahrungen zu »bekümmern«, diese müssen auch »richtig« beziehungsweise »sorgfältig« angestellt sein. Nicht die Forderungen, die sich in diesen Adjektiven aussprechen, verdienen dabei Aufmerksamkeit, sondern ihre schriftliche Fixierung.

Steven Shapin hat in seinem Buch *A Social History of Truth* (1994) gezeigt, wie in den Jahrzehnten nach der Gründung der Royal Society die Gültigkeit wissenschaftlicher Beobachtungen in Systeme der Anerkennung – »*systems of recognition*« – eingesponnen war; wie ein »Wissen über Dinge« ein »Wissen über Personen« einschloß.[37] Das Verhalten eines Gentleman als hier maßgebliches Regulativ für die Anerkennung wissenschaftlicher Hervorbringungen ist sicher nicht ohne weiteres auf andere Orte der Wissensproduktion im Europa des ausgehenden 17. Jahrhunderts zu übertragen. Entscheidend ist jedoch die Bindung von Wahrheit und Vertrauenswürdigkeit an Situationen der persönlichen Begegnung. Diese Situationen sind von Regeln des sozialen Verkehrs organisiert, die, wenn sie unklar sind oder verletzt werden, auch zum Gegenstand von schriftlichen Anmerkungen werden. Man kann diese Regeln auch in den Mitteilungen und allgemein in der Organisation des Schriftverkehrs der Society bemerken, prinzipiell tendieren sie aber nicht zur expliziten Aufzeichnung. Statt schriftlich zu fixieren, wie Beobachtungen und Experimente anzustellen sind, um ihnen Anerkennung zu verschaffen, bildet der Vorgang der schriftlichen Fixierung selbst einen Teil der Beglaubigungsprozeduren. Shapin berichtet vom »Register-Book« der Royal Society, in das ausgewählte Beobachtungen eingeschrieben werden. Mit ihrer Aufnahme gehen sie in die Überlieferung ein, vorgängig aber zeigt der Akt an, daß das Mitgeteilte Anerkennung erhalten hat: »Registering a claim was an act of civility: it displayed the fact that receipt was acknowledged and that the matter was worthy of being placed into medium- or long-term institutional memory.«[38]

Die zwei unscheinbaren Adjektive in Krügers *Naturlehre* können in ihrer Bedeutung nun besser verstanden werden. Was sich in ihnen anzeigt, ist ein Diskurs, in dem die Möglichkeit, zum wissenschaftlichen Wissen beizutragen, und die Möglichkeit, daß ein Vorgang Teil dieses Wissens wird, sich in Schriften fixiert. Zwar enthält die Feststellung, daß Erklärungen »richtig« und Erfahrungen »sorgfältig« angestellt sein sollen, weder eine Aussage, was unter dieser Vorgabe zu verstehen ist, noch eine Anweisung, wie sie zu erreichen ist. Das schiere Faktum der schriftlichen Aufzeichnung solcher Punkte deutet aber an, daß sich neben den »*systems of recognition*« angelsächsischer Prägung am Anfang des 18. Jahrhunderts ein neues Modell der Regulierung entfaltet. Statt sich unter Bezug auf einen gegebenen Komment in Handlungen und Gesten zwischen Personen zu vollziehen, wird die Anerkennung von Vorgängen als Teil des wissenschaftlichen Wissens in diesem Modell wortwörtlich zur Sache von Ausführungsvorschriften und in dieser Verschriftung zur Sache von Erläuterungen, die neue Paragraphen und Schriften produzieren, die alle um die Vorschriften kreisen, die zu erfüllen sind, damit ein Vorgang als »sorgfältig« angestellt gilt und seine Erklärungen als möglicherweise »richtig« erwogen werden.

Die Verschiebung, die sich hier andeutet, läßt sich zuerst mit den Veränderungen in der sozialen Verfassung der Naturforschung zusammenbringen; also mit der Ausdehnung der Teilnehmerkreise, der Ausweitung der Datenerhebungen und der Rivalität der Wissenschaftszentren an der Wende vom 17. zum 18. Jahrhundert. Gleichwohl kann das Verhältnis zwischen den »*systems of recognition*« des 17. Jahrhunderts, die in einem unaufgeschriebenen Wissen über Personen und Verkehrsformen gründen, und den im 18. Jahrhundert zunehmend in Schriften festgehaltenen Regeln der Anerkennung nicht einfach als Literarisierung einer illiteraten Praxis und als Akt der Transparenz verstanden werden, in dem die Regeln für die größer gewordene Zahl der Akteure klargestellt werden. Der Schritt ist nicht der von einem informellen zu einem formalisierten Zugang zum wissenschaftlichen Wissen – wo käme es mehr auf Formen an denn in einer ›gentleman society‹? Der Schritt ist vornehmlich der von einer Kontrolle des Zugangs, die auf Zeugenschaft und Vorführung gründet, zu einer Kontrolle des Zugangs, die darüber hinaus auf die richtige Ausführung von Forschungshandlungen Bezug nimmt und sich über Texte etabliert.

Aus der Zeit des Erscheinens von Krügers *Naturlehre* datieren zwei Schriften, die solche Verhaltensregeln des Forschens beispielhaft entwikkeln. Pieter van Musschenbroeks »Oratio de Methodo Instituendi Experimenta Physica« (1730) und Georg Erhard Hambergers »De Cautione in Experientiis Recte Formandis et Adplicandis Adhibenda« (1741) werden beide als unselbständige Texte behandelt. Der erste wird einer lateinischen Ausgabe der an der Academia del Cimento in Florenz ausgeführten Versuche vorangestellt, der zweite als Vorwort in die dritte Auflage von Hambergers *Elementa Physices* aufgenommen.[39] Was in ihnen über das Beobachten und Experimentieren gesagt wird, bleibt so jederzeit, trotz des beträchtlichen Umfangs der Schriften, den gewonnenen Erfahrungen und Erkenntnissen von der Natur eingebunden und bildet in diesem Sinne einen festen Bestandteil des Mitgeteilten. Mit Verweis auf die Schriften van Musschenbroeks und Hambergers heißt es in der ersten Ausgabe der *Anfangsgründe der Naturlehre* (1772) von Johann Christian Polykarp Erxleben:

> Bey der Anstellung einer Bemerkung [hier: Beobachtung] sind Aufmerksamkeit auf alle Umstände, um nichts zu übersehen; und Unpartheylichkeit, um nicht mehr, nichts anders zu sehen, als was man sehen sollte, gleich nothwendig. Bey den Versuchen insbesondere ist es nöthig, sich vorher von der Vollkommenheit derer Werkzeuge zu überführen, durch welche man eine Veränderung des Zustandes an einem Körper hervorbringen will; und auch auf andere Umstände hat man mit zu sehen, welche eine Veränderung des Körpers bewirken können.[40]

Hält man sich an diese Forderungen, dann wird deutlich, daß bei der Diskussion der Verfahrensweisen des Beobachtens und Experimentierens im 18. Jahrhundert, anders als ein Jahrhundert zuvor in Descartes' *Discours de la méthode*, nicht vornehmlich vom Gebrauch des Verstands und den Regeln des rechten Schließens gesprochen wird, sondern zunächst der Gebrauch von Sinnen und Instrumenten und alle Eigenschaften interessieren, die bei der Ausführung von Versuchen und Beobachtungen gefordert sind. Der französische Geistliche und Gelehrte Jean-Antoine Nollet, dessen dreibändiger Experimentierkursus der Physik zu den Standardwerken des ausgehenden 18. Jahrhunderts zählt, gibt hierüber in einer eigenen Rede »von der Geschicklichkeit zur Erforschung der Natur«, im Original 1753 erschienen, genauer Auskunft. Ein Gleichnis steht am Anfang seiner Ausführungen. So wie nicht jede Frucht auf jedem Boden wächst, ist auch nicht jeder Kopf für die Wissenschaft gemacht. Nollets Plan ist es daher, »alles, was die Kunst, Versuche anzustellen, in sich begreifet, kurz zusammen [zu] fassen, und dadurch demjenigen, welcher sich damit zu bemühen gedenket, die zu einem glücklichen Fortgange erforderliche Gemüthsbeschaffenheit und übrige Eigenschaften vor die Augen [zu] legen.«[41] Dieses Vorhaben zerfällt in zwei Teile. Der erste betrifft die Quellen, aus denen sich ein Adept der Naturforschung das erforderliche Wissen anzueignen hat, handelt von der Lektüre von Büchern, vom Vorzug des mündlichen Vortrags und den Verhandlungen der gelehrten Gesellschaften. Der zweite Teil umfaßt hingegen die Fertigkeiten, die ein Naturforscher zu Beobachtungen und Versuchen mitbringen muß. Gleich aber ob es um das Lernen oder das Handeln geht, eins gilt es dabei auf jeden Fall zu beachten: »man lege alle Vorurtheile bey Seite!«[42] Es ist dies das erste Gebot aller Naturforschung und es macht Naturforschung zugleich zur Sache des rechten Gemüts, das ein jeder, der an ihr teilhaben will, sich aneignen muß. Was dieses noch umfassen muß, summiert Nollet in einer Reihe weiterer Regeln:

> Wer die Natur zu beobachten gedenket, es sey in welchem Stücke derselbigen es wolle, der rüste sich mit einer Gedult die alle Proben aushält, mit einer Aufmerksamkeit, die nicht den allergeringsten Umstand übergehet, er gewöhne seinen Verstand dazu, daß er vieles zugleich übersehen und sich vorstellen könne, er halte seine Einbildungskraft in den Schranken einer weisen Mäßigung, und fälle kein Urtheil ohne Vorsichtigkeit und gebührende Einschränkung.[43]

Die beiläufige Feststellung in Krügers *Naturlehre* von 1740, daß Erfahrungen »sorgfältig« angestellt sein sollen, erhält bei Nollet aber nicht nur eine seitenlang durch zahllose Beispiele belegte inhaltliche Ausfüllung. Ort und Gelegenheit von Nollets Rede, gehalten anläßlich seiner Einführung als Lehrer am königlichen Collège de Navarre in Paris, unterstreichen zusätzlich zu ihrer Anlage, daß das Gemüt des Naturforschers ausdrücklich als Gegenstand der Unterweisung konzipiert ist. Damit ist gemeint, daß das Wissen, wie ein Beobachter kunstgerecht vorzugehen hat, als eine Sache des Lernens begriffen wird. Damit ist aber auch gemeint, daß die Anerkennung von Beobachtungen und Versuchen selbst in ein Verhältnis tritt zu der Ausbildung des Beobachters oder Experimentators.

Gegen die Lehr- und Lernbarkeit der Eigenschaften, die ein Beobachter mitbringen muß, um seinen Aussagen Wirksamkeit zu verschaffen, könnte zunächst sprechen, daß sich die Diskussion in den Ausführungen des Genfer Naturforschers Charles Bonnet oder denen des Haller-Schülers Johann Georg Zimmermann nach der Mitte des 18. Jahrhunderts mit dem Geniebegriff verknüpft. Allerdings scheint Genie hier eher der Name für eine erlernbare Regel, auf Vorgänge aufmerksam zu sein und aus diesen Schlüsse zu ziehen.[44] Etwas anders sieht dies Jean Senebier. In der Schrift *L'Art d'Observer* (1775), die auf eine von seinem Förderer Bonnet formulierte Preisaufgabe der Holländischen Gesellschaft der Wissenschaften zu Haarlem antwortet,[45] begegnet Genie als erste Bedingung der annoncierten Kunst:

> Ein Beobachter ohne Genie kann sich mühsam in den Fußstapfen seiner Vorgänger fortschleppen, aber er ist nicht im Stande, sie zu verlängern oder neue zu treten; mit Augen, beständig auf die Natur geheftet, wird er darinn nichts sehen können, als was ihm andere gezeigt haben, und wirft er sie auch auf einen neuen Gegenstand, so wird er darinn nichts neues gewahr. Das Genie hingegen scheint der Seele besondere Sinnen zu geben, zum wenigsten macht es die Neugierde rege, indem es sie befriedigt; es nimmt die Aufmerksamkeit durch schmeichelhafte Hofnungen gefangen, es giebt glückliche Muthmaßungen an, um die Natur schon von ferne zu sehen. Was den Sinnen des gemeinen Beobachters entwischte, erschüttert die Sinne eines Beobachters, der voll von Genie ist, und stellt sich ihm mit der Offenbarung aller ihrer Geheimnisse dar.[46]

Weil also Genie nach Senebier dem Naturforscher von vornherein eignen muß, ist es nicht das Projekt seines Buches, das Genie durch Regeln hervorzubringen, sondern durch Regeln in seinem Vermögen anzuleiten: »Wann auch das Genie dem Beobachter die größten Vortheile verschafft, so hat es doch einen Führer nöthig;«[47] und dieser Führer umfaßt zwei Bände von zusammen gut fünfhundert Seiten Umfang.

Sein Verfasser – Prediger und Bibliothekar zu Genf, zu Zeiten der Beobachtungskunst noch mehr ein Büchergelehrter, später Autor der *Recherches analytiques sur la nature de l'air inflammable* (1784) oder der *Expériences sur l'action de la lumière solaire dans la végétation* (1788) – gibt darin eine nach allen Seiten ausgreifende Anleitung, wie ein Beobachter zu sein hat, wie er sich im Vorgang des Beobachtens verhalten soll, wie er von Beobachtungen berichten und wie er aus ihnen zuletzt schließen soll. Sie reicht von der Entfaltung einer »Zweiflungssucht«, die tätig vor Vorurteilen und Leidenschaften des Beobachters schützt, über die detaillierte Vorgabe, wie eine »gute Definition zu geben« ist, bis zur Aufstellung der »Gesetze, um gute Hypothesen zu machen«. Und sie vollendet sich schließlich in der Deklination der Beobachtung als »Mutter« aller Wissenschaften und Künste. Man könnte sich die solchermaßen entworfene Beobachtungskunst als Produkt des calvinistischen Milieus zurechtlegen, dem Senebier genauso wie Bonnet angehört. Unter dieser Perspektive gibt sich die Schrift als eine einzige Ausführung des Gedankens vom Buch der Natur zu erkennen, in dem ganz unverborgen sein göttlicher Autor zu lesen ist – wenn man nur lernt, richtig hinzusehen.[48] Gleichwohl, sowenig man diese theologische Aufladung der Beobachtungskunst übergehen kann, so sehr ist sie zusammen mit der bereits genannten Literatur, mit den anderen zwei Preisschriften, mit den Artikeln ›Observation‹ und ›Observateur‹ im 1765 erschienenen elften Band der *Encyclopédie* oder den hieran anschließenden Artikeln ›Experience‹ und ›Observation‹ in Sigaud de la Fonds *Dictionnaire de Physique* (1781) Teil einer Diskursformation, in der die Beobachtung im Verlauf des 18. Jahrhunderts nicht zuerst als Quelle der Erfahrung, sondern als Gegenstand der Regulierung, als Ziel von Anweisungen und Szene der Einübung von Vorschriften epistemisch wird. Im heutigen Sinne hat man es deshalb auch nicht mit einer Theorie der Beobachtung zu tun. Senebiers lange Schrift und genauso der kurze Paragraph in Erxlebens *Naturlehre* analysieren nicht die Bedingungen von Beobachtungen. Sie fixieren, wie ein Akt der Beobachtung oder des Experimentierens ausgeführt sein muß, damit die gewonnenen Erfahrungen innerhalb der Naturforschung zirkulieren können. Der performative Charakter des Wissens von der Beobachtung am Ende des 18. Jahrhunderts zeigt sich dabei am deutlichsten, wenn für bestimmte Beobachtungsaufgaben konkrete Verfahrensvorschriften entworfen werden.

Verfahrensvorschriften

Der beachtliche Anteil des Forschers an der Hervorbringung von Experimental- und Beobachtungsdaten begegnet in der Naturforschung des 18. Jahrhunderts in zweierlei Weise, wird auf zwei Wegen erkennbar Anlaß von Maßnahmen. Zum einen lassen sich in der Entwicklung insbesondere von Meßinstrumenten Innovationsrichtungen aufdecken, die darauf abzielen, den Beobachter in seinem Tun technisch zu unterstützen. Ein prominentes Beispiel hierfür stellt die Einführung von Mikroskopen bei der Skalenablesung von Winkelmeßinstrumenten dar, die noch weiter durch die Kombination von Mikroskop und Fadenmikrometer verfeinert wird.[49] Der Meßwert muß damit nicht mehr vom Beobachter festgestellt werden, sondern kann vom Index, der die Drehungen der Mikrometerschraube zählt, abgelesen werden. Einen vollkommen anderen Weg geht dagegen der zweite Typ von Maßnahmen: Statt durch die Gestaltung von Instrumenten versucht man hier, die Beobachtungstätigkeit im Entwurf von Verfahrensweisen zu kontrollieren.

Die Regeln, wie bestimmte Beobachtungen, ob an einem Instrument oder ohne Instrument, durchzuführen sind, werden zum Teil mündlich weitergegeben. So enthält die Vorlesung von Gabriel François Rouelle, ›professeur-démonstrateur‹ am Jardin du Roi und einer der einflußreichsten Chemiker Frankreichs im 18. Jahrhundert vor der Epoche Lavoisiers, ein regelrechtes Ausbildungsprogramm der sinnlichen Wahrnehmung.[50] Häufiger sind sie aber im Druck niedergelegt. Daß Gauss auf die Fähigkeiten des Sekundenzählens in Lalandes *Astronomie* stößt, ist kein Zufall, werden doch dort außer den astronomischen Instrumenten in einem eigenen Abschnitt »De l'usage des instruments & de la practique des observations« jeweils auch ausführlich die Verfahren angegeben, die bei ihrem Einsatz anzuwenden sind.[51] Vor allem aber werden Verfahren als Vorschriften artikuliert, wenn neue Beobachtungsgegenstände oder neue Instrumente eingeführt werden. In Bouguers *Traité d'optique sur la gradation de la lumière* lautet die Überschrift des entsprechenden Artikels »Détail des précautions qu'il faut prendre pour comparer deux lumières«. Beschrieben wird zunächst das Prinzip der Messung, dann die Details der Apparatur, der Meßakt selbst und die Mittel, aus den erhaltenen Meßwerten das Verhältnis der Lichtstärke der verglichenen Lichtquellen zu berechnen. Erst danach werden die angekündigten Vorkehrungen besprochen:

> Il sera toujours facile de réduire cette méthode en pratique, & il suffira ordinairement, pour la rendre exacte, de prendre un certain nombre de précautions, qu'il est à propos d'avoir toujours présentes.[52]

Fig. 1

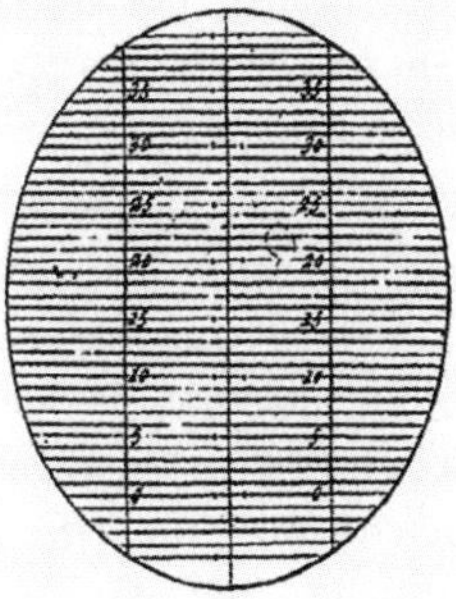

Fig. 2

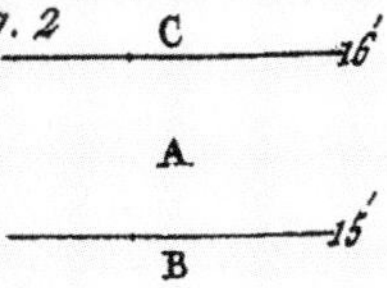

Abb. 2/3: Links: Mikrometerglas, das im Brennpunkt des Fernglases montiert wird. Schwarze Tusche auf Glas. Rechts: Abstand zwischen zwei Horizontallinien des Mikrometers. In: Tobias Mayer, Beschreibung eines neuen Mikrometers, *Kosmographische Nachrichten und Sammlungen auf das Jahr 1748*, Nürnberg 1750, Abb. 1 und 2.

Vorkehrungen oder »précautions«, das Zitat stellt es klar, greifen dort ein, wo eine Methode »en pratique« ausgeführt wird, wo also ein Prinzip übergeht in eine Tätigkeit des Beobachtens. Ihr Gegenstand ist entsprechend nicht die Methode selbst, sondern die Handlungen, die bei ihrer Ausführung vorkommen. Vorkehrungen betreffen also die individuelle Vorgehensweise eines jeden Beobachters, greifen in diese ein, schreiben eine bestimmte Verfahrensweise vor und garantieren im Vollzug dieses Verfahrens das mit seiner Hilfe gewonnene Wissen von der Natur.

Tobias Mayers »Beschreibung eines neuen Mikrometers«, 1750 publiziert und zwei Jahrzehnte später von Johann Heinrich Lambert noch einmal abgedruckt, bringt den Zusammenhang von Verfahrensweise, Status einer Beobachtung und schriftlicher Anweisung, der für das Beobachtungsregime des 18. Jahrhunderts maßgeblich ist, exemplarisch zum Ausdruck. Nach Lambert war Mayer, »so viel mir bekannt, der erste, der auf den Einfall kam, ein Mikrometer in Form einer Meßleiter auf Glas zu zeichnen, und dasselbe in den Brennpunkt der Fernröhren zu setzen.«[53] Eingeführt in die Astronomie anläßlich von Mayers Projekt einer neuen Mondkarte besaßen solche Glasmikrometer (Abb. 2) gegenüber den älteren Fadenmikrometern den Vorteil, daß man eine größere Zahl von Objekten gleichzeitig, ohne Bewegung des Fernrohrs in ihren Abständen zueinander messen konnte.[54] Um aber bei der Bestimmung auf Angaben in Bogensekunden zu kommen, mußte die in Bogenminuten geteilte Mikrometerskala noch weiter geteilt werden. Mayers »Beschreibung« läßt dabei keinen Zweifel, daß der Beobachter hier auf eine von den Zeitgenossen durchaus als heikel empfundene Weise ins Spiel kam: »Vielleicht wird man nicht wenig bestürzt seyn, und das Mikrometer für sehr unvollkommen ansehen, wenn ich sage, daß man solches durch das blosse Augenmaaß thun könne. Eine Weite die kaum den dritten Theil einer Linie kaum den vierzigsten Theil eines Zolles beträgt in 60 kleinere Theile [nämlich in sechzig Bogensekunden] nur mit dem blossen Augenmaaße einzutheilen und zu schätzen, das scheinet eine Verwegenheit ja eine Unmöglichkeit zu seyn.«[55] Daß dies gleichwohl ohne jede »Zauberkunst« zu bewerkstelligen ist, besichern ihm zwei Umstände: Zum einen werden die Abstände zwischen den Linien durch das Okular des Fernrohrs entsprechend vergrößert, zum anderen wird der Gebrauch des Auges in der Messung durch eine minutiöse Vorschrift angeleitet:

> Gesetzt, das Augenglas vergrössere eine Sache zwanzigmal, wie bey nicht gar langen Ferngläsern geschiehet, so wird die Weite zweyer Parallelen des Mikrometers auch um eben so viel grösser und ungefähr so groß scheinen, als in der 2. Figur [Abb. 3] angedeutet ist. Da dünkt mich nun, es sey nicht so gar schwer, wenn man der ganzen Weite BC 60 Theile in Gedanken giebt, zu schätzen um wie viel dergleichen Theile ein Punkt A, ein Stern zum Exempel, von der untern Linie B abstehe. Man kann stuffenweis gehen. Ich sehe hier in der Figur daß A näher bey B stehe als bey C, und da weiß ich schon, daß sein Abstand von derselben kleiner als 30" seye. Ich sehe ferner daß BA mehr als 1/4 von BC halte, und daß also der Punkt zwischen 15" und 30" falle. Wenn mein Augenmaß gut ist, so erkenne ich, daß BA etwas grösser als 2/5 von von der ganzen Weite BC, oder als 24" seye. Ich schliesse endlich, daß der Punkt A von der untern Linie B höchstens um 26" abstehe. Wenn man sich auf diese Weise, ehe man sich getraut wirklich zu beobachten, zuvor auf dem Papiere übet, allwo man die Weiten der Linien BC und des Punkts A von einer derselben, mit dem Handzirkel nachmessen und sehen kann um wie viel man sich durch das Augenmaaß betrogen habe: So wird man eine Fähigkeit bekommen dergleichen Abstände, der Punkt mag zwischen die Linien hinfallen wo er will, sehr geschwinde und gleichsam auf den ersten Anblick so zu schätzen, daß man selten mehr als um 2" fehle, und das ist eine Schärfe, die man bey andern Mikrometern, ob sie schon durch Schrauben und andere Künsteleyen noch so fein gemacht sind, kaum zu erhalten pfleget.[56]

Der Status dieser Sätze läßt sich mit den Ausführungsbestimmungen eines Gesetzes vergleichen. In ihnen wird ein Verfahrensmodus umrissen, der einzuhalten ist, damit der Beobachtungsakt im Ergebnis Gültigkeit erlangen kann. Statt so oder so die Abstände zwischen Objekt und Mikrometerteilstrich zu schätzen, wird ein verbindliches Procedere festgelegt und mit dessen Beachtung die Aufnahme der durchgeführten Beobachtungen in die wissenschaftliche Diskussion verknüpft. Daran ändert auch nichts, daß für Mayer umgekehrt die Daten, die mit dem Verfahren gewonnen werden, dessen Wirksamkeit als Vorschrift begründen. Die von ihm in der Folge in der Beschreibung mitgeteilten Werte für den Durchmesser der Sonne und des Mondes, so Mayer, würden »gewiß nicht so unter sich zusammen stimmen, wenn diese Beobachtungsart so sehr unrichtig wäre.«[57] Was nur belegt, daß der Meßwert in seiner Genauigkeit und Regelmäßigkeit direkt in Abhängigkeit zur angewandten Verfahrensweise begriffen wird.

Mit der Angabe eines verbindlichen Proceders ist es allerdings nicht getan. Der Erfolg hängt vielmehr zuletzt an der tatsächlichen »Geschicklichkeit und Uebung des Beobachters«[58]. Der Angabe der »Beobachtungsart« geht deshalb eine prinzipielle Einschränkung voraus, die auf das Wesen der Vorschrift selbst reflektiert. Man »muß«, so Mayer nach der Beschreibung der Herstellung des Mikrometers, »auch den Gebrauch davon zeigen«, um im nächsten Satz zu bemerken: »Weil aber bey allen dergleichen Dingen überhaupt die wirkliche Ausübung das meiste thun muß, so zweifle ich, ob meine Anweisung, die ich hier nur mit Worten geben kann, hinlänglich genug seye, einem der nicht selbst schon einen Begriff vom astronomischen Beobachten hat, in den Stand zu setzen, den Gebrauch dieses Mikrometers zu verstehen.«[59] Ein Regime der Beobachtung als Regime von Vorschriften und damit als schriftliches Regime findet in dieser systematischen Ungewißheit über die Kenntnisse seiner Adressaten und deren Fähigkeit, Worte in Handlungen umzusetzen, eine Grenze. Im Umgang mit dieser Grenze wird es jedoch vorerst nicht überschritten. Die Ungewißheit über den Erfolg von Vorschriften schlägt sich wiederum in besonderen Vorschriften nieder, die die Darstellung von Beobachtungen und Versuchen betreffen. Im Artikel »Beobachtung« in Johann Samuel Traugott Gehlers *Physikalischem Wörterbuch*, erschienen 1787, wird vom Beobachter nach der Mahnung, Beobachtungen nicht vorschnell bekanntzumachen, gefordert:

> Dann aber wird er nicht nur die Entdeckungen selbst, sondern auch die Mittel, wodurch er zu denselben gelangt ist, ohne Zurückhaltung eröfnen. Dies ist nothwendig, da kleine Unterschiede in der Art zu

> verfahren oft große Abweichungen in den Resultaten veranlassen. Er wird auch aufrichtig angeben, was er gut, und was er mit minderer Zuverlässigkeit wahrgenommen habe. Er wird seine Wahrnehmungen mit allen nöthigen Beweisen versehen, ihre besondern Umstände zeigen, und alle Ursachen des Zweifels wegnehmen. Er wird nicht alle Beobachtungen ohne Unterschied anführen, sondern aus der Menge derselben diejenigen auswählen, welche die entdeckte Wahrheit am besten und leichtesten enthüllen. Er wird endlich Ordnung und Methode in seinen Vortrag legen, damit man die Verbindung der Beobachtungen untereinander, und das Licht, das eine auf die andere wirft, besser übersehe.[60]

Gehlers Ausführungen, die den entsprechenden Abschnitt »Von dem Beobachter, der die Natur schildert« aus Senebiers Schrift raffen, geben mehr als nur eine Vorschrift für die Mitteilung von Beobachtungen. Vielmehr ist die Mitteilung selbst ein Teil des Verfahrens, in dem die Anerkennung von Versuchen und Beobachtungen hervorgebracht wird.

Nur auf den ausführlichen Bericht, heißt es bei Nollet, darf ein Naturforscher »einigen Glauben« fordern.[61] Der Vorgang der Aufzeichnung unterscheidet sich so grundsätzlich von dem Eintrag einer Beobachtung oder eines Versuchs in das ›Register-book‹ der Royal Society, der, wie erwähnt, die Anerkennung des Mitgeteilten bestätigt, sie aber nicht selbst herbeiführen kann. Und er unterscheidet sich als Verfahren wiederum von den »literary technologies«, die Shapin in den Experimentalberichten Robert Boyles identifiziert hat. Während diese Techniken darauf abzielen, den Leser des Berichts virtuell zum Zeugen des geschilderten Vorgangs zu machen, seine Abwesenheit von der Szene des Experiments zu überbrücken und ihn auf diese Weise in die auf Präsenz der Akteure gegründeten »systems of recognition« einzubeziehen,[62] muß die Aufzeichnung unter einem Regime der Vorschrift eben jene Ungewißheit stillstellen, die über die Realisierung angewiesener Verfahrensweisen herrscht. Ausführlich zu beschreiben sind Versuche nach Gehler vordringlich, um Abweichungen durchscheinen zu lassen, die aus »Unterschiede[n] in der Art zu verfahren« herrühren.

Allerdings tritt der Bericht nicht allein in die Lücke ein, die sich möglicherweise zwischen der schriftlichen Anweisung von Verfahren und der tatsächlichen Ausführung von Beobachtungen auftut. Noch ein weiterer Satz von Anweisungen ist zu beachten, der die Mittellage hält zwischen den allgemeinen Forderungen nach Aufmerksamkeit und Unparteilichkeit und der Angabe spezieller Verfahren etwa bei Mayer. Ihr Ansatzpunkt bildet jener Umstand, den Mayer als Ursprung der Unsicherheit über den Erfolg seiner Vorschrift benennt: den jeweiligen Grad der Übung des Beobachters. Unter der Perspektive der Beobachtungskunst und ihrer Verzeichnung von Vorschriften bezeichnet Übung mehr als die Summe der im Ablauf der Zeit getätigten Erfahrungen, mehr also als die bloße Wiederholung von Messungen, wie dies bei Mayer scheint. Ein geübter Beobachter muß nicht zuletzt eine genaue Kenntnis der im Experimentieren und Beobachten gebrauchten Sinne und Werkzeuge besitzen.

Kenntnis und Gebrauch: Von der Vervollkommnung der Beobachtungswerkzeuge

Sinne und Werkzeuge der Beobachtung werden in Senebiers Beobachtungskunst in zwei aufeinander folgenden Abschnitten besprochen, die am Anfang des zweiten Teils der Schrift, »Von dem Beobachter, indem er beobachtet«, plaziert sind. Was von ihnen zu wissen ist, wird damit von vornherein unter eine operative Perspektive gebracht. Die Überschriften der Abschnitte sind je gleich gebildet: »Von den Sinnen des Beobachters« lautet die eine, »Von den Werkzeugen des Beobachters« die andere. Die Parallele ist keine rein äußerliche. Wenn auch Sinne und Werkzeuge im Gesamtplan der Beobachtungskunst eigene Kapitel bilden, werden sie doch im Wissen vom beobachtenden Beobachter gleichartig und subsidiär entworfen. Sind die Sinne »Lehrer des Menschen« und »Werkzeuge der Seele«,[63] dann sind die Werkzeuge wiederum die »Hülfsmittel« der Sinne:

> Die Sinne sind zu eingeschränkt, um alles gewahr zu werden, und zu wenig genau, um alles richtig abzumessen; sie haben eben so viele Hülfsmittel nöthig, um die Infusionsthierchen zu entdecken, als um die Trabanten Saturns zu sehen.[64]

Werkzeuge sind damit grundsätzlich an die Tätigkeit der Sinne gebunden. Ihr systematischer Platz im Beobachten bestimmt sich im Bezug auf sie: Wo jene »außer Stande« sind, Eigenschaften des Beobachteten, etwa »die Veränderungen in der Wärme«, zu bestimmen,[65] treten Werkzeuge ein. Solche Werkzeuge begegnen in dieser Hinsicht als Werkzeuge zweiter Ordnung, die von den Sinnen als Werkzeugen erster Ordnung her verstanden werden. Der logischen Nachordnung der Werkzeuge hinter die Sinne steht dabei in der Praxis des Beobachtens die Nachordnung der Sinne hinter die Werkzeuge gegenüber. So liest sich das alte, seit Galileis ersten Beobachtungen einschlägige Problem, daß Sterne und Planeten mit dem bloßen Auge betrachtet größer erscheinen als durch das Fernrohr beobachtet, in einem Handbuch der Astronomie vom Ende des 18. Jahrhunderts wie folgt:

> Ferner ist zu merken, daß wir alle glänzende Körper mit blossen Augen wirklich unter einem größeren Sehewinkel als andere gleich große Gegenstände erblicken, indem dabei in unsern Augen um das wahre Bild derselben ein von ihrem lebhaften Glanz entstehender Zerstreuungskreis der Stralen statt findet, innerhalb welchen sich noch ein matter Schein ausbreitet, und wodurch das Bild vergrößert wird. Dies ist ein scheinbares und unvollkommenes Sehen, welches die Fernröhre dadurch abhelfen, daß sie diese falsche Stralen absondern und uns das deutliche nach der wirklichen Größe des Sehewinkels entstehende Bild vom Gegenstande vergrößert darstellen.[66]

Damit haben sich die Verhältnisse zwischen Auge und Fernrohr seit Galilei genau verkehrt: Während dieser noch danach trachten mußte, Beobachtungen am Fernrohr Beobachtungen mit dem Auge als gleich zuverlässig zur Seite zu stellen,[67] bestimmt sich gut einhundertfünfzig Jahre später die Beobachtung mit dem bloßen Auge vorweg als »unvollkommenes Sehen« gegen den Blick durch das Fernrohr.

Charakteristisch an diesem Beispiel eines Sprechens über Sinne und Werkzeuge in der Naturforschung des späten 18. Jahrhunderts ist nicht nur, daß das Fernrohr gerade in der Weise, wie es sich gegen das Auge absetzt, auf dieses bezogen bleibt und in bezug auf das sinnliche Werkzeug Eigenheit gewinnt. Charakteristisch ist auch der Begriff, in dem die Relation zwischen Sinnen und Werkzeugen zurechtgelegt wird: der Begriff des Unvollkommenen. Sehen ohne Fernrohr ist »unvollkommenes Sehen«. Der Begriff des Unvollkommenen besitzt in der Beobachtungskunst zwei Facetten. Zunächst wird mit ihm Vollkommenheit als Maßstab der Beurteilung eingeführt: in verschiedenen Graden unvollkommen sind Sinne und Werkzeuge unter der Voraussetzung eines idealen, vollkommenen Werkzeugs der Beobachtung, gegen das sie zurückbleiben. Diese Voraussetzung wiederum bestimmt, wie sinnliche und andere Werkzeuge dem Beobachter zum Gegenstand seiner Kunst werden: nämlich als Objekte, die zu vervollkommnen sind.

Der Weg dorthin führt, auch hier strikt parallel für Sinne und Werkzeuge, über zwei Forderungen. Die eine gibt es dem Beobachter auf, sich »vom guten Zustande seiner Sinne« und analog »von der Güte der Werkzeuge zu versichern, die er gebrauchen will«.[68] Sie führt auf Prozeduren der Untersuchung, in deren Ablauf Zustand oder Vollkommenheit der Werkzeuge zu ermitteln und, wie Senebier in bezug auf die Sinne schreibt, »ihre Eigenschaften recht einzusehen« sind.[69] Und sie bringt, was die Sinne betrifft, außer den Kenntnissen, »ihre Irrthümer auszulöschen«, die Unterschiede hervor, die unter den Empfindungen der Sinne verschiedener Beobachter bestehen können, während an einem Werkzeug Art und Größe seiner Fehler zu charakterisieren sind, »um von dem Grade seiner Vollkommenheit zu urtheilen.«[70] An diese Prozeduren schließt sich aber eine zweite Forderung an: »Mit dieser Bemühung, seine Werkzeuge zu kennen, muß man noch eine andere verbinden, sie anzuwenden; die Werkzeuge bringen ihre Wirkungen besser oder schlechter hervor, je nachdem man sich ihrer besser oder schlechter zu bedienen weiß:

> es ist sogar oft geschehen, daß man gewisse Beobachtungen nicht wiederholen konnte, weil man die Werkzeuge nicht zu gebrauchen wußte, mit welchen man sie anstellen sollte.[71]

Das Besser oder Schlechter des Gebrauchs ist, wie bekannt, Sache von Verfahrensregeln. Zusätzlich bestimmt es sich an dieser Stelle aber auch in Relation zu dem Gegenstand, der zu untersuchen ist. So sollte der Beobachter von seinen Sinnen nicht nur wissen, wann und unter welchen Umständen »seine Empfindungen am genauesten und seine Begriffe am wahrhaftigsten sind«, er muß vielmehr auch »jeden von ihnen [den Sinnen] insbesondere genau kennen lernen«, weil jeder von ihnen vor eigene Irrtümer führt, eigene Begriffe verschafft und, wie Senebier in der abschließenden Deklination der fünf Sinne vorführt, von den Gegenständen anderes hervorbringt.[72] Und ebenso reicht es nicht aus, ein Werkzeug im Maß seiner Vollkommenheit zu untersuchen: »Um sich eines Vergrößerungsglases zu bedienen, muß man nicht nur seine Natur, sein Vermögen und seine Stärke kennen, man muß auch wissen, was die Größe, das Gewebe und die Art des Gegenstandes ist, den man beobachten will?«[73] Der Grundzug dieses Wissens von Sinnen und Werkzeugen ist damit aber nicht außer Kraft gesetzt: Im Gegenteil werden die beobachteten Gegenstände nur ebenfalls in einen Entwurf der Beobachtung integriert, der ganz darauf setzt, daß sich alle Umstände durch ein in Vorschriften gefügtes Wissen und Üben beherrschen lassen.

Die Art und Weise, in der Werkzeuge des Beobachtens und Experimentierens in der Naturforschung des ausgehenden 18. Jahrhunderts epistemisch werden, trägt unübersehbar den Willen in sich, den Menschen »als Herren einzusetzen«,[74] den Horkheimer und Adorno in der *Dialektik der Aufklärung* (1947/1969) als elementarstes Kennzeichen des

Baconschen Programms bezeichnet haben. Nur endet der Wille zur Beherrschung, wie sich zeigt, nicht bei der Natur, sondern schließt vorhergehend die Praxis ein, in der über die Natur verfügt werden soll. Daß ein Wissen von den Sinnen als Werkzeugen der Beobachtung, das auf der Möglichkeit ihrer Vervollkommnung aufruht, unausgesprochen ein Machtverhältnis voraussetzt, wird besonders deutlich, wenn man gleichsam als Kommentar Immanuel Kants 1798 erschienene *Anthropologie in pragmatischer Hinsicht abgefaßt* heranzieht. An einschlägiger Stelle wird dort über die Sinnlichkeit bemerkt:

> Dem Verstande bezeigt jedermann alle Achtung, wie auch die Benennung desselben als oberen Erkenntnisvermögens es schon anzeigt; [...]. Aber die Sinnlichkeit ist in üblem Ruf. Man sagt ihr viel schlimmes nach: z.B. 1) daß sie die Vorstellungskraft *verwirre*; 2) daß sie das große Wort führe und als *Herrscherin*, da sie doch nur die *Dienerin* des Verstandes sein sollte, halsstarrig und schwer zu bändigen sei; 3) daß sie sogar *betrüge* und man in Ansehung ihrer nicht genug auf seiner Hut sein könne.[75]

Es kommt hier nicht darauf an, Kants »Apologie für die Sinnlichkeit« systematisch an das philosophische Werk zurückzubinden. Interessanter als ihre Begründung aus der Erkenntniskritik erscheint ihr strategischer Ort. Die *Anthropologie* ist bekanntlich keine vorzüglich wissenschaftliche Schrift. Sie wendet sich, wie es in der Vorrede heißt, an das »lesende Publicum« und gibt ihm »Veranlassungen und Aufforderungen« mit, die vermittelte »Menschenkenntnis« zum »eigenen Thema zu machen«, auf das eigene Leben anzuwenden.[76] Begreift man deshalb das Buch weniger als eine gelehrte Abhandlung denn als Fibel für alle Lebenslagen, dann wird man die Verteidigung der Sinnlichkeit nicht allein in ihrer langen philosophischen Tradition betrachten können, wie es etwa in Reinhard Brandts neuem Kommentar zur *Anthropologie* geschehen ist.[77] Man muß vielmehr bedenken, daß die Sinne in diesem Buch unter das Vermögen einer »anthropologischen Didaktik« gerückt werden, sie also nicht anders als in Senebiers Beobachtungskunst als Gegenstand der Lehre und Belehrung erscheinen. Die Möglichkeit hierzu schafft aber erst das Plädoyer, das Kant für die Sinnlichkeit hält.

Der Plan seiner Verteidigung hat etwas Zweischneidiges: Mit den Vorwürfen, die als abzuweisende eingeführt werden, erhält die Sinnlichkeit zugleich ihren Platz im Vorgang der Erfahrung angewiesen. So verwirren die Sinne nicht, denn Verwirrung setzt Ordnung voraus, und hierfür sind die Sinne nicht zuständig, noch gebieten sie über den Verstand, »sie bieten sich vielmehr nur dem Verstande an, um über ihren Dienst zu disponiren«, vor allem aber: »*Die Sinne betrügen nicht*«, und zwar nicht deshalb, »weil sie immer richtig urtheilen, sondern weil sie gar nicht urtheilen«.[78] Auf dem Umweg über eine Apologie, deren wesentliches Kennzeichen ist, »daß etwas Passives nicht gut schuldig sein kann«,[79] werden so die Bedingungen dafür geschaffen, die Sinne im Register der Lehr- und Lernbarkeit zu führen. Denn im Beweis ihrer Passivität führt sich nichts anderes als die Voraussetzung aller Pädagogik aus: die vollkommene Beherrschbarkeit des Gegenstands in seiner Vermittlung. Daß die Sinne nicht urteilen noch ordnen, also nicht in den Vorgang der Erfahrung intervenieren, sondern ihre Empfindungen immer von Verstandestätigkeiten bemeistert werden, ist so betrachtet der erste Aftereffekt jenes Machtverhältnisses zwischen Verstand und Sinnen, für das Kant auf ein bezeichnendes Bild zurückgreift. Die Sinne, heißt es in ihrer Rechtfertigung gegen die Anklage der Herrschsucht, »sind wie das gemeine Volk, welches, wenn es nicht Pöbel ist (ignobile vulgus), seinem Obern, dem Verstande, sich zwar gern unterwirft, aber doch gehört werden will.«[80] Mit anderen Worten: was die Sinne zu melden haben, gewinnt erst in der Kenntnisnahme durch den Verstand Wirksamkeit. Es ist dies das eigentliche strategische Moment an der Verteidigung der Sinnlichkeit. Indem die Unschuld der Sinne erwiesen wird, wird ihre Lenkung durch den Menschen als »freihandelndem Wesen« behauptet. Die Sinne zu benutzen, zu sehen oder zu hören, gerät damit unter die Verfügung eines pragmatischen Wissens, was der Mensch aus sich »machen kann oder soll«.[81]

In diesem pädagogischen Imperativ ist der Entwurf der Sinne und Werkzeuge in Rücksicht auf ihre Vollkommenheit respektive Unvollkommenheit eingelagert, der alles zusammenhält, was von ihnen am Ende des 18. Jahrhunderts zu wissen ist. Soweit die Sinne unvollkommen sind, sind sie zugleich auch disponier-, also bildbar: »Ein Vorzug der menschlichen Natur ist es, daß unsere Sinne sich vervollkommnen lassen«, so daß etwa »Uebung und Aufmerksamkeit das Gesicht, das Gehör und den Geruch [schärfen]«, wie es in der *Encyklopädie* (1782) des Mathematikers Georg Simon Klügel heißt.[82] Und soweit sie unvollkommen sind, ist diese Unvollkommenheit durch den Erwerb entsprechender Kenntnisse zu bemeistern. Hierzu gehört aber nicht nur, daß der angehende Naturforscher seine Sinne zu gebrauchen lernt und im Gebrauch verfeinert.[83] Er muß sich auch über die Irrtümer unterrichten, in welche die Tätigkeit der Sinne führen kann. Nur kommt es in dieser Hinsicht weniger auf eine Kenntnis der Organe selbst als auf die Kontrolle der eigenen Urteilsoperationen an.

Kants Position, daß die Sinne niemals betrügen, weil »der Irrthum immer nur dem Verstande zu Last fällt«,[84] ist unter den zeitgenössischen Naturforschern Konsens. In Bodes *Erläuterung der Sternenkunde* gibt es eine ganze Serie von Paragraphen, die sich mit »optischen Betrügen beim Anblick des Himmels« beschäftigen. Einige davon, wie die scheinbare Verkleinerung der Sonne oder der Fixsterne im Fernrohrbild, können anatomischen Bedingungen des Auges zugerechnet werden. Andere werden dagegen, wie die notorische, auch von Kant angeführte Mondtäuschung – der Eindruck, daß der Mond am Horizont wesentlich größeren Umfang besitzt als am Firmament – auf die »richtige oder unrichtige Beurtheilung«[85] der Sinneswahrnehmungen zurückgeführt. Die epistemologischen Implikationen einer solchen Nachordnung der Sinne gegen den urteilenden Verstand faßt Gehlers Artikel »Gesichtsbetrüge« bündig zusammen:

> Die falschen Urtheile, welche wir über die Beschaffenheit und den Zustand der gesehenen Gegenstände fällen, heißen Gesichtsbetrüge, wenn wir aus denen im Auge erregten Empfindungen, in ungewöhnlichen Fällen, dennoch nach den gewohnten Regeln schließen. [...] Hier urtheilen wir notwendig falsch: weil wir uns aber dieses Urtheilens nicht deutlich bewußt sind, und es mit dem Sehen selbst verwechseln, so glauben wir bey Entdeckung des Irrthums, falsch gesehen zu haben, und von unserm Auge getäuscht zu seyn. Daher hat man diesen Irrungen den Namen der Gesichtsbetrüge beygelegt, und über die Betrüglichkeit der Sinne gestritten, obgleich die Darstellung allezeit richtig, d. h. den Gesetzen des Lichts und der Einrichtung des Auges angemessen, ist, so daß der Fehler blos in dem Urtheile liegt, das wir über die Darstellung fällen.[86]

Gesichtsbetrüge sind also Regelverletzungen und wiederum durch Regeln, etwa die Vermeidung übereilter Urteile, zu verhindern. Mit dieser Auffassung konvergiert der Entwurf der Sinne als Gegenstände, von denen ihr vorteilhafter Gebrauch in Beobachtungen zu wissen ist. Aus dieser Auffassung geht aber auch hervor, daß die Sinne nach ihrer organischen Tätigkeit in diesem Wissen keinen Ort besitzen. Denn entweder erscheinen die Sinne als anatomische Entitäten, die in bestimmter Weise in das Wahrgenommene eingreifen, in diesem Eingriff aber erkannt und kontrolliert bleiben. Oder die Sinne erscheinen als Quellen von Empfindungen, die erst im Akt des Urteilens problematisch werden können, weshalb die Aufmerksamkeit auf die Verfahren der Beurteilung und insgesamt auf den verfahrensmäßigen Gebrauch der Sinne gelenkt wird. Solche Sinne können Hindernisse sein, aber diese Hindernisse sind jederzeit übersteigbar: Anwendung von Verfahren, Vorsicht im Urteil, Übung im Gebrauch und Unterstützung durch Werkzeuge neutralisieren alle denkbaren Probleme, die aus ihrer Verwicklung ins Beobachten und Experimentieren hervorgehen können.

Auf dem Höhepunkt eines auf Vorschriften gegründeten Regimes der Beobachtung, auf dem Höhepunkt seiner Ausformulierung in Senebiers Werk, deutet sich allerdings eine Einsicht an, die seine Wirkkraft entschieden einschränkt. Nicht der Beobachter und das Maß, in dem er Anweisungen befolgt und Verfahrensweisen mit Erfolg anwendet, nicht also die systematische Unsicherheit dieses Regimes, trägt hierfür die Verantwortung. Vielmehr macht sich ein Umstand geltend, der das Regime äußerlich, in seinen Voraussetzungen, unterwandert. »Es ist sogar sehr wichtig, zu bemerken«, bemerkt Senebier nach der Aufzählung aller Punkte, die ein Beobachter an seinen Werkzeugen zu kennen hat,

> daß es nicht möglich ist, die gleiche Erscheinung mehrmal auf die gleiche Art zu beobachten, wann man schon die gleichen Werkzeuge hat; dieß haben die geschicktesten Sternseher beständig erkannt, und andere ehrliche Beobachter haben sich nicht gescheut, es zu gestehen. Es würde daher sehr nützlich seyn, die Gränzen dieser Fehler zu suchen, um den Beobachtungen mehr Sicherheit geben zu können.[87]

Werden bis dahin bei Senebier Fehler, sei es von Sinnen oder von Werkzeugen, als Ursprung von Irrtümern verstanden, in welche sich ein Beobachter verfangen kann, gewinnt das Wort vom Fehler nun eine neue, zweite Bedeutung. Dieser Fehler ist nicht ein Objekt, das durch reines Gemüt und vertiefte Kenntnis einzusehen und zu vermeiden ist, dieser Fehler ist zu berechnen. »Lambert hat sich mit dieser Sache beschäftigt«, heißt es gleich darauf, und es folgt eine kurze Einführung in dessen »Theorie der Zuverlässigkeit der Beobachtungen und Versuche« (1765) nach einer 1773 im *Journal Littéraire* publizierten Zusammenfassung. Als Geschäftsgrundlage seiner Abhandlung hatte Lambert festgehalten:

> Der erste Grundsatz ist dieser, daß sich in der Ausübung [eines Versuchs oder einer Beobachtung] an keine geometrische Schärfe gedenken läßt, obgleich man sich allerdings Mühe geben sollte, derselben so viel möglich ist, nahe zu kommen.[88]

Ursache hierfür ist die »Ausübung« selbst, die eine Wirkung ausübt. Die »Genauigkeit der Instrumente«, die »Sorgfalt des Beobachters«, die »Schärfe der Sinnen« und die »Umstände der Beobachtung« sorgen dafür, »daß wenn der Versuch mehrmalen wiederholt wird, der Erfolg immer mehr oder minder unterschieden ist, und daher von dem wahren nothwendig mehr oder minder abweicht. Jeder Versuch wird dadurch unzuverlässig, und man kann an keinem unmittelbar erkennen, ob er dem wahren am nächsten sey oder nicht?«[89] Die Absicht, diese Frage auf wahrscheinlichkeitstheoretischem Wege zu lösen, ist, wie die Forschungsliteratur betont, weder von den Zeitgenossen noch in der Rückschau sonderlich gewürdigt worden.[90] Ein Grund dafür dürfte jenes eben skizzierte ganz andere Regime der Beobachtung gewesen sein, das die Diskussion eines Datums der Natur von der Ausführung von Verhaltensanweisungen und Verfahrensvorschriften abhängig macht. Es ist deshalb um so bemerkenswerter, daß mit Senebier der prominenteste Autor dieses Regimes die anscheinend marginalen Überlegungen Lamberts in seiner Beobachtungskunst erwähnt und an einer späteren Stelle sogar noch einmal ausführlicher vorstellt.[91] Denn hält man sich an Lamberts ersten Grundsatz, dann verblaßt das ganze schöne Regelwerk der Beobachtungskunst gegen das einfache Faktum, daß auf »Schärfe« nicht zu rechnen ist, vielmehr die Beobachtungen »immer« und »nothwendig« voneinander abweichen, weil man »im allgemeinen vermuten darf, daß jedes Instrument Gegenstand eines mehr oder minder grossen Fehlers ist.«[92] Die epistemologischen Konsequenzen einer solchen Perspektive für die Praxis der Beobachtung und die Praxis ihrer Regulierung sind hier noch nicht faßbar. Trotz der Feststellung, daß selbst die besten Werkzeuge »noch lange nicht vollkommen genau« sind, bleibt die Forderung, sie vollkommen zu machen, auf Senebiers Agenda. Und über die anderen Werkzeuge wird noch gewisser festgestellt:

> Es ist sehr schwer, daß gut beschaffene, wohl geübte und bekannte Sinne in Irrthum stürzen können, wenn es nicht durch besondere Umstände geschieht, welche den Einfluß der Wirkung, die die Gegenstände auf sie haben müssen, ändern.[93]

Die nachgestellte Einschränkung bringt die Gegebenheit der Sinne in dieser Episteme noch einmal auf den Punkt. Wenn sie trotz aller Maßregeln zu einem Irrtum führen oder »Fehler« sogar »unvermeidlich begehen«,[94] dann durch Umstände, die nicht in ihnen selbst liegen. In diesem einen Punkt unterscheiden sich damit Sinne und Werkzeuge bei Senebier: Während letztere in ihrer notwendigen Fehlerhaftigkeit als eigene Bedingung jeder Beobachtung zumindest aufscheinen, sind erstere, abgesehen von einigen zu überwindenden anatomischen Eigenheiten, ganz und gar als passive, von äußeren Bedingungen abhängige Hilfsmittel des Beobachtens bestimmt.

3. Was ist ein besseres Meßinstrument?

Am Anfang des 19. Jahrhunderts ereignet sich in der Diskussion um die Beobachtung eine Verschiebung, die am einfachsten an den Unterschieden zwischen zwei Texten nachvollzogen werden kann. Knapp vierzig Jahre nach dem Erstdruck des von den Zeitgenossen hochgeschätzten Gehlerschen *Physikalischen Wörterbuchs* erscheint im Jahr 1825 der erste Band einer neuen, vollkommen überarbeiteten Ausgabe.[1] Bis zum Abschluß zwei Jahrzehnte später ist das Werk offenkundig von den Zeitläuften überrollt worden. Fast alle der zehn Hauptbände zerfallen in zwei oder drei Abteilungen, von denen jede im Umfang einem Band des alten Wörterbuchs entspricht. Nicht immer aber zeigt sich in dieser Publikationsgeschichte nur das schiere Ausmaß an, in dem das Wissen von der Natur zwischenzeitlich zugenommen hat. Wenn der Artikel ›Beobachtung‹ statt vorher gut sechs in der neuen Ausgabe mehr als achtundzwanzig Seiten umfaßt, dann nicht etwa, weil man in diesem Verhältnis nun mehr über die Sache wüßte. Was sich grundsätzlich geändert hat, sind die Voraussetzungen, unter denen der Vorgang der Beobachtung Gegenstand des Wissens wird, und was zu wissen ist, wenn man Beobachtungen ausführt.

Zunächst allerdings hält sich der Verfasser des neuen Artikels, der Physiker Georg Wilhelm Muncke, an die Gehlersche Vorlage. Auch er führt die Beobachtung gemeinsam mit dem Versuch als Mittel der Erfahrung ein, setzt die beiden Erfahrungsmodi gegeneinander ab, um allerdings, anders als Gehler, festzustellen, daß die Unterscheidung vielleicht überhaupt nur eine formale ist, insofern auch alle Versuche in Beobachtungen münden.[2] Beobachtungen, heißt es dann neu, können »mit freien oder mit bewaffneten Sinnen angestellt« werden, wobei das subsidiäre Verhältnis am Beispiel des Hörrohrs, das der »Unvollkommenheit« des Gehörs aufhilft, gewahrt bleibt. Ebenfalls in der Spur Gehlers und damit Senebiers befinden sich die anschließenden Ausführungen zum Beobachter. Das Wort vom Genie wird zwar vermieden, sonst aber der ältere Artikel weitgehend paraphrasiert. So entfaltet auch Muncke zur »Begründung sicherer Erfahrungen« das ganze Repertoire von Vorschriften, das ein Beobachter zu erfüllen hat: »gemäßigter Skepticismus und bescheidenes Vertrauen in die Zuverlässigkeit der Sinne und des Urteils« stehen am Anfang, »Fleiß und Anstrengung« gehören dazu und »die Kenntnis der möglichen Schärfe der Beobachtungen«, die Sinne und Werkzeuge gestatten. Ferner ist »eine genaue Bekanntschaft mit der Güte und den Fehlern der gebrauchten Instrumente erforderlich«, bis schließlich, »wenn der Beobachter sich noch nicht hinlänglich vor dem Publicum gerechtfertigt hat«, Art und Gegenstände des Berichts festgelegt werden. Die erste Fußnote des Artikels beendet diese drei Seiten: in ihr aufgeführt Literaturangaben zu den »Vorschriften und Regeln über die Kunst des Beobachtens«; Bacons Schriften, »vorzüglich« Senebiers Werk und die Arbeit Benjamin Carrards, die einst vor Senebiers Beobachtungskunst die Preisaufgabe der Holländischen Akademie gewonnen hatte. Die Diskursformation, die so noch einmal aufgerufen wird, steht jedoch bereits mit dem ersten Satz des folgenden Absatzes grundsätzlich auf dem Spiel:

> Wie groß indeß immer der Eifer, die Aufmerksamkeit, Unbefangenheit und Uebung im Experimentiren und Beobachten seyn mag, und wie hoch auch die Güte und Genauigkeit der gebrauchten Werkzeuge angeschlagen werden muß, so lassen sich doch die erhaltenen Resultate in den wenigsten Fällen oder nie für absolut genau halten, indem einige Fehler aus der begrenzten Schärfe der Sinne und der Apparate nothwendig folgen. Um unter zahllosen Beispielen nur einige anzuführen, läßt sich z.B. beim Messen der Zeitdauer einer Erscheinung diese nur so weit genau finden, als wohin die Abtheilungen der Uhr oder eines sonstigen Zeitmessers reichen, bedingt durch das Zeitintervall, welches erforderlich ist, um die Aufmerksamkeit der Seele auf die zu beobachtende Erscheinung und die verflossene Zeit selbst zu richten.[3]

Neu ist an dieser Stelle nicht die Einsicht, daß Beobachtungen niemals »für absolut genau« gehalten werden können. Schon in der ersten Ausgabe des Gehlerschen Wörterbuchs wird Senebier folgend festgestellt: »Es ist aber unmöglich, selbst bey dem besten Werkzeuge die vollkommenste Schärfe zu erreichen, oder die gleiche Erscheinung mehrmal mit ebendemselben Werkzeuge auf völlig gleiche Art zu beobachten und abzumessen.«[4] Neu ist die Perspektive auf das Werkzeug, die hieraus folgt.

Im Gehlerschen Artikel erscheint die »vollkommenste Schärfe« als der Fall, von dem her sich das Verständnis des Werkzeugs begründet. Ein solches Werkzeug mag unmöglich sein, die ideale Möglichkeit bleibt aber seinem Begriff und insgesamt dem Begriff der Beobachtung vorausgesetzt. Für den Beobachtungsfehler, sofern er überhaupt als Fehler und nicht als Täuschung oder Irrtum angesprochen wird, bedeutet dies wiederum, daß er als Störung einer idealen, vollkommenen Erfahrung der Natur umrissen wird, und die Größe des Fehlers gibt entsprechend den Grad der Vollkommenheit einer Beobachtung und der dabei ins Spiel gebrachten Werkzeuge an. In Munckes Darstellung ist dagegen charakteristischerweise die Rede von der Vollkommenheit getilgt: Fehler sind nun der Ausdruck der »begrenzten Schärfe« der Beobachtungsmittel, und alle diese Mittel haben »nothwendig« solche Fehler. Der Fehler einer Uhr, um bei Munckes Beispiel zu bleiben, wird in dieser Weise nicht mehr vornehmlich zum Lauf einer idealen Uhr ins Verhältnis gesetzt, sondern zum Fehler einer anderen Uhr. Und statt als Mangel an Vollkommenheit erscheint dieser Fehler als bezeichnende Eigenschaft der Uhr. Woraus sich herleiten läßt, daß um 1820 nicht nur das Ideal eines fehlerfreien, vollkommenen Werkzeugs aufgegeben worden ist, sondern sogar umgekehrt ein scheinbarer fehlerfreier Satz von Beobachtungen zum Indiz dafür wird, daß hier fehlerhaft vorgegangen worden ist.

In einem der ersten Lehrbücher der Wahrscheinlichkeitsrechnung, 1837 erschienen, führt der Preußische Geheime Ober-Baurat Gotthilf Hagen die Untersuchung eines nicht ganz namenlosen Kollegens aus dem Fach Wasserbau an. Für die nähere Bestimmung einer Konstante ›k‹, die bei der Angabe der mittleren Geschwindigkeit fließender Gewässer ins Spiel kommt, greift dieser auf einige Beobachtungen zurück, bei denen es nach Hagen nicht mit rechten Dingen zugegangen sein kann. Denn daß unter den sechzehn fraglichen Beobachtungen insgesamt sieben auf drei Stellen hinter dem Komma genau oder fast genau den angeblich erst aus Versuchen erhaltenen Wert der Konstante ergeben, hat, wie nicht ohne Genuß vorgeführt wird, gerade eine Wahrscheinlichkeit von 1 zu 55.721.000 Billionen.[5] Dieser monströse Wert mahnt den Leser, sich nicht unbesehen auf Autoritäten zu verlassen, und er gibt zu verstehen, daß Fehler der Beobachtung mehr noch als das gewöhnliche, das zu erwartende Ereignis geworden sind. Munckes Ausführungen zur Beobachtung bringen diese Einsicht in einer augenfälligen Verschiebung des Gegenstands zum Ausdruck. Nachdem auf der vierten Seite festgestellt wird, daß der Fehler zur Beobachtung gehört wie die Uhr zur Zeitmessung, beschäftigen sich die folgenden vierundzwanzig Seiten nur noch mit der Entwicklung einer mathematischen Fehlertheorie auf probabilistischer Basis. Statt als Ansatzpunkt von Verhaltensvorschriften begegnet die Beobachtung damit als Ausdruck von Wahrscheinlichkeit und wird schon nur noch am Rande von Lamberts Schriften, vornehmlich jedoch von den Schriften Gauss', Legendres oder Laplaces begründet. Trotz der fast restlosen Subsummierung dessen, was von der Beobachtung zu wissen ist, unter das Kalkül der Wahrscheinlichkeit, ist die Bewegung zwischen Gehlers und Munckes Beobachtungsartikeln damit aber keineswegs erschöpfend beschrieben. Man kann im Gegenteil die Bedeutung, welche die mathematische Fehlertheorie für das Verständnis der Beobachtung gewinnt, nicht abtrennen von der bereits angedeuteten Verschiebung im Begriff der Beobachtungsmittel.

Fehlertheorie und Instrumentengeschichte

Eine in großen Umbrüchen geschriebene Wissenschaftsgeschichte könnte die Differenz zwischen Gehlers Beobachtungsartikel von 1787 und Munckes revidiertem Artikel von 1825 auf das Konto der »Probabilistic Revolution« an der Wende vom 18. zum 19. Jahrhundert verbuchen.[6] Schon die Ausführlichkeit, mit der Muncke die wahrscheinlichkeitstheoretische Analyse von Beobachtungsdaten referiert, legt nahe, die Veränderungen im Wissen von der Beobachtung mit diesen Vorgängen zusammenzubringen. So unterwandert für Kathryn Olesko die Einführung entsprechender Kalküle in die Datenverarbeitung der Naturforschung um 1800 nicht nur die Verknüpfung von uneingeschränkter Wahrheit und absoluter Genauigkeit der Beobachtung, zugleich verändern sich auch nachhaltig die Praktiken der Anerkennung von Beobachtungen – von »Trust and Certainty«.[7] Folgt man ihrer These, dann verbindet sich der Begriff der Genauigkeit ab Anfang der 1820er Jahre immer nachdrücklicher mit der Konjunktur der mathematischen Fehlertheorie, unter deren Anwendung Abweichungen in Meßergebnissen eine neue epistemologische Verfügung erhalten. Unterschiede in wiederholten Messungen eines Ereignisses werden zur Quelle der Beurteilung ihrer Vertrauenswürdigkeit, und die bekannten Unvollkommenheiten der Beobachtungsmittel erhalten ihren Ausdruck nun als konstante Fehler der Messung.[8]

Grundsätzlich anders stellt sich das Verhältnis zwischen probabilistischen Verfahren und Beobachtungsmitteln für Zeno G. Swijtink dar. Um die Wahrscheinlichkeitsrechnung gewinnbringend anwenden zu können, mußte sich nach seiner These zunächst »die Natur« der in den Messungen gewonnenen »Information« ändern.

> Due to the nondeductive character of these rules, they require that all the information obtained in a measurement be, as I shall call it, ›propositional‹, that is, unambiguously expressible in statements with well determined inferential relations.[9]

Ausgehend von dieser Prämisse zeigt sich für Swijtink in der Entwicklung der Beobachtungsmittel seit dem 18. Jahrhundert mehr und mehr die Tendenz, Tätigkeiten des Beobachters durch Instrumente zu ersetzen oder zu beschränken und so die Beobachtung »unpersönlich [impersonal]« werden zu lassen. »Nach der Mechanisierung unseres Weltbilds mechanisierten wir die Beobachtung unserer Welt«,[10] lautet der Schlüsselsatz seines Arguments, denn erst Daten, die ohne Einbezug eines menschlichen Beobachters erhoben worden sind, sollen keine »unaussprechlichen, subjektiven« Informationen mehr enthalten, die jede auf wohlbegründete und eindeutig aussagbare Schlußfolgerungen angewiesene wahrscheinlichkeitstheoretische Analyse in Frage stellen würden.

Der Zusammenhang, der hier zwischen Beobachtungsmitteln und mathematischen Verfahren hergestellt wird, hat allerdings einen Schönheitsfehler. Er mag sich unter der Perspektive des logischen Positivismus, auf den Swijtinks Prämisse unübersehbar Bezug nimmt, notwendig ergeben, historisch aber läßt er sich nicht bestätigen. Zu dem Zeitpunkt, zu dem die wahrscheinlichkeitstheoretisch fundierte Fehleranalyse und insbesondere die wichtigste unter ihnen, die von Legendre und Gauss angegebene Methode der kleinsten Quadrate, Einzug in die Arbeitsroutinen von Naturforschern hält, kann von einer Mechanisierung der Beobachtungsvorgänge nur äußerst bedingt die Rede sein. Weder führen die Änderungen im Design von Meßinstrumenten, die Swijtink vornehmlich betrachtet, dazu, daß ein Beobachter an ihnen nichts mehr zu tun hätte – was sich verändert, ist vielmehr die Art seiner Verwicklung in die Hervorbringung des Datums – noch waren selbstregistrierende Beobachtungssysteme am Anfang des 19. Jahrhunderts nennenswert verbreitet. Allerdings wäre auch eine Variante des vorgestellten Arguments denkbar. Danach würden weniger Veränderungen in Konstruktion und Design der Beobachtungsmittel dazu führen, daß die Wahrscheinlichkeitstheorie in die Datenverarbeitung der messenden Wissenschaften Einzug hält, als eine andere Weise, die Mittel der Beobachtung zu verstehen.

Unterstützung hierfür findet sich, wenn man den Fokus bei Olesko und Swijtink erweitert und nicht nur die Entwicklung in den messenden Wissenschaften in den Blick nimmt. Jutta Schickore hat für das Verständnis des Mikroskops in anatomischen Untersuchungen in dieser Zeit einen ähnlichen Wandel beschrieben, wie er für Meßinstrumente aus dem Vergleich von Gehlers und Munckes Beobachtungsartikeln hervorgeht. Während Mikroskope im 18. Jahrhundert zwar in der Begrenztheit ihrer Leistungen widerständig werden, man diese aber als überwindbare Unvollkommenheiten begriff, umreißt sich das Instrument in den ersten Jahrzehnten des 19. Jahrhunderts immer deutlicher dergestalt als Bedingung der Beobachtung, wie es sich selbst in das Beobachtete einträgt und mit diesem interagiert: »It became clear that perfect working conditions could never be achieved. Microscopists would forever be required to deal with insurmountable limits and intrinsic flaws of their research arrangement.«[11] Diese Einsicht resultierte einerseits aus der Untersuchung der Umstände mikroskopischer Beobachtungen; Untersuchungen, die ihren Ausgang von abweichenden und nicht reproduzierbaren Beobachtungen nahmen. Andererseits aber wurde die unhintergehbare Präsenz des Mikroskops im Beobachteten durch die aus den Untersuchungen der Instrumente abgeleiteten Maßnahmen methodologisch immer weiter ausgehärtet. Wesentlich ist für Schickore dabei nicht allein, daß das Mikroskop als Bedingung des Beobachteten verstanden wird, wesentlich ist vor allem, daß dessen »Materialität in einer neuen Weise sichtbar wurde.«[12] Ganz praktisch geschieht dies in allen Untersuchungen des Instruments, in denen jedesmal neu die Grenzen, die seine Materialität der Beobachtung setzt, nicht überwunden, sondern im Detail hervorgebracht werden. Epistemologisch aber geschieht dies, wie sich das Wissen vom Beobachtungsmittel vom Wissen, wie ein Beobachter beschaffen sein muß, trennt und einen eigenen Platz in der Methodologie mikroskopischer Forschung erobert.

Die Vorgänge um das Mikroskop lassen verstehen, daß am Anfang des 19. Jahrhunderts der materielle Rahmen von Beobachtungen und Versuchen über die messenden Wissenschaften hinaus einen anderen Status gewinnt. Die Einsicht, daß sich die Materialitäten des Forschens in das Beobachtete eintragen, mag daher in der mathematischen Fehlertheorie seinen stärksten Ausdruck gefunden haben, sie ist aber allem Anschein nach nicht notwendig von ihr hervorgebracht worden. Umgekehrt könnten die Methoden von Gauss und Legendre eine Antwort darauf sein, daß Werkzeuge in der Epistemologie der Naturforschung einen anderen Platz einnehmen. Wenn beispielsweise der Grad der Genauigkeit, mit dem die »Abstände zweier Punkte« bestimmt werden können, »im Allgemeinen durch die Schärfe und Feinheit der Theilung des gebrauchten Maßes bedingt wird«,[13] dann ist dieses Werkzeug in grundsätzlich anderer Weise Element des mit ihm gewonnenen Wissens, als wenn das gleiche Werkzeug als Hilfe des Auges eingeführt wird, kleine Abstände zu messen. In der Untersuchung der Frage, wie Werkzeuge von »Hülfsmitteln« des Forschens zu Bedingungen der erforschten Gegenstände werden, könnte sich aber die Probabilisierung der Naturforschung eher als Effekt denn als Antrieb epistemologischer Umstürze herausstellen.

Weder Swijtink noch Olesko erwägen die Möglichkeit, daß das Interesse an einer fehlertheoretischen Betrachtung von Meßdaten von einer Veränderung im Begriff des Instruments geweckt worden ist und damit im weiteren zuerst von einer Geschichte der Instrumente zeugen könnte. Eine solche Geschichte wäre weder identisch mit der antiquarischen Verzeichnung von Instrumenten entlang einer »simple evolutionary line«,[14] etwa von Galileis Fernrohr bis zum Hubble-Teleskop. Noch hätte diese Geschichte die Verwicklung von Instrumenten in wissenschaftliche Unternehmungen zu behandeln, wie dies auf dem jüngsten Stand der Dinge in den Studien zur ›material culture‹ der Naturwissenschaften geschieht. In Analogie zu Latours Bemerkung, daß es »eine *Geschichte der Dinge* und nicht bloß der Wissenschaft« gibt,[15] könnte man vielmehr sagen, daß eine Geschichte der Instrumente und Apparate von dem Wissen handelt, das sich um solche Artefakte herum entwickelt und ihnen neue Eigenschaften beifügt. Eine solche Geschichte beschäftigt sich darum auch nicht vornehmlich mit den verschiedenen Definitionen eines wissenschaftlichen Instruments.[16] Sie ist vielmehr identisch mit einer Geschichte der Beobachtungen, Theorien, Praktiken und Institutionen, die insgesamt dafür einstehen, was von den Artefakten, unter deren Verwendung sich Naturforschung abspielt, zu verschiedenen Zeiten je Gegenstand des Bemerkens wird.

Der Schlüssel, um zu verstehen, was an der Wende vom 18. zum 19. Jahrhundert mit den Meßinstrumenten der Naturforschung passiert ist (nur von solchen soll im folgenden die Rede sein), liegt im Begriff der Verbesserung. Mit diesem Begriff wird üblicherweise ein Prozeß der Weiterentwicklung und zunehmenden Präzision von Meßinstrumenten bezeichnet, der, wie schon ein Blick auf sein Resultat lehrt, mitnichten eine simple Sache ist. Hält man es mit Munckes Satz, dann sind verbesserte Instrumente zugleich solche, mit denen sich die Einsicht breit macht, daß »die erhaltenen Resultate in den wenigsten Fällen oder nie für absolut genau« gehalten werden können. Verbesserte Instrumente sind also nicht unbedingt bessere Werkzeuge in dem trivialen Sinne, daß man mit ihnen mehr Phänomene erfassen könnte, daß Eigenschaften der Phänomene sich in ihrem Gebrauch weiter differenzierten oder daß die mit ihnen gewonnenen Daten und Vorgänge von vornherein eine größere Objektivität besitzen würden. Verbesserte Instrumente sind zunächst solche, die auf dem Wege ihrer Verbesserung nicht an Vollkommenheit gewinnen, sondern – die Absichten der Akteure unterlaufend – als dauernde Quellen von Fehlern Bestand gewinnen. Was mit den Instrumenten um 1800 passiert, wäre folglich als grundlegende Verwandlung zu verstehen, in der sie sich im doppelten Sinne selbst verändern – nämlich im Zuge ihrer Verbesserung eine neue Gegebenheit gewinnen.

Stabile Differenz

Im gegenwärtigen Interesse an den materialen Umständen wissenschaftlichen Handelns ist ein älterer Zugriff ins Abseits geraten, der das Verhältnis von Instrumenten und Naturforschung im Idealfall als mathematische Funktion bestimmt. In seinem Zentrum stehen Graphen, die eine meßbare Eigenschaft an Instrumenten in Verhältnis zu einem Zeitindex bringen oder mehrere Instrumente einer Klasse miteinander vergleichen. Die Information, die sie bereithalten, erschließt sich aber nicht auf den ersten Blick. Zur Information werden solche Graphen erst in einem Argument, das sich statt in Kurven, Linien und Zahlen in zwei Sätzen ausdrückt:

> If there be such a thing as progress, then, surely it is manifested by increasing accuracy of measurement. Increased accuracy extends man's knowledge of the world and discovers subtleties that could never even be dreamt of in the arm-chair.[17]

Mit dieser apodiktischen Aussage eröffnet Gerald L'Estrange Turner seinen berühmten, 1966 publizierten Aufsatz »The Microscope as Technical Frontier in Science«. Genauer betrachtet sind an ihr allerdings zwei Momente zu unterscheiden. Zum einen wird Fortschritt als wachsende Genauigkeit von Messungen definiert, zum anderen wird wachsende Genauigkeit mit einem Zuwachs an Wissen gleichgesetzt. In einen logischen Zusammenhang tritt das eine zum anderen über ein einziges Wort: »subtleties«, feine Einzelheiten. Sie sind Anzeichen für einen Gewinn an Wissen und liefern den Maßstab, mit dem die Genauigkeit von Messungen charakterisiert werden kann.

Turners Argument ist nicht ganz so schlicht, wie die verschiedenen Graphen andeuten, die dem Aufsatz beigegeben sind. In den stets ansteigenden Kurven der Genauigkeit zeigt sich für ihn nicht schon Fortschritt selbst an, sondern die Möglichkeit, daß jeder Punkt der Kurve Fortschritt begrenzt oder umgekehrt: Fortschritt hinter dem durch die Kurve markierten Maß an Genauigkeit zurückbleibt.

> With the establishment of such a graph, it becomes possible to assess a discovery in a new way. If a certain resolution [of a microscope] produced by the manufacturers is closely followed by a discovery requiring that degree of resolution, then the research is keeping pace with the instrument. The date can also be established before which it was impossible to have made the discovery. On the other hand, if a

discovery is made long after the necessary resolution was attainable, then it is likely that a conceptual difficulty hindered the research.[18]

Eine solche Geschichte der Entdeckungen in Graphen und die Vorstellung, man könne den Stand der Naturforschung direkt zu den Möglichkeiten der vorhandenen Instrumente in Beziehung setzen, sind in ihrem Reduktionismus leicht zu kritisieren. Unübersehbar folgt die Gleichsetzung von Wissenszuwachs und Zuwachs an Einzelheiten einem Begriff von Wissenschaft als kontinuierlicher, manchmal verzögerter, manchmal beschleunigter Akkumulation von Erkenntnissen, der schon zu Zeiten der Publikation von Turners Aufsatz, vier Jahre nach Thomas Kuhns *The Structure of Scientific Revolutions*, anachronistisch wirkt. Erledigt ist damit aber nur ein Teil von Turners Feststellung, während der andere, den Fortschritt der Instrumente betreffende ganz unberührt bleibt.

Wo es darum geht, eine Veränderung im Wissen der Instrumente in deren Veränderung selbst zu durchlaufen, kann Turners Behauptung, daß ihre Geschichte mit der wachsenden Genauigkeit von Messungen zusammenfällt, also mit dem Zuwachs an feinen Einzelheiten, an »subtleties«, die mit einem Instrument erfaßt werden können, nicht ohne weiteres übergangen werden. Dieses Postulat verdient um so mehr Beachtung, als es zwar in den neueren Ansätzen in den Hintergrund gerückt ist, ohne daß dabei der Zusammenhang zwischen Verbesserung der Instrumente, wachsender Genauigkeit und Fortschritt der Wissenschaften grundsätzlich in Frage gestellt worden wäre. Um diese Annahme aufzubrechen, genügt es deshalb nicht, ihr Erklärungspotential zu relativieren. Dem Vorgang, der Zuwachs an Genauigkeit genannt wird und sich in Turners Graphen als Funktion der Instrumentenentwicklung bestimmt, muß selber ein qualitatives Verständnis nachgetragen werden, das die schönen Kurven als das Gegenteil des grenzenlosen Fortschritts sichtbar werden läßt, den sie versprechen.

In seinem Aufsatz über die Funktion des Messens in der Physik hat Thomas Kuhn die These vertreten, daß eine Wissenschaft erst dann sinnvoll eine Meßpraxis entfalten kann, wenn sie ihre Gegenstände begrifflich sauber unterschieden und mathematisch fundiert hat. Die Ende des 18. Jahrhunderts einsetzende Quantifizierung der sogenannten Baconschen Wissenschaften, zu denen Kuhn die Untersuchung der Wärme, der Elektrizität, des Magnetismus und die Chemie zählt, versteht sich nach dieser Sichtweise folglich als Ergebnis eines vorhergehenden konzeptuellen Durchbruchs.[19] Ganz anders stellt sich der Vorgang zur selben Zeit für Maurice Daumas dar, einen der prominentesten Instrumentenhistoriker der älteren Generation. Danach haben bessere Werkstoffe und Herstellungsverfahren im Instrumentenbau neue Konstruktionen begünstigt und die Genauigkeit vorhandener Instrumente gesteigert, so daß ausgewählte Fragen einzelner Disziplinen vorbildhaft für die weitere Entwicklung der Naturforschung mit Präzisionsmessungen verbunden werden konnten.[20] So denkbar konträr ihre Auffassungen aber sind, in einem stimmen Kuhn und Daumas überein: Die Bedeutung von Messungen besteht, ganz ähnlich wie bei Turner, darin, daß das Verständnis des untersuchten Gegenstands vertieft oder auch verändert wird. Messen wäre also eine Operation, in der ein gegebener Gegenstand der Forschung mit einer bereits vermuteten oder auch neuen Eigenschaft ausgestattet wird.

Ein etwas anderer Vorschlag läßt sich mit Bezug auf eine Überlegung Ian Hackings machen. Unter dem Stichwort »Seltenheit der Phänomene« hat Hacking darauf hingewiesen, daß sich in der Natur nur wenige Vorgänge der Beobachtung aufdrängen. Seiner Meinung nach hebt Wissenschaft deshalb nicht zufällig in den verschiedensten Kulturen als Beobachtung der Sterne an. Denn diese sollen Eigenschaften besitzen, die Beobachtungen anziehen: »Nur die Planeten und die noch weiter entfernten Himmelskörper weisen die richtige Kombination komplexer Regelmäßigkeit vor chaotischem Hintergrund auf.«[21] Den Status des Phänomens gewinnt ein Geschehen demnach, wenn es als geordnet gegen die umgebende Unordnung absteht. Die Vorgänge am Himmel genügen diesem Kriterium: Sie fallen auf – dafür spricht die Regelmäßigkeit der Beschäftigung mit ihnen. Sie genügen ihm aber auch nicht, denn ihre regelmäßigen Eigenschaften treten keineswegs unmittelbar hervor – dafür spricht, daß die Phänomene am Himmel von Anfang an mit irdischen Instrumenten hervorgebracht worden sind, nämlich mit jenen Ringen, Wällen und anderen Befestigungen, die Hacking gleich anschließend erwähnt.

Diese frühe Wissenschaft handelt damit nicht anders als die Forschung heutiger Tage: Sie erzeugt die Phänomene oder besser gesagt den Bestand ihrer Regelmäßigkeit. Man wird daher den Status des Phänomens noch höher ansetzen müssen. Es gibt keine »Seltenheit der Phänomene«, sondern ausschließlich wenige seltene Erscheinungen, die sich regelmäßig zeigen. Die »komplexe Regelmässigkeit« eines Phänomens besitzen diese aber nur in einer Anordnung, in der sie gegen einen »chaotischen Hintergrund« Kontur gewinnen. Auf diesem Stand kann man die Frage, was Messungen ihren Gegenständen an Erkenntnissen hinzufügen, von der Frage unterscheiden, was Messungen mit ihren Gegenständen machen. Während die erste Frage in Kuhnschen Begriffen vom »normalen« und »außerordentlichen« Messen in den Wissenschaften handelt und das Verhältnis von Experiment, Messung und Theorie angeht, rückt mit der zweiten Frage der Übergang von einer nicht-messenden zu einer messenden Vorgehensweise der Wissenschaften in den Blick. Mit Hacking ließe sich dieser Übergang nun zuerst als Eingriff in die Beständigkeit des Gegenstands und nicht schon in sein Verständnis auffassen. Der Unterschied zwischen beiden Vorgängen wird an einem Beispiel deutlicher.

Glaubt man Thomas Kuhn, so war »die erste Auswirkung auf die astronomische Theorie«, die von Messungen mit dem Fernrohr herrührte, »Bradleys Entdeckung der Aberration im Jahre 1729, und auch diese war etwas Isoliertes.«[22] Während es Kuhn an dieser Stelle wichtig ist, daß neue instrumentelle Möglichkeiten keineswegs sofort neue Erkenntnisse hervorbringen, gibt die Bezeichnung des Phänomens zu verstehen, daß die große Zahl der schon in den Jahrzehnten zuvor durchgeführten Messungen nicht ganz so bedeutungslos gewesen ist, wie man meinen könnte. Denn die scheinbare ›Abirrung‹ eines Fixsterns von seinem Himmelsort, die James Bradley, Königlicher Astronom Britanniens,[23] beobachtet, hängt dem Wesen des Phänomens nach unauflöslich mit der sicheren Fixierung des Sternortes selbst zusammen. Man liest daher mit Interesse, daß sich für Astronomen zu Beginn des 19. Jahrhunderts der Übergang zur Messung mit dem Fernrohr wesentlich dramatischer darstellt. Zwar läßt für Joseph Johann Littrow, den Direktor der Wiener Sternwarte, die astronomische Wissenschaft bereits mit der Erfindung des Fernrohrs ihre »Kindheit« hinter sich:

> Aber auch dieses reicht noch nicht hin, daß wir bloß besser sehn, daß wir mit unsern bewaffneten Augen auch sehr kleine Dinge oder sehr kleine Differenzen in der Größe dieser Dinge *sehn*, wir müssen diese Differenzen auch *messen* können.[24]

Für ihn beginnt die neue Epoche der Astronomie daher nicht mit Galileis erstem Blick durch ein Fernrohr, wie man es heute in jeder abendländischen Wissenschaftsgeschichte lesen kann, sondern damit, daß im Jahr 1640 der englische Astronom William Gascoigne, früh verstorben und schnell vergessen, im Brennpunkt eines Fernrohrs »feine Spinnenfäden« aufspannt, die für die Beobachtung bei Nacht beleuchtet werden können. Es ist diese »einfache Vorrichtung«, die laut Littrow »in Verbindung mit dem Fernrohr unseren Beobachtungen so große Vortheile vor denen der Alten verschafft und der gesammten beobachtenden Astronomie eine ganz neue Gestalt gegeben hat.«[25] Die Frage ist nur, worin ihr ganz unverhältnismäßiger Nutzen bestanden haben könnte. Aufschluß hierüber gibt Littrow, wenn er darauf zu sprechen kommt, was der große Galilei am Fernrohr gerade nicht geleistet hat, weil ihm eine »einfache Vorrichtung« noch nicht bekannt war.

> Gleich nach seiner Erfindung [des Fernrohrs] um das Jahr 1610 hat Galilei mit demselben die Thäler und Berge des Mondes, die vier Satelliten Jupiters, die sonderbare Gestalt Saturns, die Sonnenflecken, die Lichtphasen der Venus und die gedrängte Fülle der Fixsterne in der Milchstraße entdeckt. Er hat dadurch ohne Zweifel unsere Kenntniß des Himmels sehr bereichert, indem er uns ganz neue Theile desselben eröffnete und uns mit Gegenständen bekannt machte, von deren Daseyn wir früher keine Ahnung haben konnten. Aber über die Größe, über die Dimensionen, über die wahren Lagen der Himmelskörper gegen unseren Horizont oder gegen irgend eine andere Fundamentalebene des Himmels (den Aequator, den Meridian, die Ekliptik u.s.w.) konnten uns diese Entdeckungen keine oder nur wenig mehr Aufklärung geben, als wir ohne Hülfe des Fernrohrs schon lange zuvor besaßen. Er hatte uns bloß mehrere bisher unbekannte Gegenstände des gestirnten Himmels vor das Auge geführt, aber unsere *Messungen* der Größe und Lage derselben, diese wahre Basis aller eigentlichen Astronomie, blieben noch immer nahe denselben Unvollkommenheiten unterworfen, über welche die alten Griechen und Araber bis zu Tycho Brahe hinauf sich so sehr zu beklagen hatten.[26]

Entdeckungen neuer Himmelskörper sind folglich eine Sache. Die »Basis« astronomischen Wissens bildet dagegen die Kenntnis ihrer Größe und Lage. Unter dieser Voraussetzung versteht man leichter, warum Littrow ein paar Spinnenfäden, montiert im Okular eines Fernrohrs, große Ehre angedeihen läßt. Denn mit einem so präparierten Instrument kann man nicht nur Gestirne entdecken, beobachten und ihre ungefähre Verteilung angeben. Man kann darüber hinaus ihre Abstände und, in Verbindung mit einer Kreisskala und einer Uhr, ihre Höhe am Horizont und ihre Durchgänge durch den Meridian bestimmen und jeden Fleck am Himmel, sei es ein Planet, ein Fixstern oder ein Komet, in der Koordinate seines astronomischen Ortes zu einer bestimmten Zeit in Beziehung zum Standpunkt des Beobachters auf der Erde wiederfinden. Welche Funktionen Messungen auch sonst noch haben mögen, ihnen voraus liegt jedesmal dieser einfache und doch sehr weit reichende Effekt.

Etwas zu messen, bedeutet wenigstens in der Astronomie vor jedem Abgleich einer Theorie mit einem Meßdatum zunächst, ein regelmäßiges Phänomen fester zu fixieren. Der Fortschritt, der mit einer »einfachen Vorrichtung« am Fernrohr einhergeht, stellt sich unter dieser Prämisse als Zugewinn von Kontrolle, Regelmäßigkeit, Beständigkeit der beobachteten Erscheinungen heraus. Dabei ist dieser Effekt mitnichten ausschließlich das Resultat von Gascoignes Einfall. Wirksam wird dieser

Einfall vielmehr erst im Rahmen anderer Vorgänge der Zeit. Seine eigentliche Karriere beginnt erst Mitte der 1660er Jahre,[27] als die französischen Astronomen und Geodäten Adrian Auzout und Jean Picard Fernrohr, geteilten Kreis, Mikrometer und schließlich auch das Fadennetz kombiniert mit der eben von Huyghens angegebenen Pendeluhr als Standardanordnung astronomischer Beobachtung etablieren.[28] Dem zur Seite steht eine Formalisierung des Beobachtungsbetriebs, eingeleitet von der ebenfalls von Auzout und Picard betriebenen Errichtung einer eigenen Sternwarte der Pariser Akademie, eröffnet 1672, und der wenig später, 1675, beschlossenen Gründung der Königlichen Sternwarte zu Greenwich.[29] Die Astronomie tritt damit auch offiziell in die Epoche einer Machttechnik ein, die mit der regelmäßig wiederholten Vermessung und Katalogisierung des Himmels – gegossen in Planetentafeln und Sternverzeichnisse wie der seit 1678 jährlich publizierten Sammlung *Connaissance des Temps* – ein Referenzsystem schafft, an das die Vermessung zerstreuter Lande als definiertes Territorium eines Staates ebenso anschließt wie die Verwandlung ozeanischer Weiten in Punkte bestimmter Zeit und bestimmten Ortes. Obwohl diese Vorgänge sich nicht unmittelbar auf die astronomische Theorie ausgewirkt haben, um auf Kuhns Bemerkung zurückzukommen, bleiben sie nicht ohne Wirkung auf das astronomische Wissen. Angetrieben von dem sehr praktischen Interesse, den irdischen Raum zu beherrschen, trägt die verstetigte Beobachtung des Himmels dazu bei, den Erscheinungen dort jene Festigkeit zu geben, gegen welche die von Bradley gefundene Abweichung als Abirrung allererst faßbar wird.

Dem Vorgang der Messung läßt sich ein ähnlicher Effekt auf die Gegenstände des Wissens zuschreiben wie dem Vorgang des Drucks. Elisabeth Eisenstein hat klargestellt, daß mit der Erfindung der Druckerpresse nicht nur mehr Bücher, Landkarten, Pamphlete und Schriften aller Art produziert und schneller über größere Gebiete verteilt werden konnten, als dies je vorher möglich war, sondern daß der eigentliche Sprung gegenüber der Epoche der Handschrift in der »typographischen Persistenz« des Drucks zu suchen ist.[30] Gemeint ist die Stabilität, die der Druck ins Wissen bringt, indem dessen Reproduktion mehr als bis dahin von Übertragungsfehlern und Abweichungen frei gehalten wird. Vor allem aber bezeichnet das Wort von der Persistenz den Umstand, daß sich Widersprüche und Gegensätze in einem Wissen erst verläßlich und dauerhaft herausbilden können, wenn es, durch den Druck konserviert, gleichzeitig an vielen Orten zur Verfügung steht. Für das Wissen von der Natur hat typographische Beständigkeit zur Folge, daß schneller und deutlicher als vorher Differenzen zwischen gleichzeitig und nebeneinander vorliegenden Beobachtungen zutage treten und ebenso zwischen der jeweils vorliegenden Büchergelehrtheit und den je neuen Beobachtungen, die in einer Zeit durchgeführt werden.[31] Der Druck des Wissens schafft genau genommen überhaupt erst etwas, was man gemeinhin den Stand des Wissens nennt, und er setzt ihn zugleich in seinem Bestand dem Widerspruch aus.

Mit dem ›Eisenstein-Effekt‹ des Drucks allein können die großen Umbrüche der Frühneuzeit nicht erklärt werden. Das Argument zeigt aber, daß die Dynamik der Wissenschaften seit dem 16. Jahrhundert eng mit einem materiellen System der Konservierung von Phänomenen, Beobachtungen und Verfahrensweisen verknüpft ist. Eisensteins Überlegungen geben zu verstehen, daß ein Teil des Effekts, den Messungen auf den gemessenen Gegenstand haben, von dem Medium abhängig ist, in dem die erhaltenen Daten jeweils zirkulieren können. Zum anderen aber hängt die Beständigkeit, die den Phänomenen im Vorgang der Messung zugefügt wird, an der Wiederholung der Messungen. John Flamsteeds *Historia Coelestis Britannica* (1725), die in drei Bänden das umfassendste Verzeichnis der Planeten-, Mond- und Fixsternörter seit Tycho Brahes Katalog von 1592 bot und sich im Rückblick als praktisches Gegenstück zu Newtons *Principia* darstellte, beruhte vornehmlich auf mehreren zehntausend Beobachtungen, die der erste Astronomer Royal der Greenwicher Sternwarte zwischen 1689 und 1719, dem Jahr seines Todes, durchgeführt hatte.[32]

Wenn also einerseits die Verstetigung des astronomischen Meßbetriebs seit dem Ende des 17. Jahrhunderts dazu beiträgt, die Bedingungen zu schaffen, unter denen Bradleys Aberrationen am Himmel Kontur erhalten, so ist die Persistenz dieses Phänomens selbst nicht zu trennen von der kontinuierlichen Wiederholung der Beobachtungen über ein volles Jahr hinweg. Dabei wußte Bradley keineswegs von vornherein, was er maß. Denn die Daten, aus denen zuletzt das Faktum der Aberration hervorgehen sollte, fielen in Beobachtungen an, die ursprünglich der Bestimmung der Fixstern-Parallaxe galten.[33] Betrag und Richtung der gemessenen Abweichungen stimmten aber mit den für die Parallaxe zu erwartenden Abweichungen vom rechten Ort des Sterns nicht überein. Die Regelmäßigkeit der ermittelten scheinbaren Bewegung und ihr Bestand über eine längere Periode von Messungen ließen jedoch keinen Zweifel mehr, daß da *etwas* und nicht etwa irgend etwas erfaßt worden war. Mit Hacking gesprochen: Erst wenn Messungen seriell werden, wird Messung zu einem Verfahren, in dem regelmäßiges Phänomen und »chaotischer Hintergrund« auseinandertreten und sich konsolidieren.

Die Persistenz, die Phänomene im Vorgang der Messung erhalten, wäre unzureichend beschrieben, reduzierte man sie auf Effekte serieller

Wiederholung und medialer Übertragung. Unmittelbar hängt Persistenz von der materiellen Basis der Messung ab, den Instrumenten und ihrem Operieren. Die Positionsdifferenzen, die Bradley auf dem Weg zur Entdeckung der Aberration mißt, betragen maximal zwanzig Bogensekunden, also etwa ein hundertachtzigstel Grad. Der Hinweis, daß der von George Graham konstruierte Zenit-Sektor, der bei den Messungen benutzt wird, vermutlich Messungen von Winkeldistanzen bis zu anderthalb Bogensekunden erlaubte,[34] besagt aber keineswegs, daß das Instrument tatsächlich geeignet gewesen ist, Differenzen der Sternposition von der fraglichen Größenordnung zu messen. Nicht schon die Genauigkeit, die sich an den Einheiten ablesen läßt, in welche die Gradskala des Sektors geteilt ist, garantiert Entdeckungen. Von dieser zu unterscheiden ist eine andere Genauigkeit, die sich darin äußert, daß sich das Instrument regelmäßig verhält.

Der gewiß übertriebene Effekt, den eine »einfache Vorrichtung« auf die astronomische Beobachtung gehabt haben soll, läßt sich nicht allein darauf zurückführen, daß man mit einem Fadennetz im Fernrohrokular von der Beobachtung zur Vermessung des Himmels schreiten konnte. Ausschlaggebend ist vielmehr, daß anders als beim Visieren mit dem bloßen Auge oder einem Fernrohr ohne Fadennetz das Auge durch die Fäden einen äußeren Anhaltspunkt für die Feststellung des Meßwertes erhält. An anderer Stelle, in ihrer Wirkung aber ganz ähnlich, greifen Veränderungen in der Konstruktion des Gestells in die Arbeitsweise der großen astronomischen Beobachtungsinstrumente ein. Die Herstellung des Rahmens für einen Mauerkreis – ein Fernrohr mit einem an einer Mauer angelehnten Vollkreis – oder einen Quadranten aus einem einzigen Metall, die zuerst John Bird im 18. Jahrhundert an Stelle der gemeinsamen Verwendung von Blech und Eisen einführt, läßt die numerische Genauigkeit der Instrumente vollkommen unberührt. Bemerkbar macht sich die Maßnahme vielmehr im Verhalten des Gestells gegen Temperatureinflüsse, die keineswegs ausgeschlossen werden, die aber bei Verwendung nur eines, thermisch homogenen Werkstoffs in sich gleichmäßiger ausfallen.[35] Der Zuwachs an Genauigkeit, der mit einem solchen Instrument erreicht wird, rührt also nicht zuletzt neben allen anderen Änderungen, die Bird in die Konstruktion astronomischer Kreisinstrumente einführt, aus einem Zuwachs an Regelmäßigkeit in ihrer Arbeitsweise. Die Verbesserung von Meßinstrumenten ist so betrachtet in zwei aufeinander bezogenen Momenten zu denken. Der Vorgang ist unzureichend beschrieben, wenn darunter allein verstanden wird, daß mit einem besseren oder verbesserten Meßinstrument kleinere Beträge eines Vorgangs oder Phänomens erfaßt werden können. Daß die Skala eines astronomischen Winkelmeßinstruments um 1600 in Bogenminuten, um 1750 aber schon knapp in Bogensekunden geteilt gewesen ist,[36] impliziert noch nicht, daß letzteres ein besseres Instrument darstellt. Zum einen muß die mögliche numerische Genauigkeit des Instruments auch im Vorgang der Messung realisiert werden. In einem einschlägigen Streit mit Jakob Hevelius weist Robert Hooke Ende des 17. Jahrhunderts darauf hin, daß die zu dieser Zeit erreichbare Feinheit der Skalenteilung auf einem Quadranten nur dann ausgenützt werden kann, wenn der Beobachter nicht mit dem bloßen Auge visiert, sondern ein Fernrohr gebraucht.[37] Zum anderen fällt die Verbesserung eines Instruments, anders als Turner und die »Technical Frontier«-Schule der Instrumentengeschichte nahelegen, keineswegs allein mit dem Anstieg seiner numerischen Genauigkeit zusammen. Neue Details wie das Fadennetz oder Veränderungen unter den verwendeten Werkstoffen greifen, wie gezeigt, vornehmlich in die Arbeitsweise des Instruments und den Vorgang der Messung ein, verleihen diesen größere Regelmäßigkeit und Stabilität.

Ein besseres Meßinstrument gibt sich hiernach als Funktion von größerer numerischer Genauigkeit *und* einem Zuwachs an Beständigkeit in seiner Arbeitsweise zu denken. Beide Elemente stehen dabei in Wechselwirkung. So haben astronomische Messungen mit einem Vollkreis gegenüber solchen mit einem Quadranten (einem Viertelkreis) den Vorteil, daß jede Einstellung auf dem Kreis doppelt abgelesen werden kann. Fehler in der Skalenteilung und in der Lage des Drehpunkts des Anzeigers lassen sich so durch Bildung des Mittelwerts reduzieren. Rührt der Zugewinn an numerischer Genauigkeit aus dem Verfahren der Messung, so hängt dessen Vorteil wiederum von der Stabilität des Instruments ab. Als Alternative zu den herkömmlichen Beobachtungsinstrumenten kann sich der Vollkreis daher erst etablieren, wenn es die Methoden der Metallbearbeitung und der Teilung der Instrumentenskalen Ende des 18. Jahrhunderts erlauben, Vollkreise von gleicher Stabilität wie Viertelkreise und mit der gleichen Regelmäßigkeit der Teilungen zu bauen.[38]

Turners Verknüpfung von wachsender Genauigkeit der Messung und einem Anwachsen der genauen Kenntnis der Natur bis in ihre Feinheiten hat nach dem Gang durch das Problem, wie ein besseres Instrument der Messung sich praktisch definiert und was Genauigkeit der Messung hervorbringt, einige Korrekturen erhalten. Es hat sich gezeigt, daß ein verbessertes Instrument unter Umständen als ein Instrument zu bestimmen ist, dessen unveränderte numerische Genauigkeit durch Eingriffe in Konstruktion und Handhabung stabiler und regelmäßiger realisiert wird. Auf der Seite der Meßdaten haben Verbesserungen dieser Art zusammen mit der Entfaltung eines regelmäßigen Meßbetriebs den Effekt, daß die gemessenen Phänomene härteren Bestand gewinnen und gleichzeitig, wie im Falle Bradleys, gegen diesen Bestand regelmäßige, nicht chaotische Differenzen in der Beobachtung vorfallen können. Von hier aus kann man nun den Vorgang ›wachsende Genauigkeit der Messung‹ tatsächlich mit einer vollkommen anderen Bedeutung erfüllen, als dies bei Turner der Fall ist. Die Verbesserung der Meßinstrumente und die Verstetigung des Meßbetriebs kehren im Verlauf des 18. Jahrhunderts nicht einfach mehr Details an den beobachteten Objekten hervor. Vielmehr werden die Objekte der Beobachtung hierdurch ausgehärtet, gewinnen an Regelmäßigkeit und erhalten eine Widerständigkeit, gegen die sich wiederum Abweichungen schärfer umreißen können. Das Verhältnis zwischen der Beständigkeit eines Phänomens und der Möglichkeit, Abweichungen von diesem zu erfassen und damit neue Erkenntnisse zu gewinnen, bringt John Herschel 1833 selber in einen regelmäßigen, quasi-gesetzmäßigen Zusammenhang, wenn er die Ausarbeitung der Naturgesetze als einen Prozeß stetiger Korrektur beschreibt:

> Now, it invariably happens (and the reason is evident) that the first glimpse we catch of such subordinate laws – the first form in which they are dimly shadowed out to our minds – is that of *errors*. We perceive a discordance between what we *expect*, and what we *find*. The first occurence of such a discordance we attribute to accident. It happens again and again; and we begin to suspect our instruments. We then enquire, to what amount of error their determinations can, *by possibility*, be liable. If their *limit of possible error* exceed the observed deviation, we at once condemn the instrument, and set about improving its construction or adjustments. Still the same deviations occur, and, so far from being palliated, are more marked and better defined than before. We are now sure that we are on the traces of a law of nature, and we pursue it till we have reduced it to a definitive statement, and verified it by repeated observation, under every variety of circumstances.[39]

Der Ablauf wissenschaftlichen Fortschritts, den Herschel in der Schleife zwischen Abweichungen einerseits und ihrer Aufklärung andererseits präsentiert, erinnert in vielem an Kuhns Ausführungen zum außerordentlichen Messen, mit dem Unterschied, daß es nicht die Theorie ist, gegen die sich Abweichungen zuerst behaupten müssen, sondern das Instrument, an dem sie vorfallen. Dieser Aspekt aber verdient, so viel Mißtrauen man diesem Musterbild induktiver Wissenschaft entgegenbringen mag, besondere Aufmerksamkeit. Deutet sich doch an, daß der Fortschritt, der sich in der Schleife herstellt, mindestens so sehr den Bestand der Meßzusammenstellung wie den Bestand von Meßfehlern schärft. Eine Sache scheint es zu sein, daß verbesserte Instrumente die Differenzen zwischen Messungen und ehernem Gesetz der Natur »more marked and better defined than before« vor Augen stellen, eine andere aber, daß in demselben Vorgang Instrumente und Verfahrensweisen als »limit of possible error« umrissen werden. Momente und Situationen, in denen dies geschieht, tauchen in Herschels Argument nicht mehr auf. Um 1830 *ist* die Meßzusammenstellung ein in ihrer stets vorhandenen Fehlerhaftigkeit zu kontrollierendes und zu erforschendes Objekt des Wissens, das als »*theory* of our instrument« einer jeden Behandlung von wissenschaftlichen Gegenständen vorangestellt ist.[40] Die Differenz zwischen Munckes und Gehlers Begriff des Werkzeugs, von der meine Überlegungen ihren Ausgang genommen haben, bezeugt hingegen, daß dies keineswegs immer der Fall gewesen ist. Die Beziehung zwischen Instrument und Fehler, die Herschel voraussetzt, muß so betrachtet als Ergebnis eines grundsätzlichen Wandels im Verständnis des Instruments angesehen werden. Eine hochgerühmte, Ende des 18. Jahrhunderts publizierte Arbeit über das Barometer wird zeigen, wie die Absicht, ein Instrument zu verbessern, dessen Gegebenheit im Wissen grundsätzlich verändern kann.

Das Barometer unter Beobachtung: Jean-André de Lucs »Recherches«

Im Februar 1771 findet sich im Pariser *Journal des Sçavans*, eingerückt unter die »Nouvelles Littéraires«, die Mitteilung, daß die »große Abhandlung über Thermometer und Barometer, die vor einigen Jahren schon von M. Jean-André de Luc, Bürger zu Genf, angekündigt wurde, durch eine große Zahl neuer Experimente verzögert worden ist«.[41] Zwar wird im weiteren versichert, daß de Lucs Schrift trotz dieser Unbilden kurz vor der Veröffentlichung stehe. Die interessierte Leserschaft dürfte dies aber kaum getröstet haben. Schließlich hatte der Astronom Joseph Jérôme Lalande bereits eine Dekade früher mitgeteilt, daß de Lucs Untersuchungen gerade im Augenblick »sous presse« seien.[42] Nach dieser langen Zeit also lag das Buch oder das, was ein Buch werden sollte, noch immer beim Drucker, und wirklich verging ein weiteres Jahr, bis es im Herbst 1772 unter dem Titel *Recherches sur les modifications de l'atmosphère* in den Handel kam.[43]

Die Abhandlung findet einhellig freundliche Aufnahme. Im *Journal des Sçavans*, das de Luc besonders gewogen gewesen ist, erscheint eine große, zweiteilige Anzeige, die mit der schmeichelhaften Bemerkung endet, daß »unter allen Physikern, die seit 30 oder 40 Jahren an der Arbeit sind, keiner ist, der die Physik so bereichert hat, wie M. de Luc«.[44] Der Mathematiker Abraham Gotthelf Kästner, der das Buch in den *Göttingischen Anzeigen von gelehrten Sachen* bespricht, schlägt einen moderateren Ton an, stimmt aber bezüglich der Bedeutung des Unternehmens mit seinen Kollegen überein.[45] Wenn daher der Rezensent des *Edinburgh Magazine* konstatiert, daß mit den *Recherches* die »barometrische Beobachtung bis zu einem Punkt verbessert worden ist, der wenig mehr noch zu wünschen übrig läßt«, dann darf dieses Urteil als repräsentativ für die allgemeine Wertschätzung der Talente dieses Naturforschers genommen werden.[46]

Im Gegensatz zu den Äußerungen der Zeitgenossen geht das wissenschaftshistorische Urteil über die *Recherches* stark auseinander. Interessiert man sich für die Untersuchung der Instrumente bei der Durchführung von Experimenten und Beobachtungen, wie es in der ersten Hälfte des 19. Jahrhunderts zur Regel wird, dann stellt de Lucs Arbeit zwar ein Vorspiel dar, aber eines, das – weil es sich, anders als später, einer mathematischen Behandlung des Gegenstands weitestgehend enthielt – »letztlich scheiterte«.[47] Wird die Abhandlung dagegen im Rahmen der Entwicklung der Barometrie im 18. Jahrhundert und insbesondere der barometrischen Höhenmessung (Hypsometrie) betrachtet, für die sich de Luc eigentlich interessiert hat, fällt das Resümee eindeutig positiv aus. »Deluc's exact experimental work«, so Theodore S. Feldman, »established hypsometry on a firm foundation and allowed reliable barometric measurements of mountain heights for the first time.«[48] Unabhängig von diesen Einschätzungen läßt sich aber noch ein dritter Zugang zu den Untersuchungen legen. Danach ginge der Erfolg, der sich anscheinend mit de Lucs Arbeit verbindet, unauflöslich mit einem Moment des Scheiterns einher; eines Scheiterns wohlgemerkt, das als solches nicht erst retrospektiv vor Augen tritt, sondern sich in den Untersuchungen über das Barometer selbst abzeichnet.

Jean-André de Luc gehört zu jenen Naturforschern des 18. Jahrhunderts, deren Ruf unter den Zeitgenossen mit einem schlichten Fortschrittsmodell von Wissenschaft schwerlich in Einklang zu bringen ist.[49] Geboren 1727 als Sohn eines Uhrmachers, verbringt er die erste Hälfte seines langen Lebens in Genf, wo er die väterlichen Geschäfte mitbetreibt und gleich diesem, einem notorischen politischen und religiösen Pamphletisten, in den 1760er Jahren auf seiten der radikalen Partei in die Verfassungskämpfe der Bürgerrepublik verwickelt wird. Anfang der 1770er Jahre geht de Luc nach London, wird zum Fellow der Royal

Society ernannt, und, wichtiger noch, der vehemente Kämpfer gegen ständische Privilegien erhält das ordentlich bezahlte Amt des Vorlesers am Hofe der Königin, so daß er sich fortan sorgenlos in alle erdenklichen Debatten der Zeit, von der kosmogonischen Theorie über die neue Chemie Lavoisiers und die galvanische Elektrizität bis zur rechten Bibelauslegung, einmischen kann. In diesem sehr langen, neunzigjährigen Leben gibt es, wie de Lucs theologische Interessen bereits andeuten, neben der Streitlust eine zweite grundlegende Konstante. Mit den Worten eines Biographen des 19. Jahrhunderts läßt sie sich auf die Formel einer »éducation toute chrétienne« bringen; einer Erziehung, die vor dem Fehler all jener bewahrt, »die zu dem ersten Grund der Dinge zurückzugehen suchen, ohne einen allmächtigen Schöpfer vorauszusetzen«; einen »premier auteur«. [50] In der Tat darf man behaupten, daß ein gottesfürchtiger, der Schrift verschriebener Calvinismus alle Aktivitäten de Lucs zusammenhielt, und der Dienst an der »doctrine reçue«, der ihn über die politischen Gräben hinweg mit seinen heute ungleich berühmteren Genfer Forscherkollegen Charles Bonnet und Jacques Trembley verbindet, regierte auch das Unternehmen, an dessen Ende die *Recherches* standen.[51]

Wie man dort lesen kann, bereist de Luc mit seinem Bruder Guillaume Antoine im Sommer 1754 die Alpen rund um Genf, um Erkenntnisse für eine »richtige Theorie der Erdkugel« zu sammeln, welche eine Entwicklungsgeschichte der Erde ist, die in voller Übereinstimmung mit den Details der Genesis steht.[52] Ein Barometer haben die beiden einzig deshalb im Gepäck, um die Höhe der bestiegenen Berge aus den Unterschieden des Luftdrucks zu bestimmen. Wieder zurück in Genf, muß man allerdings feststellen, daß die gesammelten Daten vorerst ganz wertlos sind, weil über die Bestimmung der Höhen aus den Barometerständen in der Literatur keine Einigkeit herrscht und die Vielzahl von Regeln »einen so gewaltigen Unterschied« macht.[53] Wie de Luc betont, ist es diese Erfahrung tabellarisch persistenter Differenz (Abb. 4), die am Anfang von mehr als fünfzehn arbeitsreichen Jahren steht, in deren Ablauf sich die barometrische Messung der Höhen in ein Unternehmen eigenen Rechts verwandelt. Der Vorschlag, daß in de Lucs Forschungen Erfolg und Scheitern unlösbar verbunden sind, schließt sich unmittelbar an diese Proliferation des Randständigen an. In ihr zeigt sich zum ersten Mal die Bewegung, die de Lucs Untersuchung des Barometers bestimmen wird. Um dieser Bewegung zu folgen, muß man nicht ins Archiv steigen. Ihren sichtbarsten Ausdruck hat sie in den zwei Bänden der *Recherches* gefunden, in denen die Forschungen dem Publikum auf 850 Seiten überliefert worden sind.

Mehr als einmal werden in de Lucs Schrift Mitteilungen über die Entstehungsgeschichte der Untersuchungen und die Geschichte ihrer Auf-

TABLE

Des Hauteurs de l'Atmosphère, correspondantes à celles du Mercure dans le Baromètre.

Hauteurs du mercure dans le Baromètre.	Abaissemens du mercure dans le Baromètre.	Suivant les principes de Mr. Mariotte (253).	Suivant la Règle de Mr. Mariotte, par le changement de la progression harmonique en Arithmétique &c. (252)	Suivant les principes de Mr. Halley (261).	Suivant la Règle de Mr. Maraldi (268).	Suivant les principes de Mr. Jn. Scheuchzer, publiés par Mr. Jn. Gd. Scheuchzer (276).	Suivant la Règle de Mr. Jaques Cassini. (282).	Suivant l'Hypothèse de Mr. Daniel Bernoulli (313).	Suivant la Règle de Mr. Horrebow (323).	Suivant la Règle de Mr. Bouguer (325).
Pouces. Lignes.	Pouces. Lignes.	Pieds. Pouces.	Pieds. Pouces.	Pieds. Pouces.	Pieds. Pouces.	Pieds. Pouces.	Pieds. Pouces.	Pieds. Pouces.	Pieds. Pouces.	Pieds. Pouces.
28.	0. 0.	0, 0	0, 0	0, 0	0, 0	0, 0	0, 0	0, 0	0, 0	0, 0
27. 11.	0. 1.	63,	63,	75, 9	60,	64, 9	63,	65, 8	75,	75, 1
27.	1.	771,	780, 9	924, 1	798,	790, 2	780,	814, 9	914, 6	916,
26.	2.	1571, 1	1615, 6	1883, 2	1740,	1610, 2	1614,	1692, 4	1863, 7	1866, 9
25.	3.	2402, 8	2504, 3	2879, 10	2826,	2462, 4	2514,	2640,	2850, 7	2854, 7
24.	4.	3266, 4	3447,	3917, 2	4056,	3349, 4	3492,	3666, 8	3876, 7	3882, 11
23.	5.	4170, 9	4443, 9	4998, 8	5430,	4274,	4554,	4782, 7	4944, 3	4954, 11
22.	6.	5113, 5	5494, 6	6128, 3	6948,	5239, 10	5772,	6000,	6064, 10	6074, 7
21.	7.	6100,	6599, 3	7309, 9	8610,	6250, 7	7038,	7333, 4	7234, 10	7246, 5
20.	8.	7134, 6	7758,	8550, 2	10496,	7310, 8	8430,	8800,	8462, 5	8475, 5
19.	9.	8222, 2	8970, 9	9853, 8	12366,	8425, 2	9972,	10421,	9751, 9	9767, 5
18.	10.	9367, 10	10237, 6	11227, 7	14460,	9599, 11	11682,	12222, 3	11111, 5	11129, 4
17.	11.	10580, 7	11564, 3	12680,	16698,	10841, 9	13590,	14235, 3	12547, 9	12569, 1
16.	12.	11856, 1	12933,	14220,	19080,	12159,	15702,	16500,	14071, 2	14096, 2
abaissement de la première ligne à cette hauteur . .		110, 3	117,	132, 8	205,	113, 5	192, 11	201, 7	131, 3	131, 6
de la seconde		110, 10	117, 4	133, 5	206,	114,	195, 1	203, 8	131, 11	132, 3
Sur le Coraçon. 25. 10.	22. 2.									
Hauteur du Coraçon sur le Niveau de la mer suivant ces diverses règles: sa hauteur par la mesure géométrique est . 14820 pieds.		12087, 2	13167, 4	14486, 1	19491,	12386, 5	16090,	16905, 3	14334, 4	14359, 11

Abb. 4: Werte für die Höhen, die nach den Regeln von Mariotte bis Boguer den beobachteten Barometerständen entsprechen sollen. In: Jean André de Luc, *Recherches sur les modifications de l'atmosphère. Contenant l'histoire critique du baromètre et du thermomètre, un traité sur la construction de ces instrumens, des expériences relatives à leurs usages, et principalement à la mesure des hauteurs et à la correction des refractions moyennes*, Bd. 1, Genève 1772, Tafel 2.

zeichnung eingeflochten. Am ausführlichsten geschieht dies nicht in dem Bericht über die Untersuchungen selbst, sondern am Anfang eines Anhangs, der den zweiten Band beschließt. Hier nun bekommt der Leser das eigentliche Prinzip mitgeteilt, welches die *Recherches* jenseits ihrer formalen Einteilung in Paragraphen, Kapitel und Abteilungen organisiert. »Das Werk, welches ich dem Publikum vorlege«, so de Luc, »ist nach keinem vorangelegten Plane geschrieben. Ich machte meine ersten Versuche nicht, um sie zu beschreiben: sondern ich beschrieb sie, weil ich durch ihre Ausführung auf Entdeckungen kam, die mir der Aufmerksamkeit der Naturforscher würdig schienen. Eben so wenig folgte ich in den Versuchen selbst einem bestimmten Plane.«[54] Dieses scheinbar planlose Werk ist aber mitnichten ohne Kalkül entstanden. Die freimütige Bemerkung, daß das Fehlen eines jeden Plans die Logik der Arbeit ausmache, nimmt einen prekären Platz ein: Zwar steht sie an der Stelle eines Nachworts, fungiert aber eigentlich als Vorrede. In dieser Weise wird die Wirklichkeit des Geschehenen zugleich rekapituliert und rekursiv als ursprünglicher Plan etabliert.

Ein wichtiges Zeugnis für diese Überlegung liefert der Bericht de Lucs. Auf die Entdeckung, daß die Methoden der Berechnung bei den verschiedenen »Schriftstellern« ganz verschiedenes erbringen, folgt eine Reaktion, die zunächst vorbildlich die Rolle bestätigt, die die Beschreibung von Werkzeugen und Beobachtungen für die Vertrauenswürdigkeit eines wissenschaftlichen Unternehmens im 18. Jahrhundert spielt: De Luc beginnt damit, die wenig hilfreichen Abhandlungen penibel zu studieren, um aus den Aufzeichnungen den Schluß zu ziehen, »daß die Verschiedenheit der aus den Beobachtungen hergeleiteten Resultate größthenteils von der Unvollkommenheit der Werkzeuge und das Zutrauen, welches die Schriftsteller auf ihre Methoden setzen, von der geringen Anzahl ihrer Beobachtungen herrühre«.[55] Damit allerdings kommt ein Modell von Naturforschung, das den Bericht als eigenes Mittel der Bewährung entwickelt, vorerst an sein Ende. Zwar enthält de Luc seine Lesefrüchte wiederum den Lesern der *Recherches* nicht vor – die ganze erste Abteilung breitet sie aus. Dann aber teilt der Autor mit, daß er im weiteren beschloß,

> die Bücher aus den Händen zu legen, die Natur allein zu Rathe zu ziehen, und ihr Schritt vor Schritt, so weit sie mich führen würde, zu folgen. Ich schmeichelte mir zwar mit der Hofnung, durch Hülfe meiner an dem Barometer angebrachten Verbesserungen, ein Werk, das ich für nützlich hielt, mit leichter Mühe zu vollenden; ich betrat daher meinen Weg mit großem Zutrauen: allein an statt ihn kurz und leicht zu finden, gerieth ich immer tiefer in Umschweife, aus welchen ich nur mit großer Mühe und Arbeit einen Ausgang habe finden können.[56]

Hält man sich hieran, dann ist die vermeintliche Planlosigkeit der Arbeit keineswegs geplant gewesen. Vielmehr mußte de Luc entdecken, daß der »Weg«, der sich ihm auftat, mit Unsicherheiten behaftet war, von denen er nichts ahnte.

Lamberts zeitgenössischer Notiz »Von Umwegen« folgend wäre der Ablauf der Untersuchungen vornehmlich als Übel zu bedenken: »Ueberhaupt«, so Lambert, »sind alle Umwege schlecht, weil man am kürzesten gehen solle. Kann man kürzer gehen, so ist der Umweg ein Fehler.«[57] Kann ein Umweg gleichwohl nicht vermieden werden, so verliert er, sobald man durch ihn hindurch ist, seinen Wert und muß ersetzt werden: »Ist man aber beym Ziele, so muß man sich dennoch wieder nach dem geraden Wege umsehen. Läßt er sich finden, so ist es vortheilhaft, erstens im Vortrage, hernach bey ähnlichen oder andern Fällen, öfters auch weil er neu ist und brauchbar werden kann.«[58] Die »Umschweife«, in die de Luc gerät, haben jedoch die Eigenschaft, zu einem anderen Ende als dem antizipierten zu führen. Für sie gilt, was Lambert nicht dem Umweg, sondern dem Abweg zugesteht. Mehr widerwillig bemerkt er hierüber: »Es giebt auch nützliche Abwege, worauf man besseres findet als das so man sucht. Abwege sind demnach nicht ganz zu verwerfen.«[59]

Nicht zu unterschätzende Anzeichen für die grundsätzliche Verschiebung, die sich im Ablauf des Unternehmens zuträgt, lassen sich in der Form von de Lucs Schrift auffinden.[60] Bereits die erste Fassung der Abhandlung, die 1762 der Pariser Akademie vorgelegt wurde und hohes Lob erhielt, litt unter dem Problem, daß sie »schon zu weitläufig [war], als daß sie den Sammlungen der Akademie hätte beigedruckt werden können«.[61] Diese Tendenz zu einem immer größeren Umfang des Werkes sollte sich in den folgenden Jahren noch beschleunigen. Folgt man dem *Journal des Sçavans*, dann galten die weiteren Arbeiten in der Dekade bis zur tatsächlichen Publikation der *Recherches* vornehmlich einem einzigen Punkt: der Bestimmung des Siedepunkts des Wassers im Verhältnis zum gegebenen Luftdruck.[62] Diese Experimente bilden einen Teil der Kalibrierung des Quecksilberthermometers und gehören zu den Untersuchungen über die Verbesserung dieses Instruments, die den ersten Band der *Recherches* abschließen. Gleichwohl wird der Bericht über diese Experimente nicht dort, sondern im Anhang zum zweiten Band eingerückt. Diese Lösung liegt nahe, wenn man bedenkt, daß die Darstellung ein Viertel des gesamten Buches einnimmt. Für den Autor bot das Ergebnis aber dennoch Anlaß zu einer Erklärung, um nicht zu sagen, zu einem Geständnis. Auf Anregungen anderer Gelehrter verweisend, die den neuen Untersuchungen vorangegangen waren, bemerkt er:

> Ich selbst würde es bedauret haben, wenn ich einige Punkte, die mir sehr wichtig schienen, nicht weiter hätte untersuchen sollen, und war also desto leichter zu diesem Entschluß zu bewegen. Da mich aber mein eigner Antrieb immer weiter hineinzog, als mir die Umstände fortzugehen erlaubten, so konnte ich weder in meinen Versuchen einen bestimmten Plan verfolgen, noch der Erklärung derselben, die ich stückweise niederschrieb, eine methodischere Form geben, als meine Bemühungen selbst hatten. Daher kömmt das verhältnißwidrige in den Abtheilungen meines Werks, und die Verwebung der Materien in einander – ein Fehler, den ich erkenne, ohne ihn ändern zu können.[63]

Der beklagenswerte Zustand des Buches ist einigen seiner Leser in der Tat nicht entgangen. Wie der Rezensent des *Edinburgh Magazine* bemängelt hat, gleicht die Studie weniger einem »succint, well-arranged detail of experiments, with natural theories and conclusions« als einem bloßen Journal, für dessen Lektüre die Adjektive »irksome« und »fatiguing« ihm die treffendsten schienen.[64] Allerdings wird hier ein Maßstab angelegt, der de Lucs Vorstellung von einer wohlgelungenen Abhandlung zuwiderläuft. Für den Autor der *Recherches* bestimmt sich der Bericht über seine Untersuchungen als die mimetische Wiedergabe aller durchgeführten Operationen in ihrer zeitlichen Reihenfolge.

Mit den Worten von de Lucs Genfer Mitbürger Senebier soll die Beschreibung des Beobachteten »die Stelle des Gegenstandes selbst vertreten« oder, wie es einige Zeilen später heißt, ein »treffende[r] Abdruck der Natur« sein und darin eingeschlossen aller Handlungen, die zu ihrer Kenntnis geführt haben.[65] Daraus folgt, daß ein solcher Bericht im Unterschied zur Situation am Ende des 17. Jahrhunderts, wie sie Steven Shapin am Beispiel von Boyles Schriften dargestellt hat, weniger ein Mittel gewesen ist, um etwas anderes zu erreichen; sei es die Replikation von Beobachtungen oder die Verwandlung des Beobachters in einen virtuellen Zeugen.[66] Ein Bericht, wie ihn Senebier fordert, sucht nicht den Eindruck einer unvermittelten Teilhabe an den beschriebenen Untersuchungen zu fingieren, insofern er explizit als Ersatz für diese begriffen wird. Gleichzeitig verneint ein solcher Bericht aber auch für sich den Status einer Repräsentation. Ein Arrangement des Gefundenen, wie es der Kritiker des *Edinburgh Magazine* nahelegt und wie es dann seit dem 19. Jahrhundert üblich wird,[67] ist ausgeschlossen. Im Gegenteil ist die Ordnung des Berichts im Idealfall direkt durch die Erscheinungen der Natur und ihre kunstgerechte Untersuchung vorgegeben, und diese müssen »well-arranged« sein.

Man versteht danach besser, warum de Luc so nachdrücklich auf die mißlungene Gestalt der *Recherches* eingeht. Es handelt sich nicht einfach um einen ästhetischen Makel, vielmehr impliziert die Verwobenheit der Materien und der Mangel an Proportion direkt ein Urteil über de Lucs Forschungen und ihren Gegenstand. Eine wohlgeordnete und klar entwickelte Beschreibung verweist auf eben solche Beobachtungen und Experimente, und entsprechend gilt umgekehrt, daß eine weniger gelungene Beschreibung von einer gewissen Unordnung der dargelegten Untersuchungen zeugt. Der Buchberg, zu dem die *Recherches* zuletzt anwachsen, kündet mit anderen Worten davon, wie die nicht eigentlich planlose, sonden unplanbare Dynamik der de Lucschen Arbeit ihre literarische Überlieferung sprengt. Genau dies aber macht die Gestalt des Berichts zu einem Zeugnis epistemischer Vorgänge. Denn in seiner ungefügen Erscheinung überliefert sich eine Bewegung des Forschens, deren Grenzen permanent neu definiert werden müssen. Dieses Scheitern zeugt nicht von einer Unbedachtheit de Lucs. Der »Fehler« des Buches kann nicht geändert werden. Er rührt aus dem Willen, planvoll jeden Aspekt in der Verbesserung des Barometers anzugehen, um am Ende ein vollkommenes Instrument zu erhalten.

»Von der Verfertigung und dem Gebrauch des Barometers und Thermometers« lautet die Überschrift des ersten Teils der Forschungen, die aus de Lucs Entschluß, die Bücher aus der Hand zu legen, hervorgegangen sind. Es folgen im zweiten Teil des Werkes »Vorbereitungen zu neuen Versuchen mit dem Barometer« sowie »Beobachtungen und Untersuchungen über die Mittel, die Dichte der Luft zu jeder Zeit und an jedem Orte zu erfahren, und ihre Kenntnis auf die Höhenmessungen mit dem Barometer anzuwenden«. Nach drei Richtungen nehmen die Arbeiten hiernach ihren Gang. Sie durchlaufen erstens die Konstruktion von Barometer und Thermometer, zweitens die Weise, sie in Beobachtungen zu benutzen, und sie machen drittens die »Mittel« der Beobachtung wiederum zu beobachteten Gegenständen. Es ist vor allem der letzte Punkt, der de Lucs Arbeit für die Zeitgenossen so sehr gegen das bis dahin Geleistete abhebt.[68] Daß die Weise, in der das Barometer dort analysiert wird, außer in die Möglichkeiten barometrischer Messung und weiter in die Entwicklung der Physik auch in die Gegebenheit des Instruments selbst eingreift, bleibt allerdings ausgespart. In der Tat tritt dieses Ereignis gegen die offensichtlicheren Ergebnisse der *Recherches* zurück; mehr noch, es ist von de Luc gar nicht namhaft gemacht worden, sondern bleibt eingeschlossen in die eigene Bewegung des Unternehmens.

Folgt man den verschiedenen Ansätzen, in denen de Luc das Barometer durchläuft, dann zeigt sich, daß seine Überlegungen zur Konstruktion und Handhabung des Instruments von den Erkenntnissen, die er aus der Beobachtung des Instruments gewinnt, unterlaufen werden. Nicht daß die gefundenen Vorschriften wertlos würden. Im Gegenteil, die sechzehn Punkte, unter denen de Luc schließlich die »vornehmsten Bedingungen, welche zu Höhenmessungen mit dem Barometer erfordert werden«, zusammenfaßt, betreffen alle die richtige Art, das Barometer zu benutzen, oder seine richtige Konstruktion und sind alle in der charakteristischen Form der Anweisung, der Form des ›man muß‹, ›es ist notwendig‹ oder ›es ist gut‹ gehalten.[69] Nur die Leitfigur der Vervollkommnung, die aus diesen Vorschriften spricht, hat eine neue Definition erhalten. Untergründig und unkommentiert schiebt de Lucs Unternehmen der Vorstellung von einem vollkommenen Instrument und den Wegen, Vollkommenheit zu erlangen, einen anderen Inhalt unter. Dieser Vorgang ist nicht die Konsequenz einer bewußten Überlegung. Er ergibt sich vielmehr aus den Nachforschungen, denen das Barometer unterworfen wird.

Mit Blick auf das von de Luc konstruierte Reisebarometer läßt sich heute sagen, daß es nach seiner materiellen Ausführung keineswegs dem in der Zeit möglichen entsprach. Dabei mochte eine Rolle spielen, daß de Luc keinen Zugang zu den neuesten Entwicklungen im Instrumentenbau hatte.[70] Dazu kommt aber, daß der Autor der *Recherches* in seinen Untersuchungen die Materialität des Instruments mindestens so sehr als Grenze denn als Möglichkeit seiner Verbesserung kennengelernt hatte. Dies gilt vorweg für die Maßnahme, die üblicherweise als einer der wichtigsten Beiträge de Lucs zur Verbesserung des Barometers betrachtet wird. Zwar ist das Auskochen der Quecksilbersäule mit dem Ziel, die bei der Befüllung der Röhre miteingetretene Luft auszuscheiden, schon vorher bekannt gewesen.[71] Erst ein Vergleich de Lucs von gewöhnlichen und ausgekochten Barometern belegt aber, daß nur letztere bei ihrem Gebrauch ein regelmäßiges Verhalten zeigen. Dies galt insbesondere für die Ausdehnung des Quecksilbers in der Barometersäule in Abhängigkeit zur Temperatur der Umgebung. Für seine Beobachtungen stellt de Luc an einem Wintertag beide Typen von Barometern in einem ungeheizten Zimmer nebeneinander auf, das dann stark erwärmt wird. Es zeigt sich:

> Die über dem Feuer gefüllten Barometer stiegen alle gleichförmig: die andern fielen ohne die geringste Uebereinstimmung: und eines unter ihnen zeigte sogar fast nicht die geringste Veränderung. Ich ließ hierauf das Zimmer wieder kalt werden. Hierbey fielen die über dem Feuer gefüllten Barometer eben so gleichförmig, als sie gestiegen waren, die andern stiegen ohne Uebereinstimmung, und am Ende befanden sich ihre Höhen nicht mehr in denen Verhältnissen, in welchen sie zu Anfange gestanden hatten.[72]

Obwohl das Auskochen der Quecksilbersäule das Barometer wesentlich verbessert, kann diese Maßnahme nur bedingt als Schritt zur Vervollkommnung des Instruments aufgefaßt werden. Denn wie de Luc bemerkt, ist ihr Erfolg begrenzt: »Ganz und gar kann man die Luft nie austreiben«.[73] Von Vorteil ist das Auskochen demnach nicht primär, weil es ein vollkommeneres Vakuum gewährleistet. Von Vorteil ist es, weil »die geringe Menge der zurückgebliebenen Luft bey allen auf diese Art verfertigten Barometern beynahe einerley ist«, was es erlaubt, daß »sich für dieselben eine bestimmte Regel finden [läßt], nach welcher man den Einfluß der Wärme auf ihre Veränderungen berechnen kann.«[74]

Hundert Jahre später rechtfertigt es dieser Punkt, de Lucs Untersuchungen als Anfang einer neuen Epoche der Barometrie zu verstehen:

> Zwar waren schon von Einigen vor ihm Variationen des Barometers, hervorgerufen durch die Verschiedenheit der Temperatur, beobachtet worden; aber da dieselben durchaus unregelmässig, ja beinahe für jedes Barometer andere waren, so konnten sie nicht in Rechnung gezo-

> gen werden, und De Luc gebührt somit unstreitig das Verdienst, das Barometer durch die Methode des Auskochens erst zu einem brauchbaren Instrumente der Physik gemacht zu haben.[75]

Hält man sich an dieses Zitat, dann ist das »brauchbare« Instrument nicht jenes, das Vollkommenheit besitzt, also in seiner Konstruktion soweit als möglich vervollkommnet ist. Das »brauchbare« Instrument ist eines, das ein so berechenbares Verhalten zeigt, daß seine Anzeigen »in Rechnung gezogen« werden können. Dieser dem späten 19. Jahrhundert ganz selbstverständliche Begriff des Instruments als ein in seinen »Variationen« zu kalkulierendes beginnt in de Lucs Untersuchungen mit der Einsicht in die Variationen des Barometerstands, die aus der Konstruktion der Instrumente selbst rühren. Ein weiteres Beispiel hierfür findet sich in der Beobachtung, daß sich der Quecksilberspiegel an einigen Barometern zu seiner Mitte hin erhebt, an anderen wieder hohl zeigt. Entsprechende Beobachtungen erbringen, daß diese Differenzen von der Form des Glasbehälters abhängig sind und nur solche Barometer eine zuverlässige Ablesung ermöglichen, »welche bloß aus einer gebognen Röhre bestünden, und durchaus eine gleiche Weite hätten«.[76] Und noch in anderer Hinsicht tritt die Glasröhre als Bedingung des Meßdatums vor Augen. Ein Geständnis leitet das Resümee der ersten Bemühungen um die Verbesserung des Barometers ein. Trotz aller Untersuchungen und Verbesserungen, die de Luc bis dahin durchgeführt hat, fehlt »immer noch etwas zur vollkommenen und beständigen Genauigkeit« – auch seine Barometer zeigen Abweichungen, die zwar »in keine Vergleichung mit denjenigen« kommen, die bei den »ersten Versuchen« wahrgenommen worden sind, die aber die Grenzen des Fortschritts um so schärfer aufscheinen lassen. Vermutet er doch, daß die Ursache hierfür »fast einzig und allein in der Unvollkommenheit der Röhren liege.«[77] Diese Unvollkommenheit ist anderer Natur als die bisherigen: Sie betrifft nicht Verfahren der Herstellung oder die Gestalt des Instruments, sondern die nackte Materialität der Röhre; das Glas als Glas. De Luc fällt auf, daß gelegentlich »die Oberfläche des Quecksilbers im leeren Raume nicht stets waagrecht sey, daß bisweilen die Neigung derselben so stark werde, daß eine Seite um eine 1/4 Linie tiefer, als die andere stehe, und dieses selbst in Röhren, die dem Scheine nach so vollkommen, als möglich, waren.« Und er folgert:

> Vielleicht kann die Verschiedenheit der Glätte und Reinigkeit ihrer [der Röhren] innern Flächen, vielleicht auch die verschiedne Beschaffenheit, Dicke oder Gestalt des Glases etwas zu diesem Unterschiede in der Höhe der Ränder des Quecksilbers beytragen.[78]

Wirkt der Effekt des Materials je unterschiedlich, so wären die verbliebenen Abweichungen erklärt. Abhilfe allerdings läßt sich nicht mehr in Änderungen der Konstruktion finden. De Luc beschließt den Abschnitt mit der Feststellung:

> Könnte man solche Röhren finden, welche durchaus eine gleichartige Masse, gleiche Dicke, überall einerley Glätte und Reinigkeit der innern Fläche, und durchgehends gleiche Weite hätten, so würden vielleicht alle diese kleinen Ungleichheiten verschwinden.[79]

Die Perspektive des vollkommenen Instruments wird damit zwar nicht aufgegeben – eine Perspektive, die bereits im Titel des betreffenden Abschnitts »Grad der Vollkommenheit des beschriebenen Barometers: Ursachen der Mängel, die ihm noch übrig bleiben«, impliziert ist. Nur umreißt sich das Ziel einzig noch im Konjunktiv.

Parallel zu der Erkenntnis, daß die Materialität des Instruments seiner Vollkommenheit Grenzen setzt, läßt sich beobachten, wie der Weg der Vervollkommnung neue Formen annimmt. Eingriffe in die Konstruktion und Herstellung des Barometers spielen dabei weiterhin eine Rolle, nur wird mit diesen Eingriffen ein anderer Effekt bezweckt. So wird das Abkochen der Quecksilbersäule von de Luc, wie erwähnt, als Voraussetzung dafür formuliert, daß der Einfluß der Wärme auf den Gang der Quecksilbersäule in Rechnung gebracht werden kann. In ähnlicher Weise ist ein anderer Eingriff in das Gesamte der Konstruktion des Instruments zu verstehen. Auch hier ist der Bezugspunkt nicht das vollkommene Instrument, ebensowenig allerdings die Variationen, die sein Verhalten zeigt. Gegenstand des Vorschlags sind vielmehr die Variationen des Barometers selbst, die Variationen seiner Konstruktion.

In einem Seitenblick auf die gewöhnlichen meteorologischen Barometerbeobachtungen bemerkt de Luc, daß die Fehler des Instruments hier in gleicher Weise wie bei den Höhenmessungen zum Tragen kommen. Nach der Darstellung der verschiedenen Umstände, welche die Abweichungen der Beobachtungen bedingen, wird als Konsequenz festgehalten, daß alle Barometer »nach einerley Vorschrift zu verfertigen« sind, weil nur hierdurch »übereinstimmende Beobachtungen« ermöglicht werden. Eine bekannte Form der Regulierung von Beobachtungen, die »Vorschrift«, erhält hierin eine neue Funktion. Die Herstellung des Instruments und nicht die Verfahrensweisen des Beobachters bezeichnet den Punkt ihres Zugriffs: »Es ist also unumgänglich nothwendig, sich über eine allgemeine Art der Einrichtung des Barometers zu vergleichen, bey welcher sich nichts willkührlich verschiednes einschleichen, und von der man überall Gebrauch machen könne.«[80] De Lucs eigener Vorschlag sieht vor, daß alle Barometer ausgekocht werden müssen, daß sie mit einem Thermometer zu versehen sind, und schließlich, um »die Fehler zu vermeiden, die aus den verschiednen Gestalten der Behältnisse entspringen«, ist jedes hergestellte Barometer an einem »Normalbarometer« zu vergleichen.[81]

Man könnte de Lucs Forderung als Ansatz zu einer Standardisierung wissenschaftlicher Instrumente verstehen. Näher betrachtet bezweckt der Vorschlag jedoch weder eine einheitliche Gestaltung des Barometers, noch wird den Beobachtungen ein einheitliches Maßsystem zugrunde gelegt. Nicht schon Vereinheitlichung aller Barometer ist das Ziel, sondern die Möglichkeit, die mit Hilfe von unterschiedlich konstruierten Instrumenten und verschiedenen Skalenteilungen ermittelten Daten untereinander in Beziehung setzen zu können. Während der Hauptzweck von Standardisierung gerade darin liegt, die mühselige Arbeit der Vergleichung zwischen verschiedenen Instrumenten und Maßsystemen zu überwinden, soll hier Vergleichbarkeit erst hergestellt werden. Mit anderen Worten: Die Vorschläge, die zur Einrichtung des Barometers gemacht werden, sollen diesem beifügen, was eine klassische Instrumentengeschichte stets schon als Eigenschaft eines jeden Meßinstruments voraussetzt:

> The information it [the measuring instrument] provides can be transmitted, not only from one experiment to another, but also from one observer to another. It acquires an absolute and universal value which enables the instrument to be perfected yet further: not, perhaps, the one which sets the first cycle of progress in motion, but others complementary to it, or which can replace it to advantage.[82]

Wie die ersten größeren Unternehmen zu vergleichenden Wetterbeobachtungen zeigen, war der universal zirkulationsfähige Meßwert, der laut Daumas den Fortschritt von Wissenschaft und Instrumentenbau in der zweiten Hälfte des 18. Jahrhunderts entscheidend in Gang bringen soll, alles andere als eine Selbstverständlichkeit. Als James Jurin, der damalige Sekretär der Royal Society, 1723 in den *Philosophical Transactions* dem Publikum einen Plan für die tägliche Aufzeichnung von Barometer- und Thermometerstand, Windstärke und -richtung sowie Niederschlag und Zustand des Himmels vorlegt, stellte sich schnell heraus, daß die aus aller Welt einlaufenden Daten nur sehr bedingt miteinander verglichen werden konnten. Abgesehen davon, daß einige Beobachter ganz ohne Instrumente auskommen mußten, standen die verschiedenen Einteilungen der Skalen, in bezug auf die Temperaturmessungen die unterschiedlichen Maßeinheiten, sowie die Unbeständigkeit der Instrumente und die Willkür der Beobachter einer vereinheitlichenden Behandlung entgegen.[83] Seinen Vorschlag zu einer »allgemeinen Einrichtung« der Barometer formuliert de Luc vor dem Hintergrund solcher Erfahrungen, konkret aber geht er von dem Umstand aus, daß die Konstruktionsweise des Barometers unmittelbar das Verhalten des Instruments beeinflußt. Das Instrument wird damit in einer Weise als Bedingung der Naturforschung kenntlich, wie es in den von Jurin initiierten Wetterbeobachtungen noch nicht der Fall gewesen ist. Während sich dort die Arbeit darauf konzentrierte, die Skalenteilungen, die den Beobachtungsresultaten zugrunde lagen, in Erfahrung zu bringen und mit »English Measure« ins Verhältnis zu setzen,[84] folgert de Luc aus seinen Beobachtungen an verschiedenen Typen von Barometern, daß sich jedes Resultat darüber hinaus spezifisch zu dem Instrument verhält, an dem es abgelesen wird. Vergleichbarkeit als ein Weg, in den sich Vervollkommnung neu fügt, weist so betrachtet dem Instrument eine eigene Stelle im Wissen von der Natur zu. Mit einem solchen Instrument kann man nicht nur der Natur Aussagen entlocken, diese Aussagen bleiben zugleich auch auf das Instrument bezogen; sind von diesem durchdrungen.

Die epistemologischen Implikationen von de Lucs *Recherches* verdichten sich, wenn man den wesentlich umfangreicheren Arbeiten nachgeht, in denen sich der zweite Weg der Vervollkommnung des Instruments ausführt. In der Kontextualisierung des Barometers wird die Erfahrung, die der Forderung nach Vergleichbarkeit vorhergeht, umgekehrt: Sosehr die Aussage über den Luftdruck am Beobachtungsort von der Gestalt des Instruments abhängig ist, so sehr bleibt wiederum das Instrument auf die natürlichen Umstände der Beobachtung bezogen. Ein »brauchbares« Instrument ist für die Physik des ausgehenden 19. Jahrhunderts ein zu berechnendes, weil es in seinem Verhalten als Funktion seiner eigenen *und* der Umweltbedingungen verstanden wird. Den Versuch, eine Regel zu finden, die die unterschiedliche Gestalt der Barometer kalkulierbar macht, gibt de Luc auf: Zu viele »Abweichungen« stellen den Nutzen der Regel in Frage.[85] Der Versuch, eine Regel für den Einfluß der Wärme auf das Instrument zu finden, bringt de Luc hingegen auf jene abenteuerliche Reise, die so deutliche Spuren in der Form seiner Schrift hinterlassen hat.

Obwohl im Zentrum von de Lucs Arbeit das Barometer steht, nennt er seine Schrift bekanntlich nicht *Recherches sur le baromètre*. Man könnte meinen, daß sich hier ein Widerspruch auftut, und so scheint es auch der deutsche Verleger von de Lucs Werk gesehen zu haben. Jedenfalls wird der Haupttitel der Übersetzung, *Untersuchungen über die Atmo-*

sphäre und die zu Abmessung ihrer Veränderungen dienlichen Werkzeuge, entsprechend erweitert. Diese Änderung war in gewisser Weise durch de Luc selbst gedeckt, der die 1762 der Pariser Akademie präsentierte erste Fassung seiner Schrift noch *Recherches sur la loi des condensations de l'Atmosphère, et sur la manière de mesurer, par le Baromètre, la hauteur des lieux accesibles* benannte.[86] Gleichwohl bleibt das Faktum, daß der zweite Teil des Titels in der endgültig gedruckten Schrift nurmehr in einem langen Untertitel Platz findet. Eine Erklärung hierfür wäre, daß sich in der Zwischenzeit der Gegenstand der Untersuchungen gründlich verschoben hätte. So bemerkt Feldman, daß de Luc seine Arbeit zu der Zeit, als er sie der »Académie Royale des Sciences« vorlegte, vermutlich noch ganz als eine Abhandlung über das Barometer begriff.[87] Dieser Eindruck wird aber allein von Lalande erweckt, der seinen Auszug aus de Lucs Untersuchungen mit der Überschrift »Du Baromètre, de sa construction et de ses usages« versieht.[88] Dagegen gibt der eben zitierte Originaltitel von de Lucs Akademieschrift zu verstehen, daß hier keineswegs nur über Konstruktion und Gebrauch eines Instruments gesprochen wird. Was sich hingegen im Lauf der Jahre geändert hat, ist die Vorstellung, in welcher Weise das Barometer zur Atmosphäre in Beziehung steht.

Daß die Temperatur am Beobachtungsort einen Einfluß auf den Stand der Barometersäule hat, ist für de Luc und seine Zeitgenossen keine Neuigkeit. Allerdings zeigt sich in seinen Untersuchungen, daß die Quecksilbersäule in der Barometerröhre bei ihrer Erwärmung nicht einfach um einen bestimmten, immer gleichen Betrag ansteigt. Statt dessen verändert sich ihr Stand proportional zur gegebenen Höhe der Quecksilbersäule. Aus einer einfachen Ursache, deren Einwirkung auf den Barometerstand in einer dauernden Korrekturgröße festgehalten werden soll, geht damit ein komplexes Phänomen hervor, das sich unter verschiedenen Umständen verschieden auf das Ergebnis der Messung auswirkt. In weit dramatischerer Weise wiederholt sich diese Erfahrung, als de Luc im Ablauf seiner Untersuchungen auf eine »merkwürdige«, ihm bis dahin unbekannte Erscheinung stößt:

> Ich hatte einst mein Barometer an einerley Stelle eines Berges an einem Tage zweymal beobachtet, und das zweytemal das Quecksilber höher als das erstemal gefunden. Dieser Unterschied setzte mich anfänglich gar nicht in Verwunderung, weil ich glaubte, es werden sich unten in der Pläne, wo man während der Zeit ebenfalls beobachtete, eine ähnliche Veränderung zugetragen haben. Allein ich erstaunte, als ich fand, daß sie daselbst nach der entgegengesetzten Richtung erfolgt sey. Ich konnte diesen Unterschied weder einem Mangel an Genauigkeit im

> beobachten, noch einem Fehler der Barometer zuschreiben: er mußte also von der Luft herrühren, und es schien mir um so viel nöthiger, den Grund davon zu untersuchen, da der Unterschied selbst so beträchtlich war, daß ich alle Hoffnung aufgeben mußte, meinen Zweck zu erreichen, wenn ich nicht Mittel finden konnte, die Ursache desselben zu entfernen, oder die Größe ihrer Wirkungen zu bestimmen.[89]

De Lucs Formulierung, daß der Fehler »von der Luft« herrühren muß, ist ebenso befremdlich wie folgenreich. Was eigentlich vom Barometer gemessen werden soll, nämlich die Luft respektive der Luftdruck, scheint an dieser Stelle zugleich die erste Quelle eines Fehlers der Messung zu werden. Dies gilt zwar nur für solche barometrischen Messungen, die wie die Messungen de Lucs nicht eigentlich den aktuellen, von zahlreichen Faktoren abhängigen Luftdruck am Ort der Beobachtung bestimmen wollen, sondern mittels der Bestimmung des Luftdrucks die Höhe des Beobachtungsorts abzuleiten suchen, wofür jeder andere Einfluß auf den Luftdruck aus den Barometerständen zu beseitigen ist. Zugleich ist damit aber auch klargestellt, daß jede barometrische Höhenbestimmung, sosehr man auch das Instrument vervollkommnen mag, allein dadurch fehlerhaft wird, daß man das Instrument für seinen Gebrauch der Luft und damit auch jeweils besonderen störenden Umständen aussetzen muß. Dieses Ergebnis war unvorhersehbar, insofern es erst in den Nachforschungen über das Verhalten des Instruments Präsenz gewann. Und dieses Ergebnis gibt beispielhaft eine Ahnung, woher die Dynamik von de Lucs Untersuchungen – ihre vermeintliche Planlosigkeit und die Planlosigkeit ihrer Darstellung – rührt.

Der gesamte Ablauf des Unternehmens fügt sich in eine charakteristische Figur. Die Ursachen, »die sich vereinigen, um den Unterschied der Barometerhöhen an Orten von verschiedner Höhe zu bestimmen«, sind, so de Luc, »so verwickelt, daß der nächste Schritt von einer [Ursache] allezeit auf eine andere leitet, und jede von ihnen erstreckt sich auf noch viel mehrere Dinge, als auf die Höhenmessungen mit dem Barometer, welche hier meine Hauptabsicht sind.«[90] In dieser metonymischen Bewegung geht die formale Geschlossenheit der *Recherches* zugrunde und ebenso, der Erscheinung des Werkes vorausliegend, die Vorstellung, daß ein Instrument allein unter Bezug auf die Prinzipien seiner Konstruktion und Handhabung zu vervollkommnen ist. Die immer neuen Umstände, auf die de Luc in der Erforschung des Barometers stößt, verschieben die Aufmerksamkeit zunehmend vom ursprünglichen Gegenstand der Untersuchung weg. Teilweise beziehen sich die Arbeiten, wie erwähnt, auf das Verhalten des Thermometers, mit dem die Temperatur am Beobachtungsort zu messen war, und wiederum davon ausgehend auf die Veränderlichkeit des Siedepunkts des Wassers als Bezugspunkt der Thermometerskala.[91] Darüber hinaus aber beziehen sie sich gar nicht mehr direkt auf Instrumente. Die »mehr denn vierhundert Beobachtungen«, die im zweiten Teil der *Recherches* angeführt werden, erfolgen nicht zur Kontrolle irgendwelcher Eingriffe in die Konstruktion oder Handhabung des Barometers. Die Daten, die de Luc in Genf auf dem Glockenturm der Kirche zu St. Peter oder auf den umgebenden Bergen sammelt, bilden den Gegenstand von »Untersuchungen über das Gesetz der Ausdehnungen der Luft durch die Wärme und durch die Verminderung des senkrechten Drucks ihrer Theile auf einander«, die schließlich Aufschluß über das merkwürdig gegenläufige Verhalten der Barometer im Tal und auf den Bergen geben.[92] Die Erforschung der Natur resultiert allerdings nur mittelbar in einem Wissen von der Natur. Weder der Luftdruck noch die Höhe des Beobachtungsortes, sondern das Meßinstrument bildet das »epistemische Ding« in de Lucs Untersuchungen.[93] Die Regeln, die sich hier aus der Beobachtung der Natur ergeben, dienen nicht dazu, das Verhalten der Luft oder beispielsweise die Entwicklung des Wetters besser zu verstehen. Sie sind mit Blick auf die Korrektur des Barometers ausgearbeitet worden und gehören zuerst dem Wissen um dieses Instrument an.

De Lucs Nachforschungen enden nicht bei der Untersuchung der abweichenden Veränderungen des Luftdrucks in verschiedenen Schichten der Atmosphäre. Sie greifen schließlich auch auf die »vornehmste Ursache der Barometerveränderungen an einerley Orte« aus; auf die Abhängigkeit des Barometerstands von der Luftfeuchtigkeit oder, wie es in den *Recherches* heißt, von den »Dünsten«, die sich in die Luft mischen.[94] Im Gegensatz zu den Untersuchungen über den Einfluß der Wärme führen diese Arbeiten aber zu keinem Ergebnis. Wie de Luc bemerkt, würde die »Berichtigung sehr unvollkommen geworden seyn«,[95] weil er ursprünglich die Rolle der »Dünste« in den von ihm durchgeführten Beobachtungen nicht berücksichtigt hatte und deshalb keine Angaben besaß, die es zuverlässig erlaubten, den Einfluß der Luftfeuchtigkeit auf die gemessenen Barometerstände zu kalkulieren. Dieser letzte Punkt weist zugleich auf einen wichtigen Aspekt in de Lucs Vorgehensweise hin. Was als Erforschung des Instruments bezeichnet wird, ist zum größeren Teil faktisch Schreibtischarbeit. Die verschiedenen Ursachen, die nach und nach in ihrem Einfluß auf das Verhalten der Barometersäule auseinandergesetzt werden, sind nicht in jedem Fall in gesonderten Beobachtungsreihen untersucht worden. Ihre Analyse erfolgt in Rechenoperationen, in deren Ablauf Abweichungen zwischen den vorliegenden Daten immer neu mit verschiedenen Umständen der Barometerbeobachtungen in Verbindung gebracht werden. Voraussetzung hierfür ist jedoch, daß bei jeder Beobachtung außer dem Barometerstand und dem Stand des Thermometers zusätzlich der »Zustand der Atmosphäre in Absicht auf die Luftbegebenheiten« sowie Stunde, Tag, Monat und Jahr der Beobachtung festgehalten werden. Entsprechend heißt es mit Blick auf den Einfluß der Dünste auf den Barometerstand: »Um das Gesetz dieser Berichtigung zu entdecken, würde man wohl bey dem Barometer und Thermometer noch ein Hygrometer, das sich mit andern vergleichen ließe, brauchen.«[96]

Die Zahl der neben dem Barometerstand noch aufgezeichneten (oder im Blick auf die Rolle der »Dünste« in Zukunft aufzuzeichnenden) Daten und Angaben gibt zu verstehen, daß im Ablauf von de Lucs Untersuchungen das Wissen vom Instrument immer nachhaltiger mit einem Wissen von dem Milieu zusammenfällt, in dem es jeweils aktuell gebraucht wird. Dies schließt zunächst ein, daß die »Bemühung, seine Werkzeuge zu kennen«, die Senebier dem Beobachter als Pflicht aufgegeben hat, vom Instrument wegführt. Wer das Barometer »kennen« will, muß die Natur beobachten. Es schließt aber auch ein, daß in de Lucs Beobachtungen die Natur in zwei Naturen zerfällt: nämlich in eine, deren Eigenschaften mit Hilfe des Barometers gemessen werden soll, und in eine, die sich in diese Messungen einmischt und das Verhalten des zur Messung gebrauchten Instruments beeinflußt. Die Untersuchung dieser zweiten Natur ist von rein technischem Interesse – was über sie herausgebracht wird, bildet wesentlich das Wissen, in dem das Barometer fortan zu verstehen ist.

Mit der Kontextualisierung des Instruments – der Untersuchung seines Verhaltens in Relation zum Milieu seines Gebrauchs – wird der enge Fokus auf die Konstruktion und Handhabung des Barometers, der bis dahin die Begriffe seiner Vervollkommnung oder Verbesserung bestimmt, endgültig durchbrochen. Dies hat zugleich Auswirkungen auf die Vorstellungen, welche die Beobachtung mit dem Barometer begleiten. Im Regime der Vorschriften ist dieser Vorgang als Handlung eines Beobachters umrissen, die mehr oder weniger gut ausgeführt werden kann. Die neuen Umstände, auf die de Luc in seinen Nachforschungen stößt, bringen den Beobachtungsvorgang hingegen als Einfallstor von Abweichungen hervor. In jeder Messung mit dem Barometer, so unumgänglich sie für die Ermittlung des Luftdrucks ist, werden unvermeidlich auch die Ursachen von Unvollkommenheiten im Gang der Quecksilbersäule ins Spiel gebracht. In dem Maß, in dem die Funktion des Barometers gegen Umstände aufgeschlossen wird, die außerhalb seiner Konstruktion oder seines Gebrauchs durch den Beobachter liegen, wandelt sich zugleich die Zeitlichkeit des ganzen Unternehmens. Zunächst ist damit die Erfahrung gemeint, daß die Untersuchung des Instruments in ihrem Umfang nicht mehr geplant werden kann. So führt die Aufklärung des gegenläufigen Verhaltens der zwei Barometer auf dem Berg und im Tal nicht nur am Ende zu der Korrektionsregel für Höhenbeobachtungen mit dem Barometer, die als de Lucsche Regel in die Lehrbücher eingeht. Diese und andere Erscheinungen, mit denen sich de Luc im Ablauf der Beobachtungen konfrontiert sieht, stellen die Abschließbarkeit der Untersuchung insgesamt zur Disposition. Zum einen weisen einige Umstände, die auf den Gang des Instruments Einfluß nehmen, über die aktuelle Arbeit hinaus: »Hier öfnet sich also ein neues Feld zu Beobachtungen und Versuchen«,[97] teilt de Luc beispielsweise seinen Lesern mit Rücksicht auf Veränderungen des Barometerstands in Abhängigkeit zur Luftfeuchtigkeit mit. Zum anderen gewinnt das Instrument mit jedem Element, auf das die metonymische Bewegung neu hinführt, dauerhafter an Präsenz. Korrekturregeln, in die sich die neu gefundenen Umstände des Barometers fügen, verlagern zwar einen Teil der Tätigkeiten des Beobachters vom Instrument weg auf das Papier. Zugleich aber, das zeigen die Aufzeichnungen der Beobachtungsumstände an, setzt dieses ›paperwork‹ zusätzliche Datenerhebungen in Gang, in denen das Barometer permanent präsent bleibt. Gerade um die Umstände kalkulieren zu können, die auf sein Verhalten Einfluß haben, steht das Instrument in jeder Beobachtung des Luftdrucks selbst unter Beobachtung. Statt sich ein für allemal mit dem Instrument vertraut zu machen, seine Konstruktion und seinen Gebrauch zu verstehen, muß man es fortan unaufhörlich zum Gegenstand eigener, weiterer Beobachtungen machen.

Vom Werkzeug zur Anordnung

Es gehört zur Dynamik des de Lucschen Unternehmens, daß es seine Prämissen um so gründlicher untergräbt, je mehr ihre Einlösung betrieben wird. Dies gilt für die Annahme eines einfachen, letzten Grundes in der Natur oder eines »premier auteur«, wie es sein Biograph genannt hat, mit der sich die vielfältigen, komplexen Beziehungen zwischen Ursachen und Wirkungen, auf die de Luc stößt, und die hieraus resultierende Unabschließbarkeit der Unternehmung nicht gut vertragen haben. Und dies gilt besonders für den Plan, das Barometer zu verbessern. Nicht »perfectionism« hat den Abschuß der Arbeiten immer weiter aufgeschoben,[98] sondern umgekehrt mündet de Lucs Versuch, ein vollkommenes Instrument zu konstruieren, erst in jener Bewegung, die prinzipiell endlos von der Untersuchung eines Umstands auf die Untersuchung eines nächsten und immer anderer Umstände dieser Umstände führt und so den Naturforscher vor die Aufgabe stellt, entscheiden zu müssen, wann der Untersuchung Genüge getan ist und wann eine solche Untersuchung in (überflüssigen) Perfektionismus übergeht.

Mit einer Untersuchung wie der de Lucschen kommt nicht nur die Frage in die Welt, zu welchem Zeitpunkt die Verbesserung eines Instruments sinnvoll abzubrechen ist. Fraglich wird auch der Zeitpunkt, zu dem in einem wissenschaftlichen Unternehmen des ausgehenden 18. Jahrhunderts Regelungen des Beobachtens vorzüglich eingreifen. Veränderungen der Konstruktion und Anweisungen von Verfahrensweisen haben vorbeugenden Charakter; wirken im voraus und als Vorschriften auf den Akt des Beobachtens ein. Dagegen verschiebt sich mit der Einsicht, daß in allen Beobachtungen – trotz aller Vorsicht und Vorsorge – Fehler zu gewärtigen sind, das Interesse auf die Beobachtungsresultate als Speicher jener Fehler und Ansatzpunkt für deren nachträgliche, nach dem Beobachtungsakt einsetzende Analyse. Damit einher geht, daß sich die Art der Maßnahmen ändert, die in der Regulierung der Beobachtung Anwendung finden. Statt grundsätzlich auf Vorsicht zu vertrauen, zeichnet de Lucs Arbeit aus, daß sie in wesentlichen Teilen auf Nachforschungen beruht, die die Mittel und Umstände der Beobachtung in ihrem Einfluß auf das Beobachtungsdatum untersuchen, zu Berechnungen führen und in Regeln der Korrektur resultieren, die wieder eigene Datenerhebungen unterhalten.

Was sich in de Lucs Unternehmen begibt, ist in letzter Konsequenz der Aufschein eines neuen Regimes der Beobachtung, das den Beobachtungsvorgang als unhintergehbare Quelle von Fehlern zu denken lernt. In diesem Regime kann die mathematische Fehlertheorie eine wichtige Position besetzen, insofern sie ein Mittel anbietet, diejenigen Abweichungen in Meßresultaten zu untersuchen, die nach der Korrektur von Instrumentenfehlern (und anderen systematischen Fehlern) verbleiben. Wie das Beispiel de Lucs nahelegt, der niemals solche Erwägungen angestellt hat, geht dieses Regime aber nicht notwendig aus einer Probabilisierung der Beobachtung hervor. Es folgt vielmehr in diesem Fall aus der einschneidenden Erfahrung, daß sich der Akt des Beobachtens im Zuge der detaillierten Untersuchung seiner einzelnen Umstände von einem Versprechen der Erkenntnisfülle in ein Erkenntnishindernis verwandelt, das der Forscher im Zugriff auf das Beobachtete zu bedenken hat. In Messungen mit dem Barometer offenbart sich nicht zuerst der Luftdruck und daraus abgeleitet die Höhe des Beobachtungsorts, sondern das Verhalten des Instruments in Abhängigkeit zu seiner Materialität und dem Milieu der Beobachtung. Und erst wenn diese Abhängigkeit erforscht worden ist, kann die Natur vor Augen treten.

Es zeichnet de Lucs *Recherches* aus, daß in ihnen, was rückblickend als vorauslaufendes und nachforschendes Regime der Beobachtung unterschieden werden kann, nebeneinander besteht. Im Inneren der Schrift ist ihr Verhältnis scheinbar spannungsfrei: Von Kapitel zu Kapitel wechselt der Standpunkt. Im Ganzen der Darstellung aber kollidieren die Vorgehensweisen und lassen das Werk schließlich aus den Fugen geraten. Wie sein Rekurs auf die Form der Schrift belegt, ist es de Luc selbst nicht entgangen, daß die Voraussetzungen, unter denen er auf das Instrument zugegangen ist, von der von ihm eingeleiteten Untersuchung des Barometers unterwandert worden sind. Nicht besprochen werden hingegen die Verschiebungen, die mit diesem Scheitern im Gelingen einhergehen. Vollkommenheit als Leitfigur des Handelns löst sich vom Instrument und seiner Behandlung, wird nicht mehr vornehmlich vor der Idee eines vollkommen arbeitenden Barometers orientiert, sondern realisiert sich in der Absicht, eine möglichst vollkommene Vergleichbarkeit der an verschiedenen Instrumenten hervorgebrachten Beobachtungen zu erreichen und das jeweils gegebene Instrument möglichst vollkommen in den Umständen seines Verhaltens zu erfassen.

Diese zwei Strategien ergänzen einander und unterstreichen mit den Maßnahmen, die sie in Gang setzen, jedesmal neu das Instrument – und insgesamt den Beobachtungsvorgang – als eigenen Faktor in der Erforschung der Natur. Zugleich aber zielen diese Strategien auch darauf ab, den Einfluß des Barometers auf das Resultat der Beobachtung zu neutralisieren. Die Handlungen, in denen dies geschieht, verschaffen dem Instrument und den Umständen seines Funktionierens somit einerseits andauernde Präsenz. Andererseits aber erteilen sie dem Instrument seine aus heutiger Sicht wesentliche Eigenschaft, sie erteilen dem Instrument Reproduktivität. Die Funktion von »technologischen Objekten«, also etwa von einem Barometer, in Experimenten oder Beobachtungen besteht darin, so Hans-Jörg Rheinberger, dem Vorgang eine »reproduktive Kohärenz« zu verleihen, gegen die erst »Differenzen« an den Forschungegenständen abstehen können.[99] Wie man nun sagen kann, beruht dieses reproduktive Vermögen aber darauf, daß die Eigenschaft eines Instruments, selber unhintergehbar Quelle von Differenzen zu sein, in der Untersuchung seiner Fehler suspendiert wird.

Was heute vom Instrument vorausgesetzt wird, trägt in dieser Hinsicht einen historischen Index: Es versteht sich nicht von selbst, sondern gibt sich am Ende des 18. Jahrhunderts in Untersuchungen wie der de Lucs zu denken und greift tief in die gängigen Vorstellungen über den Beobachtungsvorgang und die Verfahren seiner Regulierung ein. Nicht daß die Standards, die das Regime der Vorschrift gesetzt hatte, wertlos wurden, ihre Wirksamkeit wurde jedoch auf solche Elemente des Beobachtungsvorgangs beschränkt, über die sich willkürlich verfügen ließ. Die neu zu berücksichtigenden Elemente zeichnete hingegen aus, daß sie gerade nicht in der Gewalt des Beobachters standen. Eine Kunst der Beobachtung hat in diesem Umstand ihre Grenze gefunden. Auch Senebier trägt dem Beobachter auf, er müsse »sein Werkzeug auf tausend Arten versuchen«, um dessen Fehler »zu verbessern« oder »wenigstens die Umstände davon [von dessen Fehlern] zu bestimmen«.[100] De Lucs beinahe gleichzeitig publizierte *Recherches* zeigen aber, wie sich die Arbeiten, die hieraus erwachsen, aus dem Bündel der anderen Forderungen einer Beobachtungskunst herauslösen, diese zur Seite drängen und nach ihren Voraussetzungen überwinden. So ist die Unvollkommenheit astronomischer Instrumente für John Herschel Anfang des 19. Jahrhunderts kein beklagenswerter Zustand, der nach Beseitigung verlangt. Es ist schlicht der wahrscheinlichste Fall:

> With regard to errors of adjustment and workmanship, not only the *possibility*, but the *certainty*, of their existence, in every imaginable form, in all instruments, must be contemplated. Human hands or machines never formed a circle, drew a straight line, or erected a perpendicular, nor ever placed an instrument in *perfect* adjustment, unless accidentally; and then only during an instant of time.[101]

Das Beispiel von de Lucs Untersuchungen hat gezeigt, welche Handlungen ein solchermaßen im Wissen stehendes Instrument umrissen haben. Zugleich hat es gelehrt, daß die Veränderungen in der Gegebenheit des Instruments, die damit einhergehen, dieses in einem Zug als Akteur eigener Wirksamkeit in der Beobachtung hervorbringen und neutralisieren. Auf einen Begriff gebracht: In den Wegen, die de Luc einschlägt, entsteht, was heute als Anordnung bezeichnet wird. Solche Anordnungen haben einerseits den Charakter einer Instruktion, einer Anweisung, und veräußern damit die Einsicht, daß die Instrumente der Naturforschung den Gegenstand der Untersuchung bedingen und in dessen Gegebenheit eingreifen. Andererseits folgen Anordnungen aus einem Kalkül und werden, so betrachtet, in ihren Effekten auf den Gegenstand als transparent verstanden. Zusammengenommen zeichnet Anordnungen aus, daß in ihnen technische Artefakte der Forschung und Gegenstände des Forschens in einen komplexen Zusammenhang treten. Wo das Regime der Vorschrift die Schwierigkeiten des Beobachtens im Zustand des Instruments – dem Grad seiner Perfektion – und den Verfahrensweisen des Beobachters lokalisiert, werden sie nun in der intrikaten Verwicklung von Mitteln und Gegenständen der Beobachtung gefunden.

4. Empfindung als Vorgang

Die Bewegung, in der sich Werkzeuge zur Hand bei de Luc in unhintergehbare Bedingungen des Beobachtungsvorgangs verwandeln, hat die anderen, sinnlichen Werkzeuge der Beobachtung kaum berührt. Zwar wird bei ihm das Auge des Beobachters in Zusammenhang mit der Ablesung der Barometerskala als Grenze der Genauigkeit bezeichnet. Diese Genauigkeit des Auges wird jedoch nicht untersucht, sondern soll getreu dem Beobachtungsregime der Zeit durch ein Verfahren der Ablesung gesichert werden.[1] De Lucs *Recherches* bezeichnen so einen Moment, da das Verständnis von Sinnen und Instrumenten auseinanderfällt. Während letztere unter das Regime der Nachforschung rücken, in dem ihre Leistung beständig in gesonderten Unternehmungen kontrolliert wird, verbleiben erstere am Ende des 18. Jahrhunderts noch unter dem Regime der Vorschrift.

Man kann einwenden, daß schon zu dieser Zeit gelegentlich Versuche über die Größe des Fehlers unternommen werden, der mit dem Gebrauch der Sinne in Beobachtungen verbunden ist. Definiert man allerdings den Anfang eines Vorgangs nicht als Punkt, auf den sich alles Spätere im nachhinein zurückbeziehen läßt, sondern faßt den Anfang als Geschehen auf, in dem das Bestehende mit der Möglichkeit eines Anderen konfrontiert wird, dann fehlt diesen Untersuchungen jede Form von Anfänglichkeit. Zum einen werden ihre Ergebnisse nicht eindeutig zum Verhalten des Sinnesorgans selbst in Bezug gesetzt, zum anderen stellen sie das um den rechten Gebrauch und die Übung der Sinne bekümmerte Beobachtungsregime nicht grundsätzlich in Frage. Ein Verständnis der Sinne als Fehlerquellen gewinnt aber erst dann Spezifität, wenn es als Wissen von Fehlern aus dem Verhalten der Organe begriffen wird und sich vom gegebenen Zugriff auf die Sinne absetzt, diesen in Zweifel setzt und als eigener, anderer Zugriff insistent wird. Statt als Ausgangspunkt und sicherer Grund für alles Kommende bestimmte sich der Anfang dann als Entstehung, die mit den Worten Michel Foucaults eine »reine Distanz« auszeichnet;[2] ein Abstand, in dem ein Neues nicht neben ein Gegebenes tritt, sondern ein gegebenes System von Regeln, »das in sich keine Wesensbedeutung trägt«, einem »neuen Willen« gefügig gemacht wird.[3]

Der Begriff der Entstehung, wie ihn Foucault aus Nietzsches Schriften gewinnt, hat den Vorteil, den Ereignischarakter eines Anfangs mit der Gewalt eines Umordnens zu verbinden. Diese Bewegung bewirkt für unseren Fall allerdings gerade nicht, wie es gelegentlich behauptet wird, daß die Sinne des Beobachters im Moment ihres Aufrisses als Fehlerquellen gegen Instrumente und Apparate als *beschränkt* und *ungenügend* abfallen. Im Gegenteil treten im Resultat des Umsturzes die Sinne erneut in ein symmetrisches Verhältnis zu Apparaten und Instrumenten der Forschung. Wenn dies beispielsweise von der Fachgeschichtsschreibung der Psychologie nicht gesehen wird, dann auch deshalb, weil hier der eigenen Profession ein Anfang im herkömmlichen Sinne erschrieben werden soll; ein Anfang also, aus dem sich im Rückblick alles herleitet:

> Der Beginn entscheidender Teile der experimentellen Psychologie stammt aus der Physik, und zwar als Untersuchung der *Vorurteile unserer Sinne*, also dessen, was bei Beobachtungen und Experimenten zu Fehleinschätzungen führt, solange die Fehlerquellen im menschlichen Wahrnehmungsapparat nicht erkannt sind.
> Die Entstehung der experimentellen Psychologie, wie wir sie in den Lehrbüchern und Zeitschriften des ausgehenden 19. Jahrhunderts dargestellt finden, ist zum großen Teil dem Umstand zu verdanken, daß es der Physik gelang, ihre mit Apparaten und Instrumenten bewaffneten Beobachtungen und Experimente so zu vervollkommnen, daß die Unzulänglichkeiten des menschlichen Wahrnehmungsapparates und die daraus entstehenden ungenauen oder fehlerhaften Schätzungen mit sehr viel besseren Messungen verglichen und konfrontiert werden konnten.[4]

Unabhängig davon, ob sich die Genese der experimentellen Psychologie ohne weiteres aus den geschilderten Vorgängen ergibt, kennzeichnet dieses Argument eine doppelte Verwirrung. Als erstes ist festzuhalten, daß die Rede vom Vorurteil der Sinne nicht deckungsgleich ist mit der Rede von den Sinnen als Fehlerquellen. Ein Verständnis der Sinne nach der Kategorie des Urteils führt vielmehr von diesen fort. Nicht die Sinne tragen die Verantwortung für das Beobachtete, sondern die Urteilsoperationen auf der Grundlage der überlieferten Empfindungen. Diese Auffassung findet sich auch im Artikel »Versuch«, 1840 in Band 9 der neuen Ausgabe von *Gehler's Physikalischem Wörterbuch* erschienen, der im Zusammenhang des eben Zitierten als Quelle benutzt wird. Über die »Vorurtheile unserer Sinne« bemerkt dort der Wiener Astronom Joseph Johann von Littrow:

> Unseren eigenen Sinnen nicht zu trauen ist allerdings eine beinahe unmögliche Anforderung an uns selbst. Aber dieses wird auch nicht gefordert, sondern nur, daß wir gegen die Urtheile, die wir aus diesen sinnlichen Eindrücken ableiten, auf unserer Hut seyn sollen.[5]

In dieser Hinsicht unterscheiden sich Vorurteile der Sinne kaum von der anderen Klasse der Vorurteile, die Littrow bespricht: von den Vorurteilen, die aus »unsern Meinungen« entspringen. Beide werden mit Verstandesoperationen zusammengebracht und lassen sich durch Gebrauch des Verstands handhaben. Gegen vorurteilsbehaftete Meinungen helfen »Reinigung des Geistes« und »streng logische[ ] Ableitung«, während Vorurteile der Sinne vorzüglich durch »Vorsicht und Aufmerksamkeit« des Beobachters vermieden werden können.[6]

Littrows Artikel folgt an dieser Stelle teilweise wörtlich einer Passage in John Herschels durch das ganze 19. Jahrhundert einflußreichem *Preliminary Discourse on the Study of Natural Philosophy* aus dem Jahr 1830.[7] Der Erfolg der Schrift belegt, daß die Auffassung der Sinne als passive Mitspieler des urteilenden Geistes auch weiterhin in der Naturforschung – zumal im angelsächsischen Kontext, wie ähnliche Formulierungen bei David Brewster zeigen[8] – ihre Anhänger besaß. Nur war diese Auffassung keineswegs mehr Common sense. Littrows Darstellung im Anschluß an Herschel steht deutlich in Widerspruch zu Munckes Ausführungen über die Beobachtung in dem fünfzehn Jahre zuvor publizierten ersten Band des neuen Gehlerschen Wörterbuchs. Dort heißt es bekanntlich, daß, wie groß auch »der Eifer, die Aufmerksamkeit, Unbefangenheit und Uebung im Experimentiren und Beobachten seyn mag«, stets »einige Fehler aus der begrenzten Schärfe der Sinne und der Apparate nothwendig folgen.« Diese Passage stellt nicht nur klar, daß »Vorsicht und Aufmerksamkeit«, auf die Littrow und Herschel im Umgang mit sinnlichen Eindrücken setzen, sich eventuell als unzulänglich erweisen können. An ihr wird auch ein epistemologisches Hindernis deutlich: Von Fehlern der Sinne kann erst gesprochen werden, wo die Sinne nicht mehr länger als passive Urteilsgehilfen des Verstands, sondern als Bedingung des Erfahrungsvorgangs begriffen werden.

Der Widerspruch, der sich am Anfang des 19. Jahrhunderts zwischen einer Rede von Vorurteilen der Sinne, nach der sich immer nur der Verstand täuscht, und einer Rede von den Fehlern der Sinne auftut, die aus deren »begränzte[r] Schärfe« und damit aus deren eigenen Umständen resultieren sollen, taucht in den Überlegungen zum Anfang der experimentellen Psychologie nicht auf, obwohl dort ebenfalls auf Munckes Artikel verwiesen wird. Bemerkenswert ist nicht, daß in dieser Epoche »Fehleinschätzungen« des sinnlich Gegebenen zum Thema werden. Bemerkenswert ist, daß die Sinne selbst als »Fehlerquellen« oder Quellen der »Fehleinschätzungen« benannt und entsprechend behandelt werden. So verstanden fallen aber die Sinne nicht gegen die »mit Apparaten und Instrumenten bewaffneten Beobachtungen und Experimente« ab. Ganz im Gegenteil werden, wie es in Munckes Artikel unmißverständlich heißt, »Sinne und Apparate« gleichermaßen als stets fehlerhaft verstanden. Hat man auch diese, die zweite Verwirrung beiseite geräumt, wird deutlich, daß die Sinne zwar gegen 1800 als Fehlerquellen epistemisch wirksam werden, jedoch nicht, weil überlegene Instrumente ihre Unzulänglichkeiten erweisen. Vielmehr greifen die Veränderungen, die sich im Verständnis der Instrumente begeben haben, auf das Verständnis der Beobachtersinne aus. Die erste Konsequenz dieses Vorgangs besteht darin, daß die Sinne gerade erst zu dem werden, was sie in dem oben zitierten Argument scheinbar immer schon sind: Sie werden zu »Wahrnehmungsapparaten«, und zwar zunächst auf der Ebene der Syntax eines Munckeschen Satzes, der »Sinne und Apparate« gemeinsam als Genitivobjekte der »begrenzten Schärfe« zuordnet.

Die Selbstverständlichkeit, mit der das geschieht, darf nicht täuschen. Von »zahllosen Beispielen«, so Muncke, kann zumindest für Fehler, die aus der »begrenzten Schärfe« der Sinne entspringen sollen, keine Rede sein. Denn wenn auch bis dahin schon vereinzelt die Grenzen der sinnlichen Erfahrung untersucht worden waren, änderte dies vorerst nichts daran, daß man das Sinnesorgan durch verfahrensmäßige Anleitung in seiner Leistung zu beherrschen suchte. Wie erinnerlich, ist es aber diese Vorstellung, die Muncke gerade als unzureichend gekennzeichnet hat. Man kann sich Mühe geben, wie man will, wer allein hierauf vertraut, dem entgeht ein ganzer Bereich von Beeinträchtigungen der Beobachtung durch die Sinne. Damit spalten sich Fehler der Sinne, die direkt ihrer Tätigkeit zugeschrieben werden, nicht nur von Urteilsfehlern ab, die von Irrtümern *über* sinnliche Empfindungen bedingt werden. Fehler der Sinne und Urteilsfehler stehen auch entschieden in Opposition zueinander. Wer auf Vorsicht und Verfahrensweisen setzt, um Irrtümer auszuschließen, greift vor allem deshalb zu kurz, weil er als willkürlich beherrschbar versteht, was durch unvermeidliche Fehlerhaftigkeit ausgezeichnet ist. Das Verständnis der Sinne als Fehlerquellen fällt demnach mit der Einsicht zusammen, daß das überlieferte Regime der Vorschrift nicht ausreicht, um Beobachtungen abzusichern. Wenn nun zunächst an zwei Unternehmungen des 18. Jahrhunderts gezeigt werden soll, daß in ihnen der Fehler des Auges *nicht* untersucht worden ist, obwohl man Vorgänge findet, die dies nahelegen, dann ist das Interesse an ihnen ebenfalls von kommenden Ereignissen angeleitet. Nur geht es nicht darum, die entsprechenden Unternehmungen als Vorboten einer späteren Begrifflichkeit und Vorgehensweise zu kennzeichnen. Im Gegenteil soll der Blick für den Abstand zwischen dem zu dieser Zeit bestehenden Regime der Sinne und dem, was sich bald an seine Stelle schiebt, geschärft werden.

Das Urteil der Sinne: Photometrische Bestimmungen

Pierre Bouguers posthum herausgegebener *Traité d'optique sur la gradation de la lumière* und Johann Friedrich Lamberts *Photometria sive de mensura et gradibus luminis colorum et umbrae*, beide 1760 erschienen, werden üblicherweise an den Anfang photometrischer Untersuchungen gesetzt.[9] Im folgenden soll aber weder der Platz dieser Arbeiten in der Entwicklung der Lichtmessung noch der zeitgenössische Kontext solcher Messungen näher auseinandergesetzt werden. Aufmerksamkeit verlangen Bouguers und Lamberts Arbeiten, weil in ihnen die Rolle des Auges im Vorgang der Beobachtung ausführlich aufgegriffen worden ist. Damit stehen sie nicht allein in der Disziplin, die sie mit begründet haben sollen. Die Auseinandersetzung mit dem Verhalten des Sinnesorgans hat durch das ganze 19. Jahrhundert und noch bis in die 1930er Jahre hinein die Diskussion photometrischer Verfahrensweisen begleitet und schließlich zu photo-elektrischen Apparaturen geführt, mit denen je nach Interessenlage der Beteiligten – Astronomen, Physiker und Techniker der aufkommenden Beleuchtungsindustrie – das Auge ganz aus dem Meßvorgang verbannt oder umgekehrt dessen verschiedene Empfindlichkeit gegen das Spektrum technisch nachgebildet wird. Man kann deshalb das Feld photometrischer Messungen als eines verstehen, auf dem fast zwei Jahrhunderte lang jenseits erkenntnistheoretischer Diskussionen aus pragmatischen Gründen beständig die Relation von Sinnen und Daten der Natur als eigener Gegenstand neben der Messung des Lichts verhandelt wird.[10] Die Beachtung, die das Auge in Bouguers und Lamberts Arbeiten findet, ist in dieser Hinsicht zu akzentuieren. Wie, so ist zu fragen, werden dort die Sinne in der Begründung einer messenden Wissenschaft vom Licht eingeführt und was an ihnen gibt sich dabei zu denken.

Bouguers letzte eigenhändig verfaßte Mitteilung über seine photometrischen Versuche, 1757 unter den *Mémoires* der Pariser Akademie der Wissenschaften veröffentlicht, beginnt mit einer scheinbar trivialen Feststellung. Das Licht, heißt es, ist der Messung zugänglich, »est susceptible de mesure«, insofern es Erscheinungen hervorruft, die stärker oder schwächer ausfallen: »Si un corps lumineux nous éclaire autant que dix ou douze lampes, pendant qu'un autre ne nous éclaire que comme une seule, il sera très-vrai de dire que nous recevons dix ou douze fois plus de lumière du premier que du second.«[11] Mit dieser Bemerkung kommt jedoch sogleich ein »nous« und damit ein Beobachter ins Spiel, von welchem das beobachtete Meßdatum und damit die Meßbarkeit vollkommen abhängt: Dieser Beobachter empfindet das eine Licht wie das von »zehn oder zwölf Lampen« und das andere wie das von einer »einzelnen«, von ihm, von seiner Wahrnehmung, ist das quantitative Verhältnis der zu vergleichenden Entitäten abhängig. In der Zusammenfassung für die *Histoire* der Akademie werden die Implikationen dieses Sachverhalts in aller nur möglichen Deutlichkeit zum Ausdruck gebracht:

> Comme nous ne pouvons estimer ce dernier rapport [le rapport des quantités de lumière] que par le témoignage de nos sens, il paroît d'abbord assez difficile d'acquérir sur cette matière des connoissances un peu étendues, & auxquelles on puisse accorder un certain degré de confiance. La vivacité des sensations ne fuit pas, à beaucoup près, le rapport de leurs causes extérieures; au-delà de certaines limites, nos organes deviennent ou trompeurs ou trop foibles.[12]

Die Eindringlichkeit der Schilderung ist allerdings weniger aus einem tatsächlichen Zweifel an den Möglichkeiten der Sinne denn aus dem Spannungsbogen der Darstellung begründet. »Es ist wahr«, fährt der Autor fort, »daß wir die Unterschiede der Ursachen [nach ihrer Quantität] durch die Empfindungen, welche sie uns verleihen, nicht beurteilen können;«[13] doch dieser Mangel muß in den Messungen nicht zum Tragen kommen. Denn wenn sich auch die genaue Größe der Unterschiede den Sinnen entzieht, so nehmen sie doch den Unterschied selbst wahr, und folglich »können wir unverdorben die Gleichheit oder Ungleichheit eben dieser sinnlichen Empfindungen beurteilen.«[14] Nimmt man weiter an, daß gleiche Empfindungen auf gleichen Ursachen gegründet sind, so ist das Problem gelöst. Was man dann noch braucht, sind Mittel, mit denen man zwei zu vergleichende Lichtquellen so manipulieren kann, daß sie vom Beobachter als gleich hell empfunden werden, sowie Kenntnisse, wie hieraus der Betrag des Helligkeitsunterschieds zwischen ihnen hergeleitet werden kann. Die Grundzüge dieser Verfahrensweise, die später zu der bereits erwähnten Anordnung aus Beobachtungsschirm und beweglichen Lichtquellen führt, entwickelt Bouguer bereits in seinem *Essay d'optique sur la gradation de la lumière* (1729).[15] Während dort aber die Rolle der sinnlichen Wahrnehmung im Vorgang der Messung noch kaum diskutiert wird, scheint das Maß ihrer Fraglichkeit in den folgenden dreißig Jahren entschieden zugenommen zu haben.

Wenn der Referent der Bouguerschen Versuche für die *Histoire* der Akademie mit einiger rhetorischer Eleganz schon von selbst die Verwicklung der Sinne in die Messung des Lichts in all ihrer Problematik umreißt, gibt dies zunächst zu verstehen, daß dieser Einwand im Raum steht und nach Berücksichtigung verlangt. Gegenständlichkeit gewinnen die

Sinne bei Bouguer nun mit Rücksicht auf ihre Eignungen, und aus diesen Eignungen begründet sich wiederum das Prinzip der Messung. »[N]os sens ne nous ont pas été donnés précisément pour cet usage«,[16] heißt es mit Rücksicht auf das Problem, zwei Lichtquellen nach dem Verhältnis ihrer Stärke zu untersuchen. Anders als die Größe des Unterschieds zweier Ursachen läßt sich jedoch ihre Gleichheit verhältnismäßig leicht angeben. In der gewählten Anordnung für die Messung des Lichts materialisiert sich, so betrachtet, ein Wissen von den Sinnen, das von der Vorstellung ihres geeigneten Gebrauchs orientiert ist. Eben dieses Wissen setzt sich auch in den Vorkehrungen um, zu denen im *Traité d'optique* bei der Durchführung der Messungen geraten wird. Fast alle Maßnahmen sind darauf bedacht, die Eignung des Gesichtssinns, Gleichheit zu konstatieren, zu stützen und zu bewahren. So ist zu beachten, daß die beleuchteten Flächen in Gestalt und Größe übereinstimmen, damit alle Umstände für den Beobachter gleich sind. Ferner sind die Flächen so anzuordnen, daß sie auf einen Blick – »du même coup d'œil«[17] – betrachtet werden können. Ein indirekter Vergleich von Lichtquellen ist schließlich, da »moins exacte, parce qu'elle sera moins immédiate«,[18] nur in solchen Fällen durchzuführen, wo die Umstände es nicht anders erlauben.

In der Summe bestätigen diese Vorkehrungen die menschlichen Sinne als Gegenstände eines Wissens von ihrem geeigneten Gebrauch. Dieses Wissen ist den Vorschlägen vorausgesetzt; von ihm her erhalten sie ihre Bedeutung. Und dieses Wissen wird durch die Vorschläge weiter ausgebaut, der geeignete Gebrauch weiter spezifiziert und reguliert. Allerdings findet sich am Anfang des zweiten Abschnitts von Bouguers *Traité d'optique*, mit dem der eigentliche Bericht über die durchgeführten Messungen beginnt, noch ein zweiter Zugang zu den Sinnen gelegt. Statt als Objekte mit bestimmten Eignungen erscheinen sie hier als solche mit meßbaren Eigenschaften, und statt zu Verfahrensweisen Anlaß zu geben, werden sie zum Gegenstand von Versuchen. Das Ergebnis dieser Arbeit scheint so unmittelbar rezipierbar, daß es noch bis ins 20. Jahrhundert in physiologischen und physikalischen Handbuchartikeln eingeführt wird. In der zweiten Auflage von Hermann von Helmholtz' *Handbuch der physiologischen Optik* heißt es 1896:

> Die ersten Messungen über die Empfindlichkeit des Auges für Lichtunterschiede hat Bouguer ausgeführt und dabei gefunden, daß die wahrnehmbare Differenz ein nahehin constanter Bruchtheil der ganzen Intensität sei. Dasselbe Gesetz wurde später von Steinheil, Masson, Arago, Volkmann bei photometrischen Messungen wiedergefunden und von Fechner ausführlich behandelt.[19]

Gut drei Jahrzehnte später liest man in einem Handbuch der Astrophysik zur selben Frage:

> Das Auge besitzt eine große Empfindlichkeit für kleine Helligkeitsdifferenzen. Nach Bouguer kann es noch 1/64 der Lichtstärke unterscheiden; Arago beobachtete, daß bei Bewegung der leuchtenden Objekte bis zu 1/131 der Helligkeit erkennbar ist, Masson fand im Mittel den Faktor zu 1/100, und nahe denselben Wert lieferten die Versuche von Fechner.[20]

Die Reihe, die jeweils von Bouguer bis Fechner aufgemacht wird, gibt über das Erkenntnisinteresse der einzelnen Forscher keine Auskunft. Den gemeinsamen Bezugspunkt bildet das Resultat der Beobachtungen, ein »Gesetz«, ein »Wert«; und dieser Wert scheint auf den ersten Blick in allen Untersuchungen dasselbe zu bezeichnen.

Nimmt man Bouguers Bestimmungen näher in den Blick, so handeln sie von »Beobachtungen gemacht, um die Kraft zu bestimmen, die ein Licht haben muß, um ein anderes, schwächeres verschwinden zu machen.« Nicht um diese Kraft selbst geht es jedoch, sondern um den Schluß, den diese Beobachtungen auf die Begrenzungen gestatten, denen »alle unsere Sinne, die feinsten wie die gröbsten«, unterliegen.[21] Zu diesem Zweck wird eine Kerze im Abstand von einem Fuß vor einer weißen Fläche aufgestellt. Neben ihr wird ein Schirm plaziert, hinter dem wiederum eine Kerze von der gleichen Größe wie die erste steht. Der Schatten, der von dem Schirm auf die von der ersten Kerze erleuchtete Fläche fällt, verschwindet erst, wenn die andere Kerze acht Fuß vom Schirm absteht. Unter der Voraussetzung, daß die Intensität einer Lichtquelle mit dem Quadrat der Entfernung abnimmt, resümiert Bouguer: »Ainsi la distinction, entre les deux lumières, n'a cessé d'être visible, que lorsque la petite partie ajoutée a été environ 64 fois plus foible que la premiere.«[22] Was dieser Wert nun für Bouguer bezeichnet, wird mit Blick auf den angegebenen Nutzen des Versuchs deutlich: »Auf jeden Fall kann jeder Beobachter leicht den genauen Grad der Feinheit seines Sehens [vue] bestimmen, die Teile der Netzhaut unterscheiden, die am empfindlichsten sind, und die Genauigkeit beurteilen, die er in seinen Beobachtungen erwarten kann.«[23] Die Bedeutung, die Physiologen und Astrophysiker Bouguers Versuch an der Wende vom 19. zum 20. Jahrhundert verleihen, wäre also auch hier schon gegeben: Sein Resultat definierte eine Eigenschaft des »Sehens«. Beinahe wörtlich fällt die Übereinstimmung schließlich aus, wenn Bouguer in den *Mémoires* bemerkt, daß solche Beobachtungen lehren, »bis wohin die Empfindlichkeit unserer Augen reicht«.[24]

Doch wenn auch die Versuche ganz eindeutig auf das Organ bezogen sind, so wird dieses Organ nicht in derselben Weise verstanden, wie das hundert Jahre später geschieht.

Der Vorgang der sinnlichen Erfahrung beruht für Bouguer auf der Verkettung von physikalischer Ursache (cause), deren Eindruck (impression) respektive – noch nicht deutlich unterschieden – deren Empfindung (sensation) und den Urteilen (jugements) hierüber. Als prekär erscheint in diesem Zusammenhang der Übergang vom zweiten zum dritten Glied: »Nous nous tromperions extrêmement si nous n'en jugions que par la sensation plus au moins vive qu'elles excitent en nous«,[25] heißt es mit Bezug auf die Schwierigkeiten, den Unterschied zwischen zwei Lichtquellen zu bestimmen. Umgekehrt ist das Verhältnis zweier Lichtquellen sehr leicht zu bestimmen, »lorsqu'on juge simplement de l'égalité de deux impressions.«[26] Zu bedenken gilt es also, daß bestimmte Urteile genauer und zuverlässiger zu treffen sind als andere. Entsprechend wäre die Eignung der Sinne für eine Weise des Beobachtens als Eignung für eine bestimmte Form des Urteilens zu reformulieren. Dennoch spricht Bouguer an dieser Stelle davon, daß, wie zitiert, unsere Sinne, »nos sens«, und nicht unser Urteilsvermögen für die Bestimmung der Unterschiede zweier Lichtquellen ungeeignet sind. Ein Widerspruch ergibt sich aber nur dann, wenn man voraussetzt, daß sinnliche Wahrnehmung und Urteilen verschiedene Vorgänge bezeichnen. Aus den Ausführungen läßt sich hierüber keine Klarheit gewinnen. Sicher ist nur, daß die Erfahrung einer Ursache durch die Sinne einen Akt des Urteilens implizierte. Werden Unterschiede zwischen zwei Lichtquellen noch bis zu knapp 1/64 ihrer Helligkeit bemerkt, dann steckt für Bouguer in dieser Wahrnehmung immer ein Urteilsvorgang, und die »Empfindlichkeit unserer Augen«, von der diese Zahl spricht, verknüpft sich mit einer Grenze des Urteilens.

Der Unterschied zwischen der Bedeutung, die Bouguer dem Ergebnis seines Versuchs beilegt, und der Bedeutung, die ihm später beigemessen wird, läßt sich noch weiter vertiefen. Während bei Helmholtz vom Auge allgemein im Sinne eines jeden Auges gehandelt wird, spricht Bouguer zunächst von seinem eigenen Auge: »*Je* ne dois craindre qu'une erreur d'une soixantième partie dans chaque comparaison de lumière, & *une autre personne* répondra peut-être d'une 80me partie.«[27] Der gefundene Wert umreißt sich damit als Ausdruck eines individuellen Vermögens, ohne daß erklärt wird, in welcher Weise es vom Beobachter beeinflußt werden kann. Außer zur Person wird das Versuchsergebnis aber auch zur Beobachtungssituation in Beziehung gesetzt. Wie Bouguer einschränkt, wird der mögliche »Grad der Feinheit des eigenen Sehens« in den geplanten Messungen nicht zu realisieren sein. Während nämlich die Voruntersuchungen auf »sehr einfachen Experimenten« beruhen, umfassen die weiteren Bestimmungen eine komplexe Folge von Vergleichungen, die einer Reihe von zusätzlichen Einflüssen ausgeliefert ist:

> Il arrivera souvent qu'on n'interceptera pas assez toutes les lumières étrangères; quelque léger reflet se mélera avec les rayons dont on compare la force; on ne les rapprochera pas assez; ils seront de couleurs trop différentes, & peut-être encore que le fond des yeux de l'Observateur, indépendamment du point où s'infère le nerf optique, ne sera pas par-tout de même sensibilité.[28]

Im Resultat bezeichnet die mögliche »Empfindlichkeit« des Auges einen Idealwert, den praktisch zu erreichen »vielleicht unmöglich« ist.[29] Hält man sich an diese Argumentation, widerstehen die Sinne, wo ihre Begrenzungen bei Bouguer besprochen werden, weniger als Ursprung von Fehlern denn als Potential einer Präzision, das in den Messungen gar nicht ausgeschöpft werden kann. Mißtrauen und Zweifel betreffen die Sinne hingegen, wo es um die Möglichkeit geht, eine bestimmte Form von Urteilen zu treffen. Hier – darauf legen Bouguers Ausführungen ihr ganzes Gewicht – kommen »jedesmal einige Unsicherheiten über unsere Behauptungen«,[30] und hier findet sich der Punkt, an dem Maßnahmen vorzüglich anzusetzen haben. Unter dieser Voraussetzung aber begegnen Eigenschaften der Sinne nicht als Gegenstand, der näher zu untersuchen ist, sondern als Umstand, auf den hin ihr Gebrauch in der Beobachtung bedacht wird.

Auch in Johann Friedrich Lamberts *Photometria* werden gleich zu Anfang die »Hindernisse« offen angesprochen, die daraus erwachsen, daß »bei der Bestimmung der Lichtstärke das Auge alleiniger Richter ist.«[31] Lambert greift dabei noch weiter aus als Bouguer, diskutiert zusätzlich die anderen Sinne im Vergleich mit dem Auge und begründet im Detail, unter welchen Umständen die Feststellung der Gleichheit oder Ungleichheit durch das Auge, die auch bei ihm als photometrische Verfahrensweise zuletzt übrigbleibt, »richtig und zulässig ist.«[32] Umfangreicher fallen schließlich auch Lamberts Versuche über die Fehlergrenze des Auges in den Vergleichungen aus. Daß diese Versuche, anders als Bouguers, in späteren Zeiten nicht herbeizitiert werden, hat einen einfachen Grund. In der Ende des 19. Jahrhunderts erschienenen Übersetzung von Lamberts Schrift heißt es im Kommentar: »Es ist sehr zu bedauern, dass der fundamentale Versuch 6 [über den Helligkeitsunterschied zweier Segmente einer Fläche, die dem Auge gleich erscheinen] so vollständig

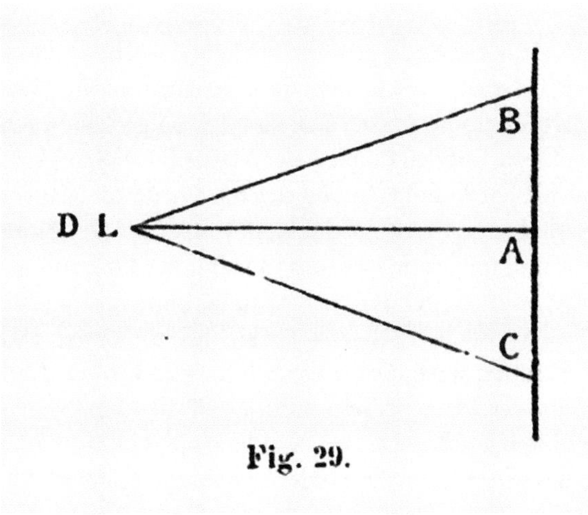

Abb. 5: Versuchsanordnung für Lamberts Versuch 6. In: Johann Heinrich Lambert, Photometrie ([im lateinischen Original: *Photometria sive de mensura et gradibus luminis colorum et umbrae*] 1760), gekürzte Ausgabe, hgg. von Ernst Anding, 3 Hefte, Leipzig 1892, Heft 1, S. 102, Fig. 29.

missglückt ist.« Mißglückt war dieser Versuch aber für den Schreiber dieser Zeilen, weil sein Ergebnis nicht das sogenannte, erst zur Mitte des 19. Jahrhunderts gefundene »Fechnersche psychophysische Gesetz« bestätigte, nach dem der Unterschied bei allen Intensitäten proportional von derselben Größe ist.[33]

Diese Einschätzung schärft noch einmal den Blick für die Distanzlosigkeit, mit der in späteren Zeiten Lamberts und Bouguers Untersuchungen gelesen werden. Weichen ihre Ergebnisse, wie in Lamberts Fall, vom letzten Stand der Dinge ab, sind sie nicht historisch überholt, sondern falsch, so als wären sie gerade im Augenblick geltend gemacht worden. Und im selben Sinne wird im Kommentar umgekehrt auch bemerkt, daß bei einem richtigen Ergebnis schon »ein Jahrhundert früher« und dann nicht von Fechner, sondern von Lambert das Fechnersche Gesetz entdeckt worden wäre.[34] Selbst wenn sich die Daten aufs beste mit diesem Gesetz gedeckt hätten, ginge die Rückprojektion jedoch fehl. Lambert hat nicht einfach ein falsches Ergebnis herausbekommen, er hat eine andere Frage gestellt, die im günstigsten Falle auf kompatible Zahlen, nicht aber auf vergleichbare Schlüsse hätte führen können.

Mit dem bereits erwähnten Versuch 6 kehrt er das Prinzip der Bouguerschen Bestimmungen um. Statt Unterschiede in der Helligkeit einer

Fläche zum Verschwinden zu bringen, wird untersucht, welcher Bereich einer Fläche dem Auge von gleicher Helligkeit erscheint, obwohl dieser, physikalisch besehen, verschieden stark beleuchtet wird. Der einfache Versuchsaufbau besteht aus der am Punkt L aufgestellten Kerze, deren Strahlen senkrecht auf den Punkt A der Mauer B C fallen (Abb. 5). Es gilt dabei, »dass die [zu A] höheren und tieferen Theile der Mauer schwächer beleuchtet sind, und zwar im direkten Verhältniss des Sinus des Incidenzwinkels und umgekehrt wie das Quadrat der Entfernung.« Aufgabe des Beobachters ist es, den Raum B C zu bestimmen, »innerhalb dessen das Auge eine merkbare Differenz der Helligkeit nicht zu erkennen vermochte.«[35] Lambert spielt diesen Versuch für verschiedene Entfernungen der Kerze von der Mauer durch, mißt jeweils den scheinbar gleich hell beleuchteten Bereich B C aus und berechnet aus den Abständen A L und der Hälfte des gefundenen Abstandes zwischen B C die bei B respektive C tatsächlich gegebene Helligkeit, wenn für diese bei A der Wert 1 gesetzt wird. Der Betrag, der jeweils zu 1 fehlt, macht dann die Differenz der Beleuchtung aus, »welche sich bei diesem Versuche der Schärfe des Auges entzieht.«[36] Die letzte Bemerkung legt nahe, daß das Versuchsergebnis unmittelbar in Beziehung zu organischen Vorgängen gebracht wird. In der weiteren Diskussion wird die »Schärfe des Auges« allerdings nicht mehr erwähnt. Vielmehr soll gelten: »Diese Differenzen sind die äussersten und wohl nie oder höchst selten überschrittenen Grenzen der Fehler, welche sich *in das Urtheil des Auges* einschleichen können.«[37] Anders als bei Bouguer ist damit das Organ der Wahrnehmung eindeutig auch als Ursprung des Urteils über die vermittelten Empfindungen benannt. Wie aber dieses Urteilen zu denken ist und ob ihm ein materielles Substrat entspricht, ob etwa das Urteil des Auges an eine dem Organ zugeordnete Schärfe gebunden wird, bleibt offen.

Lamberts und Bouguers Untersuchungen stimmen nicht nur darin überein, daß in ihnen – auf eine zugegeben unklare, deshalb aber vielleicht um so beredtere Weise – der Übergang von der Empfindung zum Urteil über das Empfundene als eigentlich problematischer Moment des Beobachtungsvorgangs umrissen wird. Auch in den Konsequenzen, die sie jeweils ziehen, ergeben sich Parallelen. Die umfänglichen Ausführungen Lamberts lassen erwarten, daß seine Bestimmung der Fehlergrenze für die »Vorsichtsmaassregeln«, mit welchen »man den Täuschungen des Auges begegnen kann«,[38] von besonderer Wichtigkeit ist. Sein Resümee setzt aber einen ganz anderen Akzent: »Die grössten Fehler entspringen jedenfalls aus der Nachlässigkeit des Beobachters«, wird der Leser belehrt, worauf eine Reihe von Ermahnungen folgen, die von der Vorsicht vor dem »Einfluss des Gemüths auf die Wahrnehmung« bis zu der Forderung reichen, daß alle in den Beobachtungen »angewandten Spiegel oder Gläser mit aller Sorgfalt gereinigt werden müssen«.[39] Nicht das Urteil des Auges und seine Fehlergrenze bilden so den ersten Bezugspunkt für die Absicherung der Beobachtungen, sondern die Genauigkeit und Gründlichkeit, mit der ein Beobachter die gegebenen Verhaltensanweisungen einhält. Am Ende folgt so auch Lamberts Unternehmung nicht anders als Bouguers einem Regime der Vorschrift, das auf Verfahrensweisen setzt und nicht auf Korrekturgrößen. Trotz oder vielleicht auch wegen der angestellten Untersuchungen über den Fehler in der Unterscheidung der Helligkeiten werden damit bei Bouguer und Lambert die Messungen des Lichts im besonderen und die Möglichkeit der Erkenntnis im allgemeinen nur sehr eingeschränkt in Abhängigkeit zum Verhalten des Auges gebracht. Ist dessen ungeeigneter Gebrauch einmal vermieden, konzentriert sich die Aufmerksamkeit auf die Ausführung des gewählten Verfahrens und die Vorgehensweise des Beobachters im Ablauf der Messungen.

Die »manière« der Sinne

Im Jahr 1765, fünf Jahre nach der Publikation von Bouguers *Traité d'optique* und Lamberts *Photometria* wird der Pariser Akademie eine Abhandlung vorgelegt, die das Auge dem Wissen von der Beobachtung neu zu denken empfiehlt. Ihr Autor, Patrice d'Arcy, »Pensionnaire-Géomètre de l'Academie des Sciences, Maréchal des camps & armées du Roi«, war mit jungen Jahren aus politischen Gründen von Irland nach Frankreich gekommen und widmete sein Leben fortan außer dem Kriegshandwerk und dem Schmieden jakobitischer Ränke auch der Erforschung der Natur.[40] Das Gebiet, das d'Arcy unter dem Titel »Sur la durée de la sensation de la vue« betritt, ist auch für einen Mann mit recht breit gestreuten Interessen eher ungewöhnlich gewesen. In den ersten Sätzen wird weit ausgeholt. »Die Sinne«, heißt es,

> sind Gegenstand einer Vielzahl von Deklamationen von Seiten der Philosophen: die einen, die sich ganz auf ihren Gebrauch beziehen, wollten sie als die einzigen und unmittelbaren Vermittler unseres Wissens einführen; die anderen dagegen, in dem sie ihre Unvollkommenheiten und ihre Irrtümer, die sie mit sich bringen, übertreiben, wollten uns dazu bringen, auf ihre Zeugenschaft zu verzichten, und uns dem universellen Zweifel ausliefern.[41]

Diese Eröffnung führt allerdings, so grundsätzlich sie sich gibt, in die Irre. Der Streit, der hier noch einmal angetippt wird, der Streit zwischen Rationalisten und Empiristen in seinen verschiedensten Spielarten, er ist Vergangenheit. Nicht die alten Dichotomien sind neuerlich zu durchlaufen, nicht die Frage, ob die Sinne überhaupt eine Stelle im Vorgang der Erkenntnis einnehmen sollten, ist zu diskutieren. Daß der Bau des Wissens zwar vom Verstand errichtet wird, aber auf Beobachtungen gegründet sein muß, kann d'Arcy als allgemein akzeptiert voraussetzen. Die Frage ist nur, wie die Sinne in diesem Vorgang zurechtzulegen sind. Im Ablauf seines Arguments taucht diese Frage als Frage jedoch nicht mehr auf. Statt dessen begegnet bereits die Antwort in Gestalt einer Forderung: Sind die Sinne die »ersten Richter der Faktenwahrheiten und die ersten Werkzeuge unserer Belehrung« so folgt daraus die

> Notwendigkeit, mit neuer Aufmerksamkeit *die Art und Weise* [la manière] *zu untersuchen, in der sie die Eindrücke der Gegenstände empfangen und der Seele vermitteln*, um die Irrtümer, zu denen sie führen, zu erkennen, diese zu vermeiden oder sie wenigstens in ihren Grenzen zu bestimmen.[42]

Denkt man an Bouguers Vorgehen zurück, ergibt sich diese Forderung auch dann keineswegs zwangsläufig, wenn man sich der Abhängigkeit des zu untersuchenden Gegenstands von der sinnlichen Wahrnehmung mehr als bewußt ist. Bei Bouguer stehen bekanntlich die Sinne nicht nach dem *wie* ihrer Arbeitsweise, sondern nach dem *wie* ihres Gebrauchs im Zentrum des Interesses. Indem d'Arcy die Frage nach den Sinnen nun mit der »manière« des Organs verbindet, geschieht aber weit mehr als der bloße Austausch des Bezugsobjekts. Die bisherige Debatte wird nicht bloß auf ein neues Feld ausgedehnt. Im Gegenteil werden ihre Voraussetzungen von den Phänomenen, die nun besprochen werden sollen, unterlaufen.

In der Zusammenfassung von d'Arcys Versuchen für die *Histoire* der Akademie wird festgehalten: »[I]l est donc nécessaire d'examiner soigneusement cet objet [la manière], & il se passe dans nos sensations un effet auquel on n'a pas fait attention jusqu'ici, & que M. le Chevalier d'Arcy a jugé assez important pour en faire l'objet des ses premières recherches sur cette importante matière.«[43] Liest man diese Bemerkung gegen den Strich, so besagt sie, daß etwas, das bisher keine Beachtung gefunden hat, wichtig wird, wenn man ein bestimmtes »objet« voraussetzt, nämlich davon ausgeht, daß die Sinne ihre Arbeit nach einer eigenen Art und Weise verrichten. Die ganze Bedeutung von d'Arcys Untersuchung liegt in diesem Umstand: Hier wird nicht eine Lücke in der Physiologie des

Gesichtssinns geschlossen. Hier wird eine neue Möglichkeit des Wissens etabliert. Was aber neu zu wissen ist, sind weder allein die Verrichtungen der Sinne noch eine Art von Irrtümern, die aus ihnen resultieren kann. Es ist die Verknüpfung von »manière«, nach der die Sinne vorgehen, und »erreur«, den es zu vermeiden gilt. Unter dieser Voraussetzung werden Irrtümer in der sinnlichen Beobachtung zu Irrtümern, die auf Rechnung der Arbeitsweise der Sinnesorgane gesetzt werden. Die Sinne mögen auch weiterhin als »erste Richter« bezeichnet werden, ihre Fehlurteile werden aber im Organ lokalisiert: »Es ist leicht vorzustellen«, bemerkt d'Arcy, »daß dieser Effekt [die Dauer der Lichtempfindung] mehreren Irrtümern Gelegenheit geben kann, die von Gewicht zu sein vermögen.«[44] Diese Irrtümer bilden den Bezugspunkt seiner Untersuchungen, und ihre Möglichkeit steht in der Reihe der durchgeführten Experimente zur Diskussion.

Die Versuchsanordnung d'Arcys besteht nach der Art der damals als »soleils tournants« bekannten Feuerwerksmaschinerien aus einer von einem Räderwerk angetriebenen Achse, mit deren Hilfe ein auf der Achsenspitze angebrachtes Kreuz in Rotation versetzt wird.[45] Die Umdrehungsgeschwindigkeit der Achse kann kontinuierlich gesteigert oder verringert werden, wobei die erreichte Geschwindigkeit aus der Dauer der Umdrehung des größten Rades des Räderwerks hervorgeht. An einem Ende der vier, in ihrer Länge veränderlichen Arme des Kreuzes wird bei Dunkelheit ein leuchtender Körper befestigt und das Kreuz mit einer solchen Geschwindigkeit in Bewegung versetzt, daß der in einigem Abstand postierte Beobachter den Eindruck eines Feuerrings hat. Um den Moment, zu dem sich dieser Eindruck einstellt, näher zu bestimmen, wird die Geschwindigkeit der Umdrehung so lange verringert oder gesteigert, bis der Ring nicht mehr oder gerade eben bemerkt wird. Als Hauptergebnis der Versuche wird festgehalten,

> daß die Kleinste der Geschwindigkeiten, bei der die fortschreitende Kohle den Eindruck eines Feuerrads gegeben hat, jene gewesen ist, wo sie eine Umdrehung in 8 Tertien [8/60 s] gemacht hat;

woraus wiederum hervorgeht, daß die Dauer der Empfindung, die diesen Effekt hervorbringt, eben diese Zeitspanne beträgt oder daß, »wenn ein Gegenstand auf das Auge einen Eindruck von einer gewissen Kraft macht, der Eindruck diese Zeitspanne fortbesteht, nachdem der Gegenstand verschwunden ist.«[46]

Weder dieses Ergebnis noch das Phänomen selbst sind dabei neu. Daß die Lichtempfindung eine Dauer besitzt, war unter Naturforschern um die Mitte des 18. Jahrhunderts wohl bekannt. Im siebzehnten Band der *Encyclopédie*, 1765, im selben Jahr wie d'Arcys Abhandlung erschienen, wird im Artikel »vue« unter einer Reihe anderer Eigenschaften des Gesichtsorgans auch vermerkt, daß »der Eindruck des Lichts auf die Netzhaut noch eine gewisse Zeit nach dessen Wirkung anhält«.[47] Als Beleg hierfür wird unter anderem der leuchtende Ring angeführt, den ein im Kreis bewegtes Stück glühender Kohle beschreibt. In der Tat war dieser Effekt ganz unabhängig von d'Arcys Experimenten Gemeingut. Wenn Newton in der ersten Ausgabe der *Opticks* von 1704 bemerkt: »If a burning Coal be nimbly moved round in a Circle with Gyrations continually repeated, the whole circle will appear like fire«, dann wird damit nicht eine bemerkenswerte Beobachtung eingeleitet. Statt dessen wird die Beobachtung herangezogen, um andere Beobachtungen über die Mischung von Farben zu erklären: »the reason of which is, that the sensation of the Coal in the several places of that circle remains imprest on the Sensorium until the Coal return again to the same place. And so in a quick consecution of the Colours the impression of every Colour remains in the Sensorium, until a revolution of all the Colours be completed, and that first Colour return again.«[48] Auch die Andauer des Eindrucks war bereits vor d'Arcy näher untersucht worden. Aus der Beobachtung der Geschwindigkeit, mit der die Kohle geschwungen werden muß, bestimmt sie der Göttinger Professor der Physik, Johann Andreas Segner, im Jahr 1740 auf etwa sechs Tertien.[49] Auch Segners Anliegen ist dabei mitnichten ein physiologisches. Den Ausgangspunkt seiner Untersuchung bildet vielmehr ein Einwand gegen die sogenannte Emissions- oder ›Projektil‹-Theorie, die, mit dem Namen Newtons verbunden, Mitte des 18. Jahrhunderts die Auffassung des Lichts dominiert. Versteht man den Lichtstrahl als eine Folge von Partikeln, ist bei der Durchkreuzung zweier Strahlen damit zu rechnen, daß diese im Gegensatz zur Erfahrung unterbrochen und in ihrer Richtung abgelenkt werden. Um diesen Widerspruch auszuräumen, schlägt Segner vor, daß der Lichtstrahl aus einer Folge von Partikeln besteht, die durch große Zwischenräume getrennt werden. Die solchermaßen diskontinuierliche Natur des Strahls soll wiederum auf Grund der Dauer der Lichtempfindung nicht wahrgenommen werden.[50]

Das Phänomen der Dauer der Gesichtsempfindung ist Mitte des 18. Jahrhunderts nicht nur bekannt, es ist zugleich als unproblematisch charakterisiert. Man kann es, wie Newton, mit den Vorgängen bei der Mischung von Farben vergleichen oder im Streit um die Natur des Lichts einsetzen, wie dies einige Jahre nach Segner auch bei anderen Autoren geschieht.[51] Und man kann es sogar benutzen, um eine bestimmte Komplikation der sinnlichen Beobachtung zu erklären. Ausgehend von dem Umstand, daß die Menge des Lichts, die ein Körper reflektiert, nur unvollständig, in Abhängigkeit zur Öffnung der Pupille, vom Auge empfunden werden kann, entwickelt Lamberts *Photometria* in dem Kapitel »Die Empfindung des Lichts und die subjective Helligkeit, experimentell und theoretisch betrachtet« eine Hypothese über die Wechselbeziehung zwischen Öffnung der Pupille und Helligkeit des auf die Retina fallenden Bildes. Wie auch von anderer Seite in dieser Zeit postuliert,[52] geht Lambert davon aus, daß die Menge des Lichts, die jeweils ins Auge eintreten kann, direkt von der Helligkeit des empfundenen Bildes abhängig ist. Über die materiellen Vorgänge auf der Retina bemerkt er in diesem Zusammenhang:

> Der Zufluss des Lichtes in das Auge ist continuirlich, und daher werden auch die Fibrillen auf der Netzhaut continuirlich durch die Lichtstrahlen erschüttert. Die hierdurch entstehende Bewegung muss sich also weiter verbreiten und man kann sich vorstellen, dass sich dieselbe so anhäuft, dass diese Fibrillen durch die Stösse des Lichtes nicht bloss erregt werden, sondern auch in der schwingenden Bewegung, oder welcher Art dieselbe sonst sein mag, eine Zeit lang beharren.[53]

Die Beschreibung läßt Fragen keinen Raum und beabsichtigt dies auch gar nicht. Der Vorgang, der entwickelt wird, hat in Lamberts Argument den Status eines Wissensbestands, aus dem Erklärungen für die Beantwortung anderer Fragen geschöpft werden können. Nicht daß die Schwingung der »Fibrillen« andauert, um es mit seinen Worten zu sagen, interessiert an dieser Stelle, sondern die Möglichkeit, im Rekurs auf diesen Umstand das im Verhältnis zur Ausgangshypothese nicht ganz regelkonforme Verhalten der Pupille zu erklären. In seinen Erläuterungen fortfahrend belehrt Lambert seine Leser:

> Diese Fortsetzung des Zustandes der schwingenden Bewegung ist zum grossen Theil die Ursache dafür, dass die Veränderung der Pupille nicht momentan erfolgt. Denn wenn sich die Helligkeit vergrössert, so wird sich diese Bewegung nur allmählich steigern, um in einen beharrlichen Zustand überzugehen; und ebenso wird sich bei Verminderung des Lichts jene Anhäufung, welche nunmehr zu gross ist, nur allmählich verlieren. Hieraus leuchtet aber von selbst ein, dass jene Function der Helligkeit des Bildes, durch welche sich die Oeffnung der Pupille ausdrückt, keineswegs einfach ist.[54]

Was sich aus der Andauer der »schwingenden Bewegung« lernen läßt, führt so von der Netzhaut und ihrem Verhalten wieder zurück zu den äußeren Einrichtungen des Organs und im weiteren zu den mathematisch zu beschreibenden Gesetzmäßigkeiten der Dioptrik des Auges. Zwar ist für Lambert die Dauer des Eindrucks auf der Netzhaut in diesem Zusammenhang als Randbedingung in Rechnung zu ziehen, darüber hinaus gewinnt der Vorgang jedoch keine Präsenz, bleibt als Vorgang selbst unbedacht. Der Unterschied zu d'Arcys Zugriff könnte nicht größer sein. Statt die »Fortsetzung« der Lichtempfindung einfach hinzunehmen und vorauszusetzen, hält dieser an dem Phänomen fest, kreist es ein und entwickelt *dessen* Gesetzmäßigkeiten. Dabei ist d'Arcy der Bezug zu den Fragen, in denen die Dauer der Lichtempfindung von seinen Zeitgenossen verhandelt wird, bestens bekannt. Auch er bezieht das Phänomen gleich auf die Auseinandersetzung über die Natur des Lichts; mit leicht verschobener Frontlinie.[55] Anders etwa als bei Segner wird d'Arcys Untersuchung aber nicht von dieser Frage dominiert. Nicht in diesem Zusammenhang ist die Zahl von acht Tertien von Bedeutung, und auch nicht als Beleg für Theorien von der Sensibilität der Organe – Albrecht von Hallers Unterscheidung von irritablen und empfindlichen Teilen des Körpers war im lateinischen Original 1752 veröffentlicht worden – wird sie angeführt. Aufforderung zum Wissen ist die Dauer der Lichtempfindung für d'Arcy vielmehr mit Rücksicht auf den Status der Empfindung in der Erfahrung der Natur. Diesen Status gilt es im Resultat seiner Versuche neu zu bedenken.

Daß Eigenschaften des Sehorgans auf die Wahrnehmung der beobachteten Gegenstände Einfluß nehmen, ist im 18. Jahrhundert unumstritten. Die Artikel »Gesichtsbetrüge« und »Gesichtsfehler« in der ersten Ausgabe von Gehlers physikalischem Wörterbuch listen eine ganze Reihe von Fällen auf, in denen die Erfahrung der Natur von Wirkungen des Auges durchdrungen ist.[56] Die einschlägig debattierten Phänomene – von den Fehlern der Größenschätzung über optische Inversionen, Scheinbewegungen, das Auseinanderfallen der von rechtem und linkem Auge vermittelten Bilder bis zum blinden Fleck und entoptischen Erscheinungen – werden jedoch, wenn sie nicht ausschließlich als Urteilsfehler angesehen werden, mit der Dioptrik des Auges und Eigenschaften seiner Anatomie in Verbindung gebracht. Hingegen gilt d'Arcys Frage nach der »manière« eindeutig den Verrichtungen, die an den Eindruck des Lichts auf die Netzhaut anschließen. Über die Ausgangslage zu Beginn der Versuche bemerkt d'Arcy:

> Wenig aufmerksam auf das, was in uns passiert, erscheinen uns unsere Empfindungen instantan. Es sieht so aus, als daß sie fast so schnell verschwänden, wie sie erregt wurden.[57]

Die folgenden Untersuchungen verändern unter dieser Prämisse nicht allein das Verständnis des Empfindungsvorgangs. Sie geben vorhergehend und grundsätzlich Empfindung *als* Vorgang (in diesem Fall von zeitlicher Dimension) zu verstehen. Damit aber verändert sich der Status der Empfindung in der Erfahrung der Natur grundsätzlich: Empfindung wandelt sich vom Ergebnis eines anderen Vorgangs – dem Eindruck des Lichts auf die Netzhaut – zu einem eigenen Vorgang, der sich von seiner äußeren Ursache absondert, an dem sich Fragen bilden können, der nach seiner »manière«, seinem *wie*, widerständig wird. Eben dies gibt d'Arcy seinen Zuhörern mit auf den Weg. »Zuletzt«, resümiert er, »glaube ich, muß man nicht böse darüber sein zu erfahren, daß unsere Empfindungen, die uns so unmittelbar und flüchtig erscheinen, es nicht so weit sind (wenigstens jene des Gesichtsorgans), daß man nicht ihre Dauer beobachten und messen kann.«[58] Die Formulierung läßt ahnen, daß die Mitteilung alles andere als leicht verdaulich war.

Ein Verlust an Transparenz: Das Auge d'Arcys

Für die Frage nach dem Anfang eines Wissens von den Sinnen als Fehlerquellen kommt d'Arcys Abhandlung doppelte Bedeutung zu. Nicht daß mit ihrer Publikation überhaupt etwas begonnen hat, bleiben doch die mitgeteilten Beobachtungen, trotz ihrer Einbettung in grundsätzliche Fragen und trotz des abschließenden Hinweises, daß ein solches Phänomen »in einer Zeit, die mehr als je zuvor die Notwendigkeit genauer Beobachtung fühlt«,[59] nicht vernachlässigt werden dürfe, ohne Rückwirkung auf die Beobachtungspraxis der Naturforschung. Mehr noch: selbst in Lehr- und Handbüchern der Physiologie wird der Name d'Arcy nicht vor Anfang der 1830er Jahre festgeschrieben, nachdem Joseph Plateau die Versuche im Rahmen seiner *Dissertation sur quelques propriétés des impressions produites par la lumière sur l'organe de la vue* (1829) zitiert.[60] Aufmerksamkeit verdient das Unternehmen also nicht wegen seiner zweifelhaften Konsequenzen. Statt dessen lassen sich an ihm gegenüber den gleichzeitigen Überlegungen Bouguers und Lamberts zwei Verschiebungen im Verständnis der Sinne bemerken. Zunächst wird das Sinnesorgan nun unzweifelhaft selbst als Ursprung der Irrtümer angesprochen. Die Dauer der Empfindung begründet alle Effekte, die d'Arcy beschreibt.

Die Instanz des Urteils, die für Bouguer und Lambert stets zuletzt für das Wahrgenommene verantwortlich gemacht wird, taucht hingegen nur noch am Rande auf, wenn die Sinne insgesamt als die »ersten Richter« der Tatsachen bezeichnet werden und damit ihre Tätigkeit mit der des Urteilens identifiziert wird. Dem voraus geht in d'Arcys Argument, daß seine Versuche Empfindung *als* Vorgang charakterisieren, der eben nicht unmittelbar und flüchtig verläuft. Die Rede von einer »manière« der Empfindung findet hierin ihre Begründung. Denn von einer solchen Weise des Empfangens und Vermittelns läßt sich erst sinnvoll reden, wenn die sinnliche Empfindung mehr als ein passives Überliefern beinhalten soll.

Daß der Empfindungsvorgang, wie es sich in der Zahl von acht Tertien manifestiert, eine eigene Weise besitzt, erlaubt es nicht nur, ihm Effekte zuzurechnen. Mit dieser Eigenheit verändert sich auch der Punkt, an dem der Zusammenhang von sinnlicher Erfahrung und Erkenntnis kritisch wird. An Stelle der Beziehung von Eindruck und Urteil rückt die Relation von Ursache und Eindruck ins Zentrum der Auseinandersetzung. Die Wahrnehmung eines Feuerrades, wo keines ist, der kontinuierliche Anblick eines Gegenstands, der tatsächlich vielfach unterbrochen ist, all jene »effets tres-singuliers« also, auf die d'Arcy in seinen Versuchen stößt, haben mit den Worten aus seinem Nachruf gelehrt, »die Dauer der Ursache von der ihrer Wirkung zu trennen.«[61] Der Übergang von »cause« zu »impressions« und »sensations«, der bei Bouguer unproblematisch erscheint, verliert damit seine Kontinuität. Die Empfindung löst sich aus ihrer vollständigen Bedingung durch das Objekt des Sehens und eben dies ist nicht leicht verdaulich, wenn d'Arcy Empfindung *als* Vorgang vor der Akademie ausbreitet.

Im Resultat bringen die Verschiebungen im Verständnis der Sinne, die sich in d'Arcys Untersuchungen zutragen, das Sinnesorgan Auge neu hervor. Das Auge Lamberts ist selbst da, wo das Verhalten der Netzhaut in Relation zur Öffnung der Pupille in Betracht gezogen wird, geometrisch-optisch definiert. Die Erschütterungen der Fibrillen, also jener Vorgang, in dem sich die Einwirkung des Lichts auf die Netzhaut umsetzen soll, werden von ihm allein nach der räumlichen Ausdehnung, nämlich nach dem Flächeninhalt des jeweiligen Netzhautbildes in Betracht gezogen, nicht jedoch nach ihrer Dauer oder Stärke. So gefaßt kann Lambert sie in eine geometrische Konstruktion des fraglichen Vorgangs einbinden und schließlich über sie als Element einer mathematischen »Function« verfügen.[62] Die Netzhaut bleibt in diesem Prozedere zweidimensionale Oberfläche, die nach ihrer dem einfallenden Licht zugewandten Seite in Rechnung tritt und derart als Abschluß des optischen

Teils des Auges erscheint. Das Auge d'Arcys ist dagegen eines, das in den Vorgängen zwischen dem Eindruck auf das Organ und dessen Vermittlung an die Seele, »à l'ame«, fraglich wird. Dabei bleibt die Natur dieser Vorgänge vollkommen ausgespart. Anders als bei Lambert wird nie eine Erklärung dafür gegeben, wie die Nachdauer der Empfindung materiell zu denken ist, noch werden überhaupt je die Materien erwähnt, in denen sich diese Empfindung entwickelt, kein Wort von Netzhaut oder Nerv in der ganzen Abhandlung.

Daß d'Arcy über die Vorgänge im Körper schweigt, hat gewiß damit zu tun, daß er nicht vornehmlich um die Physiologie des Gesichtssinnes, sondern um das Verständnis der Sinne im Beobachtungsvorgang bekümmert ist. Gleichwohl kann die Zurückhaltung grundsätzlicher verstanden werden. In Newtons Modell des Empfindungsvorgangs, an das auch Lambert anschließt, begegnet die organische Materie ausschließlich als eine Art Leiter:

> Do not the rays of Light in falling upon the bottom of the Eye excite Vibrations in the *Tunica retina*? Which vibrations, being propagated along the solid fibres of the optick Nerves into the Brain, cause the sense of seeing. For because dense Bodies conserve their heat a long time, and the densest Bodies conserve their heat the longest, the vibrations of their parts are of a lasting nature, and therefore may be propagated along solid fibres of uniform dense matter to a great distance, for conveying into the Brain the impressions made upon all the Organs of sense.[63]

Nach dieser Vorstellung verhalten sich die Nervenfibern, über die sich die erzeugten Schwingungen ins Gehirn übertragen sollen, gänzlich passiv. Die Schwingungen laufen den Nerv entlang, machen den Nerv zum Träger eines Vorgangs. Der Nerv selbst trägt zu diesem Vorgang jedoch, außer daß er vorhanden ist und nach seinen postulierten Eigenschaften besonders geeignet scheint, Schwingungen zu übertragen, nichts bei. Damit ist nicht gesagt, daß die organische Materie, die zwischen Sinnesorgan und Gehirn sich ausbreitet, keinen Einfluß auf die Bewegung haben kann, die sich durch sie fortpflanzt. Vielmehr können sich die Schwingungen nur dann über eine lange Strecke von einem Teil des Körpers zum anderen ungestört ausbreiten, wenn der Körper als homogen gedacht wird, »so that the motion may not be reflected, refracted, interrupted or disordered by any uneveness of the Body.«[64] Diese Einschränkung gibt aber um so deutlicher zu verstehen, daß die Bewegung, in der sich die Eindrücke übertragen, nicht vom Nerv unterhalten wird, sondern sich an ihm entlang fortpflanzt und nur in diesem Umstand vom organischen ›Leiter‹ beeinflußt werden kann. Wenn also die Eindrücke in dem Körperraum, den sie durcheilen, auch gestört werden können, so sind sie doch ursprünglich von den Strahlen des Lichts und nicht vom Verhalten des Körpers determiniert. Der Vorgang der Empfindung erscheint in dieser Hinsicht als transparent: Die Eindrücke, die sich entlang der Nerven übertragen, stehen in direkter Entsprechung zu ihrer äußeren Ursache; ihre Stärke soll von der Stärke der Schwingungen gesteuert werden, die die einfallenden Lichtstrahlen hervorrufen.[65]

Daß d'Arcy das Schwingungsmodell des Empfindungsvorgangs bekannt war, kann vorausgesetzt werden. Wird es doch mehr als hundert Jahre früher in Descartes' *Dioptrique* (1637), bereits unter dem Postulat, daß die Erregung in den Nervenfäden andauert, in den Diskurs der Naturforschung eingeführt.[66] Wenn er dennoch dem Empfindungsvorgang keine materielle Vorstellung unterschiebt und sich in diesem Punkt überhaupt ganz in Schweigen hüllt, dann vielleicht nicht zuletzt, weil einige Anzeichen in seinen Versuchen darauf hindeuten, daß der Vorgang der Empfindung seine Transparenz eingebüßt hat – daß also die einfache Relation von äußerer Ursache, postulierter schwingender Bewegung der Übertragung und Erfahrung in ihrer Geltungskraft zweifelhaft geworden ist. Die Fraglichkeit dieser Beziehung wird zwar nicht direkt angemerkt, sie ist aber im Fortgang von d'Arcys Unternehmen impliziert. Wichtig ist, daß nicht schon der Nachweis des Andauerns der Empfindung eine einfache Beziehung zwischen Lichtstrahlen und Schwingungen der Nervenfibern in Zweifel setzt. Wie Newtons Ausführungen über die Empfindung farbigen Lichts zeigen, kann diese Beobachtung vollkommen in ein unselbständiges Verständnis des Empfindungsvorgangs integriert werden. Die Lage stellt sich aber anders dar, wenn das Andauern der Empfindung in keinem direkten Bezug zur Stärke des einfallenden Lichts steht. Eben diesem Zusammenhang geht d'Arcy in einer Versuchsserie nach, die bei hellem Sonnenschein mit einem weißen Gegenstand ausgeführt werden soll. Auf Grund schlechten Wetters können zwar nur wenige Versuche durchgeführt werden, die Überlegung, »ob die verschiedenen Intensitäten des Lichts [des leuchtenden Körpers bei Nacht und des Sonnenlichts bei Tage] nicht auch merkliche Unterschiede in der Dauer ihrer Empfindung hervorrufen«,[67] bestätigt sich jedoch nicht. Als Resultat ergibt sich, daß die Empfindung »à peu près« dieselbe Zeitspanne andauert wie in den vorhergehenden nächtlichen Versuchen.[68] Verschiedenen Ursachen entsprechen damit offenkundig nicht verschiedene Zeiten der Nachdauer oder des Nachschwingens; die besonders bei Newton vorausgesetzte unmittelbare Abhängigkeit der Empfindungsstärke von der Reizgröße zerbricht.

Die Möglichkeit des Wissens, die d'Arcy präsentiert, kann von zwei anderen seinerzeit gängigen Möglichkeiten, von Empfindungen zu handeln, unterschieden werden. Die eine ist schon in Descartes', Newtons und Lamberts Schwingungsmodell angeklungen, in dem das Organische, der Körper, der Nerv, ausschließlich passiv als Träger des Empfindungsvorgangs erscheint. Im Unterschied hierzu bestimmen die Ergebnisse von d'Arcys Untersuchungen den Vorgang der Empfindung als Ablauf eigener Ordnung, der positiv als Akteur nach seiner »manière« angesprochen und beschrieben werden kann. Die andere Möglichkeit hat an dem ›wie‹ des Empfindungsvorgangs, gleich ob man ihn passiv-abhängig oder von einer »manière« determiniert zurechtlegt, gar kein Interesse. Ihr geht es ganz um das ›was‹ der Empfindung oder um die Frage, was die Empfindungen von den äußeren Objekten überliefern. Folgt man Segners *Einleitung in die Natur-Lehre*, dann ist neben der Farbe die Wirkung, welche das einfallende Licht auf das »gewebe von nerven« im Auge ausübt, »das einzige, so wir unmittelbar empfinden, in dem wir etwas sehen; das übrige alles wird hieraus nach gewissen reguln geschlossen, die wir selbst von kindheit an aus tausend erfahrungen gezogen, in dem wir die übrigen sinne, und inbesonderheit das gefühl, zur hülfe genommen.«[69] Auf der Ebene eines pragmatischen, zur Belehrung angehender Naturforscher ausgearbeiteten Vortrags reduziert sich damit die komplexe philosophische Diskussion, die sich um diesen Punkt seit der Wende vom 17. zum 18. Jahrhundert zwischen den eher unordentlichen Lagern von Empiristen und Idealisten von Boyle, Locke, Leibniz, Hume bis zu Berkeleys *New Theory of Vision* entwickelt, auf einige sehr einfache Regeln des Schließens. Wie die Empfindungen vermittelt werden, die diesen Schlüssen ihr Material liefern, bleibt hingegen unbefragt. Es ist mehr noch vollkommen verdeckt, insofern die Frage nach der Mittelbarkeit oder Unmittelbarkeit der Empfindungen ausschließlich im Bezug auf die Qualitäten entwickelt wird, die von den Objekten der Außenwelt mittelbar oder unmittelbar empfunden werden. Hierüber herrscht Streit und natürlich über die Begründung der Schlußregeln – nicht aber darüber, ob das Empfundene durch das »gewebe von nerven« beeinflußt wird.

Nach ihrem Effekt verhalten sich d'Arcys Untersuchungen sehr ähnlich zu den Vorgängen, die in de Lucs *Recherches* über das Barometer begegnet sind. So wie dort das Instrument immer mehr nach den Bedingungen seines Verhaltens gegenständlich wird, rückt in d'Arcys Arbeiten das Auge, genauer dessen Empfindung, als Entität eigener Gesetzmäßigkeit in den Blick, die durch gemessene numerische Größen begründet wird. Diese Größen werden von d'Arcy zwar nur sehr lose mit konkreten Beobachtungsaufgaben in Verbindung gebracht,[70] analog aber zu den

Daten, die das Verhalten des Barometers gegen die Temperatur des Beobachtungsorts anzeigen, werden die acht Tertien, welche die Lichtempfindung andauern soll, zum Beleg dafür, daß die Mittel der Beobachtung, also hier das empfindende Auge, unhintergehbar nach ihrer »manière« in das Beobachtete eingreifen. Der Rahmen, in den d'Arcy seine Untersuchungen einfügt, läßt keinen Zweifel, daß es ihm grundsätzlich um den Status der Sinne in den Operationen der Naturforschung geht. Wirksamkeit suchen seine Äußerungen nicht unter den Wissenschaften vom menschlichen Körper, sondern unter einem pragmatischen Wissen, worauf in der Erforschung der Natur zu achten ist, um Erfahrungen sicher zu begründen. Daß sie diese Wirksamkeit zur Zeit ihrer Publikation nicht erlangt haben, sich also nicht epistemisch verlängert haben, aus ihnen anders als im Fall von de Lucs *Recherches* keine dauerhaften Nachforschungen hervorgegangen sind, nimmt ihnen den Charakter eines Anfangs. Es nimmt ihnen aber nicht die Eigenschaft, den Punkt bezeichnet zu haben, an dem ein Wissen von den Sinnen als Fehlerquellen in Gegensatz zu anderen Zugriffen gerät.

In Bouguers wie Lamberts Unternehmungen erscheint das Auge als eine »sensous technology«[71], die gleich dem Entwurf, den Senebier gegeben hat, durch Disponierbarkeit ausgezeichnet ist. Dabei ist das Werkzeug ›Auge‹ keineswegs unproblematisch. Es muß in geeigneter Weise gebraucht werden, die Urteile über die Empfindungen können mit Fehlern behaftet sein, ja, das Auge wird sogar, wie Lamberts Diskussion des Verhältnisses von Pupillenöffnung und Helligkeit des Netzhautbildes zeigt, der Veränderung der gegebenen Intensitäten des Lichts überführt. Von diesen Schwierigkeiten bleibt die Voraussetzung, daß man das Auge durch besondere Verfahren der Beobachtung in Dienst nehmen kann, jedoch unberührt. D'Arcy seinerseits entwirft keine Theorie der Vorgänge, von denen er berichtet, aber er sondert Empfindung als Vorgang ab. Die Aufmerksamkeit wird damit gleichermaßen vom Auge als dioptrischem Instrument, das Licht sammelt und bricht, und vom Auge als Lieferant von Eindrücken, die zu beurteilen sind, abgezogen. Das Auge d'Arcys füllt den Raum zwischen diesen anderen Augen, zwischen dem Moment, da das eintretende Licht die Netzhaut reizt, und dem Moment, da die entstandenen Empfindungen dem Urteilsvermögen anheimfallen. Diese Konzentration auf Empfindung *als* Vorgang macht den Unterschied. Selbst die so gründliche und von vornherein im Rahmen einer zu entwickelnden Fehlertheorie vorgetragene Untersuchung über die »Schärfe des Gesichts«, von der Tobias Mayer zehn Jahre früher, 1754, in den *Comentarii* der Göttinger Gesellschaft der Wissenschaften berichtet, gelangt niemals an diesen Punkt.[72] Bei der Untersuchung, unter welchem Gesichtswinkel gerade noch ein Gegenstand unterschieden und unter welchem er unsichtbar wird, begegnet das Auge einmal mehr als Gegenstand einer geometrisch-optischen Kalkulation, deren Ergebnisse nicht Umstände eines Empfindungsvorgangs, sondern – ohne daß Mayer selbst darauf zu sprechen kommt – die Anatomie des Auges charakterisieren.[73]

Allerdings bleibt der Zwischenraum der Empfindung, den d'Arcy ausgrenzt, materiell und strukturell undifferenziert. Es scheint darum nicht falsch zu sein, wenn man resümiert, daß sein Auge eines ist, das opak wird. Am Organ tritt seine undurchsichtige Seite hervor; seine nicht allein durch äußere Ursachen bedingte Tätigkeit. Der Name für dieses neue Moment am Auge heißt »manière«, und was diese »manière« dem Publikum bezeichnet, ist eine beunruhigende Möglichkeit des Wissens, weil sie ein Moment der Unbeherrschbarkeit am Auge andeutet. Damit ist nicht nur gemeint, daß die Vorgänge, die beispielsweise der Dauer der Lichtempfindung zugrunde liegen, noch unklar sind. Selbst wenn diese Vorgänge vollkommen aufgeklärt sind, ist die Voraussetzung, man könne über die Sinne willkürlich verfügen, nicht aufrechtzuerhalten. Zeigt sich doch, daß die Sinne nach einem eigenen Modus arbeiten, der gemessen und analysiert, aber durch keine Disposition des Beobachters überwunden werden kann.

In der Abhandlung, die d'Arcy 1765 der Pariser Akademie vorlegt, macht er sich nicht die Mühe, seinen Zugriff auf die Sinne zu begründen. Daß die Sinne eine Weise des Empfindens und Vermittelns auszeichnet, die in ihren Effekten auf die Beobachtung der Natur zu untersuchen ist, wird ohne weitere Erläuterung als Faktum eingeführt. Wenn deshalb auch dunkel bleibt, wie man zu einer solchen für die Zeit untypischen Auffassung der Sinne gelangen konnte, so bleibt doch festzuhalten, daß das Auge, so wie es bei d'Arcy fraglich wird, dieselbe Gegebenheit gewinnt wie zuletzt das Barometer bei de Luc. Ganz gleich ob Organ oder technisches Artefakt, beide werden in einem pragmatischen Wissen von der Beobachtung als Instrumente kenntlich, deren »manière« oder Arbeitsweise notwendig in den durch sie überlieferten Daten der Natur insistiert. Spurenhaft findet sich in den Überlegungen d'Arcys ein Reflex auf diese Symmetrie, wenn erwogen wird, ob die Dauer der Empfindung auch dadurch auf die Beobachtungen Einfluß nehmen könnte, daß sie sich für verschiedene Augen als verschieden herausstellt. Als hätte er de Lucs Aufruf für ein Normalbarometer im Ohr, bemerkt d'Arcy:

> Man bemüht sich heute mit Recht sehr darum, die Beobachter bei wichtigen Beobachtungen mit gleichartigen Instrumenten auszustat-

> ten, um gleiche Bedingungen zu gewährleisten; müßte man sich [deshalb] nicht auch bemühen zu erfahren, ob ihre Augen, ihre ersten Instrumente, auf gleiche Weise sehen?[74]

Aufschluß hierüber wird im Ablauf der Versuche nicht gewonnen. Die Frage stellt aber einen direkten Bezug zu den Veränderungen im Verständnis der Instrumente her. Daß die Gleichheit der Bedingungen von der Gleichartigkeit der Instrumente abhängig ist, setzt, wie das Beispiel der Barometer gezeigt hat, zunächst eine Einsicht in die Fehler voraus, die jedes einzelne Instrument auszeichnen.

Werden Organ und Artefakt in derselben Weise bedacht, dann heißt dies, daß sie wieder, wie vorher als Werkzeuge zur Hand, symmetrisch begriffen werden. Nur eint sie jetzt ihr Charakter als Elemente, die in Beobachtungen notwendig Fehler hervorrufen und unter dem Regime des Fehlers in ihren Bedingungen unbedingt zu erforschen sind. Hier, in dieser Einsicht, erlangen Anmerkungen über die »Schärfe des Auges« etwa bei Lambert erst volle epistemische Wirksamkeit. Was nebenher betrachtet wurde, gäbe nun Anlaß zu grundsätzlicheren Nachforschungen, deren Resultate jedesmal in die Beobachtung der untersuchten Gegenstände einbezogen werden müßten. Wie allerdings noch einmal Munckes Artikel über die Beobachtung lehrt, kann man am Anfang des 19. Jahrhunderts anscheinend nur auf ein einziges entsprechendes Unternehmen verweisen: »Vergl. als Regel und Beispiel Benzenberg, Vers. über d. Umdrehung d. Erde. p. 54 u. 59«,[75] heißt es in der entsprechenden Fußnote. Das angegebene Werk löst dieses Versprechen zweifelsohne ein. Es selbst ist aber, was die Untersuchung der Sinne am Anfang des 19. Jahrhunderts betrifft, nicht die Regel und ohne Beispiel.

Unter dem Regime des Fehlers: Benzenbergs Fallversuche

Ein Titel, der Programm ist: *Versuche über das Gesetz des Falls, über den Widerstand der Luft und über die Umdrehung der Erde, nebst der Geschichte aller früheren Versuche von Galiläi bis auf Guglielmini.* Der Autor des 1804 erschienenen Werkes, Johann Friedrich Benzenberg, hat ein fundamentales Ansinnen. Sein Unternehmen betreibt die Revision aller Untersuchungen über die Umdrehung der Erde seit dem Beginn des 17. Jahrhunderts, und es fängt erneut bei den Grundlagen an. Benzenbergs Prämisse lautet: Was in die eigenen Versuche als Bedingung eingeht, muß selber wieder in Vorversuchen geklärt werden. Dies gilt für die vielfach erprobten Gesetze des Falls und des Widerstands der Luft, und es gilt wiederum für Umstände, die in den Versuchen zur Überprüfung dieser Gesetze wirksam sind. Die Gründlichkeit des Experimentierens, die aus diesem stufenweisen Aufbau spricht, setzt sich in der Ausführlichkeit der Schrift fort. Nicht nur referiert Benzenberg, wie angezeigt, neben seinen Versuchen ausgiebig die Literatur seit Galileis Tagen, er druckt auch schwer zugängliche Abhandlungen ab, nimmt die neuesten Arbeiten seiner Korrespondenten mit auf und ergeht sich insgesamt in allerausführlichsten Schilderungen vermeintlicher Nebenumstände seiner Unternehmungen.

In einer anderen Weise als de Lucs *Recherches* ist dieses Buch ein Monstrum: Es fällt nicht auseinander, es läßt aber anscheinend auch nichts unter den Tisch fallen. Unter einem Schriftregime der Anerkennung von Beobachtungen konzipiert, führt es dessen Normen an die äußersten Grenzen. Senebier, für den der Bericht bekanntlich »die Stelle des beschriebenen Gegenstandes« vertreten sollte, merkt gewiß nicht ohne Grund an: »Man muß sich aber auch erinnern, daß lange Schilderungen, solche die mit Worten und Sachen am meisten überladen sind, nicht gerade die besten sind«.[76] Im Falle von Benzenbergs *Versuchen* wäre aber zu bedenken, daß die Schrift zu einem Zeitpunkt entsteht, da die Auseinandersetzung mit den Bedingungen von Beobachtungen und den hierauf gegründeten Erkenntnismöglichkeiten voll in Gang gekommen ist. Retrospektiv mag man von einer »katastrophalen Präsentation« sprechen,[77] diese folgt aber nicht zuletzt aus dem Umstand, daß nicht ohne weiteres klar gewesen ist, welche »Sachen« mit »Worten« zu erwähnen sind und welche man ohne Bedenken weglassen darf. Die Baugeschichte des für die Versuche benutzten Kirchturms der Hamburger Michaeliskirche samt der Biographie ihres Baumeisters Sonin konnte in dieser Hinsicht Aufmerksamkeit verlangen und ebenso rollende Wagen auf der Straße, das Dröhnen der Kirchturmuhr oder der Schrecken, der Benzenbergs Gehilfen Karstendiek überkam, nachdem ihn bei den Fallversuchen fast eine der Kugeln getroffen hätte. »Als ich hinunter kam«, so Benzenberg, »saß er auf einer Todtenbaare, und konnte sich von seiner Alteration noch nicht wieder erholen.«[78]

Trotz dieses Erzählstroms ist der Aufbau des Werks keineswegs ungeordnet. An seinem ursprünglichen Ende[79] steht der Bericht über die Fallversuche zur Bestimmung der Achsendrehung der Erde und ihre theoretische Ausarbeitung. Alles, was vorher ausgeführt wird und viele hundert Seiten umfaßt, erhält von diesem Fluchtpunkt her seine Bestimmung: Stück für Stück wird der Bau von Annahmen und Erfahrungen präsentiert, auf dem die Hauptversuche aufruhen. Im Resultat wird der Leser von den einfachsten Elementen der Beobachtungen zu den komplizierten Voraussetzungen des eigentlichen Untersuchungsgegenstands geführt. Daß die Reihenfolge der Darstellung nicht mit dem chronologischen Ablauf der einzelnen Abschnitte des Unternehmens übereinstimmt, diese vielmehr mehr oder minder gleichzeitig zwischen Mai und Oktober 1802 stattfinden, unterstreicht dabei das Maß an Kalkül, mit dem Benzenberg vorgegangen ist. Anders etwa als bei de Luc, wo eine Nachforschung die nächste hervortreibt, werden hier die Untersuchung des eigentlichen Gegenstandes und die Nachforschungen, die der Bewährung der Beobachtungen dienen, nebeneinander betrieben und fügen sich anschließend im Bericht nicht mehr in eine zeitliche, sondern in eine logische Reihenfolge.

Nicht also am historischen Anfang, wohl aber am Anfang des Berichts stehen drei in einem Kapitel überlieferte Untersuchungen. In ihnen werden keine Gesetzmäßigkeiten der Natur erforscht, sondern jene Elemente, die zusammen die Anordnung aller weiteren Untersuchungen bilden. Hierzu gehören die verschiedenen Höhen, aus denen die Kugeln fallen, die mit Draht und Schnur gemessen und mit Bestimmungen am Sekundenpendel sowie durch Barometerbeobachtungen bestätigt werden. Hierzu gehört die Uhr, die zur Messung der Fallzeiten eingesetzt wird. Und hierzu gehört schließlich die Sinnestätigkeit, die beim Gebrauch der Uhr stattfindet. Es ist Benzenbergs Untersuchung dieser letzten zwei Elemente, die Muncke zum Beleg der begrenzten Schärfe von Sinnen und Apparaten zitiert. Und es ist die Art, wie diese Untersuchungen durchgeführt werden, und die Art, wie die Ergebnisse dieser Untersuchungen Eingang in das Ganze finden, die Muncke Sinne wie Apparate in einen gemeinsamen Bezug setzen läßt.

Die Untersuchungen der Uhr und der Sinne unterscheidet von der Bestimmung der Fallhöhen, daß in ersteren von vornherein ein Fehler bestimmt und in einer Korrekturgröße fixiert werden soll, in letzterer hingegen das Ziel ist, ein »bedeutendes Versehen«[80] von vornherein auszuschließen. Die verschiedene Ausrichtung begründet sich aus dem Maß, in dem Abhilfe gegen eine fehlerhafte Einwirkung auf die Resultate der Beobachtungen möglich ist. Die Fallhöhe läßt sich vor den Versuchen bestimmen und wird sich nur unter besonderen Umständen in den Versuchen ändern. Fehler der Uhr und der Sinnestätigkeit zeichnet hingegen aus, daß sie hartnäckig insistieren oder, mit Muncke gesagt, daß ihr Gebrauch in den Beobachtungen notwendig mit der Produktion von Fehlern einhergeht. An einer späteren Stelle seines Werkes bemerkt Benzenberg im Rahmen einiger grundsätzlicher fehlertheoretischer Ausführungen:

> Aber oft ist es nicht in unserer Gewalt, all' die Umstände zu ändern, die einen beständigen Fehler machen. – Es bleibt dann nichts übrig, als die Größe dieses Fehlers zu bestimmen und ihn als bekannt mit in Rechnung zu nehmen. So ließen sich z.B. die Ursachen, welche die Fallzeiten zu groß angaben, durch kein Anhäufen [von Versuchen] wegschaffen, weil der Fehler der Uhr und der Fehler des Sinns beständig an dieselbe Seite fielen.[81]

Es hat so betrachtet noch eine zweite Bedeutung, wenn an dieser Stelle der Fehler der Uhr und der Sinnestätigkeit als »beständig« charakterisiert wird. Beständig sind diese Fehler nicht nur nach ihrem Betrag, sondern auch nach ihrer Gegebenheit im Unternehmen, weil diese Fehler, selbst wenn man um sie weiß, nicht vermieden werden können. Benzenberg sagt damit im Prinzip nichts anderes als Lambert vier Jahrzehnte früher in seinen »Anmerkungen und Zusätzen zur practischen Geometrie« (1765), wo ausdrücklich auf Fehler der Instrumente hingewiesen wird, die nur durch Bestimmung und im weiteren durch Einbezug einer Korrekturgröße in die Berechnung der Beobachtungsresultate zu bemeistern sind.[82] Am Ende des 18. Jahrhunderts ist es dabei üblich, unter Bezug auf Lambert solche Fehler der Instrumente im Gegensatz zu Fehlern, »die eine ungeschickte Behandlung der Werkzeuge zum Grunde haben«, als »unvermeidlich« zu bezeichnen.[83] Bemerkenswert ist jedoch der Umfang, den die Arbeiten bei Benzenberg gewinnen.

Den Ausgangspunkt seiner Untersuchung bildet die 1792 erschienene Schrift *De diurno terra moto* des italienischen Mathematikers Giovanni Battista Guglielmini, von dessen neuen Fallversuchen Benzenberg zuerst in der Astronomie-Vorlesung seines Lehrers Georg Christoph Lichtenberg gehört hatte.[84] Die großen Fragen, die im 17. Jahrhundert mit diesen Unternehmungen verbunden waren, hatten sich zwar erledigt, ein experimenteller Nachweis der Erdumdrehung, der den theoretischen Vorhersagen genügte, stellte jedoch weiterhin eine Herausforderung eigener Ordnung dar.[85] Guglielminis Resultate schienen in dieser Hinsicht zunächst erfolgreich, wurden aber durch neue Berechnungen von Pierre Simon Laplace wieder in Frage gestellt. Als Benzenberg im Frühjahr 1802 eine erste Anzeige seiner Versuche macht, vermutet er den Fehler vornehmlich in einem »Nebenumstande«:

> nämlich in der genauen Bestimmung der Retardation, welche die Kugeln, während des Falles in der Luft erleiden, welches Guglielmini, da er keine Tertienuhr hatte, mit seinem bloßen Schätzen der kleinen Zeittheile nicht bestimmen konnte.[86]

Entsprechend mißt Benzenberg der Untersuchung dieser »Retardation« größte Bedeutung bei. Über ihre Rolle für die ganze Unternehmung bemerkt er rückblickend: »Bey den Versuchen über die Axendrehung der Erde mußte die Fallzeit sehr genau bekannt seyn, da auf ihr die theoretischen Bestimmungen der Abweichung der Kugel von der senkrechten beruhen.«[87] Diese Genauigkeit der Fallzeit zu gewinnen, ist zuerst die Sache einer Uhr. Statt kleine Zeitteile zu schätzen, wird, wie eben schon angedeutet, eine Tertienuhr verwendet, die sechzigstel Sekunden anzeigt. Mit dieser Uhr wird aber zugleich auch ein Mehr an Fehlern denkbar. Im Juni 1802 heißt es in einem in den *Annalen der Physik* abgedruckten Schreiben Benzenbergs: »Eine Tertienuhr ändert unaufhörlich ihren mittlern Gang. An jedem Tage, und oft in jeder Stunde befolgt sie einen andern.«[88] Bedürfte es noch eines historischen Belegs dafür, daß der Vorteil eines Instruments keineswegs einfach mit seiner numerisch möglichen Genauigkeit zusammenfällt, so wäre er in dieser Aussage zu finden. Nicht vornehmlich die Genauigkeit der Uhr besichert für Benzenberg deshalb seine Bestimmungen der Fallzeit, sondern die Untersuchung der Fehler, die mit der Uhr in die Beobachtungen eingehen. Diese Untersuchungen tauchen in den Tabellen, in denen die Meßergebnisse präsentiert werden, nur noch als in Anschlag gebrachte Korrekturgrößen auf. Ihnen zugrunde liegt aber ein Satz von Nachforschungen, der jedesmal in Gedanken mitzulesen ist.

Die Untersuchung des Uhrfehlers oder Fehlers, der vom Gang der Uhr – ihrem Vorauseilen oder Zurückbleiben gegen die tatsächlich vergangene Zeitspanne – verursacht wird, ist um 1800 ein Routinevorgang. Auf Sternwarten erfolgen solche Bestimmungen auf der Grundlage von täglichen Fixsternbeobachtungen, wobei die Korrektur für die jeweilige Stunde als mittlerer Gang hochgerechnet wird. Für Benzenbergs Versuche ist dieses Vorgehen aber untauglich, weil die verwendete Tertienuhr schon von Minute zu Minute große Gangunterschiede zeigt.[89] Als erstes folgt hieraus, daß der Fehler der Uhr nach jeder Beobachtungsserie zu bestimmen ist. Es folgt aber noch eine zweite Überlegung, mit der Benzenberg dem, was man unter dem Stichwort ›Gang der Uhr‹ gefaßt hat, eine neue Facette beifügt.

> Wenn man auch den mittleren Gang der Uhr für eine Minute kennt, so ist man doch noch nicht sicher, daß sie in den 2 oder 4 Sekunden der Beobachtung *genau denselben* mittleren Gang geht. Thut sie es nicht, und der Fehler ist constant: so hilft die große Anzahl der Beobachtungen und das fleißige Vergleichen mit dem Pendel [zur Bestimmung des Gangs der Tertienuhr] zu nichts, als den Beobachter in seinem Irrthume zu bestärken.[90]

Die Überlegung bricht zunächst mit der in den gewöhnlichen Bestimmungen des Uhrgangs gemachten Voraussetzung, daß sich der Gang einer Uhr nicht sprunghaft beschleunigt oder verlangsamt, sondern gleichmäßig ist. Indem diese Voraussetzung in Zweifel gesetzt wird, gerät aber auch die Uhr anders in den Blick. Statt als Blackbox, die in ihrem Verhalten gemessen wird, begegnet sie nun als Mechanismus, der nach seiner besonderen Art Fehler bewirken kann und auf die Möglichkeit solcher Fehler analysiert werden muß.

Im Falle der Tertienuhr besteht die Besonderheit außer in ihrem Antrieb in ihrer Bedienungsweise. Diese Uhren laufen nicht permanent wie eine Pendeluhr, sie werden vielmehr mit Beginn der Beobachtung – hier mit dem Auslösen der Kugel – in Gang gesetzt und mit deren Ende – also dem Aufschlagen der Kugel auf dem Boden – wieder gestoppt. Beide Einwirkungen auf den Mechanismus, so Benzenberg, könnten dafür sorgen, daß die gemessene Beobachtungszeit, unabhängig vom gewöhnlichen Gangfehler der Uhr, zu klein oder zu groß ausfällt. Diese als »constante[r] Fehler der Uhr« bezeichnete Abweichung wird nach zwei Versuchsreihen auf neun Tertien bestimmt, um die die Beobachtungszeit jeweils zu groß ausfällt.[91] Als Ursache des Fehlers nimmt Benzenberg an, daß einmal »das Ausheben des Sperrhakens« der Unruhe eine zusätzliche Bewegung erteilt und so der Gang der Uhr beschleunigt wird, zum anderen aber, daß »das Sperren nicht völlig so momentan ist, wie das Loslassen« und folglich die Uhr nicht unmittelbar zu stehen kommt.[92]

Der konstante Fehler von neun Tertien, den Benzenberg feststellt, charakterisiert die Uhr grundsätzlich anders als ein einfacher Gangfehler. Letzterer bezeichnet eine Abweichung, die undifferenziert der Uhr insgesamt zugerechnet wird. Ersterer steht für spezifische Elemente ihrer Konstruktion. Benzenberg gibt Auslösung und Sperrung der Uhr jedoch nicht nur nach ihrer Einwirkung auf den Mechanismus, sondern auch nach der entgegengesetzten Seite zu bedenken; der Seite des Beobachters, der die Uhr bedient, sie auslöst und sperrt.

> Es wird bey diesen Versuchen vorausgesetzt, daß unsere Sinne völlig momentan sind, das heißt, daß wir in demselben Moment die Uhr still stehen lassen, indem der Schall [der aufschlagenden Kugel] unser Ohr trifft. Diese Voraussetzung ist nicht wohl anzunehmen, da es wahrscheinlich ist, daß ein kleiner Zeittheil darüber hingeht, ehe der Schall bis in's Gehirn fortgepflanzt, und wieder aus diesem, der Befehl zum Loslassen durch die Nerven des Arms bis in die Fingerspitze gekommen ist, welche den Sperrhaken einfallen läßt.[93]

Um jenen »Zeittheil« zu bestimmen, der zwischen dem Eintreffen des Schalls am Ohr und dem Sperren der Uhr vergehen soll, führt Benzenberg eine besondere Versuchsserie durch, in der für eine Höhe von zehn Pariser Fuß (etwa drei Meter) die Fallzeiten der Kugel bestimmt werden. Die gewonnenen Ergebnisse werden um den Gang sowie den beständigen Fehler der Uhr korrigiert, in Gruppen zusammengefaßt und gemittelt, bis von den einhundertzwanzig durchgeführten Beobachtungen ein Wert übrigbleibt, der mit der Fallzeit verglichen wird, die sich nach Newtons Widerstandsgesetz ergibt. Als Resultat folgt hieraus, daß die Fallzeit nach den Beobachtungen 3,67 Tertien (etwa 0,06 Sekunden) größer ausfällt, als nach ihrer Berechnung zu erwarten ist. Woraus folgt: »Diese 3,'''67 sind nun der constante Fehler des Sinnes, der alle Beobachtungen zu groß macht, und der eben so, wie der constante Fehler der Uhr abgezogen wird.«[94]

Ob das gewählte Procedere wirklich geeignet war, die gesuchte Fehlergröße zu ermitteln, läßt sich anzweifeln. Gegen die Konsequenzen der Bestimmungen verhält sich aber ihre Richtigkeit nachrangig. Zunächst läßt Benzenbergs Resümee keinen Zweifel, daß sinnliche Vorgänge und Uhr in derselben Weise als Quellen konstanter Fehler in seinen Untersuchungen Berücksichtigung finden. Insbesondere kommen sinnliche Vorgänge und Uhr jedoch in den Operationen zusammen, die auf die Bestimmung ihres Fehlers folgen. Beide Fehler werden, wie Benzenberg angedeutet hat, in den weiteren Versuchen über den Einfluß des Luftwiderstands auf die Fallzeit regelmäßig als Korrekturen berücksichtigt. Dies geschieht, wie eine beliebige Tabelle mit Versuchsergebnissen zeigt (Abb. 6), auf eine besondere Weise. Das Mittel einer einzelnen Versuchsreihe wird zunächst um die »Zeitgl.[eichung]« oder den Gang der Uhr[95] und den »Schall«, das heißt die Laufzeit des Schalls vom Aufschlagsort der Kugel bis zum Ohr des Beobachters, korrigiert, ehe in der vorletzten Zeile der »b.[eständige] Fehler« in Anschlag kommt. Dieser beständige Fehler von »-12,7« Tertien drückt, wie Benzenberg vorher anmerkt, »die Summe der constanten Fehler der Uhr und der Sinne« aus.[96]

Der Schritt, beide Fehler zusammenzufassen, hat ökonomische Vernunft, erspart er doch in jeder Aufstellung eine Zeile. Zugleich wird mit diesem Schritt aber jegliche Verschiedenheit in der Weise, wie sinnliche Vorgänge und Uhr auf die Beobachtungen Einfluß nehmen, zum Verschwinden gebracht. Beide erscheinen als Umstände, die sich beständig in das Beobachtungsdatum eintragen, dessen Genauigkeit bedingen, in denselben Begriffen zurechtgelegt werden und in derselben Weise zu untersuchen sind. Die Frage nach dem Beginn eines Wissens von den Sinnen als Fehlerquellen ist an dieser Stelle beantwortet. Dieses Wissen

Stadium von 24.8 pariler Fuſs.

	10. Mai.	11. Mai.	11. Mai.	15. Mai.	15. Mai.
Bar.	28,2 Z.	28,1	—	28,1	—
Therm.	20 Gr.	14	—	9	—
	1,"35	1,"31	1,"35"	1",33	1,"36"
	36	40	34	36	35
	33	25	37	35	29
	27	30	33	28	35
	31	37	35	34	31
	37	31	32	31	33
		32	34	22	29
		42	39	35	28
					34
	1,32,6	1,33,5	1,34,1	1,32,3	1,33,3
Zeitgl	+ 1	— 1,2	— 1,2	1,7	1,7
	1,32,7	1,32,3	1,32,9	1,30,6	1,31,6
Schall	— 1,5	— 1,5	— 1,5	1,5	1,5
	1,31,2	1,30,8	1,31,4	1,29,1	1,30,1
b. Fehl.	12,7	— 12,7	— 12,7	12,7	12,7
	1,18,5	1,18,1	1,18,7	1,16,4	1,17,4

	15. Mai.	21. Juni.	21. Juni.	21. Juni.
Barom.	28,1 Z.	28,5	—	—
Therm.	9 Gr.	13	—	—
	1,"33"	1,"35"	1,"28"	1,"30"
	30	31	28	25
	36	32	29	31
	30	29	35	35
	28	33	29	42
	29	29	33	30
	33	33	29	30
	31	35		
	30			
	1,32,2	1,31,9	1,30,1	1,30,4
Zeitgl.	— 1,7	— 0,5	0,5	0,5
	1,30,5	1,31,4	1,29,6	1,29,9
Schall	— 1,5	— 1,5	1,5	1,5
	1,29,0	1,29,9	1,28,1	1,28,4
b.Fehler	— 12,7	— 12,7	12,7	12,7
	1,16,3	1,17,2	1,15,4	1,15,7

L 2

Abb. 6: Tabelle der gemessenen Fallzeiten der Kugel für die Höhe von 24.8 Pariser Fuß zusammen mit den jeweils zu berücksichtigenden Korrekturgliedern. In: Johann Friedrich Benzenberg, *Versuche über das Gesetz des Falls, über den Widerstand der Luft und über die Umdrehung der Erde, nebst der Geschichte aller früheren Versuche von Galiläi bis auf Guglielmini*, Düsseldorf 1804, S. 163.

beginnt exakt in dem Moment, wenn in tabellarischen Aufstellungen von Beobachtungsergebnissen eine neue Zeile auftaucht. In dem Kürzel »b. Fehler«, der nachstehenden Zahlenreihe und dem Strich, der die neue Zeile von der vorhergehenden und der folgenden trennt, wird die epistemische Wirksamkeit dieses Wissens graphisch, als graphische Operation, faßbar.

Benzenbergs Untersuchungen über den »Fehler des Sinns« sind in jeder Hinsicht außergewöhnlich. Dies gilt für die Art und Weise, wie die sinnliche Tätigkeit in den Beobachtungen Berücksichtigung findet. Und es gilt ebenso für die Prämisse, die diese Untersuchungen einleitet. Daß die »Fortpflanzung« der Empfindung vom Sinnesorgan zum Gehirn nicht »momentan« erfolgt und ebensowenig der »Befehl« einer Bewegung unmittelbar ausgeführt wird, wie Benzenberg schreibt, wird auch von den zeitgenössischen Autoritäten vorausgesetzt. In seiner *Hirn- und Nervenlehre* (1800) berichtet Samuel Thomas Soemmerring über diese Frage:

> Die Geschwindigkeit, mit der eine Empfindung durch die Nerven ins Hirn gelangt, ist so groß, daß wir den Zeitraum, zwischen der Berührung und dem Bewußtwerden wahrzunehmen oder zu unterscheiden nicht im Stande sind, nach den Berechnungen aber würde sie über 170 Ruthen (jede zu 10 Fuß) betragen, oder wäre es eine Flüssigkeit, so müßte sie wenigstens 9000 Fuß in einer Minute durchlaufen.[97]

Die letzte Zahl wird schon drei Jahrzehnte früher in Albrecht von Hallers *Elementa physiologiae* genannt, zusammen mit drei weiteren, die die Geschwindigkeit »mere theoretica« auf 7750 Fuß, auf 32400 Fuß und sogar auf 57600 Millionen Fuß in der Sekunde ansetzen.[98] Alle Angaben beruhen also auf Spekulationen, und ihre große Divergenz folgt, wie bei Soemmerring angedeutet, nicht zuletzt aus dem jeweils vorausgesetzten Wirkungsprinzip der Nerven. Mögen aber die Geschwindigkeiten fantastisch anmuten, die Zahlen belegen, daß man den Vorgängen in den Nerven grundsätzlich eine eigene Zeit zugesteht. Nur fallen die genannten Geschwindigkeiten in Größenordnungen, die Benzenberg nicht den geringsten Anlaß gegeben hätten, die Zeitspanne zwischen Eintreffen des Schalls am Ohr und Loslassen des Sperrhakens der Uhr in den Fallversuchen in Anschlag zu bringen. Geht man von der kleinsten Geschwindigkeit aus und veranschlagt die zurückzulegende Strecke des Nervenimpulses im Körper großzügig mit 6 Fuß, so betrüge die Verzögerung kaum mehr als 8/10000 Sekunden. In gewisser Weise führt der Rekurs auf das physiologische Wissen aber auch in die Irre. Benzenberg selbst zitiert in den *Versuchen* weder Soemmerring noch Haller oder irgendeinen anderen Autor zum Beleg für seine Annahme. Darüber hinaus ist die Geschwindigkeit der Vorgänge im Nerv zwar, die Literatur zeigt es, Gegenstand von Erwägungen, diese stellen aber kaum mehr als Marginalien dar, abgehandelt in wenigen Sätzen.

Sowenig das Thema letztlich unter Physiologen und Anatomen Konjunktur hat, so wenig deutet darauf hin, daß Benzenbergs Erwägungen von irgendeinem anderen Physiker der Zeit geteilt werden. Auch wenn es keinen letzten Beleg dafür gibt, scheint seine Arbeit die erste zu sein, in der die Vorgänge im Organismus des Beobachters, die zwischen der Erregung eines Sinnesorgans und der Feststellung eines Datums der Natur stattfinden, nach ihrer Geschwindigkeit in Betracht gezogen und in der entsprechenden Korrektur der Versuchsergebnisse wirksam werden. Ginge es in diesem Kapitel um Ursprünge, dann begänne mit diesen Untersuchungen nicht nur eine neue Epoche in der Behandlung der Beobachtersinne, sondern es müßte auch die Geschichte der Physiologie umgeschrieben werden. Hätte doch Benzenberg knapp fünfzig Jahre vor Helmholtz die Geschwindigkeit der Nervenleitung im menschlichen Körper annähernd zutreffend abgeleitet. Und ergreift man die Partei der Experimentalpsychologie, dann bildeten diese Versuche die ersten Reaktionszeitexperimente, was nebenbei zeigte, daß der eigentliche Ahnherr Wilhelm Wundt nicht nur seine Anordnung, sondern auch sein Erkenntnisinteresse aus der Geschichte der Fallversuche erbt.[99] Aber in der Frage, die uns hier beschäftigt, geht es gerade nicht darum, später umrissene Objekte des Wissens rekursiv mit ihrem ersten vermeintlichen Aufblitzen zu verknüpfen. Die Sucht nach Ursprüngen darf darüber hinweggehen, daß Benzenbergs Untersuchungen schon in den 1830er Jahren weitgehend vergessen sind. Die Frage nach dem Anfang findet hingegen in demselben Umstand ein Indiz dafür, daß diese Arbeit nicht für einen andauernden Wandel im Zugriff auf die Sinne des Beobachters einstehen kann.

Benzenbergs *Versuche* haben bei ihrem Erscheinen ein gemischtes Echo gefunden.[100] Carl Friedrich Gauss äußert sich skeptisch über den Wert der Experimente, und auch der Astronom Wilhelm Olbers, der Benzenberg in theoretischen Fragen geholfen hat, rückt von den Beobachtungsergebnissen ab.[101] Dagegen finden die Resultate bei Laplace, den Benzenberg bei einem Aufenthalt in Paris kennenlernt, positive Aufnahme. Ebenfalls für die Rezeption von Bedeutung ist, daß Benzenbergs Lebensweg abseits des engeren akademischen Milieus verläuft. Zu Zeiten der Hamburger Versuche unterrichtete er dort an einer privaten Lehranstalt für junge Damen, die seiner wissenschaftlichen Karriere vor allem heiratspolitisch hätte von Nutzen sein können. Die schnell begonnene Liebschaft mit Doris Olbers war dem berühmten Vater allerdings herzlich unwillkommen.[102] 1805 wurde Benzenberg dann in Düsseldorf als Professor am neu gegründeten Lyceum tätig und übernahm die Vermessung des Herzogtums Berg. Mit dieser Arbeit und dem Werk *Ueber das Kataster* (1818) sollte sich sein Name verbinden. Für den akademischen Betrieb blieb Benzenberg hingegen ein Außenseiter, dem bei Gauss und Olbers bald der Ruf eines unbelehrbaren Querulanten anhing.[103] Zwar erschienen weiter physikalische und astronomische Arbeiten, daneben widmete sich Benzenberg aber zunehmend politischen Fragen. Historisch einschlägig wird er so als der erste, äußerst streitbare »rheinische Liberale«[104] und unter Geodäten als der Autor einer allzeit passenden Sentenz: »Beim Cataster ist die Hauptsache, daß es fertig werde.«[105]

Dieses Überlieferungsschicksal macht verständlicher, daß Benzenbergs Anmerkungen zum »Fehler des Sinns« selbst von einer immer nach Vorläufern fahndenden Geschichtsschreibung nicht mehr wiederentdeckt worden sind. Ihrer Rezeption in der Zeit selbst steht aber entgegen, daß Benzenbergs Verständnis der Sinnestätigkeit entschieden den Voraussetzungen der naturforschenden Zeitgenossen widerspricht. Deutlich wird dies an einer Untersuchung über die Geschwindigkeit des Schalls, die er einige Jahre später in Angriff nimmt. Mit Fallversuchen teilen Bestimmungen der Geschwindigkeit des Schalls, daß in ihnen ebenfalls die Differenz zwischen vorhergesagtem Wert und beobachteten Resultaten den Ausgangspunkt der Untersuchung bildet und daß diese Differenz in gleicher Weise am Anfang des 19. Jahrhunderts zum Exempel präzisen Vorgehens in Beobachtungen und in der Korrektur der gewonnenen Daten wird. Die Frage, was unter dem Begriff der Präzision in dieser Zeit genau verstanden worden ist, die hieraus sofort erwächst, hat den Aspekt der Sinne bisher kaum berührt.[106] Es muß deshalb um so mehr interessieren, daß in Benzenbergs Beobachtungen aus den Jahren 1809 und 1811 die Rolle der Sinne beständig reflektiert und als Argument gegen die Präzision anderer Beobachtungen gebraucht wird. Diese Arbeit als beständig zu bezeichnen, rekurriert dabei auf den Doppelsinn, der in Benzenbergs Rede von »beständigen« Fehlern, sei es der Uhr oder des Sinns, angelegt ist. Gemeint ist damit vorderhand, daß solche Fehler als immer gleichbleibend oder konstant vorauszusetzen sind. Mit Blick auf das Ganze des Unternehmens zeigt sich aber ferner, daß solche Fehler in jeder neuen Versuchsserie wieder in Anschlag gebracht werden und in ihrer Berücksichtigung als Korrekturgröße sowohl in der eigenen Forschungspraxis wie im Gedächtnis von Benzenbergs Lesern Permanenz gewinnen können.

Für Bestimmungen der Schallgeschwindigkeit in der freien Luft, wie Benzenberg sie durchführt, boten die Jahre der napoleonischen Besetzung des Rheinlandes häufiger Gelegenheit. Beobachtungen dieser Art fußten üblicherweise auf der Messung des Zeitunterschieds zwischen dem Aufblitzen eines Geschützfeuers und dem Eintreffen des Mündungsknalls an dem einige Kilometer entfernten Beobachtungsposten. Die »50 Kanonenschüsse«, mit denen im November 1809 in Düsseldorf der Friede von Wien gefeiert wurde, und noch einmal einhundertfünfzig Schüsse wenige Wochen später, die den fünften Jahrestag der Krönung Napoleons begleiteten, boten so auch gute Gelegenheit für Zwecke der Naturforschung. Die Umwidmung kaiserlichen Saluts resultiert in vier Angaben der Geschwindigkeit des Schalls, die zwischen gut 1030 und gut 1042 Pariser Fuß (etwa 333,7-337,6 m) in der Sekunde variieren.[107] Zwei Jahre später wird Benzenberg in weiteren Versuchen diesen Unterschied mit der Lufttemperatur zum Zeitpunkt der Beobachtung zusammenbringen. Zunächst rücken jedoch mögliche Fehler der Beobachtung ins Blickfeld. Diese können »in dreierlei ihren Grund haben«; nämlich in der Länge der Meßstrecke oder »Standlinie«, also des Abstands zwischen Kanone und Beobachtungsposten, weiter aber »in einem beständigen Fehler der Uhr« und, analog zu den Hamburger Fallversuchen, »in einem beständigen Fehler des Sinnes«.[108]

Alle diese Elemente kommen, wie Benzenberg teils aus Überlegungen, teils, was die benutzte Uhr angeht, aus Untersuchungen schließt, für die Unterschiede in den Resultaten nicht in Frage. Der Tatsache, daß sie als Fehlerquellen erwogen werden, nimmt dies aber nichts an Gewicht. Im Gegenteil gibt im Falle des »Fehlers des Sinnes« die Begründung, warum dieser nicht wirksam werden kann, zu erkennen, wie nachhaltig die Sinne in Benzenbergs Überlegungen als Fehlerquellen Präsenz gewonnen hatten. Mit Bezug auf die in den Hamburger Versuchen gemessene Größe des Fehlers bemerkt er:

> Ich habe hierüber bei den Schallversuchen keine Rechnung getragen, weil ich glaubte, daß das Afficirtwerden der Netzhaut eben so gut um einige Tertien zu spät könne empfunden werden, als das Afficirtwerden des Trommelfells im Ohr. Bei den Versuchen in Hamburg mußte ich es mit in Rechnung nehmen, weil ich da in demselben Augenblicke mit der rechten Hand den Faden abschnitt, in welchem ich mit der linken die Uhr andrückte. [...] Hingegen wird man jedes Mahl das Zeichen mit dem Finger beim Affecirtwerden der *Netzhaut* oder des *Trommelfells* um einige Tertien zu spät machen, und wahrscheinlich für *beide* Sinne *sehr nahe gleich viel*.[109]

Benzenbergs Argument ist ganz einfach: Während in den Fallversuchen die Auslösung der Uhr durch den Beobachter von einem konstanten Fehler frei sein soll, über das Stoppen der Uhr aber ein kleiner Zeitteil vergehen kann und deshalb ein konstanter Fehler zu veranschlagen ist, wird bei den Schallversuchen vorausgesetzt, daß die Wahrnehmung des Lichtblitzes und damit das Auslösen der Tertienuhr wie die Wahrnehmung des Schalls und damit das Stoppen der Uhr um den gleichen »Fehler des Sinnes« verzögert erfolgt. Da aber nur die Zeitdifferenz zwischen beiden Vorgängen interessiert, ist dieser Fehler ohne Einfluß auf das Resultat.

Nimmt man diese Überlegung als Symptom, dann hat sich der »Fehler des Sinnes« in den Jahren, die seit den Fallversuchen vergangen sind, in einen jede Beobachtung und jedes Organ betreffenden Umstand verdichtet. Auch wenn diese Fehlerquelle aktuell nicht berücksichtigt werden muß, proliferiert sie in Benzenbergs Arbeit insgesamt immer weiter. Im Bericht über die zweite Serie von Beobachtungen im Jahr 1811 erfährt der Leser von einem »constanten Fehler des Gehörs, den man jedesmal begeht, wenn der Schall so schwach ist, daß man ihn kaum von anderem Geräusche unterscheiden kann.«

> In der Ungewißheit, in der das Ohr ist, ob der Schall, welchen man hört, der erwartete Schall wirklich ist, oder nicht, läßt man die Tertien-Uhr jedesmal zu spät los, indem man nicht den Anfang der Schallwelle beobachtet, sondern den Theil derselben, der mehr nach dem Ende zu, und jedesmal stärker als der anfangende Schall ist.[110]

Eine Variante dieser Überlegung findet sich in der Kritik der Versuche über die Geschwindigkeit des Schalls in festen Körpern, die Jean-Baptiste Biot zur gleichen Zeit anstellt. Den Ausgangspunkt bildet hier die von Biot in den Versuchen gebrauchte Pendeluhr mit Sekundenschlag. Die »Schwierigkeit«, so Benzenberg, bestehe darin,

> daß man den Gehör-Täuschungen und den Gesichts-Täuschungen des Tactes entgeht, den der Gang der Uhr macht. Gebraucht der Schall z.B., um einen gewissen Weg zu durchlaufen, 2 Sec. 54 Tert., so wird man immer glauben, er komme mit dem dritten Secundenschlage an, und es ist völlig unmöglich, diesen Unterschied zu bemerken. Hierdurch kam es z.B., daß Riccioli [Giovanni Riccioli, italienischer Astronom in der zweiten Hälfte des 17. Jahrhunderts] bei seinen schönen Versuchen über das Gesetz des Falls immer ganz genau die Fallzeiten traf, obschon dieses an sich unmöglich ist. Allein er beobachtete

> die Zeiten an einem kleinen Pendel, welches 1/6 Sec. vibrirte, und die Gesichts-Täuschung war Ursache, daß er jedes Mahl glaubte, der Schall treffe mit der Secunde zu.[111]

Unabhängig von dem Problem, ob die hier eingeführten Gehörs- und Gesichtstäuschungen mit dem »Fehler des Sinnes« identisch sind, und auch wenn hier von Täuschungen und nicht von Fehlern die Rede ist, läßt Benzenberg keinen Zweifel, daß sich diese Phänomene jedesmal ohne Möglichkeit, »den Unterschied zu bemerken«, in das Beobachtungsergebnis eintragen. Gegen solche Erscheinungen hilft nur das Wissen um sie und der Mangel an Wissen von den Sinnen wird zum Kriterium, nach dem die Messungen Biots beurteilt werden. Ist es doch zu bedauern, daß »Hr. Biot« sich nicht »besserer Instrumente bedient hat, durch die er ihnen eine größere Genauigkeit hätte geben können.«[112] Bessere Instrumente sind aber solche, bei denen die erwähnten Täuschungen nicht ins Spiel kommen; oder wie Benzenberg schreibt: »Dies ist nun gerade die vortheilhafte Seite der Beobachtungen mit Tertienuhren, daß man den Gang dieser Uhren weder sieht noch hört, alle Irrthümer folglich wegfallen, welche aus Gesichts- und Gehör-Täuschungen entstehen.«[113]

Während in Benzenbergs Überlegungen die Sinne insistieren, darf man vermuten, daß die Adressaten seiner Mitteilungen kaum verstanden haben, wovon hier gehandelt wird. Biot jedenfalls versichert in seinem 1817 erschienenen *Précis Élémentaire de Physique Expérimentale* bei der Behandlung der Versuche zur Bestimmung der Schallgeschwindigkeit:

> die Fortpflanzung des Lichts geschieht so schnell, daß es in allen Entfernungen, in denen wir auf unsrer Erde Versuche anstellen können, in dem nämlichen Augenblicke, wo es erzeugt wird, auch von unserm Sinne wahrgenommen zu werden scheint. Daher läßt sich der physische Augenblick, in dem wir das Licht erblicken, für den nehmen, in welchem die Explosion Statt gefunden hat.[114]

Wie sich zeigt, räsonniert Biot zwar über die Dauer der Fortpflanzung des Lichts von seiner Quelle zum Beobachter, die Zeit der Fortpflanzung der Lichtempfindung *im* Beobachter bleibt aber ganz und gar unbedacht. Wenn im Ergebnis sowohl bei Biot wie bei Benzenberg die Sinne in ihrer Tätigkeit nicht berücksichtigt werden, dann geschieht dies also aus vollkommen verschiedenen Gründen. Von einer Konkurrenz zwischen den zwei Haltungen läßt sich allerdings schlecht sprechen. Benzenbergs Untersuchungen über die Fehler der Sinnestätigkeit bleiben Singularitäten seiner eigenen Arbeit. Als 1822 das Pariser Bureau des Longitudes zu einer neuen Messung der Schallgeschwindigkeit schreitet, ruht der ganze Stolz auf »trois chronomètres à arrêt« aus dem Hause Breguet, die sechzigstel Sekunden anzeigen.[115] Man kann dies als Auswirkung von Benzenbergs Kritik an den Uhren verstehen, die Biot vorher verwendet hat. Aber sowohl in den Pariser Versuchen als auch in Bestimmungen ein Jahr später in Holland, die zusammen in ihrer Zeit als die genauesten gelten,[116] kommen all die Erwägungen und Berechnungen, zu denen Auge und Ohr in Benzenbergs Unternehmungen Anlaß geben, nicht vor. Mehr noch: die Verantwortlichen des letztgenannten Unternehmens folgen Benzenberg sogar so weit, daß sie Tertienuhren gleicher Bauart vom gleichen Hersteller verwenden und ihre Bedienung bis in die Handgriffe genau erklären, den Organismus, der diese Handgriffe zustande bringt, aber ganz ausblenden.[117]

Ungeachtet der unterbliebenen Verstetigung lehrt Benzenbergs Zugriff, was ein Wissen von den Sinnen als Fehlerquellen auszeichnet. Zunächst werden die Sinne, wie schon ausgeführt, in derselben Weise wie Instrumente als Entitäten begriffen, deren Arbeitsweise sich notwendig als Fehler im gemessenen Datum der Natur einträgt. Der »Fehler des Sinnes« ist darüber hinaus als ein Fehler definiert, der im Umgang mit einem Instrument, der Tertienuhr, lokalisiert wird. In dieser Hinsicht wird man sagen können, daß die Sinne nach ihrer möglichen Fehlerhaftigkeit in der je spezifischen Zusammenstellung mit einem Instrument bedacht werden. Denkt man zurück an die photometrischen Bestimmungen Bouguers, so war dort die Ausgestaltung der Meßapparatur gerade im Gegenteil als ein Mittel verstanden worden, den Gebrauch der Sinne bestmöglich einzurichten und unter Kontrolle zu halten. Bei Benzenberg ist die Tertienuhr zwar zum Teil auch ein Mittel, Fehler, die beim Gebrauch anderer Uhren auftreten, zu vermeiden. Zugleich wird die Uhr, nach den Verrichtungen, die sie vom Beobachter erfordert, aber als Anlaß für Fehler bedacht. Schließlich gewinnen die Sinne, als Fehlerquellen definiert, in der Durchführung der Beobachtungen permanent Präsenz. Während ein Verfahren, die Sinne in Beobachtungen richtig zu gebrauchen, nachdem es einmal erläutert und vom Beobachter erlernt worden ist, im Ablauf der Untersuchung nicht mehr debattiert werden muß, taucht der »Fehler des Sinnes« in jeder Beobachtungsserie erneut als Korrekturgröße auf und wird, wie die Bestimmungen der Schallgeschwindigkeit zeigen, in folgenden, anderen Versuchen wieder berücksichtigt. Dieser letzte Punkt sollte nicht unterschätzt werden, bleiben doch die Sinne auf diese Weise nicht nur als Bedingung der Beobachtung jederzeit kenntlich, sondern werden auch in immer neuen Aspekten zum Gegenstand von Untersuchungen.

Die Dynamik dieser Bewegung gilt es nun zu verstehen. Die Einsicht, daß die Sinne unhintergehbar Fehler begehen, die in Benzenbergs Unternehmungen noch ganz isoliert erscheint, verdichtet sich zwei Jahrzehnte später auf dem Feld der astronomischen Beobachtung zu einer weitausgreifenden Praxis. Die Entdeckung, die dieser Praxis vorausliegt, die Herausbildung von Fragen und Experimentalstrategien, in denen das Entdeckte eine nähere Bestimmung erhält, die Weise, in der es sich in einer Praxis formalisiert, und die verschiedenen Wege seiner weiteren Tradierung werden im folgenden im Detail ausgeführt. Alle diese Vorgänge stehen jedoch in keiner Beziehung zu Benzenbergs Mitteilungen über den »Fehler des Sinnes«. Kein Hinweis, keine Fußnote erinnert an sie, als der Astronom Friedrich Wilhelm Bessel 1823 von einer »räthselhaften Erscheinung« berichtet, mit der Auge und Ohr neu ins Gespräch gebracht werden.[118] Wenn Benzenberg gleichwohl an den Anfang dieses Vorgangs gestellt worden ist, dann also tatsächlich nicht, weil seine Überlegungen späteren Entwicklungen den Weg bereitet haben, sondern weil sie, was um 1800 im Wissen von der Beobachtung von den Sinnen vorausgesetzt wird, entschieden überschreiten und den Sinnen eine gänzlich andere Gegebenheit im Beobachtungsvorgang zuerkennen.

5. Ein Ereignis nimmt seinen Lauf

Vielleicht neigen viele Naturwissenschaftler schon deshalb einem erkenntnistheoretischen Realismus zu, weil üblicherweise ihre Studienobjekte, bequem eingelagert in Instrumente und Apparaturen, schon am Arbeitsplatz bereitstehen. In einer ganz anderen Situation befindet sich die historische Forschung. Es sei »zweifellos übertrieben zu sagen, ›die Zeit‹ sei das ›Untersuchungsmaterial‹ oder der ›besondere Gegenstand‹ des Historikers«,[1] merkt Michel de Certeau an und nimmt damit Johann Gustav Droysens Mahnung wieder auf, daß man der »allerbedenklichste[n] Illusion« aufsitze, glaubte man, Gegenstand der Historie seien »die Jahrhunderte und Jahrtausende der Vergangenheit«.[2] Nicht mit ihnen hat es der Historiker zu tun, sondern mit ihren disparaten Resten. Seine Fragen heften sich an »Schriftsteller, Akten, Monumente, Gesetze, Zustände, Überbleibsel aller Art«, oder kurz an eine »Gegenwart von Materialien«,[3] die allerdings nichts weniger als unmittelbar gegenwärtig ist. Der »Stoff«, so Droysen über die »Aufgabe des Findens«, ist vielmehr »in überwältigende Detailmassen zerstreut, mit unendlichen Ungehörigkeiten versetzt, es gehört ein sicherer Blick und ein klares Urteil dazu, da sich nicht zu verlieren.«[4] Es gäbe also gute Gründe dafür, daß sich die historische Forschung beständig mit der Frage plagen müßte, ob ihre Gegenstände nicht vornehmlich der eigenen Arbeit des Suchens, Sammelns und Ordnens entspringen. Bekanntlich sind aber Historiker die Physiker der Geisteswissenschaften: eingefleischte Realisten. Was sie zusammentragen, soll sich wirklich begeben haben, und einzig wie diese Begebenheiten, gleich dem Atom in der Falle, zu beurteilen sind, kann diskutiert werden.

Weit weniger gewiß scheint sich Jonathan Crary seiner Sache zu sein. Die zentrale Aussage seines Buches *Techniques of the Observer*, »daß sich in Europa während der ersten Jahrzehnte des 19. Jahrhunderts ein neuer Betrachtertypus herausgebildet hat, der sich radikal von dem im 17. und 18. Jahrhundert vorherrschenden unterscheidet«,[5] macht alles andere denn Anspruch auf Tatsächlichkeit. Ein Vorbehalt bestimmt Crarys Verhältnis zu den Erkenntnismöglichkeiten historischer Untersuchungen:

> Die Typologien und die provisorischen Einheiten, derer ich mich hier bediene, sind Teil einer Erklärungsstrategie, die einen allgemeinen Bruch bzw. eine Diskontinuität zu Beginn des 19. Jahrhunderts aufzeigen soll. Unnötig zu sagen, daß es in der Geschichte weder Kontinuität noch Diskontinuität gibt, sondern nur in der Geschichtsschreibung.

> Meine grobe Zeiteinteilung verfolgt also nicht das Anliegen, eine ›wahre Geschichte‹ zu schreiben und zu rekonstruieren, ›was wirklich geschehen ist‹. Es geht um etwas anderes: Wie man periodisiert und wo man Brüche erkennt oder leugnet, das sind politische Entscheidungen, die von großem Einfluß auf die Gestaltung unserer Gegenwart sind.[6]

Möchte man Crarys Position auf einen Namen bringen, so könnte man sie als historiographischen Relativismus bezeichnen. Was als historisch wahr gelten und wirklich geschehen sein soll, hängt von den poetischen Figuren ab, in die sich die Beschreibung der Geschehnisse fügt. Nur diese sind positiv gegeben, und das einzig Tatsächliche der Geschichtswissenschaft ist die Geschichtsschreibung. Offen bleibt damit, wie es um die Geschehnisse selbst bestellt ist, von denen berichtet wird: wie es um ihre Wirklichkeit steht. Zwar wird einschränkend bemerkt, daß es den einen, neuen Beobachter im 19. Jahrhundert gewiß nie gegeben hat.[7] Mit dem Hinweis auf die Generalisierung wird aber mehr die Vielfalt paralleler Geschehnisse denn ihre Gegebenheit selbst in den Blick gerückt. Crarys Kritiker haben es deshalb verhältnismäßig leicht. Mit Bezug auf das Verhältnis, in das er die Modelle des Sehens bei Descartes und Berkeley bringt, bemerkt Margaret Atherton:

> The relativism behind his approach comes up against the reality of Descartes's and Berkeley's texts themselves, which, for me, provide a fact of the matter that cannot be gainsaid. These texts Crary discusses cannot be made to fit the mold he tries to fit over them; there are far too many occassions on which Crary makes claims about the texts that are simply false.[8]

Wie man sieht, hat Crarys Position zur Konsequenz, daß man die Auseinandersetzung mit ihm darauf beschränken kann, gegen die vermeintliche Willkür seiner Darstellung die Faktizität des Überlieferten zu mobilisieren.

Überschaut man die Lage, so ist der neue Typus Beobachter, der am Anfang des 19. Jahrhunderts auftauchen soll, entweder mit Crary ein zielgerichtet zugeschnittenes historiographisches Artefakt, das gegen andere Artefakte ausgespielt wird. Oder aber dieser Beobachter ist wirklich neu hervorgetreten und hat wirklich ein ganz anderes Verständnis des Sehens – Crarys Hauptpunkt – eingeleitet, was nach Atherton nicht der Fall ist. Allerdings macht ihre eigene Argumentation deutlich, daß das Verhältnis von historiographischer Konstruktion einerseits und historischen Tatsachen andererseits alles andere als eindeutig ist. »A method such as Crary's«, so Atherton,

> which papers over the way thinkers at one time disagree with each other in order to highlight dicontinuities between one period and another, makes it harder to observe the actual connections and the nature of the connections as they exist between one period and the next. It is in fact in the end such close attention to detail that reveals the artificial nature of any particular system of periodization.[9]

Obgleich die Rede von den »eigentlichen Verknüpfungen [actual connections]« es suggeriert, sind Verknüpfungen natürlich so wenig wie Diskontinuitäten der Geschichte eigen. Verknüpfungen werden nicht, wie behauptet, beobachtet, sondern schon in der Auswahl der materiellen Träger oder in diesem Falle in der Auswahl der Autoren und Texte hergestellt. Eine Geschichte, die sich als bruchloser Zusammenhang und Geflecht nie endender Bezugnahmen zu erkennen gibt, besitzt anders gesagt auch nur historiographische Realität. Ganz sicher ist sie aber nicht das, was »close attention to detail« enthüllen kann.

Ein methodisch angewandter Sinn für Einzelheiten stößt nicht zuerst auf Zusammenhänge. Am Anfang stehen notwendig einzelne Materialien, die weder unmittelbar zu Händen sind noch daß man souverän über sie verfügen könnte. Um ihrer habhaft zu werden, muß man sie, wie es Droysen und de Certeau geschildert haben, aufsammeln, muß sie in Archiven aufsuchen, in Findbüchern aufspüren, sie abschreiben, zusammenfassen oder reproduzieren und nach Hause tragen. Das so gesicherte Detail löst aber selten das Versprechen von Evidenz und Transparenz ein. Es birgt im Gegenteil häufig genug den Keim der Dispersion. Mit dem Sinn für Einzelheiten, verstanden als methodische Operation, verbindet sich aber noch eine zweite Erfahrung. So überwältigend nämlich die Masse des auf diese Weise gewonnenen Stoffes sein mag, so stellt sich doch »sehr bald« die Einsicht ein,

> daß das, was *direkt* als historisches Material oder gar Quelle vorliegt, unverhältnismäßig wenig ist, ja daß selbst, wo scheinbare Fülle vorhanden ist, in der Regel das Wichtigste nicht zu finden oder nur sehr zufällig erhalten ist.[10]

Für Droysen beginnt an diesem Punkt die eigentliche Kunst des Historikers. Denn der Mangel, der herrscht, ist für ihn vornehmlich mangelnder Aufmerksamkeit geschuldet, die all das Material übersieht, das »tief eingehüllt, gleichsam latent«[11] bereitliegt und nur darauf wartet, die präsenten Lücken zu schließen. Dieser Umstand gibt jedoch keinen Anlaß zu übermäßigen Erkenntnisoptimismus. Im Gegenteil verhält sich die Zahl der Möglichkeiten zu sagen, wie es gewesen ist, proportional zur Menge der vorhandenen Überreste, Monumente und Quellen. Je mehr Überlieferungsträger zusammenkommen, desto weniger läßt sich in ihrem Nebeneinander eine einmal gewesene Kohärenz und Folgerichtigkeit bloß wiederentdecken.

Nach den Maßstäben Droysens hat sich Friedrich Wilhelm Bessels Entdeckung, »daß zwischen zwey Beobachtern ein *unwillkürlicher* beständiger Unterschied Statt finden kann«,[12] mehr als reichhaltig überliefert. Neben dem Bericht, den Bessel 1823 in den *Astronomischen Beobachtungen* der Königsberger Sternwarte gibt,[13] enthalten seine eigenen Briefwechsel, die Korrespondenzen anderer Astronomen der Zeit und auch die Literatur eine solche Zahl von Hinweisen und Erläuterungen, daß nur für wenige Momente des Geschehens von den ersten Überlegungen bis zum vorläufigen Abschluß der Untersuchung Mitteilungen fehlen. Es liegt also nicht an einem Mangel an Material, wenn gleichwohl die Frage, wie Bessel dazu kommt, diese Entdeckung zu machen, auf einige hartnäckige Unerklärlichkeiten und Widersprüche führt. Im Gegenteil darf man sogar annehmen, daß jeder weitere aufgefundene Brief und jedes wiederentdeckte Beobachtungsjournal diese Situation nur verschärfen würden.

Wenn Aufzeichnungen und andere Hinterlassenschaften aus dem Versuchs- und Beobachtungsbetrieb eine wirklichere Geschichte des Forschens eröffnen, wie in wissenschaftshistorischen Studien häufig vorausgesetzt wird, dann ist diese Geschichte nicht deshalb wirklicher, weil hinter dem Arrangement, das Forschungsergebnisse bei ihrer Einfügung in das vorgegebene Schema wissenschaftlicher Publikationen erfahren, nun der wahre Ablauf des Geschehens wieder sichtbar werden könnte. Wirklicher ist diese Geschichte bestenfalls, weil Briefwechsel, Journale oder Notizhefte irreduzible Kontingenzen enthalten und gerade keine in sich geschlossene Geschichte offenbaren. Der Relativismus der Geschichte beginnt nicht erst mit der literarischen Darstellung, er beginnt vorhergehend mit der methodischen Ordnung der überlieferten Geschehensreste. Zu einer Einheit verbindet sich das disparat Vorliegende in all seinen inneren Unklarheiten immer nur durch einen Akt der Konstruktion. »In der Geschichte«, so noch einmal de Certeau, »beginnt alles mit der Geste des *Beiseitelegens*, des Zusammenfügens, der Umwandlung bestimmter, anders klassifizierter Gegenstände in ›Dokumente‹.«[14]

Seine Begründung und Leistung gewinnt der Sinn für die Einzelheiten im vorliegenden Fall aus dem Umstand, daß Bessels Unternehmen – im

Gegensatz zu Benzenbergs Untersuchungen über den »Fehler des Sinns« – mindestens seit der zweiten Hälfte des 19. Jahrhunderts einen Fixpunkt bildet, auf den nachfolgende Vorgänge, Begriffe und wissenschaftliche Gegenstände von einer zunächst spontanen Geschichtsschreibung der Wissenschaftler zurückgeführt werden.[15] Solchermaßen nachträglich als Ursprung bestimmt, begegnet das Besselsche Unternehmen als Ort einer klar umrissenen Erkenntnis, in der alles Kommende bereits notwendig angelegt sein soll. Dabei macht es keinen Unterschied, ob die fraglichen Vorgänge als Vorschein psychologischer oder im Gegenteil genuin astronomischer Verfahrensweisen ausgedeutet werden. Edwin G. Borings ›standard account‹ und dessen Kritik durch Simon Schaffer interessieren sich gleichermaßen für den »*unwillkürliche[n]* beständige[n] Unterschied« zwischen Beobachtern, auf den Bessel stößt, nur als Aufschein und Ausgangspunkt späterer Entwicklungen.[16] Das Graben im Detail möchte hingegen an diesem »Unterschied« ein Moment der Unvordenklichkeit in Erinnerung rufen, das im Zuge der historiographischen Einverleibung nicht mehr in Erscheinung tritt. Gegen die Bedeutung der Beobachtungen als Ursprung, sollen die Phänomene, die Bessel seit Sommer 1819 beschäftigten, in ihrer ganzen, überraschenden Anfänglichkeit in Szene gesetzt werden.

Verschiebungen der Fragen, Handlungen wider die eigenen Voraussetzungen und eine hartnäckige Überraschung auf seiten der menschlichen Akteure, die der Sinn für Einzelheiten aufgreift, antizipieren weniger bestimmte Konsequenzen, als daß sie auf die gegebenen Vorstellungen vom Beobachter zurückwirken, diese unterlaufen und in Zweifel setzen. Anfänglichkeit in diesem Sinne kann als Synonym dafür gelten, daß in einem Geschehen ein bis dahin unzweifelhafter Bestand von Voraussetzungen dubios wird. Es läge daher nahe, Anfänglichkeit als einen Modus zu begreifen, in dem sich abspielt, was Lorraine Daston »the coming into being of scientific objects« genannt hat.[17] Das eine ist mit dem anderen jedoch nicht restlos identisch, insofern ein Vorgang, der Gewißheiten ruiniert, weniger mit dem Erscheinen eines konkreten Gegenstands denn mit dem Auftauchen einer neuen Möglichkeit des Fragens gleichzusetzen ist. Dies zumindest verbindet sich mit der Bestimmung von Bessels Untersuchungen als »Ereignis des Beobachters«. Daß der Beobachter schon vorher Gegenstand des Wissens gewesen ist, bedarf keiner weiteren Erläuterung mehr. Was sich ändert, sind die Voraussetzungen, unter denen nun der Beobachter (zumindest in der Astronomie) seinen Platz im Wissen gewinnt. Auf den Unterschied zwischen historischem Ereignis und historischer Struktur bezogen hat Reinhart Koselleck bemerkt: »Jedes Ereignis zeitigt mehr und zugleich weniger, als in seinen Vorgegebenheiten [den Strukturen, die in ihm zum Tragen kommen] enthalten ist: daher seine jeweils überraschende Novität.«[18] Im vorliegenden Falle könnte man diese Feststellung so wenden, daß die Gegebenheiten, aus denen das Ereignis herauswächst, in dessen Geschehen überwältigt werden.

Guter Rat in Greenwich

Ganz gleich ob man das Ereignis des Beobachters der internen Problemgeschichte der Astronomie zuschlägt, als ›Urszene‹ experimentalpsychologischer Forschung begreift oder aber im Gegenteil an der Kritik solcher Vereinnahmung arbeitet, in einem ist man sich einig. Seinen Ursprung soll dieses Ereignis gar nicht von Bessels Königsberger Universitäts-Sternwarte genommen haben, sondern von der ehrwürdigsten dieser Institutionen, dem Royal Observatory zu Greenwich. Anlaß für diese Einschätzung liefert eine Mitteilung im dritten, 1799 publizierten Band der Greenwicher *Astronomical Observations.* Inmitten der Wiedergabe der »Transit Observations«, zwischen der letzten Beobachtung im Juli und der ersten im August 1795, sieht sich Nevil Maskelyne, seit dreißig Jahren Astronomer Royal, zu einem bis dahin beispiellosen Einschub veranlaßt:

> My Assistant, Mr. David Kinnebrook, having at this Time unfortunately commenced a vitious way of observing the times of the Transits too late, it will be necessary to make an allowance for those Errors where his Observations, distinguished with the Initials D. K. of his name, are intermixed with mine, that is where one of us observed the Star or Stars, and the other the Sun or Planet whose Place was to be settled from them, from this Time to the 19th of January of the ensuing Year. See my Remarks on this occasion at the End of the Year's Observations.[19]

Mit diesen Zeilen und den angedeuteten weiteren Bemerkungen Maskelynes soll der astronomische Beobachter, so will es die Historiographie, als Zentrum eines Problems fixiert worden sein, das dann fast dreißig Jahre später von Bessel nur neuerlich aufgegriffen und weiter entfaltet worden ist.[20]

Diese Annahme bedarf eines Kommentars nach ihrem Charakter als grundlegender Einschnitt und damit verbunden nach der Beziehung, in die Maskelynes und Bessels Erfahrungen gebracht werden. Georges Canguilhem gibt zu bedenken: »Bevor man zwei Wegstrecken nahtlos ineinander übergehen läßt, sollte man sich zuerst vergewissern, ob es sich wirklich um ein und denselben Weg handelt.«[21] Doch welche Wegstrekken sich jeweils als ein Weg herausstellen, hängt, um im Bild zu bleiben, von demjenigen ab, der auf die Karte blickt. Allein eins ist dabei zu beachten: *Einen* Weg können Wegstrecken nur bilden, wenn sie eine Kreuzung besitzen; sie würden sonst niemals zusammenfinden. Solche Kreuzungen verdienen, ausgehend von der Frage, wie sich Möglichkeiten des Wissens eröffnen, besondere Aufmerksamkeit. Nicht weil sie in das Gewimmel der Vorgänge scheinbar Stabilität bringen,[22] sondern weil es die Kreuzungen sind, die Anschlüsse, Verkehr, Austausch ermöglichen und die Zahl der Wege des Wissens erhöhen. Um eine Kreuzung bilden zu können, muß ein Geschehnis aber den Weg, auf dem es vorfällt, verzweigen, muß in seine Ränder eine Öffnung schlagen. Der ›Fall Kinnebrook‹ erfüllt diese Bedingung nicht. Denn was Maskelyne seinen Lesern zur Kenntnis bringt, bleibt ganz dem gegebenen Begriff des Beobachters verpflichtet. Schon die ersten Sätze seiner Schilderung reduzieren die fatale Differenz zwischen den Beobachtungen des Assistenten und den eigenen Beobachtungen auf eine Frage der Autorität und der Methode.

> I think it necessary to mention that my Assistant, Mr. David Kinnebrook, who had observed the transits of the stars and planets very well, in agreement with me, all the year 1794, and for great part of the present year, began, from the beginning of August last, to set them down half a second of time later than he should do, according to my observations; and in January of the succeeding year, 1796, he increased his error to 8/10 ths of a second. As he had unfortunately continued a considerable time in this error before I noticed it, and did not seem to me likely ever to get over it, and return to a right method of observing, therefore, though with reluctance, as he was a diligent and useful assistant to me in other respects, I parted with him.[23]

Daß Maskelyne keinen Augenblick die eigenen Beobachtungen in Zweifel setzt, mag sich schon aus seiner Stellung begründen. Zugleich deckt sich diese Haltung aber aufs beste mit dem Wissen, in dem sich die Naturforschung des ausgehenden 18. Jahrhunderts den Beobachter zurechtlegt. Im Regime der Vorschrift kommt der Anleitung, dem Grad der Übung und der Erfahrenheit eines Naturforschers eine maßgebliche Rolle zu. Hieran aber mangelt es Kinnebrook grundsätzlich. Als die ersten Abweichungen im Sommer 1795 bemerkt werden, hat er die Stelle als Assistent Maskelynes kaum ein Jahr inne.[24] Dem gegenüber stehen die dreißig Dienstjahre seines Vorgesetzten und die Reputation eines

Astronomen, die sich auf die Angabe zuverlässiger Navigationsverfahren und die Publikation entsprechender Tabellenwerke stützt.[25]

Für den Charakter des Vorfalls spielt die Frage, warum ausschließlich Kinnebrook für ihn verantwortlich gemacht wird, keine besondere Rolle. Entscheidend ist in diesem Zusammenhang, daß sich ein offenes Problem gar nicht erst ergibt, guter Rat vielmehr unmittelbar parat liegt. Wie bereits angedeutet steckt der Fehler nach Meinung des Astronomer Royal im Verfahren der Beobachtung. Dieses Verfahren ist nicht irgendeines, es ist eines, das regelmäßig exerziert wird und größte Bedeutung besitzt. »Transit Observations« oder Beobachtungen der Durchgangszeit eines Himmelskörpers durch den Meridian des Beobachtungsortes bilden in dieser Zeit das täglich Brot und Rückgrat des Betriebs auf einer Sternwarte und zumal auf der ersten Sternwarte des Königreichs. Aus ihnen werden die Fundamentaldaten für die Bestimmung der Rektaszension gewonnen, also des zweiten Datums neben der Deklination, aus dem sich die Koordinate eines jeden Sterns am Himmelsgewölbe ergibt. Und vor allem liefern Durchgangsbeobachtungen den Rohstoff für zwei der kostbarsten Güter der Epoche: Ortsbestimmung und Uhrzeit. Die Positionen ausgewählter Fixsterne kommen bei der Ermittlung der geographischen Länge auf See nach der Methode der Monddistanzen ins Spiel, die vom britischen Board of Longitude und dessen Organ, dem von Maskelyne herausgegebenen *Nautical Almanac*, ab den 1760er Jahren als Standardverfahren eingeführt wird.[26] Und nicht weniger wichtig: Durchgangsbeobachtungen dienen auf Sternwarten dazu, den Gang der dortigen Uhren, ihr tägliches Vorlaufen oder Zurückbleiben gegen die Zeitspanne von vierundzwanzig Stunden Sternzeit, die zwischen zwei Durchgängen eines Fixsterns vergehen, zu korrigieren, und garantieren damit indirekt, da Sternwarten die jeweilige Ortszeit liefern, die Zeit einer ganzen Stadt oder Region.[27]

Für die Durchführung der »Transit Observations« wird ein Transit- oder Passage-Instrument benutzt, auch als Mittags-Fernrohr bezeichnet (Abb. 7), das fest im Meridian des Beobachtungsortes eingerichtet ist. Vom Observator sind dabei zwei Dinge gefordert. Zum einen muß er der Passage des Sterns durch drei bis sieben senkrecht im Okular des Fernrohrs aufgespannte Fäden folgen, deren mittlerer in einer Ebene mit dem Meridian des Beobachtungsortes liegt. Zum anderen muß er mit dem Ohr den Schlag einer Sekundenuhr aufnehmen, um den genauen Moment der Passage des Sterns durch jeden Faden festzuhalten. Der Wert der Durchgangszeit ergibt sich dann aus dem Mittel der Zeitmomente, die für die Antritte des Sterns an die einzelnen Fäden vermerkt worden sind. Wie bei der Beobachtung im Detail vorzugehen ist, regelt in Green-

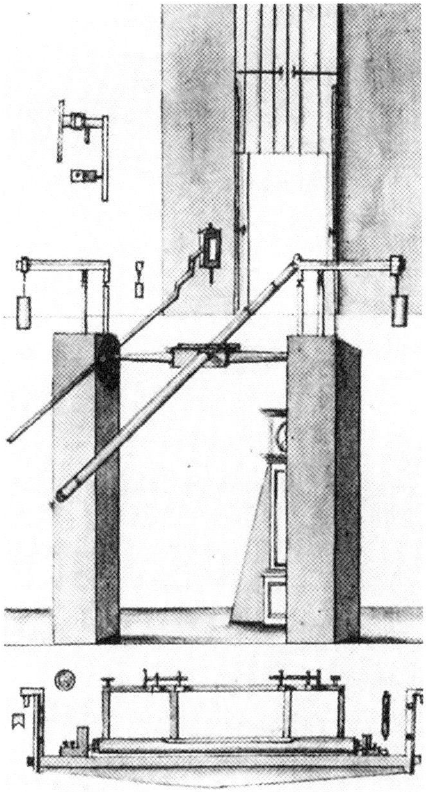

Abb. 7: 8-Fuß »Transit Instrument« des Royal Observatory Greenwich, gebaut von John Bird und von 1750 bis 1816 im Einsatz; hier im Zustand des Jahres 1785. In: Derek Howse, *Greenwich Observatory. Volume 3: The Buildings and Instruments*, London 1975, Fig. 32.

wich ein besonderes Verfahren, dessen früheste gedruckte Mitteilung durch Maskelyne im ersten Band der *Astronomical Observations*, erschienen im Jahr 1776, erfolgt. Im Vorwort heißt es dort eingereiht unter die ausführliche Vorstellung aller Instrumente: »My method of estimating fractions of a second in transit-observations is, by noting by my eye the proportion of the distances of the star from the wire at the beats of the clock immediately preceding and immediately following its passing the wire.«[28] Ausgehend von den Fadenabständen des Sterns vor und nach der Passage wird dann jenes Zehntel geschätzt, das mit dem Durchgang des Sterns durch den Faden exakt zusammenfällt (Abb. 8).[29]

Maskelyne selbst führt dieses Procedere noch einmal an, bevor er das letzte Wort über die Ursache der Differenzen spricht.

> The method of observing, introduced by Bradley, of noting the proportional distance of the star from the wire at the two beats immediately preceding and following the transit across the wire, has been carefully used, and thence the transit set down to the tenth of a second. I cannot persuade myself that my late Assistant continued in the use of this excellent method of observing, but rather suppose he fell into some irregular and confused method of his own; as I do not see how he could have otherwise committed such gross errors.[30]

Daß Maskelyne hier den Ursprung der Methode dem berühmteren Bradley zuschreibt, mag ihrer zusätzlichen Autorisierung dienen. Sicher ist, daß ein Vorfall, der die Orientierung eines ganzen Königreichs betrifft, darauf reduziert wird, daß ein Subjekt in eine Handlungsweise verfallen sein muß, die ihm niemand aufgetragen hat. Entsprechend ist auch nichts zu lernen, was nicht schon längst bekannt ist: »However, this unfortunate instance shews the necessity of first duly understanding, and then closely adhering, to this method of observing.«[31] Was folgt, sind ausführliche Ratschläge, wie das Verfahren am besten anzuwenden ist. Weitere Einsichten, Novitäten gar, ergeben sich hingegen nicht.

Etwas anders gewendet betrachten auch Greenwich-Historiker zweihundert Jahre später die ganze Episode als eine Frage der Disziplin. Vor allem anderen belegt sie in ihren Augen eines, nämlich die »Wichtigkeit sorgfältig durchgeführter Aufzeichnungen darüber, wer welche Beobachtungen gemacht hat, [...].«[32] Tatsächlich konnten die Differenzen, auf die Maskelyne stieß, von ihm nur deswegen als Differenzen von Beobachtern analysiert werden, weil Astronomer Royal und Assistant Observer jeweils ein eigenes Beobachtungsjournal zu führen hatten, das auf jeder Seite mit den Initialen abgezeichnet werden mußte.[33] Dem Aufschreibesystem ist der ganze Vorgang jedoch noch grundsätzlicher geschuldet. Schon zu Zeiten Bradleys werden die Durchgangszeiten auf eine Viertelsekunde genau notiert und merkliche Abweichungen zusätzlich mit Zeichen hinter dem gemessenen Wert markiert.[34] Als Maskelyne 1765, drei Jahre nach Bradleys Tod, sein Amt antritt, verschärft er diese Praxis noch weiter. Wie sich ebenfalls dem Vorwort zum ersten Band der *Astronomical Observations* entnehmen läßt, werden nun Zeitangaben mit Achtel- und ab 1772 mit Zehntelsekunden versehen, obwohl einschränkend festgehalten wird: »It is not however pretended, that the observation can be depended upon to the tenth of a second; but they will rarely err above

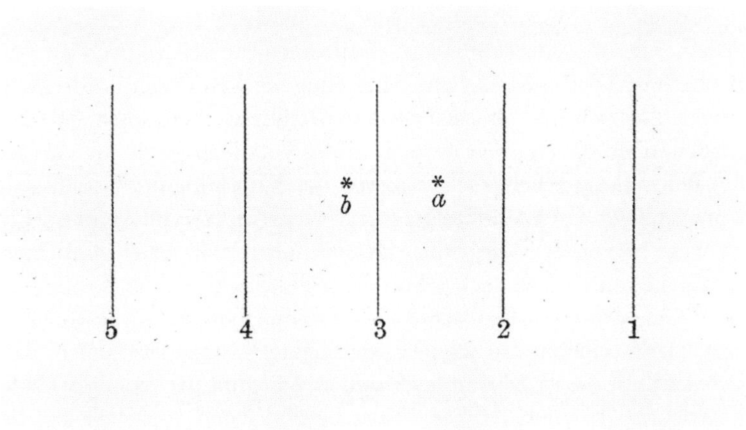

Abb. 8: Schematische Darstellung der Bestimmung des Zeitmoments für die Passage eines Fixsterns durch den Meridian des Beobachtungsortes. Die mit »1« bis »5« bezeichneten Striche stehen für fünf im Okular des Fernrohrs aufgespannte Fäden. Die Punkte »a« und »b« repräsentieren den Ort des beobachteten Sterns beim letzten Sekundenschlag vor respektive beim ersten Sekundenschlag nach der Passage des Sterns durch den dritten Faden. In: Edmund C. Sanford, Personal Equation, *The American Journal of Psychology*, Bd. 2, 1888/89, S. 5.

two tenths.«[35] Ohne diese Genauigkeit mehr der Aufzeichnung als der Beobachtung hätten die Unterschiede im Bereich von fünf bis acht Zehntelsekunden, die die Affäre in Gang bringen, nicht so scharf Bestand gewonnen und mithin keine weiteren Erhebungen stattgefunden.

Als Pointe folgt hieraus, daß die inkriminierte Differenz zuletzt als Effekt von verbindlichen Aufschreiberegeln auftritt. Und im übrigen auch für Maskelyne in eine solche Regel mündet: »To reduce his [Kinnebrook's] transits to mine, substract half a second from the beginning of August 1795 to the end of the year, and 8/10ths of a second in the month of January 1796: or, to reduce mine to the tenor of his, add the same quantities to them.«[36] Ganz sicher aber nimmt von dieser Episode nicht das Ereignis des Beobachters seinen Ausgang, wie es später in Bessels Untersuchungen statthaben wird. Maskelyne bezweifelt keinen Augenblick, daß die Abweichungen zwischen Kinnebrooks und seinen Beobachtungen aus einem falschen Verfahren herrühren müssen. Differenzen der Beobachtungsdaten, die der Willkür eines Subjekts angelastet werden, gehören aber einer grundsätzlich anderen Ordnung des Wissens an als Differenzen, die bei Bessel, zur Erinnerung, nicht umsonst gesperrt gedruckt, als »*unwillkürlicher* beständiger Unterschied« definiert werden.

Sowenig das, was Bessel beschäftigt, in Maskelynes Mitteilung angedeutet ist, so wenig eröffnet sie überhaupt neue Perspektiven auf den Beobachter. Daß in Maskelynes Mitteilung der Keim einer Entdeckung eingeschlossen liegt,[37] läßt sich allein im nachhinein behaupten. Mit den Maßnahmen, die ergriffen werden, ist der Vorfall ausgeschöpft. Aus seiner Behandlung gehen, sieht man von der Entlassung des Gehilfen ab, keine weiteren Unternehmungen, kein neues Verkehrsaufkommen, keine Wege hervor, die Gelegenheit für den Auftritt von neuen Einsichten schaffen könnten. Dennoch gehört der ›Fall Kinnebrook‹ an den Beginn einer Geschichte des Beobachters als unhintergehbare Quelle von Fehlern. Denn seine ebenso schnelle wie fraglose Lösung läßt ahnen, daß sich das Ende des 18. Jahrhunderts wirksame Regime der Vorschrift einen Beobachter, der unwillkürlich Fehler begeht, kaum vorstellen konnte. Die Frage ist deshalb nicht, was Maskelynes Mitteilung über seinen undisziplinierten Assistenten mit allen späteren Berichten über Beobachterdifferenzen verbindet. Die Frage ist, was geschehen mußte, daß der in Maskelynes Augen mißliche, aber doch keine weiteren Fragen aufwerfende Vorgang rückwirkend als erster Fall eines grundsätzlich anderen Phänomens les- und zitierbar wurde; oder kurz gesagt wie Maskelynes Notiz vor dem Vergessen bewahrt wurde. Diese Frage ist keineswegs nur historischer Spitzfindigkeit geschuldet. Es ist eine Frage, die die Akteure selbst umtreibt. Im Oktober 1823 schreibt Bessel an Johann Franz Encke, Direktor der Sternwarte auf dem Seeberg bei Gotha:

> Wie mag es aber wohl zugehen, daß eine so gut bestätigte und deutlich ausgesprochene Erfahrung als die von Maskelyne und Kinnebrook, so lange ohne ernsthafte Berücksichtigung blieb?[38]

Die Frage bestätigt, daß Maskelynes Mitteilung in den Jahren nach ihrem Erscheinen keine besondere Aufmerksamkeit ausgelöst hat, vor allem aber enthält sie gegen den Strich gelesen schon einen Teil der Gründe, warum dies so gewesen ist. Mitnichten sind die Differenzen zwischen Maskelynes und Kinnebrooks Beobachtungen eine »gut bestätigte« oder gar »deutlich ausgesprochene Erfahrung« gewesen. Zu einer solchen werden sie vielmehr nur durch die ausführlichen Untersuchungen Bessels Anfang der 1820er Jahre. Erst sie bringen die Notiz in den *Astronomical Observations* wieder ans Licht, und erst sie bringen die Anschlüsse und neuen Wege hervor, auf denen das Phänomen der Beobachterdifferenzen zu zirkulieren beginnt und schließlich historisch wird. Als Bessel dagegen zum ersten Mal von diesem Vorgang liest, begegnet ihm nicht mehr als ein dürrer Vermerk. In einem Aufsatz zur Geschichte der Sternwarte in

Greenwich, den Bernhard August von Lindenau, der damalige Direktor des Seeberger Observatoriums, 1816 publiziert, heißt es in einer Auflistung der dort tätigen Assistenten über Kinnebrook: »Maskelyne trennte sich von diesem an sich geschickten Gehülfen, weil er die Gewohnheit bekam, alle Meridian-Durchgänge 0".5 bis 0".8 zu spät anzugeben.«[39] Dieser Satz gibt wenig Anlaß zu der Annahme, daß es über das Faktum hinaus noch etwas zu wissen geben könnte. Was begegnet, hat den Status einer Kuriosität und nicht den Status einer wohlerwogenen Erfahrung. So falsch es daher wäre, Maskelynes Mitteilung als Vorspiel zu Bessels Untersuchungen zu begreifen, so falsch wäre es wiederum anzunehmen, daß allein Lindenaus Hinweis auf diese Mitteilung alles Weitere bereits in Gang gesetzt hätte.[40] Mit Ludwik Fleck gesagt läßt sich dieser Hinweis schwerlich als »Aviso eines Widerstands« lesen.[41] Charakteristischerweise taucht in ihm nicht das Wort auf, das in dieser Zeit in der praktischen Astronomie Konjunktur hat: das Wort vom Rätsel. Zweifelsohne sind es aber jene Rätsel, die dazu führen, daß die Greenwicher Episode nicht wieder in die Vergessenheit abgelagerter Wissensbestände versinkt, aus der sie Lindenau gerade erst hervorgeholt hat.

Fortschritt als Rätsel: Die Szene der praktischen Astronomie um 1815

Aus der Rückschau am Ende des 19. Jahrhunderts zerfällt die Astronomie in »drei Arten«, von denen sich die »praktische« oder »beobachtende« mit der Bestimmung der Positionen der Himmelskörper beschäftigt, die »theoretische« auf der Basis der Newtonschen Himmelsmechanik an einem Modell der beobachteten Bewegungen arbeitet, während die »physikalische und beschreibende« wissen will, »was die Himmelskörper an sich sind«.[42] Für diesen letzten Zweig, der seit den 1860er Jahren mit der Begründung der Spektralanalyse und Gustav Kirchhoffs Darstellung des Sonnenspektrums den Gegenstand astronomischer Forschung vollkommen verwandelte,[43] wird man um 1800 kaum eine Entsprechung finden können. Was man als physische (sehr selten auch physikalische) oder beschreibende Astronomie bezeichnete, fügte sich in Kartierungsprojekte und kosmogonische Theorien wie William Herschels Entwurf einer Naturgeschichte des Himmels, die am Rande der Disziplin ihren Platz fanden.[44] Die Handbücher und Einführungen in die Astronomie, die in dieser Zeit immer zahlreicher erschienen, wurden hingegen von der Darstellung der zwei anderen Zweige dominiert. Ihr Verhältnis zueinander war dabei pragmatischer Natur. Praktische oder beobachtende und theoretische Astronomie bildeten weniger Subdisziplinen einer Wissenschaft denn verschiedene Bereiche ein und derselben Tätigkeit. Zwar annoncierten Jean Joseph Delambres *Astronomie théorique et pratique* (1814) und Joseph Johann von Littrows *Theoretische und practische Astronomie* (1821) ihre Trennung erstmals im Titel. Giuseppe Piazzi, der unter den Astronomen seiner Generation höchste Anerkennung genoß, lehnte solche Aufteilungen hingegen ab. In seinen *Lezioni elementari di astronomia* (1817) bemerkt er knapp: »Beobachtungen, Resultate und Theorie durchkreuzen sich gegenseitig, so daß man nicht einen Schritt in dem einen Theile thun kann, ohne nicht auch die andern vor Augen zu haben.«[45]

Wie sich zeigt, ist die Geschichte der Astronomie zwischen Anfang und Ende des 19. Jahrhunderts, und Gleiches läßt sich auch für das vorhergehende Jahrhundert sagen,[46] von Verschiebungen geprägt, die es schwer machen, von Zuständen einer Wissenschaft zu sprechen. Diese Bewegungen, die als Ausdifferenzierung und Professionalisierung nur zum Teil beschrieben wären, finden in der Historiographie der Astronomie keine direkte Entsprechung. Geschrieben zumeist aus interner Perspektive als Geschichte von Astronomen, Sternwarten, Forschungsunternehmen und Instrumenten treten kleinteilige, in sich kontinuierliche historische Einheiten vor Augen, während gleichzeitig ihre Überlagerungen, Verdichtungen, Schwankungen und die Unruhe, die die Astronomen je um- und antreibt, ausgelöscht werden. Eine derart denkbare Geschichte der Astronomie ›in Bewegung‹ kann auch hier nicht geschrieben werden, so wie nicht die Astronomie im ganzen, sondern der Status des Beobachters und das Verständnis seiner sinnlichen Operationen den Gegenstand der Ausführungen bilden. Allerdings läßt sich das »Ereignis des Beobachters«, wie es sich in Bessels Untersuchungen abspielt, nicht abtrennen von einer solchen Unruhe unter Astronomen, deren Szene identisch ist mit der Tätigkeit der praktischen, beobachtenden Astronomie am Anfang des 19. Jahrhunderts.

Nach dem Wort eines ihrer ersten Chronisten sind die Jahrzehnte nach 1800 eine Zeit, in der »die theoretische und praktische Astronomie fast in allen ihren Theilen sich mit bewunderungswürdig schnellen Schritten einer, im vorigen [18.] Jahrhundert nie geahnten, Vollendung nach und nach genähert haben.«[47] Bereits in den ersten Jahren des neuen Jahrhunderts bevölkerten vier neue Planeten (nach heutiger Nomenklatur Planetoiden) – Ceres, Pallas, Juno und Vesta – den Himmel und die Titelseiten der Tagesjournaille,[48] aus den nun zahlreichen Kometenbeobachtungen wurde zum erstenmal seit dem Halleyschen Kometen 1765 die Wiederkehr eines solchen Himmelskörpers richtig vorhergesagt, und hinter beiden Entwicklungen stand eine enorme Verfeinerung der Methoden der Bahnbestimmung, für die Gauss' *Theoria motus corporum coelestium solem ambientium* (1809) das Vorbild abgab. Dieses triumphale Zusammenspiel von unermüdlichen Beobachtern und versierten Genies, Reduktion der Daten und mathematischer Theorie ging mit einer Verlagerung in den Gewichten astronomischer Wissenschaft einher. Dominierten durch das ganze 18. Jahrhundert England und Frankreich mit den Observatorien in Greenwich und Paris das Feld der theoretischen und praktischen Astronomie, so übernahmen am Anfang des 19. Jahrhunderts Astronomen aus deutschsprachigen Gebieten für etwa vier Jahrzehnte die Spitze des Faches. Eingeleitet wurde diese Phase der Prosperität in der zweiten Hälfte des 18. Jahrhunderts, als gut ein Dutzend neuer Sternwarten, teils von Privatleuten betrieben, teils an den Universitäten angesiedelt oder als direkte Gründungen der Landesherren eingerichtet, den Beobachtungsbetrieb erheblich erweiterten.[49] Eine besondere Rolle spielte die Sternwarte auf dem Seeberg bei Gotha, die unter der Regierung von Herzog Ernst II. von Sachsen-Gotha und Altenburg im Jahr 1791 eröffnet worden war.[50] Ihr erster Direktor, Franz Xaver von Zach, hatte sich als Astronom und Geodät einen Namen gemacht, seinen eigentlichen Ruf aber erlangte er nach einer jüngst erschienenen Biographie als »Kuppler der Wissenschaft«.[51] Erstes Werkzeug dieses Geschäfts war seine eigene Zeitschrift, die zunächst unter dem Titel *Allgemeine Geographische Ephemeriden* (1798-1800) und anschließend als *Monatliche Correspondenz zur Beförderung der Erd- und Himmels-Kunde* (1800-14) das deutschsprachige Publikum an einen Mitteilungsstrom aus ganz Europa anschloß. Weitere Initiativen wie das Gothaer Astronomentreffen 1798 oder die im Jahr 1800 ebenfalls auf Vorschlag Zachs erfolgte Gründung der »Astronomischen Gesellschaft«, die alle namhaften praktischen Astronomen Europas für gemeinsame Beobachtungsprojekte versammeln sollte, untermauerten den Anspruch, die Seeberger Sternwarte als ein eigenes, deutschsprachiges Zentrum astronomischer Beobachtung zu etablieren.

Die Rolle Zachs und dann vor allem seines Nachfolgers Lindenau als Organisator der astronomischen Disziplin hielt auch in der Periode zwischen den napoleonischen Eroberungen und dem Ende der Befreiungskriege an. Die wissenschaftliche Führung ging aber inmitten der politischen und militärischen Verwerfungen der Zeit an Gauss und Bessel über, die Göttingen und Königsberg zu neuen Hauptorten der Astronomie auf dem europäischen Kontinent machten. Die mit ihren Namen verbundenen theoretischen und praktischen Neuerungen waren eng mit den immer umfangreicheren staatlichen Aufgaben verflochten, die den

Sternwarten nicht anders als schon in Frankreich oder England übertragen wurden. Sie fungierten, wie die 1810 erfolgte Gründung der Königsberger Sternwarte als eines der ersten Ergebnisse der Neuordnung des preußischen Bildungswesens zeigt,[52] als Mustereinrichtungen wissenschaftlichen Fortschritts und hatten die Landesvermessung und die Regulierung der Maße und Gewichte in den einzelnen Territorien anzuleiten. Solche Zusatzaufgaben brachten eine – nicht nur von Gauss beklagte[53] – Zersplitterung der eigentlichen astronomischen Tätigkeit mit sich. Sie geben aber auch zu erkennen, daß der Leiter einer Sternwarte am Anfang des 19. Jahrhunderts im Sinne Latours einem »center of calculation«[54] vorstand, das erheblich an der Einrichtung des modernen Staates beteiligt war.

Nichtsdestoweniger verband sich diese institutionelle wie wissenschaftliche Erfolgsgeschichte im Horizont der Zeitgenossen mit einer paradoxen Erfahrung. In einem Brief an Bessel bemerkt Lindenau im März 1818:

> Sehr begierig bin ich auf Ihren dritten Jahrgang Königsberger Beobachtungen, und ich werde sobald dieser in meinen Händen ist, von Sämmtlichen entweder in unserm Journal oder in der Jenaischen Litteratur Zeitung eine umstaendliche Anzeige davon geben, und bei dieser Gelegenheit, der drei räthselhaften Erscheinungen in der practischen Astronomie
> 1. der Greenwicher Breite nach Pond und Bradley
> 2. der Resultate aus den Sommer und Wintersolstitien
> 3. der Differenz ihrer Declinationsbestimmungen mit denen von Piazzi
> erwähnen. Natürlich werde ich dabei nur rein historisch verfahren, allein ich halte es für nothwendig, die Aufmerksamkeit der Astronomen wiederholt auf diese merkwürdigen Erscheinungen hinzuführen, und dadurch doch vielleicht endlich zu einer befriedigenden Erklärung zu gelangen.[55]

Diese drei Fragen sind weder die einzigen noch die ersten, welche die Gemeinde der Astronomen in diesen Jahren umtreiben, und sie könnten um so bedenklicher erscheinen, als im selben Augenblick dieselben Astronomen den Anbruch einer neuen Epoche der Genauigkeit reklamieren. So schreibt Bessel im Juni des Jahres 1818 an Gauss:

> Wir verdanken Ihnen den grössten Theil der heutigen Verfeinerung der Astronomie, nicht nur wegen Ihrer kleinsten Quadrate, sondern auch wegen der Erweckung des Sinns für Feinheit, der seit Bradley's

> Zeit von der Erde verschwunden zu sein schien und erst seit 18 Jahren wieder erschien. Wir sind erst jetzt auf den Punct gekommen, *kleinen* Fehlern oder Abweichungen ausser den Grenzen der Wahrscheinlichkeit mit derselben Aufmerksamkeit nachzuspüren als früher grossen; beiden muss ein physischer Grund (in der Natur selbst, in den Instrumenten oder dem Beobachter) zugehören, und die Entdeckung dieses Grundes, die allein der praktischen Astronomie bedeutend forthelfen kann, sehen wir erst jetzt für eine eben so bedeutende *wissenschaftliche* Entdeckung an als früher eine mehr augenfällige angesehn worden sein mag.[56]

Nach Bessels Darstellung nimmt es allerdings nicht wunder, daß zu dieser Zeit Journale und Briefwechsel von »räthselhaften Erscheinungen« überquellen. Die »Verfeinerung der Astronomie« selbst hätte den Blick für derartige Vorkommnisse geschärft und deren Häufung gäbe sich als Folge eines gewandelten Zugriffs auf die Resultate der Beobachtung zu erkennen. Dabei ist der Dank, der Gauss ausgesprochen wird, nicht ohne ein gut Teil Eigenlob. Denn anders als die neuen Werkzeuge der Wahrscheinlichkeitsrechnung, die Bessel mit dem Hinweis auf die von Gauss angegebene Methode der kleinsten Quadrate ins Spiel bringt, bilden Untersuchungen von »*kleinen* Fehlern oder Abweichungen ausser den Grenzen der Wahrscheinlichkeit« seine höchsteigene Domäne.[57] So bedeutend aber die Beiträge von Gauss, Bessel und anderen Astronomen der Zeit zur Bestimmung der Beobachtungsfehler gewesen sind und sosehr diese Beiträge die ›Abweichung‹ zum epistemischen Objekt der Astronomie oder, mit Bessel, zum Platz bedeutender Entdeckungen gemacht haben, muß doch festgehalten werden, daß die Aufmerksamkeit auf Abweichungen den Verfahren ihrer Analyse vorausläuft.

Die Situation, mit der es Astronomen um 1800 zu tun haben, ist nicht unähnlich derjenigen, die de Luc als Ausgangspunkt seiner *Recherches sur les modifications de l'atmosphère* schildert: Je mehr Schriften und Mitteilungen man über einen Gegenstand heranzieht, desto gewisser geben sich vor allem Unterschiede zu lesen. Dies zumindest ist das Resultat eines Aufsatzes, den Johann Friedrich Wurm 1793 unter dem Titel »Über die Genauigkeit neuerer astronomischer Beobachtungen seit Flamsteed's Zeiten« publiziert. Was seine Überlegungen von anderen unterscheidet, ist die gewählte Vorgehensweise. Keine eigenen Beobachtungen liegen den getroffenen Aussagen zugrunde, diese sind vielmehr ausschließlich auf die Synopse verschiedener Sternkataloge und -verzeichnisse des 18. Jahrhunderts gestützt. Praktisch fügt sich damit die Suche nach »Genauigkeit« oder der Wunsch, daß »der Maasstab etwas genauer bestimmt wird, nach welchem der Werth auch unserer besten Beobachtungen beurtheilt werden muß«,[58] in die genaue Lektüre, gleichsam ein ›close reading‹, von gedruckten Texten.

Mindestens so sehr wie auf das Resultat kommt es dabei auf die Bedingungen an, die ein solches Vorgehen gestatten. Es ist eine Sache, aus den Abweichungen der vorliegenden Daten zu schließen, »daß auch mit den vortrefflichsten Werkzeugen Fehler in der geraden Aufsteigung [Rektaszension] von 10 bis 15" zu begehen für jetzt noch möglich ist«,[59] respektive »daß auch in der Abweichung [Deklination] unsere neuesten Beobachter, selbst wenn sie das Mittel aus mehreren Beobachtungen geben, auf 15" sich noch voneinander entfernen können«.[60] Eine andere Sache ist es jedoch, wie diese Differenzen Widerständigkeit gewinnen. Wurms Argument hat zwei Seiten. Einerseits wird betont, wieviel seit der Zeit Mitte des 18. Jahrhunderts »bis auf die unsrige in der astronomischen Beobachtungskunst geleistet worden« ist.[61] Andererseits heißt es um so nachdrücklicher, daß der erkennbare Fortschritt mitnichten zu einem Verschwinden aller Unterschiede zwischen den Beobachtungen verschiedener Astronomen geführt hat. Die temporären Akzente, die Wurm setzt – die Rede vom »jetzt noch« und »noch« der verbleibenden Unterschiede – lassen dabei vermuten, daß die Perspektive einer infinitesimalen Annäherung weiter wirksam gewesen ist. Ein halbes Jahrhundert später hat sich diese Erwartung hingegen vollkommen verloren. Die Entwicklung der astronomischen Meßkunst bis auf seine Tage resümierend schreibt Bessel:

> Zu den Zeiten der Urväter der Astronomie betrugen die Unterschiede halbe Grade, zu Tycho's Zeiten [Ende des 16. Jahrhunderts] einzelne Minuten, und jetzt kann man, wenn man solche Hülfsmittel besitzt, wie sie auf meiner Sternwarte vorhanden sind, mit ziemlicher Sicherheit darauf rechnen, dass die morgende Beobachtung sich nicht über eine Secunde von der heutigen entfernt. Trotz dieser grossen Genauigkeit kann ich eben so wenig als Tycho behaupten, dass die Beobachtung mehr als eine Annäherung an die Wahrheit ist.[62]

Was hier nüchtern in zwei Sätzen rekapituliert wird, ist nichts anderes als die Einsicht, daß der Meßvorgang mit jeder Stelle, mit der die Abweichung im Ergebnis nach hinten rückt, sich nachhaltiger als Träger beständiger stabiler Differenz aushärtet. Diese Einsicht rührt, wie gezeigt wurde, weniger allein aus einer mathematischen Fehlertheorie denn aus den Versuchen, die Leistung von Instrumenten zu verbessern, und dem Verständnis des Instruments als notwendig fehlerhaft, das damit einhergeht. Wurms Beispiel unterstreicht nun, daß neben mathematischen und Beobachtungswerkzeugen auch das Werkzeug des Drucks an dieser Bewegung des astronomischen Wissens teilhat.

»[B]loß empirisch«[63] – und das heißt, kontraintuitiv, am Schreibpult einer Nürtinger Lateinschule – konnte Wurm bloß vorgehen, weil die Beobachtungsserien einer Reihe von Astronomen verschiedenster Zeiten bereits von anderen Forschern in Katalogen kollationiert worden waren. Tatsächlich wäre sein Unternehmen noch kurz vor dem Erscheinen des Aufsatzes erheblich größeren Schwierigkeiten ausgesetzt gewesen. Waren doch die dritte Auflage von Lalandes *Astronomie* und vor allem Zachs *Fixarum praecipuarum catalogus novus*, aus denen Wurm sämtliche Angaben über die Beobachtungen von Flamsteed bis zur Mitte des 18. Jahrhunderts zieht, beide erst 1792, also im Jahr vor dem Druck seines Aufsatzes, erschienen. Die zeitliche Nähe macht zugleich klar, daß hier Literatur auf Literatur reagiert, Literatur neue Literatur hervorbringt. Wurms Aufsatz kann in dieser Hinsicht als Indiz für eine elementare Funktion von Aufstellungen, Verzeichnissen oder Katalogen verstanden werden. Nicht nur daß in ihnen die Bestände des Wissens – hier die bisher angestellten Beobachtungen – gespeichert und überliefert werden. Indem das bis dahin zerstreute, teils nicht einmal gedruckte oder nur schwer zugängliche Material zusammengestellt wird, eröffnen sich an ihm auch neue Erkenntnischancen. Mit Jack Goody könnte man alle solche Schriftformen, die »Pläne oder Programme« in Gang bringen, »prospective lists« nennen.[64] Wirksam sind sie nicht allein schon als Aufzeichnungen, sondern als Anordnungen, die Fragen generieren; in dieser Hinsicht vergleichbar einer »Maschinerie zur Herstellung von Zukunft«.[65]

Wurms Aufmerksamkeit für die Unterschiede in den nebeneinander vorliegenden Beobachtungen ist, so betrachtet, bereits ein Teil dieser literarisch gewonnenen Zukunft und läßt gleichzeitig ahnen, daß die Rätsel, die die beobachtende Astronomie am Anfang des 19. Jahrhunderts umtreiben, zu einem nicht geringen Anteil als Produkte literarischer Vorgänge zu erfassen sind. Zu ihnen gehörte die Kollationierung von eigenen wie von fremden und älteren Beobachtungen, unter denen die zwei Kataloge von Piazzi aus dem Jahr 1803 und 1814 mit Positionsangaben für zusammen über siebentausend Fixsterne sowie ein Katalog von über dreitausend Sternen reduziert auf das Jahr 1755, den Bessel 1818 nach den Beobachtungen von Bradley vorlegt, die Standards setzten. Dazu gehörten Veränderungen in den Publikationsformen: So wurden seit dem Amtsantritt Maskelynes die Beobachtungen am Royal Observatory in Greenwich regelmäßig zunächst im Abstand von zehn Jahren, mit seinem Nachfolger John Pond ab 1811 dann im dreijährlichen und schließlich im jährlichen Rhythmus als *Astronomical Observations* publiziert. Andere Astronomen folgten diesem Beispiel und fügten, wie Bessel in seinen seit 1815 jährlich publizierten Königsberger *Astronomischen Beobachtungen*, regelmäßig neueste Sternkataloge, Abhandlungen zur Theorie der Instrumente oder zur Kalkulation von Beobachtungen bei. Schließlich fällt die Zeit der Rätsel mit der Ausbreitung der astronomischen Periodika zusammen. So konnte Wurm für seine Betrachtungen neben den traditionsreichen *Conaissance des Temps* auch auf das seit 1774 erscheinende, von Johann Elert Bode, dem Direktor der Berliner Sternwarte, herausgegebene *Astronomische Jahrbuch* zurückgreifen. Es folgten die Zeitschriftenprojekte Zachs, fortgesetzt durch Lindenaus und Johann Gottfried Bohnenbergers *Zeitschrift für Astronomie und verwandte Wissenschaften* (1816-18) und schließlich im Herbst 1821 die vom Direktor der Altonaer Sternwarte, Heinrich Christian Schumacher, im vierzehntägigen Turnus besorgten *Astronomischen Nachrichten*, die für einige Jahrzehnte das führende Publikationsorgan der Astronomen Mitteleuropas waren.

Alle diese Vorgänge leisten mehr und anderes als nur eine engere Verbindung der astronomisch Interessierten und den rascheren Austausch von Informationen.[66] Sie bilden wichtige Faktoren dafür, daß Differenzen zwischen verschiedenen Beobachtungen als Widersprüche im Wissensbestand manifest und als Rätsel epistemisch produktiv werden können.[67] Damit soll nicht gesagt werden, daß die Häufung von »Anomalien«,[68] welche die Situation der praktischen Astronomie um 1800, legt man die Maßstäbe Thomas Kuhns an, unzweifelhaft bestimmt, einzig als Kommunikationsereignis zu begreifen ist. Im Gegenteil läßt sich das Maß an Verwunderung, das sich literarisch fixiert, erst verstehen, wenn man alle zusammenwirkenden Faktoren in Rechnung zieht. Die Analyse der Beobachtungen mit den Mitteln der Wahrscheinlichkeitsrechnung und die Untersuchung der Instrumentenfehler, die bereits genannt worden sind, bilden hier nur einen Teil. Dazu kommen die immer komplexeren Systeme von Störungsgleichungen bei der Bahnbestimmung der Planeten und des Mondes, die verbesserten Angaben der in den Beobachtungen zu berücksichtigenden Reduktionsglieder und die Einführung neuer Herstellungsverfahren und Typen von Beobachtungsinstrumenten. Gegen alle diese Entwicklungen im einzelnen werden die verbleibenden und neu auftauchenden Abweichungen in den Beobachtungsergebnissen zur Kenntnis genommen, und erst ihr Zusammenspiel gibt der perplexen Reaktion der Zeitgenossen ihr ganzes Gewicht. Gleichwohl sollte der Anteil, den die Mittel der Kommunikation hieran haben, nicht unterschätzt werden. Ein Zeugnis hierfür liefert auch der dichte Briefverkehr, der alle Akteure, bekannte wie weniger bekannte, in permanenten Rapport versetzt.

Daß die neuen astronomischen Journale den Brief als wichtigstes Medium des wissenschaftlichen Nachrichtenaustausches am Anfang des 19. Jahrhunderts noch lange nicht abgelöst haben, lehrt schon ein Blick in ihre Inhaltsverzeichnisse. Auch in den ersten Nummern der *Astronomischen Nachrichten* besteht die überwiegende Zahl der Beiträge aus Briefen an den Herausgeber. Von den Eigenheiten postalischer Kommunikation geben solche Schreiben aber nur bedingt Kenntnis. In den Druck geht vornehmlich, was feststeht und durchdacht ist, selbst wenn es zum Rätsel gerinnt, während alles Vorläufige, Unbestätigte und nur privatim Mitgeteilte außen vor bleibt, gekürzt und unterdrückt wird. Dazu kommt noch ein zweites Moment. Ein gedruckter Brief gewinnt (oder besitzt, sofern er schon für den Druck geschrieben wurde) den Charakter einer Einsendung, die gelesen wird, auf die man vielleicht auch in anderen Briefen eingeht, die jedoch nicht notwendig eine Antwort einfordert. Ein gedruckter Brief behält, so betrachtet, seine Mitteilungsfunktion und verliert seine Austauschfunktion, er wird gewissermaßen außer Verkehr gezogen. Auf diesen Verkehr, seinen Modus und seine Wirksamkeit, kommt es aber an.

Wer zu einer der Korrespondenzen deutscher Astronomen greift, die seit der Mitte des 19. Jahrhunderts publiziert worden sind, muß sich über eine kleine Verzerrung Rechnung geben. Gemeint ist damit nicht, daß sich die Auswahl auf die Koryphäen des Faches, auf Bessel, Olbers und Gauss, konzentriert. Gemeint ist, daß stets nur die Schreiben zweier Personen in einem Band vereint sind. Der astronomische Briefverkehr der Epoche verläuft aber nicht wechselseitig, sondern zirkulär. »Wir müssen hier eine kleine Republik für uns machen«,[69] schreibt Bessel im Frühjahr 1823 an seinen Kollegen Friedrich Georg Wilhelm Struve, Direktor der Sternwarte der kaiserlichen russischen Universität zu Dorpat. Über den Anlaß der Bemerkung wird später zu sprechen sein, jetzt interessiert der Modus der Korrespondenz, in dem sich diese Republik faktisch ausführt. So wie hier für die Sternwarten am nordöstlichen Rand Europas antizipiert, bestehen in dieser Zeit auch zahllose andere »Korrespondentenkreise«[70], die durch Bekanntschaft und gemeinsame Projekte begründet werden und durch Interessenverschiebungen oder persönliche Spannungen auch wieder auseinanderbrechen können. Alle zusammen aber bilden sie ein umfassendes Kommunikationsnetz, in dem einige Beteiligte wie Gauss oder Bessel besonderes Gewicht besitzen, andere wie Schumacher schon von Amts wegen eine Art »Nachrichtenagentur« unterhalten,[71] das jedoch insgesamt ahierarchisch organisiert ist.

Der Hinweis mag trivial sein, aber in diesem dauernden Umlauf, in dem eigene Mitteilungen und Exzerpte aus Schreiben anderer Korrespondenten von Station zu Station weitergereicht werden, und nicht allein im Mitgeteilten selbst, liegt der Ertrag postalischer Kommunikation. Mit der Geschwindigkeit von Brieflaufzeiten hält dieser Verkehr einerseits die einzelnen ›Republiken‹ zusammen und sorgt dafür, daß sich neueste Beobachtungen, Verfahrensweisen genauso wie Projekte und kritische Anmerkungen über die Arbeiten Dritter, Vierter und Fünfter unter den Beteiligten anhäufen. Andererseits führt der dauernde Nachrichtenumlauf wieder eigene Friktionen herbei, die gerade an der Vorläufigkeit des Austauschs hängen. Vorläufig ist dieser, weil in ihn momentane Resultate und noch nicht abgeschlossene Unternehmungen eingespeist werden, und vorläufig ist er, weil im Prozeß des Ab- und Fortschreibens Beobachtungen und Bemerkungen der Hand ihres Verfassers an andere Orte enteilen, bevor er selbst noch dorthin Kunde geben kann. Beides zusammen macht die postalische Kommunikation zum Hort des Gerüchts und zum eigentlichen Schauplatz eines jeden Rätsels, das, ganz gleich wie die Sache ausgeht, alle Beteiligten in Verwirrung stürzt und nicht zuletzt hierin, man wird es noch an einer kleinen Konfusion zwischen Encke, Gauss und Bessel sehen, produktiv ist.

Unter einer anderen Warte betrachtet verbindet sich mit der vorläufigen Natur dieses Schriftverkehrs auch die Erfahrung, daß die Gewißheiten der Gegenwart in jedem Augenblick von neuen Einsichten überrollt werden können und der Stand der Dinge mit einer Verfallszeit ausgestattet ist, die sich nach der Beförderungsdauer von Briefen und dem Publikationsrhythmus von Journalen bemißt. Die Zahl der Rätsel, die die Runde machte, wäre dann als Anzeichen dafür zu verstehen, daß die astronomische Wissenschaft in die Epoche einer radikalen Verzeitlichung ihrer Erkenntnisse eingetreten war, in der nichts mehr ausgeschlossen werden konnte. Denkt man zurück an Wurms Literaturforschungen, so begegnet in ihnen die Geschichte der astronomischen Beobachtung »seit Flamsteed's Zeiten« – also seit Ende des 17. Jahrhunderts – bei aller Einsicht in die verbliebenen Fehlergrößen immer noch als eine Zeit permanent zunehmender Genauigkeit der erhaltenen Resultate. Zu keinem anderen Ergebnis kommt sein Generationsgenosse Johann Elert Bode, als er ein Vierteljahrhundert später das Thema wiederaufnimmt. Im Unterschied zu Wurms Unterfangen, wird diesmal aber der historische Progreß als solcher ins Zentrum der Aufmerksamkeit gerückt. Bodes Resümee liefert dem Leser gleich eine Interpretation seiner Ausführungen:

> In dieser Abhandlung habe ich den Verehrern der Sternkunde, im allgemeinen zu zeigen gesucht, wie diese erhabene Wissenschaft, und zwar noch nicht seit 200 Jahren, nach und nach, durch die vereinigten Bemühungen der größten Astronomen und geschicktesten Künstler [Instrumentenbauer], gegenwärtig zu einem hohen Grade der Vollkommenheit, im berechnen und beobachten, gediehen ist.[72]

Nimmt man diese Zeilen beim Wort, dann handelt alles, was vorher geschrieben worden ist, nicht so sehr von der »Genauigkeit astronomischer Beobachtung und Berechnung, besonders in historischer Rücksicht«, wie es der Titel des Aufsatzes verspricht, noch eigentlich vom erreichten Stand der Astronomie, sondern von der *Tatsache ihrer Entwicklung*. Das geschichtliche Bewußtsein, das Bode so wecken will, ist allerdings ein anachronistisches, insofern es sich jener Verzeitlichung des Wissens entgegenstemmt, die im selben Augenblick im Namen des Rätsels ihren Ausdruck findet. In Bodes Aufsatz bleibt die Chiffre des Fortschritts aus, die an der Wende vom 18. zum 19. Jahrhundert zum sichersten Zeichen dafür wird, daß Vergangenheit, Gegenwart und Zukunft unwiderruflich auseinandergetreten sind und das Heute vom Morgen überholt, auch überwunden, aber nicht mehr notwendig fort- oder ausgeführt wird.[73] Mit dem »hohen Grade der Vollkommenheit«, den Bode für die astronomische Beobachtung seiner Zeit in Anspruch nimmt, verbindet sich vielmehr das Gegenteil des Fortschrittsbegriffs, nämlich die Idee einer prinzipiell endlichen und in ihrem Endpunkt antizipierbaren Bewegung.[74] Dem widerspricht nicht der Hinweis, »wie viele Bedenklichkeiten und Schwierigkeiten […] zu überwinden sind, um solche bis fast zur Grenze der Möglichkeiten menschlicher Fertigkeiten und Erfindungen zu bringen.«[75] Begegnen in diesen Problemen doch nur Herausforderungen, die den Lauf der Dinge zwar verzögern, aber nicht entscheidend hindern können, und im übrigen »nun«, im Moment da der Aufsatz erscheint, »durch den glücklichsten Erfolg belohnt [werden].«[76] Man wird nach diesem Schlußsatz annehmen müssen, daß die von Bode vorher angeführten Unterschiede zwischen den Angaben von Sternpositionen bei Piazzi, Maskelyne und dessen Nachfolger John Pond, die alle aus den ersten fünfzehn Jahren des 19. Jahrhunderts stammten, nur den noch verbliebenen Abstand zur »Grenze der Möglichkeiten menschlicher Fertigkeiten und Erfindungen« zum Ausdruck brachten. Gleichwohl hätte dieser Stand der Dinge Anlaß zum Grübeln geben können. Denn die drei Beobachter versammelten einiges Renommee auf sich und hatten darüber hinaus die »größten« (Piazzi), »äußerst vollkommenen« (Maskelyne), ja »vortrefflichen« (Pond) Instrumente zur Verfügung.[77]

Trotz solcher bedenklichen Befunde bleibt für Bode das weiter zu Erwartende fest mit den bis dahin gemachten Erfahrungen verknüpft. Weder wird in Frage gestellt, daß die Astronomie in einer Bewegung dauernder Vervollkommnung begriffen ist, noch werden Beobachter und Instrumente als Garanten dieser Bewegung in Zweifel gezogen. Im Gegenteil bestätigt Bode die feste Verbindung, die sich seit der Einführung des Fernrohrs in die astronomische Beobachtung durch Galilei zwischen Ansehen des Astronomen, Beschaffenheit seiner Beobachtungsmittel und Autorität der mitgeteilten Ergebnisse herausgebildet hat,[78] schon in der Weise seiner Darstellung. Wenn er nicht anders als Wurm seine Leser durch die Geschichte der beobachtenden Astronomie seit dem Ende des 17. Jahrhunderts führt, ordnet sich seine Erzählung um Namen. Nicht die Beobachtungen an den Sternwarten von Paris, Greenwich, Palermo oder Göttingen werden aufgeführt und nach ihrer Genauigkeit verglichen, sondern die Beobachtungen Flamsteeds, Halleys, Bradleys, Maskelynes, der Cassinis, de La Cailles, Piazzis oder Mayers. Gemeinsam mit ihren Instrumenten dienen sie als Anhaltspunkte sowohl für die Gliederung des Stoffes wie zur Markierung des jeweils erreichten Niveaus an Vollkommenheit. Das Ereignis des Beobachters beginnt aber damit, daß dieses ›name dropping‹ mitsamt seinen Implikationen in den Sog all der Bedenklichkeiten gerät, die in jenen Jahren unaufhörlich durch die Briefwechsel und astronomischen Journale zirkulieren.

In der Debatte: Die »Geschicklichkeit« des Beobachters

Die drei »räthselhaften Erscheinungen in der practischen Astronomie«, deren Diskussion Lindenau im März 1818 Bessel ankündigt, wurden unter den Zeitgenossen vornehmlich mit den verschiedenen Typen von Kreisinstrumenten in Verbindung gebracht, die in den Beobachtungen verwendet worden waren.[79] Mit den komplizierten Erwägungen über die Vor- und Nachteile von Multiplikationskreisen mit umlegbaren Skalen, Mauerkreis und den neuen Meridiankreisen gerät der Beobachter, der alle diese Instrumente bedient, aber keineswegs in Vergessenheit. So schließt Lindenaus Übersicht über diese Fragen im ersten, 1816 erschienenen Band der *Zeitschrift für Astronomie und verwandte Wissenschaften* mit einer Bemerkung ab, die drei Seiten Ausführungen über »Theorie und Constructions-Art« der Kreisinstrumente gleichsam auf den Kopf stellt. »Meine eignen Erfahrungen«, erfährt der verdutzte Leser,

> und zwey berühmte Beyspiele aus dem vorigen Jahrhundert, haben mich darauf hingeführt, in den meisten Fällen die Quelle anomalischer Resultate nicht in dem Instrumente, sondern im Beobachter zu suchen. Man erinnere sich an Bradley und Bliss, an Tobias Mayer und Kästner; herrliche Resultate hatten die Erstern mit zwey Quadranten geliefert, mit denen die Letztern kaum etwas Erträgliches zu leisten vermochten.[80]

Mit dieser Folgerung stand Lindenau zwar in Widerspruch zu der Form, in der die Debatte um Kreisbeobachtungen bis dahin geführt worden war und auch weiterhin geführt wurde. Gleichwohl spielt die Frage, wer beobachtet, auch in anderen Beiträgen eine Rolle.

Als Littrow gut ein Jahr später die Deklinationsangaben ausgewählter Sterne nach Bestimmungen Bessels mit solchen Ponds, Piazzis und Barnaba Orianis, des Direktors der Mailänder Sternwarte, vergleicht, zeichnen sich für ihn klare Fronten ab. In der deutlichen Abweichung, die sich zwischen Bessels Angaben und denen der anderen Beobachter ergibt, stoßen außer Instrumenten auch Persönlichkeiten aufeinander:

> Es ist entschieden, daß irgendwo ein constanter Fehler liegt, aber wo er liegt oder ob die Wahrheit, wie so oft geschieht, in der Mitte ist, dies ist noch nicht entschieden. Dort [auf seiten Ponds, Piazzis und Orianis] sind größere, vielleicht vollkommnere Instrumente, alte, geübte berühmte Beobachter – hier [auf seiten Bessels] im Gegentheile ein Mann, der durch Genie und Geschiklichkeit vielfach ersetzt, was ihm an Jahren abgeht, der das Talent des Theoretikers mit practischen Fähigkeiten in einem sehr seltenen Grad in sich vereinigt; hier ein Instrument, das durch seine Dimensionen den andern nachsteht, durch die ganz neue und vortreffliche Prüfung desselben aber, wie die Einleitung und die Harmonie der Beobachtungen selbst unter einander bezeugt, jenen wenigstens zur Seite steht.[81]

Bessels Reaktion läßt nicht lange auf sich warten. Im November 1817 schreibt er an Littrow: »Daß hier, wenigstens in so fern Sie, Gauß, Pond … die streitenden Parteien sind, nur ein Streit der Kreise, nicht der Beobachter, stattfindet, muß jedem klar sein der Einsicht besitzt.«[82] Diese Haltung deckt sich auf den ersten Blick bestens mit dem »distinctive and rigourous approach to the analysis of astronomical data«,[83] mit dem Bessels Name heute verbunden wird: Wo immer Differenzen auftauchen, hat ihre Aufklärung zunächst an die jeweils benutzten Instrumente anzuknüpfen. In ihrer Funktionsweise materialisiert sich Differenz, und hier, in der Untersuchung und Berechnung ihrer Fehler, lassen sich Differenzen klären und Beobachtungsdaten festigen. Mit der Erwähnung von Gauss weist Bessel indes auf einen kleinen Zwist hin, der zeigt, daß auf eine andere Weise als bei Littrow auch bei ihm der Beobachter mit zur Debatte steht.

In einem Brief an den Herausgeber Lindenau, abgedruckt einige zehn Seiten nach Littrows Aufsatz über die Unterschiede der Deklinationsbestimmungen, kommt Gauss im Juli 1817 zu dem Urteil, daß im ›Streit der Kreise‹ vorerst noch für kein Instrument ein Vorteil gegenüber den anderen erwiesen sei. Mit der Feststellung, daß folglich »kein bestimmter Ausspruch zu thun ist«,[84] ist die Sache für ihn aber nicht abgeschlossen. Er liefert auch eine psychologische These dafür, wie man zum gegenteiligen Schluß kommen kann. Nach »subjectiven Gründen«, fährt Gauss fort, wird man »vielleicht anders abwägen«, findet er es doch

> natürlich, daß wenn gleich gegen alle Instrumente kein bestimmter Vorwurf gerichtet werden kann, man dieß am lebendigsten in Beziehung auf dasjenige fühlt, womit man selbst beobachtet und womit man also am meisten vertraut ist.[85]

Trotz des verbindlichen Tons entbehrt die Bemerkung nicht einer Polemik, deren erster Adressat in Königsberg gesessen hat. So sieht Gauss im August 1817 schon ein regelrechtes »astronomisches Schisma« im Gange,[86] weil Bessel selbstbewußt einen unerkannten Fehler an seinem Kreis ausschließt. Wie nicht anders zu erwarten, gelangt das Wort prompt nach Königsberg und veranlaßt Bessel zu einer Rechtfertigung. »Das subjective Urtheil leugne auch ich nicht«, stellt er gegenüber Gauss klar, nur ist damit keinerlei Aussage über den Wert anderer, abweichender Beobachtungen getroffen: »Von dieser Sünde kann ich mich frei erklären, wenn ich gleich die Ueberzeugung habe, dass nicht *alle* Beobachter im Stande sind, die *gehörige* Vorsicht anzuwenden.«[87] Eben dies aber ist der Punkt, an dem der Beobachter in der Tat als Garant seiner Arbeiten bei Bessel erscheint. Mit dem Rekurs auf die »Vorsicht« mag noch einmal das überlieferte Verständnis von der Rolle der Übung und Erfahrung im Beobachten anklingen. Wie die anschließenden Ausführungen über die neuerliche Prüfung des Königsberger Kreisinstrumentes klarstellen, fügt sich diese jedoch ganz und gar in die Untersuchung der Instrumente.

»Autoritaeten«[88], wie Lindenau sie in der Sache der Deklinationen aufmarschieren sieht, werden von Bessel nur noch sehr bedingt akzeptiert. In der Einleitung zu seinem Katalog der 36 Maskelyneschen Fundamentalsterne, den er im Juni 1819 der Berliner Akademie vorlegt, heißt es vorab:

> [I]ch wage, damit neben den größeren Instrumenten aufzutreten, auf welche Maskelyne und Piazzi dieselbe Bestimmung gründeten. Allein die genaue Untersuchung dessen, was meine Hülfsmittel in dieser Beziehung geleistet haben, ist nothwendig, indem sich nur dadurch der Grad des Zutrauens würdigen läßt, welcher der neuen Bestimmung gebührt; doppelt nothwendig ist sie, weil von einem Gegenstande die Rede ist, den *solche* Vorgänger mit großem Fleiße festgesetzt haben.[89]

Die Demut, mit der hier scheinbar Anciennität und Ruf der beteiligten Astronomen mit ihren gegenüber Bessels Instrumenten großen und damit nach Meinung der Zeitgenossen wesentlich genaueren Instrumenten Reverenz erwiesen wird, gerinnt näher betrachtet zur bloßen Geste. Für Bessel knüpft sich der »Grad des Zutrauens«, der seinem eigenen Katalog gebührt, einzig an die »genaue Untersuchung« der zugrundeliegenden Beobachtungen. Statt von der Konstruktion der Instrumente und der Ehrwürdigkeit der Person hat eine solche Untersuchung von »Fehlern der astronomischen Beobachtung« zu handeln, die »bekanntlich« in »zwei Klassen« zerfallen:

> die eine enthält die eigentlichen Beobachtungsfehler, die von unzähligen zufälligen Ursachen abhängen und deshalb als den allgemeinen Sätzen der Wahrscheinlichkeitsrechnung folgend angesehen werden können; die andere begreift die von beständig einwirkenden Ursachen herrührenden, der Abweichung der Instrumente von ihrer mathematischen Idee, oder ihrer Behandlungsart zuzuschreibenden. Die ersteren können aus den Abweichungen der Beobachtungen unter sich erkannt, und sowohl ihre wahrscheinliche Größe, als die ihres Einflußes auf die Bestimmungen, nach den Vorschriften geschätzt werden, die Laplace, Gauß und ich gegeben haben; die letzteren stören die Beobachtungen nur nach gewissen Gesetzen und verschwinden sobald man diese erkennt. Jene werden verkleinert durch die *Geschicklichkeit* des Beobachters und die Güte des Instruments; diese durch die *Einsicht* des Beobachters und die Strenge der Prüfung des Instruments und der Beobachtungsart. Beide sind voneinander unabhängig; ein Schluß von der Größe der einen auf die der anderen ist unstatthaft; während jene klein sind, können diese groß seyn, oder umgekehrt.[90]

Die Diskussion der Beobachtungsfehler, die hier von Bessel zum ersten Mal programmatisch verdichtet dargelegt wird, kommt auf den Beobachter in zweierlei Zusammenhängen zu sprechen. Nach seiner »*Ge-*

schicklichkeit« im Akt der Beobachtung nimmt er Einfluß auf die Größe der zufälligen Fehler, während von seiner »*Einsicht*« abhängt, ob und in welchem Maße Fehler »von beständig einwirkenden Ursachen«, das heißt konstante, systematische Fehler, erkannt und vermieden werden.[91]

Bessels doppelter Beobachterbegriff gewichtet die einzelnen Aspekte, die bis dahin die Autorität des Beobachters ausgemacht haben, neu. Der auffälligste Unterschied zum älteren Regime der Beobachtung ergibt sich im Verständnis des Beobachters im Beobachtungsakt. Wo für Maskelyne noch Übung und genaue Befolgung des Beobachtungsverfahrens wesentlich zur Geltungskraft von Beobachtungen beigetragen haben, werden bei Bessel dieselben Faktoren, mit dem Namen der »Geschicklichkeit« belegt, unter die Variablen gezählt, die die Größe des zufälligen Beobachtungsfehlers beeinflussen. Impliziert ist damit, daß der Beobachter in der Ausführung seiner beobachtenden Tätigkeit stets als Fehlerquelle ins Spiel kommt und erst dann, je nach seinem Geschick, als Möglichkeit zur Beschränkung der Fehlergröße. Mit dieser Verschiebung einher geht eine Abwertung der alten, stark um Schulung und Persönlichkeit des Beobachters zentrierten Beobachtungskunst gegenüber der Untersuchung und mathematischen Analyse der Beobachtungsmittel und -resultate. Wer hierzu Beiträge liefert, so Bessel, »vermehrt wirklich unsere Beobachtungskunst«.[92]

Wenn man Bessel auch nicht unterstellen kann, daß ihn die Geschicklichkeit des Beobachters gar nicht interessiert, so ist doch festzuhalten, daß dieser Umstand in seinem Programm der Beobachtungsfehler keine Frage gewesen ist, die noch nach Erörterungen über Ansehen und Vorgehensweise des Beobachters verlangt. Was über die Geschicklichkeit zu sagen ist, bestimmt sich vielmehr als Sache mathematischer Operationen. Das »gültigere Zeugniß der Beobachtungen selbst«, nämlich die Abweichungen ihrer Resultate untereinander und die darauf gegründete Bestimmung ihres wahrscheinlichen Fehlers, lassen es ihm »überflüssig« erscheinen, »die Sorgfalt zu erwähnen, die der Beobachter bei jeder einzelnen Beobachtung anzuwenden sich gewöhnt hat«.[93] Diese Auffassung ist nicht selbstverständlich, sie ist aber im Begriff sich zu etablieren, wie eine kleine Untersuchung Littrows über die Genauigkeit andeutet, »mit welcher man den blosen Durchgang eines Gestirns durch einen der Fäden des Instruments bemerken kann«.[94] Ausgehend von Bessels Beobachtungen am Königsberger Passage-Instrument ergibt sich als Resultat:

> Im Mittel aus diesen 270 Beobachtungen folgt wahrscheinlichster Fehler der Beobachtung an einem Faden A = +/- 0",10 in Zeit.[95]

Für Littrow charakterisiert diese Größe, wie der Titel seines Aufsatzes »Ueber die Beobachtungen am Mittagsrohre« vorgibt, die Leistung eines bestimmten, nämlich des Königsberger Instruments. Seine Leser ziehen hingegen aus denselben Zahlen den umgekehrten Schluß. In einem Brief an Olbers bemerkt Gauss im Mai 1819 nicht nur, daß Littrows Berechnungsverfahren »unrichtig« ist, im Resultat drückt sich für ihn auch unmittelbar der »wahrscheinliche Fehler eines von Bessel beobachteten Antrittes« aus.[96] Aus der Kennziffer eines Instruments wird damit unter der Hand die eines Beobachters, die geradezu danach zu verlangen scheint, daß man seine eigenen Beobachtungen mit ihr vergleicht. Das Resultat fällt für Gauss ebenso positiv wie überraschend aus: »*Mein* wahrscheinlicher Fehler scheint also etwas geringer als bei Bessel. Ich weiss nicht recht, wie dies zugeht.«[97] Seine weiteren Erläuterungen zeigen, nach welcher Richtung sich dieser Fehler des Beobachters zu denken gibt.

> Bessel hat längere Uebung als ich; seine Uhr schlägt vermuthlich noch etwas schärfer ab als die meinige. Meine stärkere Vergrösserung kann auch die Ursache *hiervon* nicht sein. Die Vergleichung meiner Sterne unter sich zeigt, dass die Dekl. nur *schwach* dabei mitwirkt, und der wahrscheinliche Fehler hat nicht die Formel $\alpha \sec \delta$ (wie Bohnenberger zu glauben scheint), sondern die Form $\sqrt{(\alpha\alpha \sec \delta^2 + \beta\beta)}$, wo α vom Fehler des Sehens, β vom Fehler des Ohrs abhängt und wo, wie die Vergleichung meiner Sterne zeigt, α *viel* kleiner sein muss als β. Um α zu bestimmen, muss man denselben Versuch bei Sternen machen, die dem Pol *sehr* nahe stehen, welches ich aber noch nicht besonders genau untersucht habe; doch dürfte mein α vielleicht nur halb so gross sein als bei Bessel, was durch die stärkere Vergrösserung und feineren Fäden sehr erklärlich ist. Allein dass mein β auch noch etwas kleiner ist als bei Bessel, nimmt mich, wie gesagt, etwas Wunder.[98]

Gauss' Ausführungen sind in zweierlei Hinsicht bemerkenswert. Zunächst setzt er, anders als Littrow und anders auch als der von ihm erwähnte Tübinger Astronom Bohnenberger[99] den wahrscheinlichen Fehler eines Antritts direkt in Beziehung zu den Tätigkeiten der am Beobachtungsvorgang beteiligten Sinnesorgane. Dann aber ordnet er den Fehler des Ohres und den Fehler des Sehens nicht eigentlich den Sinnesorganen selbst zu, sondern den in der Beobachtung gebrauchten Instrumenten. Es ist die Charakteristik des Uhrschlags, die sich im Fehler des Ohrs geltend macht und Gauss so sehr verwirrt, weil sein Fehler kleiner scheint als Bessels, obwohl dessen Uhr angeblich »noch schärfer« schlägt. Und es sind die »stärkere Vergrösserung« und die »feineren Fäden« des eigenen Instruments, die ihm erklärlich machen, daß sein Fehler des Sehens halb so groß ausfällt wie der des Königsberger Kollegen. Schließlich kennzeichnet Gauss' Begriff von dem Einfluß der Sinne auf die Resultate der Beobachtungen aber noch ein dritter Aspekt, der mit dem Einschluß von Auge und Ohr als Rechnungsglieder in die Bestimmung des wahrscheinlichen Fehlers eines Antritts impliziert ist: nämlich, daß der Fehler, der aus ihrer Verwicklung in die Beobachtungen resultiert, berechnet werden kann.

Eben dies wird deutlich, als Gauss im Januar 1820 gegenüber Friedrich Bernhard Gottfried Nicolai, dem Direktor der Mannheimer Sternwarte, über seine Untersuchungen zum Fehler des Ohres und des Auges einschränkend bemerkt: »doch gründet sich die Bestimmung von *g* [hier der Fehler des Auges] noch nicht auf hinreichenden Erfahrungen«.[100] Denn in diesen »Erfahrungen« steckt allein Rechenarbeit. »Letztere Bestimmungen«, so Rudolf Wolf ein dreiviertel Jahrhundert später,

> wurden ohne Zweifel erhalten, indem für eine grössere Anzahl von Sternen [...] der sich aus Vergleichung der reduzierten Fadenantritte mit ihrem Mittel ergebende mittlere oder wahrscheinliche Fehler jedes einzelnen jener Wurzel [dem oben zitierten Term von Gauss] gleichgesetzt, [und] dann die den sämtlichen Gleichungen bestentsprechenden Werte von f und g gesucht wurden, [...].[101]

Diese Vorgehensweise ist in sich stimmig, sie hat aber den Nachteil, daß ein möglicher konstanter Fehler von Auge und Ohr, der sich in allen Beobachtungsergebnissen gleichermaßen geltend macht, so nicht aufgefunden werden kann. Gauss ergeht es damit zuletzt wie jedem Forscher, der sich nach einer Bemerkung Bessels gegenüber Littrow »von der Nichtexistenz von solchen Fehlern überzeugt hält, die nicht durch die Unterschiede unter den einzelnen [Beobachtungen] gefunden werden können, sobald nur diese eine geringe Grenze nicht übersteigen«.[102] Statt mißtrauisch der Sache auf den Grund zu gehen, gibt sich Gauss von ihrer Nichtigkeit überzeugt. Es »möchte alles wol unerheblich seyn«,[103] lautet sein abschließendes Urteil, und Olbers erfährt als Hauptergebnis aus dem Vergleich, daß der Fehler eines Fadenantritts »bei zwei Beobachtern, die ungefähr gleiche Uebung haben, fast genau derselbe ist.«[104] Dieser Schluß verbindet sich gut mit der hergebrachten Vorstellung von der Rolle des Beobachters für die Genauigkeit von Beobachtungsresultaten. Seine beruhigende Wirkung fußt aber einzig auf der Annahme, daß ein Beobachter nur zufällige Fehler begeht.

Daß Bessel in diesen Tagen ganz ähnlich wie Gauss gedacht hat, belegt nicht nur der Umstand, daß er in seinem Programm der Fehleruntersu-

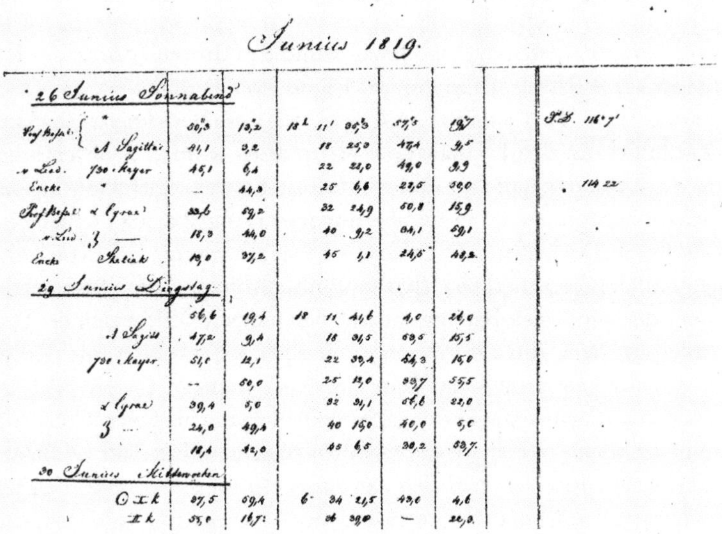
Junius 1819.

26 Junius Sonnabend

29 Junius Dingstag

30 Junius Mittewochen

Abb. 9: Ausschnitt aus dem Journal der Beobachtungen auf der Seeberger Sternwarte, oben Einträge für den »26. Junius Sonnabend« des Jahres 1819. In der Spalte links vor dem Namen des beobachteten Sterns der Name des Beobachters. In: Beobachtungen Sternwarte Seeberg 1818-1821, *Forschungs- und Landesbibliothek Gotha*, Handschriftenabteilung, Chart. B 2190(7), f. 41vs.

chung von 1819 die »Geschicklichkeit« im Beobachten unter die Quellen zufälliger Fehler rückt. Bestätigung hierfür findet sich auch in Bessels damaligem Hauptwerk, dem Katalog der von ihm neu reduzierten Bradleyschen Beobachtungen, in dessen Einleitung er eine Formel für die Bestimmung des Fehlers angibt, der aus der Schätzung der Uhrzeit und der Bestimmung des Moments der Passage resultiert.[105] Diese Formel unterscheidet sich zwar deutlich von der Gaussschen, doch allein schon ihre Aufstellung belegt, daß zu diesem Zeitpunkt der Einfluß sinnlicher Operationen auf das Beobachtungsresultat in Königsberg nicht anders als in Göttingen als Angelegenheit des mathematischen Kalküls begriffen worden ist. Dennoch nimmt Bessel nur zehn Tage nach seinem Vortrag vor der Berliner Akademie im Sommer 1819 ein Unternehmen in Angriff, das sich von seinem bisherigen Zugriff auf die Fehlerquelle Beobachter deutlich unterscheidet.

Im Journal der Seeberger Sternwarte für das Jahr 1819 sind unter dem Datum »26. Junius« sechs Durchgangsbeobachtungen verzeichnet (Abb. 9). Von den vorhergehenden und nachfolgenden Einträgen unterscheiden sie sich einzig in einem Detail: Jede der Beobachtungen ist namentlich gekennzeichnet. Den Durchgang des ersten Sterns bestimmt »Prof Bessel«, den des zweiten »v. Lind.[enau]« und den dritten »Encke«, es folgt wieder »Prof Bessel«, dann erneut »v.Lind.[enau]« und zuletzt noch einmal »Encke«. Die Kennzeichnung war, sofern sie Bessel betraf, nicht ungewöhnlich. In den Journalen der Sternwarten wurden Beobachtungen, die nicht von den üblichen Observatoren stammten, regelmäßig in dieser Weise hervorgehoben.[106] Daß aber Lindenaus und Enckes Namen ebenfalls vermerkt wurden, gibt zu denken. Die Zuordnung der Beobachtungen und der eigentümliche Rhythmus ihrer Abfolge entschlüsselt sich in Kenntnis von Bessels Bericht über die beständigen Differenzen der Beobachter aus dem Jahr 1823 als erster Versuch, »durch gemeinschaftliche Beobachtungen am Mittags-Fernrohr den etwanigen Unterschied [zwischen den Angaben der Durchgangsmomente verschiedener Beobachter] zu bestimmen.«[107] Daß dieses Vorhaben zu keinem Ergebnis geführt hat, hat triviale Gründe. Die Absicht, an einem der folgenden Tage die Untersuchung mit einer anderen Verteilung der Beobachter fortzusetzen, scheitert am Wetter. Der Aufenthalt auf dem Seeberg ging so zu Ende, ohne daß Daten gewonnen wurden, aus denen man eine Differenz der Beobachter hätte bestimmen können. Betrachtet man denselben Vorgang aber nicht retrospektiv von der Warte dessen, was auf ihn folgt und den »etwanigen Unterschied« als tatsächlich gegeben erweisen wird, sondern aus der Perspektive dessen, was ihm vorhergeht, so erscheint Bessels Vorgehen alles andere als selbstverständlich.

An die Stelle einer mathematischen Analyse von Sinnesfehlern, die, wie gesehen, bereits erste Ansätze der Formalisierung zeitigte, tritt hier nun die empirische Untersuchung, die nach Bessels eigenen Ausführungen für die Aufklärung konstanter Fehler der Beobachtung reserviert ist. Damit ändert sich zugleich grundsätzlich die Art und Weise, in der sich die Operationen des Beobachters als Fehler zu wissen geben. Aus einem je einmaligen, unbeständigen und nicht reproduzierbaren Ereignis, das am Schreibtisch aus vorliegenden Daten abgeleitet wird, geht ein Objekt hervor, das unter direkte Beobachtung gerät und durch eine ihm eigene Gesetzmäßigkeit ausgezeichnet scheint, die zumindest potentiell sich in jedem einzelnen Beobachtungsakt erneut bewahrheiten läßt. Der Abstand zwischen der programmatischen Aussage Bessels und den kurz darauf erfolgten Handlungen wird dabei nicht geringer, wenn man berücksichtigt, daß das jeweilige Interesse nicht ganz dasselbe ist. Im Vortrag vor der Akademie ist von den Fehlern *eines* Beobachters im Akt der Beobachtung die Rede, auf dem Seeberg steht dagegen eine Differenz zwischen je *zwei* Beobachtern zur Untersuchung an. Nach Bessels fehlertheoretischen Prämissen wäre der richtige Weg, eine solche Differenz festzustellen, aber jener gewesen, den Gauss bereits eingeschlagen hatte: nämlich den Fehler eines einzelnen Fadenantritts aus einer größeren Zahl von Beobachtungen ein und desselben Beobachters zu bestimmen und die erhaltenen Resultate für verschiedene Beobachter untereinander zu vergleichen. Daß Bessel statt dessen zur direkten Untersuchung schreitet, läßt sich vor diesem Hintergrund nur um so schwerer verstehen.

Dieser Eindruck schwächt sich auch nicht ab, wenn man eine Affäre in Betracht zieht, in deren Verlauf im Jahr 1818/19 Bessel schon einmal Möglichkeiten eines konstanten Beobachterfehlers durchgespielt hat. An ihrem Anfang steht erneut das Wort vom Rätsel. Anfang Juli 1818 berichtet Encke vom Seeberg an Bessel:

> Herr von Lindenau wird Ihnen wahrscheinlich schon über die starke Abweichung der hiesigen Polarisbeobachtungen von den Göttingern geschrieben haben. Beobachtungen von Nicolai in Mannheim geben etwa dasselbe Resultat wie die Göttinger. Mir ist diese Abweichung bis jetzt noch ganz räthselhaft und um so mehr möchte ich Sie bitten doch die Ihrigen zu derselben Zeit angestellten mitzutheilen.[108]

Die Dringlichkeit dieser Zeilen, der Mix aus eigenen Mitteilungen mit Nachrichten von dritter Seite und die Vermutung des Schreibers, daß die schlechte Kunde schon anderweitig nach Königsberg vorgedrungen ist, das alles ist typisch dafür, wie im postalischen Verkehr zwischen Astronomen in diesen Jahren immer wieder kleine und größere Unstimmigkeiten als Problem konstituiert werden. Und nicht weniger typisch ist, daß sich die Sache ein halbes Jahr später, teils als Mißverständnis, teils durch neue Beobachtungen, die voreilige Schlüsse korrigieren, weitgehend erledigt hat. Daß sich das Rätsel in Wohlgefallen auflöst, macht aber nicht die Überlegungen ungeschehen, die es in Gang gesetzt hat. Im nachhinein betrachtet stellen sie sich als überflüssig dar, damit wird aber nur deutlich, daß der Wert solcher Vorkommnisse nicht immer und nicht notwendig allein in ihrer restlosen Klärung liegt. Produktiv sind Rätsel selten dadurch, daß sie schnell ausgeräumt werden. Produktiv sind sie, wenn nicht sofort eine Lösung zur Hand ist und sich gewöhnliche Abweichungen in Unrat verwandeln, das heißt in eine Angelegenheit, von der man einen Rat erst noch suchen muß.[109]

Unter diesem Gesichtspunkt sind die Differenzen zwischen den Seeberger Beobachtungen des Polarsterns und denen von Gauss in Göttingen allerdings recht bedenklicher Natur. Wie nicht nur Bessel weiß, liefern solche Beobachtungen die »sicherste Bestimmung« für die Aufstellung eines Fernrohrs im Ortsmeridian.[110] Dazu kommt, daß die Rektaszension des Polarsterns auf jeden Fall »[g]änzlich unabhängig von den Stellungsfehlern« ist, weil für ihre Berechnung das Mittel aus der Beobachtung der oberen und der unteren Kulmination gezogen wird, so daß alle Fehler, die sich möglicherweise doch aus einer falschen Aufstellung ergeben, im Ergebnis auf jeden Fall wieder eliminiert werden.[111] Man versteht hiernach besser, daß Encke und Lindenau der dennoch vorhandene Unterschied zwischen den eigenen Bestimmungen der Polarstern-Rektaszension und denen von Gauss »sehr gequält« hat.[112]

Völlig anders verhält sich Bessel zu dieser Situation: Dem Seeberger Lamento begegnet er mit der Erfindung neuer Fehlerquellen, die maßgeschneidert das Unerklärliche erklären sollen. Sein erster Einfall, daß »die Aufstellung des Instruments, oder auch das Instr. selbst, thermometrisch wäre«,[113] das heißt mit den steigenden und fallenden Temperaturen der Tages- und Jahreszeit zunächst in die eine und dann die andere Richtung vom Meridian abweicht, würde die beobachteten Abweichungen in der Tat erklären. Der Mangel dieses Einfalls liegt aber nicht allein darin, daß er ganz Hypothese bleibt – »Ich kann nicht sagen, daß dieser Fehler wirklich irgendwo vorhanden ist«,[114] resümiert Bessel. Er findet auch kein Gehör. Statt inne- und stillzuhalten und trotz der Entwarnung, die sich allmählich andeutet, beunruhigt sich Encke nur einmal mehr über die angebliche »Erscheinung der constanten Verschiedenheit der Polarisbeobachtungen auf verschiedenen Sternwarten.«[115] Diese Ignoranz – sie gehört zum Familienerbe – führt Bessel wiederum zu der Erfindung einer zweiten Fehlerquelle. Man schreibt den 28. Januar 1819, als er die folgenden Zeilen, vielleicht sogar mehr für sich selbst als für seinen törichten Adressaten, zu Papier bringt:

> Sie fahren fort mein theuerster Encke, über die große Verschiedenheit der Polarsternbeobb. zu klagen; ich weiß aber nicht ob diese Klage durch die Göttinger und Ihre Beobachtungen begründet wird. […] Denn die Verschiedenheit scheint mir noch nicht bedeutend außer den Fehlergrenzen weniger Beobb. zu liegen. Uebrigens kennen Sie meine Meinung über die Möglichkeit eines *periodischen* Unterschiedes; ein *constanter*, d.i. *durch alle Jahreszeiten* sich gleich bleibender, müßte vom Beobachter herrühren, der den Durchgang durch den Faden, entweder für die Beobachtungsmethode des Polarsterns oder für die der übrigen Sterne (beide sind bekanntlich verschieden) zu früh oder zu spät angäbe. An die Möglichkeit dieses Fehlers glaube ich auch; allein ich glaube, daß der Beobachter es über sich gewinnen

> kann, die Durchgänge *recht* zu schätzen; wenigstens habe ich mir *viele Mühe* gegeben mir eine Praxis anzugewöhnen die ich für frei von diesem Fehler halte.[116]

Was Bessel sich vor Augen führt, ist sehr einfach. Ein »periodische[r]« Unterschied, der von der Temperatur zum Zeitpunkt der Beobachtung abhängig sein könnte, fällt zwar regelmäßig aus und ist von daher unter die beständigen Fehler zu zählen, es steht aber zu erwarten, daß sich die Größe dieses Unterschieds mit dem Lauf der Jahreszeiten ändert. Hält man sich hingegen an Enckes Wort von einer »constanten Verschiedenheit«, dann wäre ein Umstand zu suchen, der dauernd zu derselben Abweichung führt. Die Formulierung seines Korrespondenten bringt Bessel damit zunächst zu einer Unterscheidung zwischen verschiedenen Typen von beständigen Fehlern, aus der wiederum die Möglichkeit einer weiteren, diesmal »constanten« Fehlerquelle namens »Beobachter« hervorgeht. Genauso wie der thermometrische Fehler ist allerdings auch dieser Fehler des Beobachters einzig als ein Gedankending gegeben, das seinem Autor, zumindest für die eigenen Beobachtungen, eigentlich undenkbar schien.

Es läge auf den ersten Blick nahe, diese wenn auch konjunktivische Bewegung hin zu einem Begriff des Beobachters als Quelle konstanter, beständiger Fehler als direkte Vorgeschichte der im Sommer 1819 auf dem Seeberg zwischen Bessel, Encke und Lindenau in Angriff genommenen Untersuchung über Differenzen der Beobachter zu verstehen. Dagegen spricht jedoch, daß zwei verschiedene Dinge auf dem Spiel stehen. Geht es dort um die Frage, ob zwei Beobachter bei der Beobachtung ein und derselben Sterne Differenzen in der Bestimmung der Durchgangszeiten zeigen, entwickelt Bessel hier, im Januar 1819, die Idee, daß ein und derselbe Beobachter bei der Anwendung zweier verschiedener Beobachtungsverfahren für zwei verschiedene Objekte der Beobachtung einen konstanten Fehler verursacht. Im Gegensatz zu den anderen Sternen wird der Durchgang des Polarsterns, der auf Grund seiner Deklination besonders langsam durch das Sehfeld des Okulars wandert, nicht durch Schätzungen seines Abstands zum Faden bei den beiden Schlägen der Uhr vor und nach der Passage bestimmt. Statt dessen wird das Zeitmoment geschätzt, bei dem der Stern durch den Faden genau vertikal geteilt wird, das heißt seine »Bissection« erfolgt.[117] Da wiederum alle Angaben der Rektaszension relativ zu denen anderer Sterne erfolgen, kommen in jeder entsprechenden Bestimmung für den Polarstern das gewöhnliche Beobachtungsverfahren (für den Vergleichsstern) und das Verfahren der Bissection (für den Polarstern) ins Spiel. Wird, wie Bessel spekuliert, in einem der beiden Fälle der Durchgang vom Beobachter »zu früh oder zu spät« angegeben, könnte sich daraus erneut, diesmal vom Beobachter abhängig, eine konstante Abweichung der Rektaszension des Polarsterns zwischen verschiedenen Sternwarten erklären.

Daß Bessel den Beobachter in seine Gedankenspiele miteinbezieht, geschieht nicht ohne Grund. Unabhängig von den Seeberger Beunruhigungen gelangt er im Juni 1818 bei der Diskussion seiner eigenen Bestimmungen des Polarsterns für die Vorjahre zu einer ähnlichen Überlegung. Gegenüber Gauss berichtet er, daß die Rektaszension, je nachdem, ob sie auf Beobachtungen am Kreisinstrument oder am Passage-Instrument der Königsberger Sternwarte gegründet wird, um deutlich mehr als eine Zeitsekunde größer oder kleiner ausfällt,

> ohne dass ich einen Grund dafür zu errathen im Stande wäre, es wäre denn, dass man annehmen wollte, dass ich die Zeit, wo der Stern am Mittelpuncte des Fadens war, immer zu früh geschätzt hätte, wovon ich, da ich nicht vorher hierauf aufmerksam war, den Ungrund nicht absolut behaupten kann, wenn ich mir gleich keiner Sorglosigkeit bewusst bin. Man müsste dann freilich denselben Fehler bei den Mittagsfernrohr-Beobachtungen annehmen: allein dieses Fernrohr ist stärker, also der Fehler kleiner oder gar Null, zumal da die Fäden feiner sind.[118]

Wie sich zeigt, hat Bessel das Geschäft der Fehlerquellenerfindung mit beachtlicher Kreativität betrieben, kommt doch hier der Beobachter auf eine wieder andere Weise ins Spiel. Insofern die Schätzung des Durchgangs mit der verschiedenen Stärke der Instrumente – und das heißt nach dem Kontext, mit ihrer verschiedenen Vergrößerung – in Verbindung gebracht wird, wäre der Fehler des Beobachters diesmal, ähnlich Gauss' Überlegungen zu den Ursachen des Fehlers des Ohres und des Sehens, vom verwendeten Instrument abhängig und von diesem forciert.

Bilanziert man die Diskussion um den Beobachter, wie sie sich in der Zeit der Rätsel zwischen Bessel und seinen Kollegen im deutschsprachigen Raum entwickelt, ergibt sich alles andere als eine klare Lage. Auf der Seite empirischen Unrats kommt die Möglichkeit eines konstanten Fehlers des Beobachters als Gedankenspiel auf, nur wird sie näher betrachtet eher ausgeschlossen oder fest an Umstände der in den Beobachtungen benutzten Instrumente geknüpft. Diesen Erwägungen steht andererseits entgegen, daß Bessel wie Gauss den beobachtenden Beobachter im Rahmen einer Theorie der Beobachtungsfehler als Quelle zufälliger Fehler definiert haben. Der Ort des Beobachters im neu sich formierenden Regulativ der Beobachtung ist entsprechend alles andere als fixiert. Alte Bestimmungen nach der Maßgabe von Erfahrenheit, Vorsicht und Rang werden zwar von jeder der neuen, miteinander rivalisierenden Fassungen des Beobachters unterwandert, aus dieser Gemengelage führt aber keine direkte Linie zu den Vorgängen, von denen nun die Rede sein wird.

Überraschung in Königsberg

Als Bessel in seinem Bericht von 1823 auf die Seeberger Beobachtungen mit Encke und Lindenau zurückkommt, begegnet diese Episode nurmehr als erster Ansatz späterer Erkenntnisse. Nach einem Referat der Vorkommnisse in Greenwich ein Vierteljahrhundert zuvor wird gleich zu Beginn Maskelynes Annahme, daß die Unterschiede zwischen ihm und seinem Assistenten einzig durch ein Abweichen von der »wahren Methode« der Beobachtung zu erklären seien, grundsätzlich in Frage gestellt. »Wenn man bedenkt«, so Bessel,

> daß sowohl die Sterne, als die Fäden, in guten Mittags-Fernröhren vollkommen deutlich erscheinen, daß die Bewegung in einer Secunde, schon bey einer 60 bis 80 mahligen Vergrößerung sehr groß ist, daß der Beobachter gewöhnlich bis auf ein, höchstens zwey Zehntheile einer Secunde sicher zu seyn glaubt: so erscheint der Unterschied zwischen Maskelyne und seinem Gehülfen beynahe unglaublich; wenn man ferner erwägt, daß Herr Kinnebrook den Wunsch gehabt haben muß, die Durchgänge wieder früher zu beobachten, um sich dem zu nähern, was für ganz richtig gehalten wurde, so kann man nicht mehr zweifeln, daß zwischen zwey Beobachtern ein *unwillkürlicher* beständiger Unterschied Statt finden kann, welcher die Grenzen der zufälligen Unsicherheit weit überschreitet, […].[119]

Dieses Argument hat einiges für sich. Allein, es bildet nicht, wie sein Platz am Anfang von Bessels Bericht nahelegt, die Ausgangsbasis für die einzelnen Schritte, die im weiteren »zur nähern Erkenntnis dieser räthselhaften Erscheinung« unternommen werden,[120] sondern erhält umgekehrt seine Schlüssigkeit erst durch Erfahrungen, die im Ablauf der Untersuchung gemacht worden sind. Zum Zeitpunkt, da die ersten Vergleichungen in die Wege geleitet werden, spricht nichts dafür, daß Maskelynes Überlegungen bereits überwunden sind. Vielmehr deutet der Nachdruck, mit dem Bessel im Januar 1819 gegenüber Encke die »Mühe« betont, sich eine geeignete Beobachtungspraxis anzugewöhnen, darauf hin, daß auch er zu diesem Zeitpunkt, nicht anders wie Maskelyne, auf eine rechte Verfahrensweise vertraut. In dieser Verschiebung zwischen den Prämissen vor Beginn der Untersuchung und den Voraussetzungen, die nach den Untersuchungen am Anfang von Bessels Bericht gemacht werden, liegt die eigenste Qualität des ganzen Unternehmens. Bessels Fund geht nicht deshalb in die Annalen der Wissenschaften ein, weil er unmittelbar größte Konsequenzen für die Astronomie der Zeit hatte. Man wird im nächsten Kapitel sehen, daß dies mitnichten der Fall gewesen ist. Seine Bedeutung liegt darin, daß sich gegen alle Erwartung im Wissen vom Beobachter eine Lücke auftat, Zweifel Einzug hielt, wo man bis dahin nichts zu erfahren vermutet hatte.

Mehr als ein Jahr vergeht, ehe Bessel dazu kommt, die auf dem Seeberg unvollendet gebliebenen Bestimmungen in einer neuen Konstellation wiederaufzunehmen. Gelegenheit dazu bietet ein Besuch Wilhelm Struves, der im Herbst 1820 auf der Rückreise von einer ›grand tour‹ durch Observatorien und Werkstätten in den deutschen Ländern in Königsberg eintrifft.[121] Das Wetter scheint dem Vorhaben jedoch einmal mehr wenig günstig gewesen zu sein. Gerade eine einzige vergleichende Beobachtung, zudem »minder sicher«, findet während des Aufenthalts statt.[122] So kommt es, daß die erste ausführliche Untersuchung über diesen Gegenstand statt mit Struve mit dessen Begleiter Johann Henric Walbeck stattfindet. Seinem Eintreffen bei Bessel sind einige Zeilen Struves vorausgelaufen:

> Gerne würde er [Walbeck] bey Rechnungen und Reductionen jeder Art behülflich sein, und Sie würden in ihm einen gewandten Rechner und Trigonometer finden. Er hofft von Ihnen zumal in Bezug auf practische Astronomie zu lernen, wo ihm manche nähere Anweisung noch wohl thut.[123]

Walbecks Elevenstatus dürfte etwas übertrieben sein. Immerhin ist er bereits als Observator der Sternwarte in Åbo (im finnischen Gouvernement, heute Turku) tätig. Für den in Aussicht genommenen Vergleich verwandelt sich sein eventueller Mangel an Erfahrung im Beobachten aber eher in einen Vorteil, denn Bessel stellt zunächst Maskelynes Szenario getreulich nach. Zu diesem gehört nicht nur, daß zwei sehr unterschiedlich geübte Beobachter aufeinandertreffen. Zu ihm gehört auch, daß die fatale Differenz in zwei auf verschiedenen Wegen erhaltenen Korrektionen des Uhrgangs auffällig geworden ist.[124] Bessel schließt an dieses Szenario an und nimmt die routinemäßige Kontrolle der Uhr als Anordnung einer Untersuchung über den Beobachter in Dienst. Durchgeführt werden zwei parallele Reihen von Beobachtungen, wobei in der einen Reihe die Durchgänge einer Zahl von ausgewählten Sternen am ersten Tag von Walbeck, am zweiten Tag von Bessel beobachtet werden, in der anderen Reihe hingegen am ersten Tag von Bessel und am zweiten Tag von Walbeck.

> [A]us diesen Beobachtungen ergeben sich zwey Bestimmungen des Ganges der Uhr, welche um den doppelten Unterschied beyder Beobachter verschieden und daher geeignet seyn mußten, denselben zu erkennen zu geben. Bezeichnet man die Angabe der Zeit eines Durchganges nach beyden Beobachtern durch die Anfangsbuchstaben ihrer Namen, und den Gang der Uhr zwischen zwey Beobachtungstagen durch x, x', x" &c. , so findet sich aus einem Sterne, welchen Walbeck am vorhergehenden, ich am folgenden Tage beobachtete B-W+x, und aus einem in umgekehrter Ordnung beobachteten W-B+x.[125]

Die knapp vierzig Beobachtungen münden für Bessel in der Feststellung, »daß Walbeck stets bedeutend später beobachtete als ich, nämlich [...] im Mittel 1,"041, welches Resultat kaum einige Hunderttheile einer Secunde zweifelhaft seyn kann.«[126] Nach dem gewählten Procedere ließ sich zwar nicht sagen, wer von den zweien absolut zu spät oder zu früh beobachtete (oder ob beide einen Fehler begingen),[127] wichtiger war aber ein anderer Aspekt: »Dieser große Unterschied«, fährt Bessel fort, »war schon am zweyten Tage auffallend und veranlaßte eine Vermehrung der Aufmerksamkeit auf die wahren Momente der Durchgänge; allein dieses änderte ihn nicht, und wir schlossen die Beobachtungen mit der Ueberzeugung, daß es Beyden unmöglich sey, auch nur ein einziges Zehntheil einer Secunde anders zu beobachten.«[128] Es ist dieser Widerstand der Differenz gegen alle Versuche, sie zum Verschwinden zu bringen, der Bessel in den folgenden brieflichen Mitteilungen über die Untersuchung am meisten beschäftigt. Im Februar 1821 resümiert er die »sehr sonderbare Erscheinung« gegenüber Johann Georg Tralles, dem Sekretär der Berliner Akademie, mit den Worten:

> Jener Unterschied ist desto mehr zu verwundern, da man sich bei einer starken Vergrößerung, gewöhnlich des einzelnen Zehntheils sicher bewußt zu sein glaubt. Was diese Erfahrung für Folgen haben kann, ist mir noch dunkel; aber es scheint gewiß daß sie nicht bei allen Beobb. verschwinden.[129]

Und auch in Briefen an Olbers, Encke und Struve beharrt Bessel in fast gleichlautenden Formulierungen auf immer demselben Punkt. Man scheint sich der Bestimmung des Durchgangs »sicher bewußt«, und doch ergibt sich am Ende eine Differenz zwischen den Beobachtern von rund einer Sekunde.[130]

Ausgehend von der Hartnäckigkeit, mit der sich Bessel erstaunt zeigt, ist das erste Ergebnis seiner Untersuchung weniger ein Faktum denn ein Widerspruch zwischen dem, was man weiß und erwartet, und dem, was man vorfindet. Obwohl sich die Beobachter alle Mühe geben und obwohl sie sich über ihre Vorgehensweise genau Rechenschaft ablegen, bleibt im Resultat unübersehbar ein Unterschied bestehen. Diese Art von Unterschied liegt nicht auf der Hand. Das Resultat der Untersuchung bezeichnet im Gegenteil die Möglichkeit, die Bessel in seinem Brief an Encke von Januar 1819 eigentlich ausgeschlossen hat. Zeigt sich doch jetzt, daß der Beobachter offenkundig doch fähig ist, einen Fehler zu begehen, den er nicht »über sich gewinnen kann«, der sich vielmehr jeder Konzentration auf das eigene Tun entzieht. In der Rückschau seines Berichts wirft ein solcher »*unwillkürlicher* beständiger Unterschied« für Bessel keine Fragen mehr auf: Er ist nun wirklich zum Faktum geworden. Im Moment seines Vorfalls ist dieser Unterschied dagegen etwas, für das es im Wissen des praktischen Astronomen nur die Chiffre drohenden Unrats gibt: Er ist »äusserst räthselhaft«.[131] Allerdings findet nicht jeder das Ergebnis der Greenwich-Reprise zum Verwundern. Für Gauss, Gastgeber von Walbeck und Struve im Sommer 1820, ist die Sache klar. Von Olbers in Kenntnis gesetzt, antwortet er: »Uebrigens unter uns gesagt schien mir Walbeck (den ich sonst für einen sehr guten Kopf halte) im Observiren noch wenig geübt zu sein. Die Beobb., die ich und Struve hier gleichzeitig angestellt haben – obwohl nicht in Beziehung auf jenen Umstand – haben keinen sichtbaren Unterschied gegeben.«[132] So wie ursprünglich auch Bessel geht Gauss weiter davon aus, »dass die Unterschiede bei *geübten* Beobachtern stets sehr klein bleiben müssen.«[133] Die Vergleichungen mit Walbeck können hierüber noch nichts besagen. Doch hat Bessel schon erfahren, wie es sich damit verhält.

Auf der Rückreise nach Åbo macht Walbeck im Februar 1821 Station bei Struve in Dorpat. Von Bessel erbeten beginnt man auch dort mit gemeinschaftlichen Beobachtungen. Kaum eingetroffen, meldet Walbeck nach Königsberg:

> Um die constante Differenz der Antritte an den Fäden auszumitteln, haben Struve und ich schon Beobachtungen angefangen, von welchen es zu folgen scheint dass ich 0,"2 – 0,"3 als Struve später die momente bei MI. taxire. Wenn vorausgesetzt werden kann, dass meine Art zu beobachten nicht geändert und immer unverändert habe

> selbe halten werde, so treffen diese 0,"2 gut zusammen mit der Diff. zwischen Ihnen und Struve aus einer Beob. und die bekannte ganze Sekunde; [...].[134]

Zieht man die Summe aus Walbecks Mitteilung, dann erbringt die Dorpater Vergleichung weit mehr als nur eine weitere Bestätigung der Möglichkeit eines beobachterabhängigen Unterschieds. Denn mit den nun erhaltenen Ergebnissen treten alle bis dahin vorliegenden Daten als Elemente einer Regelmäßigkeit zusammen. Wenn Walbeck von einer »constante[n] Differenz der Antritte« spricht, ist dies eigentlich erst durch die eben stattgefundene Untersuchung begründet, mit der indirekt auch die Differenz zwischen Bessel und Struve bestätigt schien, die aus der erwähnten einen Bestimmung im November des Vorjahres hervorgegangen war. Darüber hinaus wird aber endgültig die Vermutung hinfällig, daß sich in dem Phänomen allein der Grad der Übung ausdrückt. Denn anders als Walbeck galt Struve als ein Astronom, dessen Genauigkeit »ihres gleichen nicht [hatte]«.[135] Gleichwohl fällt der Unterschied zwischen Bessel und ihm mit rund einer Zeitsekunde nur wenig kleiner aus als der zwischen Bessel und Walbeck.

Gut zwei Jahre nachdem im Zuge der Diskussion der Polarsternbeobachtungen zum ersten Mal der Gedanke an einen beobachterabhängigen beständigen Fehler aufgekommen ist, hat sich die Lage vollkommen verkehrt. Erschien es damals zumindest »glaublich«, daß eine rechte »Praxis« Fehler verhindere, zeigt sich Bessel nun gerade vom Gegenteil überzeugt. Als Walbeck behauptet, daß seine Differenz zu Struve »bei mehr Übung wegfallen wird«,[136] will er davon nichts wissen: »W. scheint zu glauben, daß Sie [Struve] und er eigentlich *gleich* beobachten; dieses glaube ich aber nicht, sondern ich halte es für ganz gewiß daß ein specifischer Unterschied zwischen Ihnen ist. Dieser mag sich in der Folge vergrößern oder verkleinern; *vorher* ist nicht darüber zu entscheiden.«[137] Die Bestimmtheit dieser Worte fällt um so mehr auf, als der Unterschied zwischen Walbeck und Struve relativ klein ist. Daß Bessel dennoch auf der Gegebenheit irgendeines Unterschieds beharrt, läßt ahnen, wie nachhaltig die Erfahrungen aus den ersten Vergleichungen seinen Erwartungshorizont verändert haben. Den Eindruck, daß sich hier etwas ereignet hat, das nicht mehr rückgängig gemacht werden kann, teilen dabei selbst solche Beobachter, die zunächst ganz andere Erfahrungen machen. So ist Struve, noch bevor Walbeck bei ihm eintrifft, der Sache mit seinem Gehilfen Karl Friedrich Knorre nachgegangen, ohne allerdings zu Ergebnissen zu kommen, wie sie Bessel umtreiben: »Es scheint keine oder nur eine sehr geringe konstante Differenz zwischen den Momenten der

Durchgänge zu geben, die von Knorre und mir beobachtet wurden.«[138] Die gute Übereinstimmung kann dem Bestand des in Frage stehenden Phänomens aber nichts mehr anhaben. Sie schärft nur das gegenteilige Ergebnis von Bessels Untersuchungen. Auch Struve findet: »Die constante Differenz der Antritte nahe 1" Zeit zwischen Ihnen und Walbeck ist doch sehr sonderbar.«[139]

Zwei Jahre später wird sich bei weiteren Vergleichungen zwischen Bessel, Struve und Bessels Gehilfen Friedrich Wilhelm Argelander herausstellen, daß die Differenzen der Beobachter mitnichten so viel Konstanz besitzen, wie zunächst angenommen. Nur eins eint die neuen Resultate unter sich: Sie passen allesamt nicht zusammen. Und noch etwas fällt auf: Die Untersuchungen greifen jetzt einzelne Umstände der Beobachtungen gesondert auf und verfolgen das Phänomen der Differenz an verschiedenen Typen von Beobachtungsaufgaben. Beide Vorgänge lassen sich als Resultat einer Bewegung denken. Das Ereignis, das in der ersten Runde von Vergleichungen hervorgebracht und stabilisiert worden ist, beginnt sich in der zweiten Runde in weit umfangreicheren Erhebungen zu zerstreuen. Nur einer erfuhr hiervon nichts mehr: »Trauerpost« aus Åbo verkündete im November 1822, daß Walbeck sich das Leben genommen hatte.[140]

Differenzierung und Experimentalisierung: Zukunft durch Zerstreuung

Kaum eine Äußerung ist in den letzten zwanzig Jahren in wissenschaftshistorischen Studien häufiger zitiert worden als Ian Hackings Wort vom »Eigenleben«, das die »Experimentiertätigkeit« führt.[141] Diese Behauptung läßt mindestens zwei Interpretationen zu. Die erste liefe darauf hinaus, die Geschicke des Experimentierens neben den Prozessen der Theoriebildung und im Verhältnis zu ihnen als einen eigenen Bereich wissenschaftlicher Erkenntnis anzuerkennen. Diese Interpretation ist die übliche, von Hacking legitimierte und kommt in ihren Konsequenzen einer Emanzipation des Experiments als Ort genuiner Produktivität von Wissenschaften gleich. Man kann aber auch die Metapher vom »Eigenleben« beim Wort nehmen und sie so verstehen, daß Experimente nicht tote Dinge zu Willen des Forschers, sondern lebendige Wesen sind, die nach Aufmerksamkeit auf die Umstände ihrer Lebendigkeit und ihres Überlebens verlangen. Gewöhnlich wird es dabei so sein, daß das eine nicht vom anderen abzutrennen ist, daß also die Erfahrung, daß in der Durchführung eines Experiments etwas Neues herauskommt, zugleich auch dessen Fortleben sichert. Dies gilt insbesondere, wenn man, wie Hans-Jörg Rheinberger, den Lebenszyklus eines Experimentalsystems nach dem Grad seiner Produktion von Neuigkeiten einteilt und sein Absterben damit zusammenfallen läßt, daß die Ergebnisse des Experimentierens reproduktiv, steril und vorhersagbar werden.[142] Dieser Standpunkt bewährt sich zweifelsohne in der Betrachtung der Metamorphosen eines einmal etablierten ›Experimentalwesens‹. Er wäre aber teilweise zu revidieren, wo es um den Moment seines Erscheinens geht. Hier, so könnte man behaupten, garantiert gerade das Maß, in dem im vorerst nichts Schlüssiges herauskommt, dafür, daß ein Experiment nicht unmittelbar abstirbt. Diese Position läßt sich noch schärfen, wenn man sie von Überlegungen Gaston Bachelards absetzt.

Ein wesentlicher Punkt in Bachelards Programm einer nicht-cartesianischen Epistemologie bildet die Neubewertung der experimentellen Tatsachen. In *Le nouvel esprit scientifique* (1934) heißt es mit Blick auf die ersten Korrekturen an der als Beispiel eingeführten Bestimmung des Wasserstoffspektrums: »Man glaubt, den experimentellen Tatsachen im Detail gerecht zu werden, wenn man sie als Störungen eines allgemeinen Gesetzes beschreibt.«[143] Was hier zusammen mit einem namenlosen »man« der Kritik verfällt, ist eine Auffassung wissenschaftlicher Erkenntnis als Versammlung einfacher, klarer und dauerhafter Aussagen, zu der sich die Befunde der Empirie, wie angedeutet, als unbotmäßige Abweichungen verhalten. Bei Bachelard wird diese Relation nun umgekehrt. Ergebnisse des Experimentierens, die das gegebene theoretische Verständnis eines Phänomens ›stören‹, werden zu Quellen einer vertieften, nämlich dieses Phänomen komplizierenden Erfahrung. Mit dieser Verschiebung einher geht allerdings, daß das Störende am Störenden – den experimentellen Tatsachen – gar nicht mehr störend ist, es vielmehr vorausgreifend als Bereicherung der Erkenntnis bestimmt wird. Interessiert man sich jedoch für das »Eigenleben« eines Experiments und allgemeiner gesprochen eines Forschungsunternehmens, dann wird dessen Fortdauer unter Umständen gerade durch den Widerstand gesichert, den die jeweiligen Hervorbringungen ihrer Einbindung in einen Erkenntniszusammenhang entgegensetzen, so komplex und vorläufig dieser auch sein mag. Zumindest ließe sich so besser verstehen, warum eine Untersuchung, die in ihrem Ablauf zu immer mannigfaltigeren (und nicht einfach reichhaltigeren) Erfahrungen führt, besonders produktiv ist, obwohl die Erweiterung der Erfahrung eher mit einem vertieften Unverständnis denn mit einem tieferen Verständnis des untersuchten Phänomens einhergeht.

Das Resultat der zweiten Runde von Vergleichungen zwischen Bessel, Argelander und Struve im Frühjahr 1823 läßt sich auf einen charakteristischen Satz bringen: »mein Verstand steht dabei Stille«,[144] so schreibt es Argelander im Juli desselben Jahres im Anschluß an die vorläufig letzten Bestimmungen nach Königsberg. Der Seufzer der Verzweiflung hat einen guten Grund. Die neuen Untersuchungen bringen das reine Chaos zutage. Nicht nur bestätigt keines der Ergebnisse die schöne Regelmäßigkeit der Unterschiede, die sich aus der ersten Vergleichung zwischen Struve, Walbeck und Bessel ergeben hat. Die Absicht, durch den Einbezug anderer Beobachtungsaufgaben und die Variation einzelner Beobachtungsumstände das Phänomen weiter einzukreisen, erbringt darüber hinaus eine wahre Explosion von unterschiedlichen Unterschieden der Beobachter. Dabei haben die Erfahrungen, die sich aus den früheren Bestimmungen und den ersten neuen ableiten lassen, für Bessel zunächst fast die prognostische Kraft eines Gesetzes besessen. Vorausgreifend bemerkt er im Mai 1823 gegenüber Struve:

> Argelander hat Ihnen, glaube ich, geschrieben, daß auch er und ich jetzt die gemeinschaftlichen Beobb. über die absoluten Zeiten der Fadenberührungen gemacht haben. Die Sache steht nun so: Argelander beobachtet 1",22 später als ich, Walbeck 1",02 später; Sie beobachten 0",22 früher als Walbeck, also 0",80 später als ich. Sie müssten also mit Argelander eine Differenz von 0",42 haben, welche sich, bei Argelanders Reise, direct wird bestätigen lassen, wenn auch kaum an ihrer Richtigkeit gezweifelt werden kann, da alle Beobachtungen vortrefflich harmoniren.[145]

Als Argelander zwei Monate später auf dem Weg, die Nachfolge Walbecks in Åbo anzutreten, in Dorpat eintrifft, stellt sich die Sache etwas anders dar. Die Differenz zwischen Struve und ihm fällt kleiner aus als erwartet, was gleichzeitig bedeutet, daß die indirekt abgeleitete Differenz Bessel – Struve um den entsprechenden Betrag zunimmt.[146] Zu dem Eindruck, daß das Phänomen wesentlich unbeständiger ist als zunächst vermutet, tragen eine Zahl weiterer Bestimmungen bei, die andere Beobachtungsaufgaben und -anordnungen durchspielen. Diese Bewegung der Differenzierung und Experimentalisierung setzt bereits mit den Vergleichungen zwischen Bessel und Walbeck ein, die in einer Serie von Bestimmungen statt des Durchgangs eines Sterns am Faden die »Vorübergänge eines Pendels vor einem Punkte« beobachten. Es ergibt sich, daß »auch hier sich ein Unterschied von 1/3" [zeigt], obgleich weder so sicher noch so übereinstimmend als bei den Fernrohrbeobachtungen.«[147] Das Resultat fällt durchaus symptomatisch aus. Zwar bestätigt sich die Gegebenheit eines Unterschieds, der Einsatz einer neuen Anordnung verschafft dem Phänomen aber keineswegs mehr Regelmäßigkeit. Die jeweiligen Differenzen zwischen Bessel und Walbeck bei Stern- und Pendelbeobachtungen gehen immerhin sieben Zehntelsekunden auseinander.

Ob die Pendelversuche einzig dem Umstand geschuldet sind, daß sie sich unabhängig von Wetter und Kulminationszeiten beliebig oft wiederholen lassen, oder ob hier noch andere, experimentelle Erwägungen eine Rolle spielen, geht aus Bessels flüchtiger Anmerkung nicht hervor. Obwohl aber diese Versuche auffälligerweise in den späteren Bericht nicht übernommen werden, markieren sie ein erstes Moment der Ablösung der ganzen Untersuchung von der astronomischen Ausgangssituation ›Durchgangsbeobachtungen‹. Dies setzt sich fort in einem anderen Typ von Beobachtungen, den 1823 Bessel und Argelander und anschließend auch Argelander und Struve verfolgen. Über die Motive hierbei bemerkt Bessel rückblickend:

> Nach dieser Feststellung der Erscheinung selbst [der vom Beobachter abhängigen Differenz der Durchgangsmomente] habe ich versucht, einige Thatsachen zu sammeln, welche vielleicht die Entdeckung ihrer Ursache erleichtern können. Zuerst habe ich das stetige Fortschreiten des Sterns im Fernrohre mit der plötzlichen Erscheinung oder Verschwindung eines Gegenstandes vertauscht; [...].[148]

Diese Variation ehrte eine jede einschlägige Versuchsplanung. Mit Blick auf das Wissen, in dem Bessel handelt, muß man sich jedoch fragen, wie er dazu kommt, unter allen denkbaren Abhängigkeiten die »plötzliche[ ] Erscheinung oder Verschwindung eines Gegenstandes« als möglichen Umstand des fraglichen Phänomens aufzugreifen. Dabei zeigt sich, daß ihn zunächst nicht systematische Erwägungen leiten, sondern Erfahrungen mit einer anderen Art von astronomischen Beobachtungen.

Hinter dem unbenannten Gegenstand, der da erscheint und verschwindet, verbirgt sich anfangs nichts anderes als ein Himmelskörper, der von einem anderen verdeckt wird. Im Unterschied zu Durchgangsbeobachtungen war es üblich, daß solche Ereignisse auf einer Sternwarte von mehreren Beobachtern an verschiedenen Instrumenten verfolgt wurden. So versammeln sich Ende August 1820, als eine Bedeckung der Plejaden durch den Mond angekündigt ist, Bessel, Argelander und Peter Andreas Hansen, der zweite Gehilfe der Königsberger Sternwarte, um die Zeiten der Ein- und Austritte zu bestimmen. Die Resultate zeigen: Die Momente, die Argelander und Hansen angeben, weichen von denen Bessels fast immer mehrere Zehntelsekunden und teilweise sogar über eine Sekunde ab.[149] Es handelt sich um keinen Einzelfall: Ähnliche Differenzen finden sich beispielsweise, als Gauss, Walbeck, Struve und Gauss' Kollege Harding im September 1820 auf der Göttinger Sternwarte eine Sonnenfinsternis beobachten.[150] Zu beachten ist jedoch, daß die gefundenen Unterschiede zu diesem Zeitpunkt nicht als solche zwischen Beobachtern aufgefaßt werden, sondern entweder als Unterschiede in der Definition eines Ein- oder Austritts[151] oder als Unterschiede der zur Beobachtung verwendeten Instrumente. So sind nach Bessel seine Eintritte deshalb »weit genauer« beobachtet, weil er eine »starke Vergrösserung und den 7 f. Reflector« benutzt hat.[152] Ein Jahr später, im Licht der ersten Untersuchung über Differenzen der Beobachter, ergeben sich andere Deutungsmöglichkeiten. Abweichende Angaben der Ein- und Austritte bei Sonnenfinsternissen erklärt Besssel nun damit, daß die Beobachter nicht die »Wahrheit« gesagt hätten, daß sie nämlich den ersten Moment der Bedeckung und den ersten des Wiedererscheinens zu früh oder zu spät angeben würden.[153] Eine ältere Erfahrung hat sich damit einer neueren Erfahrung anverwandelt, und erst dieser Zusammenschluß bringt die Systematik hervor, die Bessel in seinem Bericht voraussetzt: Beobachtungen von Bedeckungen sind ursprünglich so wenig »plötzliche« Phänomene wie Durchgangsbeobachtungen »stetige«, man wird diese Begrifflichkeit vielmehr vorher vergeblich in diesem Zusammenhang suchen. Sie werden erst als solche definiert, wenn sie als zwei Fälle eines Problems in ihrem Verhältnis zueinander zu charakterisieren sind.

Mit der Unterscheidung verschiedener Fälle beobachterabhängiger Differenzen in Abhängigkeit zu verschiedenen Beobachtungsaufgaben verschiebt sich in der zweiten Runde von Vergleichungen auch das Schwergewicht von Bessels Unternehmen insgesamt. Die Beobachtungen mit Argelander sprechen eine deutliche Sprache: Dreizehn Bestimmungen von stetigen oder Durchgangsbeobachtungen stehen neunundneunzig von »plötzlichen Erscheinungen und Verschwindungen« gegenüber.[154] Dieses Ungleichgewicht verwundert zunächst, denn die Ergebnisse der letztgenannten Beobachtungen werden in Bessels Bericht nur auf einer Handvoll Zeilen diskutiert. Vermutlich zeugt ihre große Zahl aber weniger von einem besonderen Interesse als von einem ersten Effekt von Experimentalisierung. Zwar sind Bedeckungen genauso wenig beliebig der Beobachtung verfügbar wie Sterndurchgänge. Sie sind jedoch unter den Möglichkeiten der Zeit wesentlich leichter durch beliebig reproduzierbare Phänomene zu ersetzen. Achtzig der fast einhundert »Erscheinungen und Verschwindungen« werden von Bessel und Argelander an einem außerordentlich simplen Arrangement beobachtet, das Sternbedeckungen durch die »plötzliche[ ] Bedeckung eines schwarzen Punctes durch ein Blatt Papier« nachstellt.[155]

Das Resultat der zwei Reihen von Bestimungen für die zwei untersuchten Beobachtungsaufgaben markiert einen ersten Verlust an Kohärenz für das Unternehmen insgesamt. Die von Bessel und Argelander ermittelten Differenzen für die Beobachtung von Bedeckungen und für Durchgangsbeobachtungen gehen frapant auseinander. Im ersten Fall beträgt der Unterschied zwei Zehntelsekunden, im zweiten Fall dagegen das Sechsfache oder mehr als eine Sekunde und zwei Zehntel.[156] Dieser Widerspruch führt nach Bessels Bericht vorerst zu einer dritten Reihe von Untersuchungen:

> Da diese Unterschiede [zwischen den Angaben der Beobachter bei Bedeckungen] weit geringer sind, als die bey den Culminationen gefundenen, so folgt, daß der größere Theil der letzteren aus einer fehlerhaften Vergleichung der *stetigen* Bewegung des Sterns im Fernrohre mit den plötzlichen Secundenschlägen der Uhr hervorgeht; ich nahm daher, statt der gewöhnlichen Uhr der Sternwarte eine Halbsecunden-Uhr, zählte an dieser die *halben* Secunden und reducirte die auf diese Weise beobachteten Durchgangszeiten der sieben Sterne in den Zwillingen auf die Hauptuhr; [...].[157]

Diese Bestimmungen bringen aber nicht die erhoffte Klärung, sondern nur noch mehr Fragen. Während Bessel selbst Durchgänge an der Halbsekundenuhr um eine halbe Sekunde später bestimmt als an der Sekundenuhr, läßt sich für Argelander nichts dergleichen feststellen.[158]

Ihren vorläufigen Abschluß erreicht die Ausdifferenzierung und gleichzeitige Zerstreuung des Phänomens der Beobachterdifferenzen schließlich in den Vergleichungen zwischen Struve und Argelander. In Struves Mitteilung werden schon sieben verschiedene Bestimmungen für zwei Beobachtungsaufgaben unterschieden: nämlich »I. Culminationsbeobachtungen«, das heißt Durchgangsbestimmungen, mit einer Sekundenuhr bei Tag und Nacht sowie mit einer Halbsekundenuhr bei Nacht, und »II. plötzliche Phänomene«, die sich aus der getrennten Beobachtung von »Erscheinungen« und »Verschwindungen« eines Lampenlichts bei Nacht und eines Heliotroplichts bei Tag zusammensetzten.[159] Alle diese Untersuchungen bringen ein und dieselbe Erfahrung mit sich: Statt Regelmäßigkeiten ergeben sich beständig nur immer mehr Inkohärenzen. Struves Fazit fällt wenig ermutigend aus:

> Begierig bin ich ob Sie [Bessel] hiernach die Räthsel lösen werden; ich zweifle. Zumal da gilt (W-B) – (A-B) nicht = (W-St) – (A-St) also wenigstens ein Beobachter variabel sein muß. Auch ist Ihr A = B + 1,"0 / 0,"5 + 0,"2 höchst räthselhaft?[160]

Das entscheidende Wort ist hier »variabel«. Um alle Differenzen der Differenzen erklären zu können, bleibt nur eine Annahme übrig: Nicht nur differieren die Beobachtungsmomente verschiedener Beobachter zu einem Zeitpunkt nach verschiedenen Umständen und für verschiedene Beobachtungsaufgaben, die erhaltenen Differenzen weichen auch über die Zeitspanne ab, die jeweils zwischen den einzelnen Bestimmungen vergeht. Mit anderen Worten spricht alles dafür, daß der Fehler des Beobachters auf längere Frist nicht konstant ist. Dieser für eine gesetzförmige Erfassung des Phänomens höchst peinliche Umstand verleiht diesem auf der anderen Seite nachhaltig Präsenz. Aus einem einmal zu klärenden Gegenstand wird potentiell ein endloses, immer wieder neu zu untersuchendes Objekt. Mangel an Kohärenz bewirkt die Fortdauer einer Untersuchung. Bessel antwortet Struve Ende Juli 1823:

> Also, mein theurer Freund, wir variieren unter uns selbst! – das ist dasselbe was Maskelyne und Kinnebrook arrivirt ist; über ein Paar Jahre müssen wir 1,"2 abweichen, wenn das Maximum nicht schon erreicht ist. – Wer nun *Recht* beobachtet, wer unrecht, das mag N.N. wissen; ich beobachte gewiß nicht recht, aber zwei von dreien – Struve, Walbeck, Argelander – beobachten auch nicht recht. Der Eine hat eben so viel für sich als der Andere – also ist auf absolute Zeiten nicht zu rechnen. Die Erscheinung ist sehr merkwürdig und sonderbar; es ist mir eine große Freude, sie zur Sprache gebracht zu haben, in meiner 8ten Abtheilung [der Königsberger *Astronomischen Beobachtungen*] werde ich *Alles* mittheilen und vor Fehlern warnen.[161]

Es ist interessant, daß Bessel im Ablauf des ganzen Unternehmens gerade an diesem Punkt zum ersten Mal explizit die Greenwicher Episode aufgreift. Ein Phänomen, das sich als über die Zeiten veränderlich umreißt, verlangt scheinbar auch, daß ihm zugleich eine Geschichte aufgedeckt wird. Historizität oder Dauer erhält es freilich nicht nur rückwirkend im Rekurs auf Maskelynes Mitteilung, die nun als erstes Exempel für die Varianz der Beobachterdifferenzen eingeführt wird. Dauer erhält das Phänomen vornehmlich in dem Umstand, daß es sich nach verschiedenen Umständen vervielfacht und in dieser Bewegung – »auf absolute Zeiten ist nicht zu rechnen« – erfolgreich seiner Aufklärung widersteht.

Resümiert man die weiteren und weiter ausgreifenden Vergleichungen der zweiten Runde, erhält das Bild vom »Eigenleben« der Experimente einige eher unübliche Facetten. Am wichtigsten dürfte sein, daß die Abstraktion, die mit der Experimentalisierung eines Phänomens einhergeht, nicht die Vereinfachung, sondern, genau wie es Bachelard beschreibt, die Komplizierung dieses Phänomens zur Folge hat. Anders als in Bachelards Entwurf, der diese Komplizierung mit einer vollständigeren Einsicht in die Bedingungen des untersuchten Phänomens und in dessen Relationen zu den Verfahrensweisen der Untersuchung selbst gleichsetzt,[162] zeigt sich aber an Bessels Untersuchung über den Beobachter, wie die experimentelle Komplizierung ein gegenläufiges Spiel von Beherrschung und Verunklarung in Gang bringt. Einerseits steigern die künstlichen Anordnungen, die eingeführt werden, die Verfügbarkeit der zu untersuchenden Beobachtungsvorgänge. Andererseits unterwandern die Abweichungen der Resultate, die sich ergeben, die Regelmäßigkeit des fraglichen Phänomens. Auf dem Stand vom Herbst 1823, kurz vor der Veröffentlichung von Bessels Bericht, zeichnet sich damit eine bemerkenswerte Lage ab. Aus einer einfachen Regelmäßigkeit nach der ersten Runde ist zwar keine reichhaltigere Regelmäßigkeit hervorgegangen. Gleichwohl ist das Phänomen nicht nur erhärtet worden, es hat, aufs kürzeste gesagt, auch Raum gewonnen. Aus einem isolierten Ereignis ist eine Mannigfaltigkeit von Erscheinungen hervorgegangen, die weitere Beobachtungsaufgaben umfaßt und damit zugleich auch die Zahl der Unternehmungen erhöht, an denen mit solchen Erscheinungen zu rechnen ist. Indem sich Bessels Untersuchung nicht schließt, vermeidet sie, um ein letztes Mal das Wort vom »Eigenleben« zu strapazieren, ihren Stillstand, ihr Absterben. Um aber wirklich fortzudauern, bedarf es noch eines anderen Umstands: Man muß sich mit Bessels Untersuchung auch weiter beschäftigen. Es ist dies der Schritt vom Ereignis zu seiner Überlieferung, der sich weder notwendig im Rahmen dessen abspielt, was man üblicherweise als Forschung bezeichnet, noch sich notwendig in die Formen fügt, in denen das Phänomen nach der Mitte des 19. Jahrhunderts tradiert wird.

6. Die Geschichte der Präsenz

Die Publikation einer wissenschaftlichen Arbeit und ihre andauernde Präsenz im Gedächtnis der Forscher sind verschiedene Dinge. Während die schriftliche Fassung, mit Husserl gesagt, Erfahrungen ein »verharrende[s] Dasein«, ein »Immerfort-Sein« beifügt, in dem die Möglichkeit ihrer jederzeitigen »Reaktivierung« beschlossen sein soll,[1] berührt die Frage der Präsenz, ob und wie sich die mitgeteilten Erfahrungen weiterhin auswirken. Nicht ihr vollkommenes Verschwinden oder Vergessen bildet hier die Alternative,[2] sondern ihre folgenlose Gegebenheit. Die Präsenz von Forschungsergebnissen stellt ein Geschehnis eigener Ordnung dar, das nicht schon aus einem einmaligen Akt der Veröffentlichung folgt. Präsenz gewinnen Forschungsergebnisse dadurch, daß sie immer wieder aufgegriffen werden und im Aufgreifen dafür gesorgt wird, daß sich das schriftlich Fixierte geltend macht, Beachtung findet und Orte und Formen seiner Berücksichtigung sich multiplizieren.[3] Die Geschichte der Überlieferung, in der das ›Ereignis des Beobachters‹ fortwirkt, darf folglich weder so verstanden werden, daß eine ein für allemal gegebene Erfahrung weitergetragen wird. Noch ist die Geschichte der Überlieferung identisch mit der Geschichte der Rezeption von Bessels Bericht. Die Referate, Zitationen und Annotationen in der wissenschaftlichen Literatur bilden nur einen und zudem kleinen Teil der zu beachtenden Vorgänge. Der größere Teil besteht dagegen in einer Menge von Handlungen, die das Phänomen der Beobachterdifferenzen in verschiedenen Kontexten aktualisieren und reproduzieren. Alle diese Vorgänge zusammen machen die Präsenz von Bessels Fund aus, und sie alle sorgen auch dafür, daß der Beobachter im Verlauf des 19. Jahrhunderts analog zu jedem anderen Instrument als meß- und experimentierbarer Apparat von spezifischer Fehlerhaftigkeit in das praktische Wissen der Astronomie eingeht.

Hierin besteht die eigentliche Bedeutung der Geschichte der Präsenz. Mit ihr wird mehr noch als ein Phänomen eine spezifische Gegebenheit des Beobachters und seiner sinnlichen Tätigkeit dauernd geltend gemacht. Dem widerspricht keineswegs, daß fünfzig Jahre nach Bessels Mitteilung das Ereignis des Beobachters vornehmlich auf zwei denkbar konträre Weisen insistiert. Unter Astronomen gehört es in der zweiten Hälfte des 19. Jahrhunderts zu den Routinen des Meßbetriebs, den absoluten ›Personalfehler‹ eines einzelnen Beobachters oder die ›Personalgleichung‹, auch ›persönliche Differenz‹ genannt, zwischen verschiedenen Beobachtern zu ermitteln. Diese Größen folgen teils aus eigenen Untersuchungen, teils werden sie aus vorliegenden Beobachtungen berechnet. Auf jeden Fall sind Personalgleichungen und Personalfehler aber so lästige wie zu dieser Zeit unhintergehbare Nebenumstände astronomischer Beobachtungen, die in ihrem »schädlichen Einflusse«[4] auf die Beobachtungsergebnisse notwendig zu berücksichtigen sind. Nach ihrem epistemologischen Status handelt es sich demgemäß, trotz des Aufwands, der auf sie verwandt wird, um Störquellen, die die astronomische Arbeit behindern.

Einen gänzlich anderen Status besitzt die »Geschwindigkeit des Vorstellens«, von der Wilhelm Wundt erstmals ausführlicher im Jahr 1862 berichtet.[5] Ihre weitere Karriere, eingebettet in den Reaktionsversuch, sorgt dafür, daß Wundt als einer der Mitbegründer der experimentellen Psychologie in die Geschichte der Wissenschaften eingeht. Für den neuen Gegenstand der Psychologie wird die »von den Astronomen beobachtete Thatsache der persönlichen Differenz« als »Verlauf des Vorstellens und Denkens«, gebunden »an ein bestimmtes zeitliches Maas«, reformuliert und damit eine Widrigkeit des Beobachtens in eine genuine Entität der Forschung verwandelt.[6] Untersuchungen über die »Geschwindigkeit des Vorstellens« bringen fortan eine Wissenschaft namens experimentelle Psychologie voran, verwandeln Zeitdifferenzen zwischen Beobachtern in Merkmale von Individuen, werden zum Objekt der Ausdifferenzierung psychologischer Methoden und liefern nicht zuletzt das Exempel ihrer Lehre.[7]

Auf so unterschiedliche Weise Bessels Fund am Ende des 19. Jahrhunderts auch präsent ist, es ändert nichts daran, daß sowohl der Reaktionsversuch wie die Bestimmungen von Personalgleichungen und Personalfehlern Möglichkeiten der Präsenz in bezug auf ein und dieselbe Erfahrung sind. Wovon sie handeln und was dabei vorausgesetzt wird, bleibt in jedem Augenblick auf die verwunderte Feststellung bezogen, »daß zwischen zwey Beobachtern ein *unwillkürlicher* beständiger Unterschied Statt finden kann«. Damit soll nicht gesagt werden, daß die Zugriffe von Experimentalpsychologen und Astronomen nur verschiedene Seiten ein und desselben wohldefinierten Objekts hervorheben. In ihnen geben sich vielmehr verschiedene, gleich mögliche Artikulationen eines Satzes von Fragen und Verfahrensweisen zu erkennen, und einzig diesem Satz von Fragen und Verfahrensweisen hat Bessel 1823 auf sechs Folioseiten Raum verschafft.

Aus dem Phänomen der Beobachterdifferenzen geht weder der Reaktionsversuch noch die Bestimmung von Personalgleichungen oder Personalfehlern notwendig und unmittelbar hervor. Seine Präsenz kennt mehr Stränge als die zwei, die am Ende des 19. Jahrhunderts Anspruch auf das Erbe machen. Um das zu erkennen, muß man allerdings das Augenmerk auf jene drei Jahrzehnte zwischen 1820 und 1850 richten, da von der Geschwindigkeit des Vorstellens noch gar nicht die Rede war und das Wort ›Personalgleichung‹ gerade erst in seinem englischen Ursprung als ›personal equation‹ erscheint. Indem die Fokussierung auf die Tradierungen nach 1850 mit ihren verqueren Frontbildungen zwischen Astronomie, Physiologie und neuer Experimentalpsychologie aufgegeben wird,[8] treten zugleich zwei Merkwürdigkeiten der ganzen Überlieferungsgeschichte deutlich hervor. Zum einen der Umstand, daß das von Bessel angezeigte Phänomen erst etwa fünfzehn Jahre nach der Mitteilung von 1823 seine später einschlägige Ausdrucksweise gefunden hat, zum anderen und damit zusammenhängend, daß dieses Phänomen nicht von vornherein den Charakter eines dauernden Problems besessen hat. Daß sich dennoch bis heute durchgängig die gegenteilige Annahme hält, ist wiederum das Ergebnis einer besonderen, nämlich der historiographischen Präsenz von Bessels Untersuchung.

Historiographische Artefakte

So verschieden die Geschichten ausfallen, die über die weitere Karriere von Bessels Mitteilung im 19. Jahrhundert erzählt werden, in ihnen wird jedesmal vorausgesetzt, daß mit der Veröffentlichung zugleich ein Problem aufscheint, das dringend nach Reaktionen verlangt und fortgesetzte Aktivitäten hervorbringt. Ihren Ausgang nimmt diese Darstellung von einem kleinen Abriß der Entwicklung seit Bessels Tagen, den Christian August Friedrich Peters 1861 im Rahmen seiner Abhandlung »Ueber die Bestimmung des Längenunterschiedes zwischen Altona und Schwerin« mitteilt. Hier wird zum ersten Mal, wenn auch nur an einer Stelle und eher beiläufig, der Zusammenhang zwischen Bessels Untersuchungen und der weiteren Entfaltung eines Phänomens in den Blick genommen, das nun »persönliche Differenz« genannt wird. Berührt wird damit die Grundfrage aller historischen Arbeit, die Frage nach der logischen Verbindung zeitlich voneinander getrennter Geschehnisse und, elementarer noch, ob sich überhaupt eine Verbindung zwischen ihnen herstellen läßt. In seiner Antwort bezieht Peters, Schüler Bessels und als Nachfolger Schumachers Direktor der Sternwarte zu Altona, eine zurückhaltende Position.

> Zu der Erweckung eines allgemeinen Interesses für die persönlichen Differenzen, um sie überall dort zu bestimmen und zu berücksichtigen, wo sie auf die aus Beobachtungen abzuleitenden Resultate von

> Einfluss sein können, war es ohne Zweifel sehr vortheilhaft, dass sie gleich im Anfange sich von solcher Grösse zeigten, dass an der Realität derselben nicht im geringsten gezweifelt werden konnte.[9]

Nach dieser Darstellung war die »Grösse« der von Bessel bemerkten Unterschiede vornehmlich deshalb »sehr vortheilhaft« für die weitere Aufmerksamkeit auf diese Angelegenheit, insofern hierdurch jeder Zweifel von vornherein unterbunden wurde. Fünf Jahre später sollte sich derselbe Zusammenhang schon erheblich anders darstellen. Rodolphe Radau, der einst in Königsberg Physik studiert hatte,[10] bemerkt 1866 in seinem umfänglichen Forschungsbericht:

> Ihre Grösse [die Größe der von Bessel bestimmten Differenzen] liess keinen Zweifel über ihr reales Vorhandensein übrig, und dieser Umstand wirkte sehr günstig, denn die Astronomen wurden so veranlasst auf diese gewichtige Fehlerquelle ihr Augenmerk zu richten und stets die Personalgleichungen der Beobachter zu bestimmen, bevor sie die Beobachtungen derselben benützten.[11]

In der Paraphrase von Peters' Referat findet eine kleine, nicht ganz folgenlose Verschiebung statt. Erste Bestimmungen und weiteres Verhalten der Astronomen werden nun in einen kausalen Zusammenhang gebracht: »sehr günstig« war die Größe der Differenzen, »denn« sie veranlaßte die dauernde Aufmerksamkeit der Astronomen auf diesen Punkt.

Als Edmund C. Sanford 1888 die Geschichte der »personal equation« aus psychologischer Sicht aufschreibt, bemerkt er über Radaus Bericht: »A very full and excellent general account of the subject to its date; freely used in the preparation of these papers, especially the first.«[12] Entsprechend frei fällt seine Version der Radauschen Version von Peters' Darstellung aus.

> It has more than once been noticed as a fortunate coincidence for the knowledge of this matter, that the discoverer of the personal equation should himself have had so large a one; and such it probably was. But its very size has provoked incredulity. It seems simply impossible that two practiced astronomers should observe the transit of a star differently with a clock beating seconds by almost a beat and a quarter.[13]

Die Bewegung, die sich bis dahin angedeutet hat, kommt in dieser Variante zu ihrem Ende: Ein Umstand (Peters) respektive Grund (Radau) gerinnt zur glücklichen Fügung. Der Zusammenhang zwischen Bessels

Bestimmungen und einer andauernden Aufmerksamkeit auf die Materie wird damit nicht nur in die Figur eines höheren Waltens gebracht, er verwandelt sich im weiteren in eine Tatsache, die – »such it probably was« – nicht zu bestreiten ist. Allerdings ist Sanford nicht entgangen, daß die Größe der Differenzen auch Unglaube säen könnte.

Von der Warte des nachgeborenen Historikers stellen sich solche Zwiespältigkeiten als unerheblich heraus: »Wie auch immer es war, ein Artefakt oder eine echte Differenz«, es kommt nur auf eines an, »es war von Vorteil, denn es führte dazu, daß Bessel die Untersuchung fortführte.«[14] Dieser Satz aus Borings *A History of Experimental Psychology* von 1935 verschiebt noch einmal die Bedeutung, die bis dahin der Größe der ersten, von Bessel bestimmten Differenzen beigemessen worden war. Wo seine Gewährsleute Peters, Radau und Sanford[15] das spätere Geschehen aus dem ersten Aufscheinen des Phänomens herleiten, ist es nun Bessel selbst, dem die Größe der Differenz zum eigenen Glück wird. In diesem Sinne heißt es schon vorher: »It was fortunate that the difference was so large, for it stimulated Bessel to further work, and, when published in 1822 [!], it attracted immediate attention.«[16] Diese Verknüpfung von erster Einsicht und unmittelbaren Konsequenzen, die sich in einer Generation Geschichtsschreibung einstellt, hat seitdem niemand mehr in Frage gestellt. Raynor L. Duncombe, der sich auf Sanford und Boring beruft, schmückt 1945 die Erzählung zur Ehre seiner Astronomenkollegen weiter aus: »It was fortunate for astronomy that this difference was large for it urged Bessel on to further study of personal equation. When published in the Königsberg Observations for 1822 it aroused a great deal of discussion and introduced a distrust of the accuracy of the Bradley method that led astronomers to seek a more accurate method of observation.«[17] Die astronomisch-psychologische Arbeitsgemeinschaft Brooks und Brooks läßt zwar 1979 das Wort vom Glück des großen Unterschieds fallen, hält sich ansonsten aber an Borings Sicht, von der aus Fakt oder Artefakt völlig gleich sind, solange nur der Fortschritt seinen Lauf nimmt,[18] und selbst Simon Schaffer, der kaum in Verdacht übermäßiger Sympathie für Borings Darstellung steht, reproduziert in seinem Aufsatz fraglos und auf Borings Darstellung verweisend den Eindruck einer kontinuierlichen Diskussion des Phänomens seit Bessels Tagen.[19]

Die eigentümliche Bewegung des geschilderten Abschreibeprozesses erinnert noch einmal daran, daß historische Fakten ebensosehr historiographische Vorgänge wie geschichtliche Geschehnisse repräsentieren. Wenn folglich solche Geschehnisse, die in der Geschichte der Wissenschaften als Entdeckungen bezeichnet werden, zuvorderst rekursiv etabliert werden,[20] dann stellt das Schreiben der Geschichte eines der wirksamsten Mittel dar, unbestimmte Geschehnisse in folgenschwere Neuigkeiten zu verwandeln. Dabei ist es nicht die geringste Pointe der Historisierung von Bessels Untersuchungen, daß man über dessen Beobachtungen, die zumindest als Artefakt erwogen werden, ein zweites, historiographisches Artefakt errichtet. Denn ganz unabhängig von der Frage, wie die schiere Größe der ersten gemessenen Differenzen zu bewerten ist, waren die unmittelbaren Folgen recht begrenzt. In der Reihe der Kompilatoren ist einzig Sanford stutzig geworden, als er bemerkt, daß Bessels Entdekkung erst fünfzehn Jahre nach ihrer Mitteilung tatsächlich Beachtung in der Praxis gefunden habe.[21] Diese Feststellung nimmt dem Zusammenhang, der zwischen Bessels Bestimmungen und dem permanenten Interesse an der Untersuchung der Beobachterdifferenzen hergestellt worden ist, nicht nur seine Evidenz. Es stellt sich auch die Frage, was bis Mitte der 1830er Jahre geschehen ist, ehe die Königsberger Arbeiten vorgeblich dauerhafte Konsequenzen in der astronomischen Praxis zeitigen. Und es stellt sich die Frage, ob sich diese ›Wirksamkeitslücke‹ nicht einzig dann ergibt, wenn vorausgesetzt wird, daß sich Bessels Fund auf eine ganz bestimmte Weise in der Praxis der Astronomie geltend gemacht hat.

Kalte Überlieferung

Nimmt man die Berichterstattung in der Zeitschriftenliteratur zum Maßstab, dann wäre die Beobachtung, daß Bessels Mitteilung zunächst nur wenig Resonanz gefunden hat, augenscheinlich aufs beste bestätigt. Nicht daß überhaupt keine Notiz genommen wurde: In Bodes *Astronomischem Jahrbuch* von 1824 heißt es sogar, daß die Erscheinung »recht sehr die Aufmerksamkeit der Astronomen verdient«, mehr als eine halbe Seite einschließlich einer Fußnote räumt aber auch der Herausgeber ihrer Behandlung nicht ein.[22] Etwas ausführlicher gerät die Zusammenfassung im *Philosophical Magazine* desselben Jahres, die in französischer Übersetzung auch im *Bulletin des Sciences Mathématiques* erscheint.[23] Wie der Titel der Anzeige, »Curious Astronomical Fact«, zu verstehen gibt, wurde Bessels Bericht allerdings als singuläre Merkwürdigkeit zur Nachricht. So wie das Phänomen der Beobachterdifferenzen die Bühne der wissenschaftlichen Öffentlichkeit durch den Hintereingang betritt, gerät es auch schnell wieder in literarische Vergessenheit. Weder lösen die Referate eine breite Diskussion aus, noch läßt sich bemerken, daß auf Bessels Ausführungen wenigstens gelegentlich verwiesen würde. Weiterführende Überlegungen werden erstmals im Herbst 1829 von Nicolai auf der Naturforscherversammlung in Heidelberg präsentiert und im Jahr darauf unter den Referaten des Kongresses in Lorenz Okens *Isis* abgedruckt.[24] Bessels Arbeiten werden hier ausführlich erwähnt, ein bibliographischer Nachweis unterbleibt jedoch. Die vermutlich erste Referenz im angelsächsischen Sprachraum erfolgt noch später und sehr beiläufig in einem Aufsatz von Francis Baily, der 1836 in den *Memoirs of the Royal Astronomical Society* erscheint.[25] Im französischen Sprachraum schließlich findet sich ein erster direkter Bezug mit einiger Sicherheit nicht vor 1843 im Bericht von Alphonse Quetelet und seinem englischen Kollegen Richard Sheepshanks über die fünf Jahre vorher erfolgte Bestimmung der Längendifferenz zwischen Greenwich und Brüssel.[26]

Daß eine literarische Diskussion fast vollständig unterbleibt, impliziert jedoch keineswegs, daß auch das Phänomen, von dem Bessel berichtet, außer Sicht gerät. Wenn Quetelet und Sheepshanks 1843 ganz selbstverständlich über die »équations personelles des observateurs« sprechen und ein langer Abschnitt der Ausführungen allein den entsprechenden Bestimmungen in ihrer Unternehmung gewidmet ist[27] und wenn Baily das von Bessel beschriebene Phänomen, das bei ihm bereits als »personal equation« firmiert, auf ganz andere Messungen überträgt,[28] dann deutet beides darauf hin, daß sich die Überlieferung von Bessels Fund weit eher in Handlungen vollzogen hat, die ohne permanente Erinnerung an ihren ursprünglichen Anlaß auskommen denn in Gestalt einer wissenschaftlichen Diskussion, die ihren Ursprung und ihre Entwicklung jederzeit in den Fußnoten mitführt. Gleichwohl bleiben auch unter dieser Warte für das erste Jahrzehnt nach Bessels Mitteilung nur wenige Aktivitäten zu verzeichnen.

Für die Zeit bis Anfang der 1830er Jahre lassen sich in Zeitschriften, gedruckten Beobachtungen und Nachlässen Hinweise auf kaum mehr als ein Dutzend Bestimmungen von Beobachterdifferenzen finden.[29] Wahrscheinlich würden weitere Recherchen noch einige Vergleichungen mehr ans Licht bringen, dies ändert aber nichts daran, daß eine regelmäßige oder gar ständige Kontrolle im Anschluß an Bessels Mitteilung unterblieben ist. Wer, wie Sanford, daraus schließt, daß das Phänomen zunächst keine weiteren Konsequenzen in der Beobachtungspraxis der Astronomie gezeitigt hat, geht allerdings fehl. Nur sind die Konsequenzen, die sich bemerken lassen, grundsätzlich anderer Natur, als dies später der Fall ist: Statt in neuen Vergleichungen gewinnen sie, kaum faßlich, in kleinen unauffälligen Anmerkungen zu den Beobachtungsjournalen Gestalt. Auf die Spur kommt man dieser Linie der Tradierung einzig durch einen Akt der Reflexion, dem die anfänglich geringe Zahl von Bestimmungen nicht zum augenfälligen Beleg einer Verzögerung, sondern zur Herausforderung einer Begründung wird.

Differenzen in den Zeitangaben eines Ereignisses durch verschiedene Beobachter besitzen in der praktischen Astronomie keineswegs notwendig den Status eines dauerhaft zu beachtenden Problems. Schon im April 1821 schreibt Nicolai auf die erste Nachricht von Bessels Vergleichungen mit Walbeck nach Königsberg, daß die gefundenen Differenzen »auf die Genauigkeit der Beobachtungsresultate«,

> glaube ich, keinen Einfluß haben, indem anzunehmen ist, daß der eine Beobachter die Appulse [Antritte] *aller* Sterne und der Sonnen- und Mondränder um eine *gleiche* Größe zu der wahren verschieden schätzen wird. Der Versuch zeigt aber, daß auf Sternwarten, wo zwei Beobachter sind, der eine den anderen in einer und derselben Beobachtungsreihe nicht ablösen darf, sondern die Beobachtungen eine jede *für sich* betrachtet werden müßen.[30]

Nicolais hoffnungsfrohe Anmerkung beruht, wie er selbst deutlich macht, auf der Annahme, daß die Größe des Beobachterfehlers in allen Arten von Beobachtungen gleich ausfällt. Diese Annahme wird sich zwar nicht bestätigen, solange aber nur Durchgangsbeobachtungen respektive nur Verschwindungen und Bedeckungen aufeinander bezogen werden, bleibt der Umstand, daß die Differenzen der Beobachter für diese Beobachtungsaufgaben variieren, ohne Wirksamkeit. Entscheidend für Nicolais gelassene Haltung ist aber eine zweite, unbenannte, weil selbstverständliche Voraussetzung: Zeitangaben astronomischer Beobachtungen gehen in ein System von Relativmessungen ein, so daß nicht die absolute Durchgangszeit eines Sterns die Basis der Bestimmung seiner Rektaszension bildet, sondern die Differenz seiner Durchgangszeit zur Durchgangszeit eines anderen Sterns oder direkt zur Sonne.[31] Der Fehler des Beobachters machte sich entsprechend in der Angabe beider Durchgangszeiten bemerkbar und glich sich dadurch im Resultat aus.

Daß sich nach Bessels Mitteilung mitnichten eine ausgiebige Praxis der Bestimmung von Beobachterdifferenzen etablierte, läßt sich hiernach leichter verstehen. Die weit überwiegende Zahl astronomischer Beobachtungen konnte man auf eine sehr einfache Weise gegen das neue Phänomen schützen. Wie Nicolai gegenüber Olbers noch deutlicher ausspricht, genügte es, »daß auf Sternwarten, wo zwei Beobachter sind, [...] die Beobachtungen beider nicht unter einander gemischt werden dürfen.«[32] Auch Bessel schließt sich dieser Empfehlung an und beendet seinen Bericht von 1823 lapidar mit der Feststellung, daß auf der Königsberger Sternwarte »alle Beobachtungen dieser Art« von ihm selbst angestellt werden.[33] Dieser Hinweis wurde in seinem näheren Kollegenkreis sofort aufgegriffen. Über die Errichtung eines provisorischen Observatoriums auf Helgoland, das bei der Bestimmung der Längendifferenz zwischen Altona und Greenwich im Sommer 1824 als Zwischenstation diente, bemerkt Schumacher ein Jahr später, daß »zum Zwecke ihrer Einheit« alle Beobachtungen dort seinem Assistenten Hansen überlassen worden sind, und dies um so mehr, wie sich bei einer Vergleichung zwischen beiden eine kleine Differenz der Beobachtungsmomente ergeben hat.[34] Auf die Dauer ist diese Vorgehensweise aber, wie sich am Beispiel ihres Initiators zeigen läßt, nicht durchzuhalten.

Bessels Zonenbeobachtungen als Grundlage einer neuen Sternkarte seit Anfang der 1820er Jahre, die einige Jahre später begonnenen Parallaxen-Messungen sowie die zeitraubende Vermessung Ostpreußens zusammen mit den Arbeiten zur Regulierung der preußischen Maße machten es unmöglich, daß weiterhin alle Beobachtungen auf der Königsberger Sternwarte von ihrem Direktor ausgeführt wurden. Die Konsequenzen der Arbeitslast finden sich zum ersten Mal im Beobachtungsjournal für das Jahr 1830 angezeigt. Bessel bemerkt dort: »Vom neunten Juli an übertrug ich die Beobachtungen am Meridian-Kreise meinem Gehülfen, Herrn Anger, indem ich selbst den Heliometer [angeschafft für die Parallaxenbestimmung] viele Zeit zu widmen beabsichtigte und dennoch die Beobachtungen mit dem festen Instrumente nicht unvollständig zu sehen wünschte.«[35] Der Wechsel des Beobachters wird darüber hinaus für den betreffenden Tag des Journals in einer Fußnote vermerkt, und ebenso geschieht es, als Bessel knapp ein Jahr später nach dem Ausscheiden Carl Theodor Angers die Beobachtungen am Meridiankreis erneut übernimmt, bis diese im Herbst, wieder sorgsam vermerkt, von seinem neuen Assistenten August Ludwig Busch dauerhaft fortgesetzt werden.[36] Die Vorgänge auf der Königsberger Sternwarte stellen klar, daß sich die neue Aufteilung der Arbeiten aus dem wachsenden Umfang der anfallenden Aufgaben begründet. Das Phänomen der Beobachterdifferenzen verhält sich hierzu nur akzidentiell: Es erzwingt nicht die Veränderungen im Beobachtungsbetrieb, sondern macht sich als Umstand geltend, der bei der Aufgabenverteilung zu berücksichtigen ist und in der Art der Aufteilung insistiert. Diese Form der Präsenz von Bessels Einsichten ist keineswegs auf seine eigene Sternwarte beschränkt. Auch Struve übergibt 1826 die Durchgangsbeobachtungen an seinen Assistenten Ernst Wilhelm Preuss, um sich im astronomischen Tagesgeschäft auf seinen Katalog der Doppelsterne und später – in Konkurrenz zu Bessel – auf die Parallaxenbestimmung zu konzentrieren.[37] Desgleichen hält Encke, seit 1825 als Nachfolger Bodes Direktor der Berliner Sternwarte, in der Einleitung zu den gedruckten Journalen jedesmal fest, welcher seiner Mitarbeiter mit welchen Beobachtungen betraut ist, und vermerkt jede Ausnahme von der getroffenen Einteilung dort und in einer Fußnote zu den entsprechenden Beobachtungen.[38]

Von einer Tradierung läßt sich in diesem Zusammenhang nur dann sprechen, wenn die gewöhnliche Definition des Begriffs als Prozeß der »gezielte[n] Weitergabe kultureller Wissensbestände [...] an künftige Generationen« überschritten wird.[39] Insofern sich Weitergabe hier als Vermeidung einer Situation vollzieht, in der Beobachtungen »unter einander gemischt werden«, kann zwar noch der Akt der Weitergabe, wenn auch nur indirekt in der tatsächlich sich herausbildenden Verteilung der Aufgaben und der Aufmerksamkeit, mit der sie annotiert wird, verfolgt werden, eine weitere Konfrontation mit Bessels Fund unterbleibt jedoch. Das entscheidende Merkmal dieses Tradierungsprozesses läßt sich nicht im Rekurs auf die Gegensatzpaare bewußt/unbewußt, implizit/explizit oder passiv/aktiv herausarbeiten. Entscheidend charakterisiert diesen Prozeß vielmehr das Verhältnis, in welches das Weitergegebene zu seiner Zukunft gebracht wird. Diese nämlich wird durch die Form der Weitergabe beschnitten. Einmal in der Organisation des Beobachtungsbetriebs berücksichtigt, ist man davon enthoben, sich mit dem Phänomen der Beobachterdifferenzen auseinanderzusetzen oder auch nur solche Differenzen fernerhin zu bestimmen. In Anlehnung an Jan Assmanns Unterscheidung zwischen ›kalter‹ und ›heißer‹ Erinnerung[40] könnte man folglich von einer kalten Tradierung sprechen, die das Überlieferte im Akt der Überlieferung stillstellt; das heißt nicht neu eröffnet oder für eine weitere Diskussion offenhält.

Die Maßnahmen, mit denen die Bestimmung von Rektaszensionen gegen den Einfluß von Beobachterunterschieden geschützt werden können, sind ebenso naheliegend wie verhältnismäßig leicht durchzuführen gewesen. Für Bessel verbindet sich mit ihnen aber grundsätzlicher noch eine bestimmte Auffassung von den Möglichkeiten, den Beobachterfehler zu behandeln. So heißt es privatim im Herbst 1823:

> Meiner Meinung nach, wird, so die ganze Erscheinung offenbar zufällig ist, nichts Erhebliches dabei gewonnen, daß man die Differenz genauer ermittelt.[41]

Der Widerspruch zwischen dieser Äußerung gegen Struve und den Prämissen des zeitgleich in Druck gegangenen Berichts in den Königsberger *Astronomischen Beobachtungen* ist augenfällig. Wird dort als Fixpunkt der Untersuchung festgehalten, daß zwischen den Zeitangaben zweier Beobachter zweifelsohne ein »*unwillkürlicher* beständiger Unterschied« bestehen muß, wird hier nun angedeutet, die Abweichungen seien zufälliger Natur. Ausschlaggebend für diese teilweise Kehrtwende ist die von Bessel zuletzt konstatierte »Veränderlichkeit des Unterschieds zwischen zwey Beobachtern«.[42] Das Phänomen wird damit zwar in seiner Existenz nicht in Frage gestellt; dieses ist auch weiterhin in der Weise beständig, wie die Unterschiede der Beobachter unzweifelhaft Bestand gewonnen haben und andauernd vorkommen müssen. Wohl aber ist mit ihrer neuen Charakterisierung das ›wie‹ ihrer Behandlung betroffen. Begreift man die Erscheinungen als »zufällig«, wird damit zugleich unterstellt, daß auf eine allgemeine Regel ihrer Veränderlichkeit anscheinend nicht zu hoffen ist. Dies erklärt, warum sich Bessel von weiteren Nachforschungen wenig versprach, da auf diesem Stand der Dinge ein Fehler des Beobachters nicht durch seine empirische Untersuchung und eine darauf gegründete Reduktion der Beobachtungsdaten zu beherrschen ist.

Anders als ein Instrument, das nach Bessels Credo je »zweimal gemacht« wurde: »einmal in der Werkstatt des Künstlers von Messing und Stahl; zum zweitenmale aber von dem Astronomen auf seinem Papiere, durch die Register der nöthigen Verbesserungen, welche er durch seine Untersuchung erlangt«,[43] wurde der Fehler des Beobachters für Bessel im Resultat seiner Untersuchung gewissermaßen unverbesserlich. Er fiel damit aus dem Regime der Nachforschung heraus, wurde aber auch nicht der für zufällige Fehler zuständigen wahrscheinlichkeitstheoretischen Behandlung zugeschlagen. Wenn Bessel statt dessen darauf setzte, den Einfluß des Beobachterfehlers möglichst zu neutralisieren, folgte er damit einer Überlegung, die sein ehemaliger Assistent Anger 1847 in der Form eines vermutlich oft gehörten Merksatzes zu Protokoll gibt. Unter der Voraussetzung, daß auch bei gründlichster Analyse die Bestimmung der Fehler eines Instruments mit »Unsicherheiten« behaftet sein kann, soll demnach gelten:

> Die Beobachtungen müssen so angeordnet werden, dass die erkannten Fehler des Instruments im Endresultate ihren Einfluss soviel als möglich gegen einander aufheben, um die Unsicherheit, welche noch in der Bestimmung der Fehler übrig geblieben ist, zu verkleinern.[44]

Daß Bessels Verhältnis zum Phänomen der Beobachterdifferenzen von dieser Leitlinie bestimmt wurde, wird an einer Art von Unternehmung deutlich, die gegen entsprechende Fehler ungleich schwieriger zu besichern gewesen ist als Rektaszensionsbestimmungen.

Ein Phänomen wird Routine: Beobachter- und Längendifferenzen

Mit der Untersuchung von »Verschwindungen« und »Erscheinungen« wird in der zweite Beobachtungsrunde zwischen Bessel, Argelander und Struve nicht nur die Zahl der Umstände erhöht, die in die Vergleichungen eingehen. Berührt wird damit zugleich auch ein weiterer Bereich astronomischer Tätigkeiten: die Bestimmung der geographischen Längenunterschiede zwischen Sternwarten und anderen ausgewählten Orten aus den Differenzen der Ortszeiten. Korrespondierende Beobachtungen von Sternbedeckungen bildeten in diesem Kontext eine der gängigsten Methoden,[45] und auch das von Struve und Argelander benutzte Heliotrop, das ursprünglich von Gauss für geodätische Vermessungen entwikkelt worden war,[46] kann auf kleinere Reichweiten als Signalgeber für die zu vergleichenden Orte gebraucht werden.

Bestimmungen von Längendifferenzen unterscheiden sich von anderen astronomischen Beobachtungen in einem entscheidenden Punkt. Anders als sonst kommen hier fast immer die Zeitangaben der Beobachter an den verschiedenen Beobachtungsorten direkt in Rechnung. Ein Unterschied der Beobachtungsmomente in Abhängigkeit zum Beobachter wird deshalb unmittelbar im Resultat wirksam; oder wie Bessel in seinem Bericht von 1823 bemerkt: »Der Einfluß auf die Meridian-Unterschiede der Örter liegt dagegen am Tage«.[47] Dieser Umstand bringt ihn aber keineswegs dazu, wenigstens in diesen Fällen die Untersuchung der Beobachterdifferenzen zu fordern. Vielmehr scheint er auch hier davon auszugehen, daß die Veränderlichkeit des Phänomens dessen Neutralisierung notwendig macht. Dabei lassen sich zwei Wege unterscheiden, von denen der erste eine bestimmte Methode favorisiert.

So unvermeidlich, nämlich »unwillkürlich«, der vom Beobachter abhängige Meßfehler eintreten mußte, so galt auch im Fall der Bestimmungen von Längendifferenzen, daß er keineswegs zwangsläufig in Betracht zu ziehen war. Der eleganteste Weg, jede Komplikation zu umgehen, wird in Bessels Bericht ohne weiteren Kommentar eingeführt. Lapidar heißt es: »Auf die Bestimmung der Meridian-Unterschiede durch Monds-Culminationen hat aber die Unsicherheit der absoluten Zeitangaben keinen Einfluß.«[48] Der eingeweihte Leser des Jahres 1823 hat diesen Hinweis sofort verstanden. Nachgeborene erhalten kurz darauf nähere Aufklärung in einem Aufsatz Nicolais. »[W]ie bekannt«, beruhe dieses Verfahren darauf, »daß an zwei Orten der wahre *Rectascensionsunterschied* des einen Mondsrandes und einiger vorher verabredeter Fixsterne beobachtet wird.«[49] Der simple Hinweis ergänzt, was Bessel ausließ. Bestimmungen von Längendifferenzen nach dieser Methode gründen nicht auf absoluten Zeitbestimmungen, sondern auf der Differenz der geraden Aufsteigung des Mondes zu der ausgewählter Fixsterne. Weder bei der Ausdehnung solcher Beobachtungen Anfang der 1820er Jahre noch bei ihrer ausgiebigen Sammlung später, in den 1830er und 1840er Jahren, wird aber auf das Phänomen der Beobachterdifferenzen Bezug genommen. Eine kalte Tradierung – und um eine solche würde es sich hier handeln – kennzeichnet allerdings auch, daß jeder direkte Hinweis auf die Einsicht, die sich eventuell fortschreibt, unterbleibt.

Unabhängig von dieser Frage ist für den Kontext der astronomischen Bestimmungen von Längendifferenzen zu berücksichtigen, daß hier eine Vielzahl von Methoden je nach Gelegenheit, vorhandenen Hilfsmitteln und Situation zum Einsatz gekommen ist.[50] Sowenig es also eine einzige Methode der Bestimmung gegeben hat, so wenig ist das Phänomen der Beobachterdifferenzen durch die Präferenz für eine bestimmte Methode auszuschließen gewesen. Wohl aber kann der Einfluß der Beobachterdifferenzen auf Bestimmungen der »Meridian-Unterschiede« aus Sternbedeckungen, Pulverblitzen oder Heliotropsignalen, die Bessel in seinem Bericht von 1823 erwähnt, nach dem bekannten Muster behandelt werden. Auch die Empfehlung, daß »diese Methoden nur dann Sicherheit gewähren können, wenn die Beobachter ihre Stationen verwechseln«,[51] folgt der Strategie, das Phänomen durch einen gegenseitigen Ausgleich der möglichen Beobachterfehler zu neutralisieren. So simpel das vorgeschlagene Procedere aber ist, wird es befolgt, ist eine umständliche Reisetätigkeit aller Beteiligten unvermeidlich. Die Alternative hierzu ist, daß nicht alle Beobachter den Ort wechseln, sondern ein Beobachter jeden der zu vergleichenden Orte aufsucht und jeweils die Differenz mit dem dortigen Beobachter bestimmt, so daß aus den Resultaten jede andere Beobachterdifferenz zwischen den Beteiligten hergeleitet werden kann. In diesem Sinne berichtet Struve im Sommer 1823 an Bessel: »Im Herbst kommt Knorre, mit ihm werde ich auch beobachten. Von hier geht er nach Königsberg, dann nach Göttingen, München, Paris u Greenwich, vielleicht über Abo retour, der mag dann Zwischenträger für die wichtigsten Sternwarten seyn.«[52]

Ein Jahr später als annonciert nimmt das Unternehmen »wandernde[r] Comparateur«[53] seinen Lauf. Nachdem Knorre, nunmehr Direktor der neuen Sternwarte von Nikolajew, den Winter 1824/25 bei Struve in Dorpat verbracht hat, reist er im Juli 1825 zunächst nach Königsberg zu Bessel, geht dann in den folgenden Wochen über Berlin, die Seeberger Sternwarte bei Gotha und Göttingen nach Altona und bricht Mitte September nach London auf.[54] Nach einem längeren Aufenthalt dort – eine

»Unterleibsentzündung« bringt ihn fast zu Tode[55] – besucht er im Frühjahr 1826 das Observatorium in Dublin und trifft im Juni 1826 in Paris ein.[56] Im April 1827 hält er sich in Mannheim auf, macht auf dem Rückweg in München Station, wo er auch noch einmal mit Bessel zusammenkommt, und kehrt schließlich im Sommer 1827 nach Nikolajew zurück.[57] Wie die Route zeigt, hat Knorre auf seiner Tour kaum eine der wichtigeren europäischen Sternwarten ausgelassen. Seinem Nebenauftrag als »Zwischenträger« ist er dabei aber nur sehr sporadisch nachgekommen. Außer einer Vergleichung mit Struve vor seiner Abreise von Dorpat lassen sich weitere Bestimmungen nur mit Bessel in Königsberg sowie mit Nicolai in Mannheim nachweisen.[58] Im Resultat erbringt Knorres Reise so weder eine größere Zahl von Vergleichungen, noch zieht Bessels Fund anscheinend breitere Kreise: Es vergleichen sich nur die Astronomen, die von Anfang an auf die eine oder andere Weise in die Erforschung des Phänomens verwickelt sind. Gleichwohl bezeichnet das Unternehmen »wandernde[r] Comparateur« einen wichtigen Einschnitt in der Tradierung des Phänomens der Beobachterdifferenzen. Deutet sich doch in seiner Durchführung zum ersten Mal an, daß die Strategie der Neutralisierung von Bessels nächsten Kollegen nicht umstandslos übernommen worden ist.

Zwar antwortet die Idee eines »Zwischenträgers« ursprünglich auf Bessels früher schon erwähnten Wunsch nach »eine[r] kleine[n] Republik für uns«, der auf die Kenntnis der »absolute[n] Differenz zwischen den Beobachtern unserer nördlichen Sternwarten« abzielt.[59] Der Plan löst sich aber im weiteren vollkommen von der Königsberger Sicht der Dinge ab. Für »wesentlich« hält man dort, wie es noch einmal im Dezember 1823 heißt, auf die Differenz »aufmerksam zu machen und ihren Einfl. so viel es angeht, zu vermeiden«, während »wenig gewonnen wird, wenn man sie ganz genau und bei verschiedenen Beobachtern ausmittelt«.[60] Das bedeutet nicht, daß Bessel sich allen Vergleichungen entzog. Insgesamt entfaltet sich die Untersuchung von Beobachterdifferenzen aber fortan eher gegen seine Auffassungen. Diese, wie man sagen kann, ›heiße‹ Tradierung fügt sich in den Rahmen einer neuen Methode zur Bestimmung von Längenunterschieden und wird in diesem Rahmen als Kontrollroutine zur Regel.

Seit den 1820er Jahren werden die Längendifferenzen immer öfter durch die Übertragung der Ortszeit mittels Chronometern bestimmt. Die Methode ist zur Ermittlung der geographischen Länge auf See bereits seit der Mitte des 18. Jahrhunderts gängig, tritt aber erst jetzt neben die überlieferten geodätischen und astronomischen Methoden der Ortsbestimmung zu Lande und kommt bis zur Mitte des 19. Jahrhunderts, als sie durch telegraphische Bestimmungen abgelöst wird, in fast allen bedeutenderen Unternehmungen dieser Art zur Anwendung.[61] Die Verbreitung des Verfahrens beginnt parallel zu Bessels Untersuchungen, der es noch nicht erwähnt, mit der 1824 von der britischen Admiralität in die Wege geleiteten chronometrischen Bestimmung der Längendifferenz zwischen Greenwich und Altona. Bereits hier hält es Schumacher, der auf Altonaer Seite die Verantwortung trägt, für notwendig, dem »von Prof. Bessel zuerst bemerkten Unterschied in der Zeitbestimmung verschiedener Beobachter« nachzugehen.[62] Die Vergleichung mit seinem Assistenten Hansen, der auf der Zwischenstation in Helgoland beobachtet, ist bereits erwähnt worden, die für eine vollständige Berücksichtigung der Beobachterdifferenzen notwendigen Vergleichungen mit der englischen Seite unterbleiben jedoch. Entgegen dem allgemeinen Trend setzte Bessel indes weiter auf den Austausch der Beobachter und damit auf den Ausgleich und nicht auf die Bestimmung möglicher Fehler. Ausgehend von der Schwierigkeit absoluter Zeitbestimmungen bemerkt er in einem Brief an Schumacher vom April 1833:

> Es bleibt durchaus nichts übrig, als daß Beobachtungs-Apparate und Beobachter ihre Stellen verwechseln, wenn die Zeit an zwei Oertern völlig sicher verglichen werden soll. Chronometer-Expeditionen sind, wenn sie nicht mit Beachtung dieses Umstands [...] unternommen werden, etwas Kuddel-haftig.[63]

Mit dieser Position gerät Bessel allerdings immer mehr in Widerspruch zu den eigentümlichen Bedingungen gerade der Längenbestimmungen durch Chronometer. Bei allen Fortschritten im einzelnen erbringen Chronometerreisen keineswegs von vornherein bessere Ergebnisse als traditionelle astronomische Methoden oder geodätische Vermessungen. Die Zahl der Umstände, die auf die Bestimmungen Einfluß nehmen, erhöht sich sogar noch, insofern ihr Erfolg sowohl vom gleichförmigen Gang der Uhren während ihres Transports als auch von den astronomischen Beobachtungen der absoluten Ortszeiten abhängig ist, gegen die die ›reisenden‹ Uhren verglichen werden.[64] Nicht das Maß seiner Präzision verschaffte dem Chronometerverfahren einen Vorteil, sondern der Umstand, daß es anders als die Erscheinungen des Himmels jederzeit zur Verfügung stand und die planmäßige Durchführung der Bestimmung von Längendifferenzen erheblich erleichterte. Die Genauigkeit der erhaltenen Resultate ließ sich wiederum dadurch steigern, daß man dem statistischen Kalkül folgend die Anzahl der einzelnen Bestimmungen ohne große Umstände um ein Vielfaches multiplizierte, indem man die Vergleichungen in einem kurzen Zeitraum wiederholte und die Menge der mitgeführten Chronometer vermehrte.

Ein gutes Beispiel für die Tendenz der Methode zu ›großen Zahlen‹ liefern drei innerhalb eines Jahrzehnts durchgeführte Bestimmungen der Längendifferenz zwischen den Sternwarten Altona und Berlin. Wurden bei der ersten Zeitübertragung 1828 zwölf Chronometer einmal von Altona nach Berlin und wieder zurück gebracht, waren es bei der zweiten Übertragung im Jahr 1834 bereits fünfzehn Chronometer. Bei der dritten Chronometerreise ein Jahr später wurden schließlich »zehn doppelte Reisen hin und zurück zwischen Altona und Berlin mit 20 Chronometern« durchgeführt.[65] Allein das letzte Unternehmen ergab demnach innerhalb kurzer Zeit vierhundert einzelne Bestimmungen der gesuchten Längendifferenz; eine Zahl, die ihre ganze Aussagekraft gewinnt, wenn man weiß, daß beispielsweise die auf Nicolais Initiative erfolgten Bestimmungen der Längendifferenzen durch Mondkulminationen im besten Falle auf kaum mehr als vierzig korrespondierenden Beobachtungen gründeten, die über fünf Jahre hinweg gesammelt worden waren.[66]

Bestimmungen von Längendifferenzen durch Chronometerreisen verleihen dem Phänomen der Beobachterdifferenzen nicht von vornherein mehr Gewicht. Im Gegenteil läßt sich sogar Bessels Forderung, daß die Beobachter bei solchen Bestimmungen stets auszutauschen seien, zunächst recht leicht umgehen. Es genügt nämlich, daß die Person, welche die Chronometer von Ort zu Ort bringt, jeweils auch alle Zeitbestimmungen durchführt, wie es ausdrücklich »wegen der bekannten Verschiedenheit in der Schätzung des Antritts eines Sterns« bei der Bestimmung der Längendifferenz Kopenhagen – Altona im Herbst 1830 und später bei der zweiten Zeitübertragung zwischen Altona und Berlin 1834 geschieht.[67] Ihr Limit findet diese Vorgehensweise allerdings in der Zahl der Orte, die in Verbindung gesetzt werden sollen. Wo nicht mehr zwei, sondern drei, vier und mehr Stationen auf dem Plan stehen, ist es zwar noch denkbar, daß ein Beobachter alle Operationen allein durchführt, praktisch hätte die dafür notwendige Zeit aber solche Unternehmungen entschieden verlängert. Vollends aus den Fugen geraten mußte der Ablauf jedoch, wenn die Beobachter, wie Bessel es forderte, allesamt in einer großen Rotation von Ort zu Ort gegeneinander vertauscht wurden. Die Dimension eines solchen Procedere läßt sich leicht abschätzen, wenn man dem Unternehmen nachgeht, das den Hintergrund zu Bessels bereits zitierten Anmerkungen über Chronometerexpeditionen bildet.

Theodor Friedrich von Schubert, als Direktor des Topographencorps des russischen Generalstabs und des hydrographischen Depots der Marine einer der wichtigsten Militärgeographen seines Landes, erhielt Ende der 1820er Jahre den Auftrag zur Kartographierung der Ostsee und leitete in diesem Zusammenhang im Frühjahr 1833 die Bestimmung der Längendifferenzen zwischen den wichtigsten anliegenden Orten durch eine großangelegte Chronometerreise in die Wege.[68] Neben den Hauptstationen Kronstadt/St. Petersburg, Pillau/Königsberg, Danzig, Lübeck, Kopenhagen, Stockholm und Helsingfors (Helsinki) wurden elf kleinere Vergleichspunkte eingerichtet, die im Zeitraum zwischen Juni und September 1833 je dreimal von dem Schubert zur Verfügung gestellten Dampfschiff Hercules anzulaufen waren. An Bord befanden sich neben dem Leiter des Unternehmens, seinen Untergebenen und der Mannschaft insgesamt siebenundfünfzig Passagiere; nämlich sechsundfünfzig Box- und Taschenchronometer und ein veritabler menschlicher ›Zeitreisender‹. Anfang Mai berichtet Struve über seine Teilnahme an dem Unternehmen nach Königsberg:

> Ich gehe vorzüglich mit um die constanten Differenzen der verschiedenen Beobachter eliminiren zu helfen, und wünsche mich daher an jeder der Hauptstationen die hinreichende Zeit aufzuhalten. [...] Ich werde mit mir mein Universalinstrument einschiffen nebst einem bequemen Zelte, und zwei gute Chronometer, zu denen ich noch 2 von Altona aus zuzubekommen hoffe, einen neuen Kessels Boxchr[onometer] nach Sternzeit, und einen Jürgensohn [der] den Kessels revidirt. So bin ich im Stande wo es erforderlich ist selbst Zeit zu machen und zu halten.[69]

Die Möglichkeit von Beobachterdifferenzen war bei der Planung der Chronometerreise zunächst nicht in Betracht gezogen worden. Erst Schumacher, der für die dänische Seite an dem Unternehmen beteiligt gewesen ist, weist Schubert auf diesen Punkt hin:

> Wegen der Verschiedenheit bei der Schätzung der Uhrzeit des Antritts eines Sterns an die Fäden des Passageninstruments, eine Differenz die bei guten Beobachtern für längere Zeit constant zu seyn pflegt würde es sehr nützlich seyn wenn immer dieser Unterschied wenigstens für die Endpuncte scharf ausgemittelt ~~und wenn er ausgemittelt ist, eliminirt~~ würde. Ich bin gern bereit den Capitain von Nehus wenn er ~~4 oder 5~~ 2 Reisen hindurch die Zeitbestimmungen auf Entholm gemacht hat (was wohl eine für dieses Mal hinlängliche Schärfe geben dürfte) mit nach St. Petersburg zu senden, um seine Differenz mit dem dortigen Beobachter zu bestimmen.[70]

Wenn Schumacher die Frage der Beobachterdifferenzen nicht für alle Beteiligten untersuchen lassen will, steckt dahinter erkennbar die Abwägung, daß der notwendige Mehraufwand in seinen Augen für eine regelgerechte Durchführung des Unternehmens überflüssig ist. Noch um ein vielfaches größer wäre dieser Aufwand allerdings ausgefallen, wenn man Bessel folgend alle Beobachter untereinander ausgetauscht hätte. In diesem Fall wären nicht drei, sondern achtzehn Touren zu absolvieren gewesen, bis jeder Beobachter an jedem Ort einmal die Zeitbestimmungen durchgeführt hätte. Gemessen an der Zeitspanne, die Schubert für drei Chronometerreisen benötigte, würde eine derartig ausgeführte Unternehmung vermutlich nicht vier Monate, sondern zwei Jahre in Anspruch genommen haben. Abgesehen davon, daß die Beteiligten kaum so lange ihre Haupttätigkeiten vernachlässigen konnten, widersprach eine solche Dauer aber dem Grundsatz, daß chronometrische Längenbestimmungen schnell auszuführen waren, um den Einfluß der Gangänderung der Uhren auf das Resultat klein zu halten.[71]

In der Geschichte der Überlieferung von Bessels Untersuchungen markiert die Chronometerexpedition von 1833 einen grundsätzlichen Einschnitt. Mit der Absicht, die »constanten Differenzen« der Beobachter aus den erhaltenen Resultaten der Zeitübertragungen zu »eliminiren«, wird einerseits ein Umstand, der in dieser oder jener Weise in astronomischen Beobachtungen berücksichtigt werden kann, als Tatbestand fixiert, der durch verabredete Operationen direkt angegangen wird und in diesen Handlungen dauerhaft Bestand gewinnt. Andererseits verwandelt sich die Untersuchung des Phänomens in eine Routine unter anderen, die zusammen die methodische Absicherung eines von ihnen verschiedenen primären Unternehmens bilden. Der nachgeordnete Status nimmt der Bestimmung der Beobachterdifferenzen nichts an Bedeutsamkeit. Im Gegenteil erhält das Phänomen erst durch die routinemäßige Untersuchung jenen Charakter des unabweislich nach Kontrolle verlangenden Problems erteilt, den die Historiographie von Anfang an voraussetzt.

Am Ende der zweiten Tour mit den Chronometern begibt sich Struve Anfang August 1833 nach Altona, um sich mit Schumachers Gehilfen Adolph Cornelius Petersen, dem Lübecker Beobachter, zu vergleichen. Von hier informiert er Encke, der auf preußischer Seite die Posten in Danzig, Swinemünde und Arkona beaufsichtigt, über den Stand seiner Tätigkeit als »Zwischenträger« und resümiert:

> Wichtig scheint es mir nun diese Vergleichungen weiter auszudehnen: Wenn der Einfluß auf die Resultate auch nicht groß ist, so verdient eine Arbeit der man soviel an Mühe und Unkosten gewidmet hat, daß

> man alles anwendet ihr den größten Grad der Sicherheit zu verschaffen, daß man wenigstens keine bekannte Erfahrung unbenutzt lasse. Schubert und Schumacher sind derselben Meinung. In ihrem und meinem Namen fordere ich Dich daher auf dahin zu wirken daß die constanten Differenzen der Preußischen Beobachter mit dem Lübecker bestimmt werden.[72]

Was sich hier anzeigt, ist der Versuch, die Vergleichungen so weit auszubauen, daß für die näher gelegenen Stationen eine direkte Bestimmung aller Beobachterdifferenzen erreicht wird. Der ursprüngliche Plan, die Korrektur der Resultate indirekt aus den Vergleichungen Struves mit den anderen Beobachtern herzuleiten, ist damit noch nicht aufgegeben. Es wird jedoch deutlich, daß unter einer Routine, die als methodische Norm eingeführt worden ist, jede ausgelassene Vergleichung sich als Lücke oder Mangel an »Sicherheit« zu denken gibt.

Sehr schön beweist sich der Zwang zur Vollständigkeit, der von der neuen Routine ausgeht, an der Dringlichkeit, mit der Struve seine Bitte vorträgt. Bedenkt man, daß ein Jahrzehnt lang die Frage der Beobachterdifferenzen zwar nicht völlig vernachlässigt, aber eher nebenbei mitgeführt worden ist, kann der Nachdruck, mit dem die Angelegenheit nun betrieben wird, nur auf die Rechnung der einmal veränderten Situation gesetzt werden. Das Maß an Beachtung, das der Untersuchung der Beobachterdifferenzen zukommt, läßt sich etwa daran erkennen, daß die auf preußischer Seite zuständige Kommission dem Wunsch nach Vergleichung ihrer Beobachter mit den dänischen Kollegen ohne Verzögerung »im Interesse der Wissenschaft« zustimmt.[73] Diese Beachtung findet sich genauso in der Feststellung Schuberts wieder, daß die Bestimmungen »unumgänglich nöthig seyn«,[74] mit der er Encke im Dezember 1833 aufwartet, obwohl gut ein halbes Jahr früher in seinem Plan noch keine Spur davon zu bemerken gewesen ist. Und auch Bessel wird schließlich noch von der neuen Dringlichkeit solcher Bestimmungen eingeholt.

Der Verlauf der Chronometerreise 1833 ist in Königsberg von Anfang an mit einigem Argwohn verfolgt worden. Neben der Frage der Beobachterdifferenzen moniert Bessel insbesondere, so als spräche er von einer der reisenden Uhren, »die Unbestimmtheit und Unregelmäßigkeit« der Unternehmung.[75] Dazu kommt, daß ein befehlsgewohnter General wie Schubert es nicht für nötig hält, auf Sonderwünsche Bessels Rücksicht zu nehmen. Mindestens soviel Schwierigkeiten wie die unerfüllte Bitte, die Ankunftszeiten der Expedition wenigstens »mit der Annäherung von 12 Stunden« zu erfahren,[76] wirft dabei der Umstand auf, daß das russische Dampfschiff auf Grund seines Tiefgangs nur vor dem Königsberger

Außenhafen Pillau auf Reede gehen kann. Statt die Chronometer direkt mit Zeitbestimmungen auf der Sternwarte vergleichen zu können, muß deshalb eine umständliche Verbindung zwischen Königsberg und der Luftlinie rund dreißig Kilometer entfernten Küste eingerichtet werden.[77] Da Bessel in den Sommermonaten die ostpreußische Gradmessung fortzusetzen hat und deshalb fast durchgängig von Königsberg abwesend ist, kann er zudem über die getroffenen Vorkehrungen nur brieflich Aufsicht führen.

Alle diese Umstände geben im nachhinein zu der Befürchtung Anlaß, daß sich ausgerechnet über den eigenen Anteil an der Chronometerexpedition ein Schimmer jener »Kuddel-haftig[keit]« legen könnte, die Bessel bei der Planung des ganzen Unternehmens bemerkt haben wollte: »Ich fürchte, daß Herr Gen. Lieut. Schubert mit den hiesigen Leistungen sehr unzufrieden gewesen ist; er hat mir nicht eine Sylbe darüber geschrieben«,[78] sorgt er sich Anfang 1834. Daß Generäle schweigen, zeugt freilich nicht notwendig von ihrer Verstimmung. Vielmehr ist der Dienstweg einzuhalten. So geht auch Schuberts Wunsch, noch einige fehlende Vergleichungen der Beobachter zu erhalten, zunächst nach Berlin,[79] ehe schließlich Struve vor einem Besuch in Königsberg im Frühsommer 1834 den Gastgeber disponiert, für das Nötige zu sorgen.

> Mit den meisten Beobachtern habe ich meine constante Differenz bestimmt, mit einigen zwar nur durch Übertragung. Lieb würde es mir in Koenigsberg mit Herrn Busch zusammen zu beobachten, da er ja die Zeitbestimmung gemacht hat, und wenn es angienge mit Anger. Wollen Sie ihn nicht auffordern nach Koenigsberg zu kommen zum 24. Juni, wenn seine Geschäfte es denn erlauben einige Tage zu bleiben. Auch mit Ihnen mögte ich mich gerne ein Mal endlich durch vergleichen.[80]

Die Bitte ist noch in einer anderen Hinsicht instruktiv. Denn wenn Struve »[a]uch« mit Bessel Beobachtungen durchführen will, so wird doch deutlich, daß diese gegen die anderen zurücktreten, die mit den Namen von Busch und Anger, dem Beobachter in Danzig, zum Ablauf der Chronometerexpedition gehören.[81] Die Situation hat sich damit gegen die ersten Untersuchungen zu Beginn der 1820er Jahre genau verkehrt, als Vergleichungen mit zweitrangigen Observatoren noch Anhängsel zu solchen zwischen zwei bedeutenden Astronomen gewesen sind. Als Routine wird den Vergleichungen aber nicht nur ihre anfängliche Ausrichtung auf die Autoritäten genommen. Indem dies geschieht, werden die Ergebnisse der Vergleichungen auch zu neutralen Kennziffern von Beobachtern. Die offene Frage: »Wer nun *Recht* beobachtet«, die Bessel 1823 umtreibt, spielt für die Messungen im Kontext der russischen Chronometerexpedition zehn Jahre später keine Rolle mehr. Zwar setzen die erhaltenen Differenzen jeden Beobachter zu jedem anderen in ein eigenes Verhältnis. Dieses Verhältnis untersteht jedoch keinem Wertmaßstab. Statt die erhaltenen Differenzen auszulegen, rechnet man mit ihnen, um die beobachteten Zeitunterschiede auf einen einzigen Beobachter, hier Struve, zu reduzieren.

Mit Schuberts Bericht über die Chronometerexpedition, der 1836 publiziert wird,[82] beginnt in der Tradierung von Bessels Fund eine neue Epoche. Bis dahin wurden in den wenigen astronomischen Unternehmungen, die überhaupt Beobachterdifferenzen in Rechnung ziehen, die zugehörigen Bestimmungen immer beiläufig unter anderen Bemerkungen eingestreut. Die mehrseitige Aufstellung der Resultate von Struves Vergleichungen erhielt hingegen einen eigenen Abschnitt zugewiesen,[83] ganz so wie die Beschreibung der Instrumente, das Register der Uhrgänge oder die angewandten Rechnungsmethoden. Bestimmungen von Beobachterdifferenzen werden hierdurch als ein Element von Chronometerexpeditionen unter anderen kenntlich gemacht und als methodische Norm fixiert. Kann man deshalb sagen, daß die Untersuchung des Phänomens den Charakter einer Routine annimmt, wenn sie in der Darstellung des zugehörigen Unternehmens einen abgesonderten Ort der Erwähnung erhält, dann kann eine solche Routine als etabliert gelten und wird weiter dadurch etabliert, daß sie wiederholt wird. In dieser Hinsicht könnte es signifikant erscheinen, daß nach der Chronometerreise 1833 in einer ganzen Reihe von Längenbestimmungen die Beobachterdifferenzen regulär als Element der Verfahrensweise untersucht werden. Eine direkte Vorbildfunktion wird man allerdings nur für die Vergleichung zwischen Petersen und Encke im Rahmen der dritten Chronometerreise zwischen Altona und Hamburg im Sommer 1835 annehmen können.[84] Daß in der Bestimmung der Längendifferenzen zwischen Göttingen, Marburg und Mannheim durch Pulver- und Heliotropsignale im Sommer 1837 die »Unterschiede der Schätzung verschiedener Beobachter« Eingang finden, geht hingegen vornehmlich auf Nicolais Initiative zurück, der den ursprünglichen Plan des Marburger Professors für Mathematik und Physik Christian Ludwig Gerling entsprechend erweiterte.[85]

Ähnlich stellt sich die Situation für die chronometrische Bestimmung der Längendifferenz zwischen den Sternwarten zu Greenwich und Brüssel im Sommer 1838 dar. Auch hier bildet die Untersuchung der Beobachterdifferenzen einen eigenen Abschnitt der Darstellung und umfaßt neben den Vergleichungen zwischen Quetelet und seinem englischen

Kollegen Sheepshanks auch Vergleichungen von Sheepshanks mit den Greenwicher Beobachtern.[86] Die Behandlung dieser Frage scheint jedoch auf einem Weg ins Spiel gekommen zu sein, der mit Struves und Schuberts Vorgehen und insgesamt mit der Diskussion innerhalb der deutschsprachigen Astronomengemeinde nur indirekt verbunden ist. Dafür spricht, daß der Bericht über die Chronometerreise von 1833 nur in russischer Sprache publiziert worden ist und eine kurze Zusammenfassung für eine englische Zeitschrift den hier entscheidenden Punkt unberührt läßt.[87] Vor allem aber weist die gewählte Terminologie in eine andere Richtung. Die Selbstverständlichkeit, mit der Sheepshanks und Quetelet von der Bestimmung der »équations personelles« sprechen, hat weder in Schuberts Bericht ein Vorbild, in dem einzig von dem »steten Unterschied der Beobachtung zwischen Beobachtern« die Rede ist,[88] noch geht diese Wendung auf Bessel selbst zurück.

Im selben Jahr 1838, da die Längenbestimmung zwischen Brüssel und Greenwich stattfindet, zeigt Quetelet die 18. Abteilung der Königsberger Beobachtungen in seiner *Correspondance Mathématique et Physique* an und hebt besonders die dort erwähnte Vergleichung zwischen Bessel, Argelander und Busch hervor. Die stattgehabten Operationen werden von ihm aber nicht als ›équation personelle‹, sondern als »observations comparatives« bezeichnet.[89] Geht man zurück zum Original, zeigt sich, daß das Wort Personalgleichung – also das deutsche Pendant zum französischen Ausdruck ›équation personelle‹ – dort ebenfalls nicht vorkommt.[90] Dies ist wenig verwunderlich, denn Bessel hat immer nur von der Bestimmung der »den Beobachtern eigenthümliche[n] Verschiedenheit der Durchgangszeiten«, dem »Unterschied der Beobachtungsmomente« oder vom »beständigen Unterschied« in der Angabe der Durchgangszeiten gesprochen.[91] Ähnliches gilt auch für andere deutschsprachige Astronomen in dieser Zeit: Struve redet durchgängig von der Untersuchung der »constanten Differenzen«, Schumacher rekurriert auf den »Unterschied in der Zeitbestimmung verschiedener Beobachter«, und Nicolai benennt die Sache seiner Vergleichungen als »Verschiedenheit in der Schätzung der Appulse«. Einzig Encke und seine Mitarbeiter bedienen sich etwas anderer Formulierungen. Einmal ist von der »Ermittelung der Personal-Differenz« [92] die Rede, und Encke verwendet nicht nur den Ausdruck »Gleichung«, wenn die Differenz zweier Beobachter gemeint ist, sondern gibt die Differenz auch in Gleichungsform wieder. Letzteres ist üblich, seitdem Bessel diese Schreibweise in seinem Bericht von 1823 eingeführt hat. Nur wird der Term, der sich im Resultat aus den angestellten Vergleichungen ergibt, weder von Bessel noch von seinen Kollegen je als Personalgleichung bezeichnet. Deutlich wird damit, daß diese Wendung einen eigenen Entstehungsort besitzt und für eine spezifische Form des Umgangs mit dem Phänomen der Beobachterdifferenzen steht. ›Personalgleichungen‹ und ›équations personelles‹ sind Übersetzungen einer Erfindung aus Greenwich.

›personal equation‹: Arbeitsteilung als Problem

Wenn für Sanford am Ende des 19. Jahrhunderts das Jahr 1838 zum Wendepunkt im Umgang mit dem Phänomen der Beobachterdifferenzen wird, dann sprechen aus seiner Sicht vor allem zwei Umstände dafür. Zum einen erscheint in diesem Jahr in den *Astronomischen Nachrichten* der Bericht über die Bestimmung der Längendifferenzen zwischen Göttingen, Marburg und Mannheim, der eine genaue Aufstellung der gefundenen Differenzen der Beobachter enthält. Zum anderen werden im betreffenden Jahrgang der *Astronomical Observations* zu Greenwich zum ersten Mal einige Bestimmungen der »personal equation« der dort beschäftigten Observatoren publiziert.[93] Der Ausdruck, der Sanfords Aufsatz den Titel leiht und in ihm durchgängig verwendet wird, findet sich allerdings nur in der zweiten Schrift. Dagegen spricht Gerling in seinem Bericht von einem »constanten Fehler«[94] und schließt damit zumindest sprachlich an eine andere Tradierungslinie an. Die Behauptung, daß das Jahr 1838 einen Einschnitt darstellt, ist deshalb nicht falsch, sie betrifft aber nicht die praktischen Konsequenzen aus »Bessel's discovery« insgesamt, sondern die Situation in Greenwich.

In den Augen Bessels erschienen die Verhältnisse am Royal Observatory von Anfang an mehr als bedenklich. Gegenüber Gauss bemerkt er im Dezember 1823 mit Bezug auf seine eben erfolgte Mitteilung der Beobachterdifferenzen:

> Diese sonderbare Erscheinung kann einige Zweifel auf Sternwarten erzeugen, wo die Rectascensionen von verschiedenen Beobachtern observirt werden; wie z.B. auf der Greenwicher, wo, wie ich von Herrn Baily höre, *fünf* angestellt sind.[95]

Diese Expansion hat, wie auf anderen Sternwarten auch, mit der Zunahme der Beobachtungstätigkeit und dem Ausbau des Instrumentenbestands zu tun.[96] Trotz der Vielzahl von Beobachtern lassen sich aber zunächst keine Anzeichen dafür finden, daß Pond auf die mögliche Einwirkung von Beobachterdifferenzen durch besondere Untersuchungen Rücksicht genommen hätte. Die einzige Änderung, die sich in der Folgezeit bemerken läßt, betrifft die Einrichtung der gedruckten Journale. In einer Anmerkung zu den Durchgangsbeobachtungen für das zweite Vierteljahr 1825 bemerkt der damalige »Astronomer Royal«, John Pond:

> In consequence of a new regulation, the assistants have been directed to annex the initials of their names to their respective Observations whenever Mr. Pond is absent from the Observatory, or not immediately superintending the Observations himself. With respect to the Transit Observations, however, it may be proper to observe, that they are at present entirely intrusted to the care of Mr. Taylor, the first assistant.[97]

Obwohl sich Pond über die Hintergründe dieser Maßnahme ausschweigt, liegt der Zusammenhang zur Frage der Beobachterdifferenzen sehr nahe. Der Hinweis, daß die »Transit Observations« vollkommen in die Verantwortung des Ersten Assistenten gelegt worden sind, antwortet genau auf die Zweifel, die Bessel über die Vorgehensweise in Greenwich geäußert hat. Wie die folgenden Bände der *Astronomical Observations* zeigen, sind diese Zweifel nun aber keineswegs ausgeräumt. Bis zu sechs verschiedene Initialen finden sich in einem einzelnen Jahrgang der Durchgangsbeobachtungen, so daß die Kennzeichnung der Beobachtungen ihren guten Grund gewinnt. Auch als ab Anfang der 1830er Jahre hauptsächlich zwei Beobachter im Turnus für die Arbeit am Passage-Instrument eingeteilt werden, geht aus der Spalte »Observer« in den gedruckten Beobachtungen hervor,[98] daß weiterhin alle anderen auf der Sternwarte tätigen Assistenten immer wieder tage- und wochenweise aushelfen.

Als George Biddell Airy am 1. Oktober 1835 das Amt des »Astronomer Royal« von Pond übernimmt, ändert sich an dieser Situation zunächst weniger, als man angesichts des üblicherweise scharf hervorgehobenen Gegensatzes zwischen den organisatorischen Zuständen unter Ponds und Airys Leitung vermuten würde.[99] Zwar tritt Anfang 1836 eine umfassende Reform des Beobachtungsbetriebs in Kraft, abgesehen davon, daß Airy einen Teil des Personals austauscht, beläßt er es aber bei der schon bis dahin geltenden Einteilung der Arbeiten. Auch er beschäftigt zwei Assistenten mit der Beobachtung der »Transits«, die wie zu Ponds Zeiten immer wieder durch andere Assistenten in ihrer Aufgabe unterstützt werden.[100] Eigentlich neu am »new system«, wie es in Airys Autobiographie genannt wird,[101] ist nicht die arbeitsteilige Organisation der verschiedenen Aufgaben der Greenwicher Sternwarte. Neu sind vor allem die ausführlichen Mitteilungen über die getroffenen Anordnungen in den *Astronomical Observations* und der rigide Führungsstil des »Astronomer Royal«.[102]

Nach einer These Simon Schaffers müssen die organisatorischen und disziplinarischen Grundsätze Airys als Teil einer umfassenden Strategie begriffen werden, mit der nicht zuletzt das Phänomen der Beobachterdifferenzen angegangen wird. Zumindest was die Arbeitsteilung angeht, wirft Schaffers Beschreibung aber Fragen auf. Obwohl er das »simple tale« der Psychologiegeschichte kritisiert, das in einer direkten Linie von Bessels Fund zur Entwicklung der experimentellen Psychologie in den 1870er Jahren führt, bleibt er der Grundstruktur dieser Erzählung eng verhaftet. Nicht anders als Boring setzt Schaffer voraus, daß aus dem »worrying fact« der Differenz in den Zeitangaben unmittelbar das »problem of astronomical ›personality‹« hervorgegangen ist.[103] Dabei genügt die Lektüre von Bessels Bericht aus dem Jahr 1823, um einzusehen, daß Beobachterdifferenzen im Alltagsgeschäft der Sternwarten sehr leicht zu vermeiden waren. Wie erwähnt, mußte man nur die einzelnen Beobachtungsreihen bestimmten Beobachtern zuordnen. In einem grundsätzlich anderen Licht erscheint damit Schaffers Generalthese, nach der gelten soll:

> Attention to discipline suggests different questions about the personal equation. The new measures introduced by Bessel and his German colleagues into early nineteenth-century positional astronomy were accompanied by a new variable whose meaning was ill-defined. The chronometric techniques developed by Airy and his contemporary observatory managers were designed to answer this need.[104]

Was hier als Bemühen begriffen wird, eine andernorts namhaft gewordene allgemeine Schwierigkeit durch bestimmte – übrigens erst um 1850 entwickelte – Techniken in den Griff zu bekommen, stellt sich näher betrachtet als die besondere Greenwicher Antwort auf hausgemachte Nöte heraus. Denn mag auch die neue Variable »ill-defined« gewesen sein, so kam sie doch nur ins Spiel, wenn sich, wie in Greenwich üblich, mehrere Beobachter in ein und derselben Serie von Beobachtungen abwechselten. Der Ursprung all jener Maßnahmen, die Schaffer andeutet, ist mit anderen Worten nicht schon in Bessels Fund selbst zu suchen, sondern in jener besonderen Form der Arbeitsteilung, die man am »Royal Observatory« praktizierte.

Die Ungenauigkeit von Schaffers Schilderung der Greenwicher Umstände läßt sich auch daran ablesen, daß sich Airy anfänglich über die Einwirkung von Beobachterdifferenzen erstaunlich unbesorgt zeigt. In der Einleitung zu den *Astronomical Observations* für 1836, dem ersten vollständig von ihm verantworteten Jahr, heißt es bei der Erläuterung der einzelnen Spalten, die bei der Aufstellung der »Transit Observations« vorkommen:

> The eight and ninth columns contain the adopted losing rate and the adopted error of the clock at 0^h sideral [time], [...]. The observations are divided into groups, marked by the bars across these columns, whose limits are (in almost every case) the same as the limits of each individual's observations. The direct effect of personal equation is thus almost entirely avoided.[105]

Gleichwohl sind aber solche Differenzen, wie Airy selbst anmerkt, gelegentlich bemerkt worden.[106] Dieser Sachverhalt bleibt auch noch im folgenden Jahr unberücksichtigt, und erst mit den Beobachtungen für 1838 wird eine grundsätzliche Wendung vollzogen. An der entsprechenden Stelle der Einleitung heißt es nun nach der eben zitierten, weitgehend unverändert übernommenen Passage:

> In the years 1836 and 1837 the occassional effects of personal equation were neglected: but in 1838, the difference between the observations of Mr. Henry and Mr. Ellis attracted greater attention, and sometimes caused trouble in the determination of the clock-rates: and it was determined therefore to bring them into regular calculation.[107]

Über den Ursprung dieses Sinneswandels herrscht in Airys ansonsten ermüdend ausführlicher Autobiographie Schweigen, und auch in der Literatur bis hin zu Schaffer wird dieser Vorgang nicht diskutiert. Gewiß ist nur, daß die erwähnten Assistenten mit der Durchführung der »Transits« bereits seit 1836 betraut waren und folglich kein Wechsel der Beobachter die Aufmerksamkeit geschärft haben konnte.

Die etwas willkürliche Vorgehensweise ist geeignet, den vermeintlich scharfen Gegensatz zwischen dem »new system« und den Zuständen in Greenwich am Ende der Epoche Ponds noch einmal zu mildern. Daß Airy zunächst kaum mehr Sinn für die Effekte von Beobachterdifferenzen beweist als sein Vorgänger, zeigt sich auch an seiner vorhergehenden Tätigkeit als Direktor der Cambridger Universitäts-Sternwarte von 1828 bis 1835. Schon in der chronometrischen Bestimmung der Längendifferenz zwischen Cambridge und Greenwich im Oktober 1828 wurde der Frage einer »constant difference« der Beobachter nur einen Satz lang und im Konjunktiv nachgegangen.[108] Dieser Satz zeigt andererseits, daß Airy um die Möglichkeit solcher Differenzen sehr wohl wußte, er aber daraus, wie sich einige Monate später erneut zeigte, keine umfassenden Konsequenzen zog. Als im Frühjahr 1829 ein ehemaliger Leutnant der Royal Navy namens Baldrey als Assistent an die Cambridger Sternwarte kommt,[109] ist dieser Vorgang mit einem schon anderwärts bekannten Einschnitt in die Aufzeichnung und Publikation der Beobachtungen verbunden. Im Vorwort zum Jahrgang 1829 der Cambridger Beobachtungen bemerkt Airy:

> The observations made by the assistant are distinguished by the initial of his name placed opposite to them. I wish to remark that this is not done for the sake of avoiding that responsibility which I consider to rest entirely on me; but in order to avoid the effects of the constant difference in the estimation of the clock time which is found to exist in some degree between even the most experienced observers.[110]

Die Anmerkung bekräftigt noch einmal, daß die Kennzeichnung der Beobachtungen im Druck, wie sie außer in Greenwich kurz zuvor auch in Paris eingeführt worden war,[111] als Reaktion auf Bessels Mitteilung zu verstehen ist. Sie unterstreicht ferner, daß die schon zu Maskelynes Zeiten übliche Signatur der Beobachtungen nun eine andere Bedeutung besitzt; nicht Fragen der Verantwortung wurden mit ihr laut Airy geklärt, sondern das Kürzel machte es möglich, die Bestimmungen der verschiedenen Beobachter voneinander zu unterscheiden. Für die Ermittlung des Uhrgangs ließ Airy diesen Punkt allerdings beiseite, obwohl er feststellte, daß zwischen seinem Assistenten und ihm eine konstante Differenz von nicht weniger als einer halben Sekunde bestand.[112] Zwar wurden ab 1830 die Durchgangsbeobachtungen zu Gruppen zusammengefaßt, für die man denselben Gang der Uhr voraussetzte, die Gruppen wurden aber in der Regel tageweise, ohne Rücksicht auf den Wechsel der Beobachter gebildet.[113] Letzteres passiert erst, als Airy das in Cambridge entwickelte Schema zur Reduktion der Durchgangsbeobachtungen 1836 in Greenwich einführt. Statt nach Tagen werden nun die Grenzen einer Gruppe von Beobachtungen gewöhnlich von »each individual's observations« bestimmt.[114] Durch diese Maßnahme ist der Einfluß der »personal equation« auf die Bestimmung des Uhrgangs aber, wie bereits zitiert, anscheinend keineswegs vermieden worden.

Für eine zurückhaltendere Einschätzung von Airys Rolle spricht auch, daß, anders als Sanford glaubte, erste Vergleichungen zwischen den Greenwicher Observatoren nicht erst in den Beobachtungen für 1838 mitgeteilt werden. Bereits im 1833 publizierten Anhang zu den Beobachtungen des Jahres 1830 bemerkt Airys Vorgänger John Pond:

> During the first five months of 1830, the observations at the Transit were chiefly made by Mr. Taylor and Mr. T. G. Taylor, Jun., and for the remainder of the year by Messrs. Taylor and Simms. In reducing the observations, a constant difference of about $0^s,3$ was found to exist between these two observers, and the observations signed F. S., both in 1830 and 1831, have been diminished by that quantity, to render them accordant with those signed T.[115]

Als Airy ein halbes Jahrzehnt später damit beginnt, die Personalgleichung regelmäßig in Rechnung zu ziehen, schließt er einfach an das von Pond zu ihrer Bestimmung entwickelte Verfahren an. Dieser gründet den Nachweis einer eventuellen Differenz auf einer Serie von Rechenoperationen. Verglichen werden nicht direkt zwei Beobachter, sondern der Fehler der Uhr an einem bestimmten Tag zu einer bestimmten Stunde, wie er sich jeweils aus den vorliegenden Beobachtungen der Assistenten ergibt. Die Beobachtungen werden aufgelistet, die gefundenen Uhrfehler für die einzelnen Beobachtungen zusammengezogen und gemittelt. Sodann werden die sich ergebenden Resultate für die Beobachtungen der Assistenten voneinander abgezogen und das Gesamtresultat als Differenz bestimmter Größe festgehalten, um die dann die Beobachtungen eines der beiden Assistenten berichtigt werden.

Die einzelnen Schritte sind hier getreu wiedergegeben worden, weil sich in ihnen der Kern des Ausdrucks »personal equation« eröffnet. Was unter diesem Namen stattfindet, wird, wie Airy dann eigens unterstreicht, nicht »by means of experimental observations made expressly for the purpose« erlangt, wie es unter den deutschsprachigen Astronomen üblich ist, sondern aus dem gewöhnlichen Beobachtungsmaterial im nachhinein abgeleitet.[116] Statt in einer routinemäßigen empirischen Untersuchung schlägt sich das Phänomen der Beobachterdifferenzen in einer Routine der Berechnung nieder, und diese bezeichnet der Ausdruck »personal equation« im Moment seines Erscheinens. Im Nachtrag zu den Beobachtungen von 1832 definiert Pond: »Let c be the personal equation between Taylor and Ellis [den regulären Beobachtern am Passageinstrument], or the quantity which added to Ellis's observations will give the same result as Taylor's.« Worauf Tabellen mit Durchgangsbeobachtungen von Taylor und Ellis folgen, aus denen durch Bestimmung der Differenzen der Uhrfehler zunächst »2 c« und schließlich »c« hervorgeht (Abb. 10).[117]

Der Ausdruck »personal equation« fällt an dieser Stelle zum ersten Mal in den Annalen des Greenwicher Observatoriums – unter Umständen sogar zum ersten Mal überhaupt in einer gedruckten Schrift – und

(iv)

Circumpolar Stars: the results indicated that no improvement could be made in the position thereof: the mark at Chingford is only to be seen when the atmosphere is particularly favourable.

In the reductions, no notice is taken of any instrumental errors: they are so minute and fluctuating, that it has been considered safer and less troublesome to eliminate their influence by multiplying observations, than by correcting particular results.

The observations at the Transit have been made, with very few exceptions, by Messrs. TAYLOR and ELLIS. To ascertain the difference in the times of noting the same phenomenon by these observers, the following observations were made:—Let *c* be the personal equation between Taylor and Ellis, or the quantity which added to Ellis's observations will give the same result as Taylor's.

1833.	Observed Right Ascension. Feb. 9.		Feb. 15		Sum of Equations. Feb. 9.	Feb. 15.	Observations Corrected for Sum of Equations. Feb. 9.	Feb. 15.	Clock Rate in 6 Days.
	h m s		s		s	s	h m s	s	s
Persei - - -	2 53 48, 22	Taylor	43, 00	Ellis	+0, 80	+1, 03	2 53 49, 02	44, 03	— 4, 99 — *c*
τ³ Arietis - - -	3 13 55, 06	,,	49, 88	,,	+0, 60	+0, 70	3 13 55, 66	50, 58	5, 0[illegible]
Camelopardalis,	3 16 24, 04	,,	18, 64	,,	+0, 61	+0, 82	3 16 24, 65	19, 46	5, 19
δ Eridani - - -	3 36 1, 00	,,	55, 73	,,	+0, 43	+0, 51	3 36 1, 43	56, 24	5, 19
32....... - - -	3 46 40, 48	,,	35, 22	,,	+0, 38	+0, 48	3 46 40, 86	35, 70	5, 16
35....... - - -	3 53 50, 56	,,	45, 14	,,	+0, 15	+0, 44	3 53 50, 71	45, 58	5, 13
40....... - - -	4 8 21, 20	,,	16, 00	,,	+0, 22	+0, 33	4 8 21, 42	16, 33	5, 09
47....... - - -	4 26 55, 36	,,	50, 10	,,	+0, 11	+0, 24	4 26 55, 47	50, 34	5, 13
μ....... - - -	4 37 55, 47	,,	50, 40	,,	+0, 10	+0, 19	4 37 55, 57	50, 59	4, 9[illegible]
π¹ Orionis - - -	4 42 17, 04	Ellis	11, 90	Taylor	+0, 14	+0, 19	4 42 17, 18	12, 09	5, 0[illegible] + *c*
ω Eridani - - -	4 45 27, 68	,,	22, 37	,,	+0, 05	+0, 15	4 45 27, 73	22, 52	5, 21
ψ....... - - -	4 54 6, 82	,,	1, 70	,,	0, 00	+0, 10	4 54 6, 82	1, 80	5, 02
ψ² Orionis - - -	5 18 51, 80	,,	40, 58	,,	—0, 09	+0, 01	5 18 51, 71	40, 59	5, 12
31...... - - -	5 22 1, 58	,,	56, 20	,,	—0, 13	—0, 04	5 22 1, 45	56, 16	5, 29
δ...... - - -	5 21 15, 02	,,	9, 72	,,	—0, 12	—0, 01	5 24 14, 90	9, 71	5, 19
42...... - - -	5 27 55, 20	,,	50, 04	,,	—0, 16	—0, 07	5 27 55, 04	49, 97	5, 07
49...... - -	5 31 34, 70	,,	29, 50	,,	—0, 20	—0, 11	5 31 34, 50	29, 39	5, 11
ζ...... - - -	5 33 6, 27	,,	1, 23	,,	—0, 17	—0, 08	5 33 6, 10	1, 15	4, 95
κ...... - - -	5 40 36, 60	,,	31, 54	,,	—0, 25	—0, 16	5 40 36, 35	31, 38	4, 97
α...... - - -	5 46 54, 16	,,	49, 02	,,	—0, 20	—0, 12	5 46 53, 96	48, 90	5, 06

Hence from the first series, clock rate in 6 days, = — 5, 104 — *c*

And from the second............................ = — 5, 098 + *c*

Hence 2 *c* = — 0, 006 and *c* = — 0, 003

which may be neglected.

The Transit Clock is by HARDY, with a dead-beat Escapement added by DENT.

Two Mural Circles, each of six feet diameter; the former of which was erected by Mr. TROUGHTON in the year 1812, and the latter by Mr. JONES in the year 1824. Plate I. will shew the general appearance and situation of these instruments, with the position of their microscopes. The manner in which the ends of the telescope were formerly attached to the limb, and that in which they are at present secured, will be sufficiently clear from Plate II.

No satisfactory account has yet been published of the construction of the Mural Circle. For the mode of using one Mural Circle, the Greenwich Observations of 1812 may be consulted; but since the addition of JONES's Circle, the pair have been combined in a manner peculiar to the Greenwich Observatory, which will readily be understood from the following explanation. ‡

On referring to Part I. 1832, *Observations of North Polar Distance*, page 3, it will be found, that the mean excess

‡ Vide Memoirs of the Astronomical Society, vol. iv. part 2, and the Greenwich Observations, 1825, part 2.

Abb. 10: Berechnung der »personal equation« zwischen Thomas Taylor sen. und William Ellis aus zwei Bestimmungen des Gangs der Uhr. In: *Astronomical Observations made at the Royal Observatory at Greenwich for the year 1832*, Teil 5: Supplement, London 1833, S. iv.

es zeigt sich, daß er anfangs eine besondere Umgangsweise mit dem von Bessel geschilderten Phänomen bezeichnet. Die Differenzen, die zwei Beobachter in der Bestimmung des Durchgangsmoments eines Sterns zeigen, werden hier aus dem regulären, vorliegenden Beobachtungsmaterial nachträglich rechnerisch abgeleitet. Dieser Modus setzt sich von anderen wie der Durchführung eigener Beobachtungsserien oder dem Austausch der Beobachter nach seiner Form ab, und in dieser Form aufgegriffen erfährt, was Sanford »Bessels's discovery« genannt hat, eine neue Präsenz. Wenn die Differenz der Beobachter seit dem Jahr 1838 als »personal equation« regelmäßig in Rechnung gebracht wird, ist damit nicht nur gemeint, daß die aus der Personalgleichung ermittelte Größe in der Bestimmung des Uhrfehlers von nun an dauernd berücksichtigt wird. Zugleich wird auch die Berechnung der Personalgleichung für die Beobachter am Durchgangsinstrument dauernd fortgeführt. Bezieht sich Airy in den nächsten zwei Jahrgängen für die Korrektur des Uhrgangs in den »Transit Observations« noch auf die Bestimmung des Jahres 1838, wird die Personalgleichung in den folgenden Dekaden jährlich neu aus den Beobachtungsresultaten abgeleitet und die Korrekturgröße bei deutlichen Abweichungen entsprechend angepaßt.

Die Tendenz zur endlosen Wiederholung, die sich hier bemerkbar macht, führt zurück auf den bis dahin weitgehend ausgeklammerten Umstand, daß die Beobachterdifferenzen nach Bessels Untersuchungen über die Zeit betrachtet nicht konstant bleiben. So bemerkt Encke, als er im Kontext der Chronometerreise von 1833 auf das Faktum der Veränderlichkeit zu sprechen kommt:

> Dann wird aber die Ermittelung einer constanten Differenz weit zahlreichere Wiederholungen an verschiedenen Tagen nothwendig machen. Indessen habe ich von diesem Umstand eigentlich nur historische Kenntnis. Der Mangel einer fortgesetzten eigenen u mit einem Andern gemeinschaftlichen Beobachtungsreihe wird diese Ansichten vielleicht berichtigen können. Mich wundert daß dieser Gegenstand nicht häufiger angezeigt worden ist nachdem man ihn einmal zur Sprache gebracht.[118]

Das geringe Interesse erstaunt weit weniger, wenn man bedenkt, daß Astronomen wie Bessel oder Struve, die sich bis dahin längere Zeit mit dem Phänomen beschäftigt hatten, der Anlaß zu solchen umfänglichen Untersuchungsreihen fehlte. Durch geeignete Organisation des täglichen Beobachtungsbetriebs hatten sie jeden möglichen Einfluß im voraus vermieden. Berechtigt ist Enckes Verwunderung nur im Blick auf Sternwarten, die nach ihrem Beobachtungsregiment allen Grund zu Nachforschungen hatten, aber diesem Punkt zunächst nicht weiter oder nur sporadisch nachgingen.

Über die Motive, die etwa Airy in Cambridge dazu brachten, trotz voller Kenntnis von Bessels Untersuchungen[119] und trotz der Kenntnis der »constant difference« zwischen seinem Assistenten und ihm diesem Umstand nur ungenügend Rechnung zu leisten, könnten andere Quellen als die gedruckten Beobachtungsjournale eventuell Auskunft geben. Eine Geschichte der Präsenz darf sich allerdings mit diesen Journalen bescheiden. In ihnen finden sich alle wesentlichen Vorgänge wieder: das Auftauchen der Beobachterinitialen sowie der zugehörigen Spalte und dann vor allem die in den Greenwicher Beobachtungen Jahr für Jahr abgedruckten Bestimmungen von Personalgleichungen, die schon 1839 auch auf andere als die regulären Beobachter am Passageinstrument ausgreifen und ein gutes Jahrzehnt später nicht weniger als dreiundzwanzig verschiedene Bestimmungen umfassen, aus denen die Differenzen zwischen praktisch allen Assistenten Airys hervorgehen.[120] Die enorme Anzahl belegt, daß Airys arbeitsteiliges Regime statt auf strikte Zuordnung von Aufgaben zu bestimmten Beobachtern auf die vollständige Austauschbarkeit jedes einzelnen Beobachters hinauslief. Vor allem aber und als Konsequenz aus dieser Entwicklung zeigt die Zahl der Vergleichungen, daß die Untersuchung der Beobachterdifferenzen in der Form der Personalgleichung in Serie geht. In dieser Hinsicht bezeichnet das Jahr 1838 in der Tat einen Wendepunkt nicht nur für die Szenerie in Greenwich, sondern für die ganze Geschichte der Tradierung von Bessels Fund. Leidet es doch keinen Zweifel, daß die kontinuierliche Aufmerksamkeit auf die Frage der Beobachterdifferenzen nicht davon abzutrennen ist, daß das Phänomen, Jahr für Jahr fortgeschrieben, in den Journalen der bedeutendsten Sternwarte der Zeit berücksichtigt wird; noch Sanfords Idee einer verzögerten Rezeption ist hiervon bestimmt.

Die Verbreitung des Begriffs »personal equation« jenseits von Greenwich setzt 1836 mit der Veröffentlichung von Bailys Untersuchung über die »standard scale« der »Royal Astronomical Society« ein. Ein Jahr später findet sich der Ausdruck dann im ersten Band der Beobachtungen am Royal Observatory zu Edinburgh, die ermittelte »personal equation« wird auf die Beobachtungen allerdings nicht angewandt, da anders als in Greenwich (und Cambridge) »immer Sorge getragen wurde, die Beobachtungen des einen Beobachters nicht mit denen des anderen zu vermischen.«[121] In den folgenden Jahren macht das Wort von der »personal equation« für das Resultat jedweder Bestimmung von Beobachterdifferenzen, ob aus vorliegenden Beobachtungen berechnet oder auf eigens angestellten Untersuchungen gegründet, Schule. Dies gilt im Rahmen der Messung von Längendifferenzen, für die Quetelets und Sheepshanks' Arbeit nur das erste Beispiel bilden, das bald in den neuen telegraphischen Bestimmungen in den Vereinigten Staaten Fortsetzung findet.[122] Es gilt aber genauso für Vergleichungen der Beobachter im regulären Meßbetrieb, die unter der Bezeichnung »équations personelles« auf dem Kontinent zuerst an Quetelets Brüsseler Sternwarte im Jahr 1840 aufgenommen werden.[123]

Auch unter den deutschsprachigen Astronomen setzt sich die neue Begrifflichkeit schnell durch. So handelt Struve in den auf französisch publizierten Berichten über die zwei großen, von ihm geleiteten Chronometerexpeditionen zwischen der neuen russischen Hauptsternwarte in Pulkowa und Altona im Jahr 1843 und zwischen Altona und Greenwich im Jahr 1844 durchgängig von der Bestimmung der »équations personelles«. Wie zur Erinnerung an die bis dahin übliche Redeweise definiert er dabei im ersten Bericht: »L'équation personnelle est la différence entre les deux moments dans lesquel deux individus observent le passage d'une même étoile par l'axe optique d'un instrument.«[124] Einige Jahre später haben sich solche Erklärungen dann erübrigt, und am Ende der 1850er Jahre sprechen deutsche Astronomen mit der gleichen Selbstverständlichkeit von Personaldifferenzen und -gleichungen wie ihre anglo- und frankophonen Kollegen von »personal equations«, »équations personelles« und »différences personelles«. Die Karriere von Ponds Greenwicher Erfindung, die binnen fünfzehn Jahren in aller Munde zum Synonym für die Bestimmung der Differenzen der Beobachter wird, sollte nicht verdecken, daß der Ausdruch »personal equation« weiterhin ganz verschiedene Vorgehensweisen beinhalten kann. Davon abgesehen bewirkt die vereinheitlichte Bezeichnung jedoch, daß der Akzent vom Phänomen, wie er in der zunächst vorherrschenden Rede vom Unterschied oder der Differenz der Beobachtungsmomente gesetzt wird, auf dessen Behandlung übergeht. Damit wird auch sprachlich eingeholt, was die Präsenz der Beobachterdifferenzen in der beobachtenden Astronomie seit Anfang der 1830er Jahre charakterisiert. Nicht was man untersucht und berechnet, steht im Vordergrund, sondern die Bestimmung der benötigten Korrekturgrößen.

Reifikationen

Im Jahr 1854 wird auf der Greenwicher Sternwarte ein elektromagnetischer Registrierapparat in Dienst genommen, der es gestattet, die Durchgangsbeobachtungen mittels Tastendruck auf ein gleichzeitig mit einem Zeitsignal versehenes Papierband aufzuzeichnen (Abb. 11).[125] Der sogenannte »Galvanic Chronographic Apparatus« erleichterte die Arbeit nur bedingt. Nach Airys eigenem Zeugnis war sein Betrieb »troublesome« und vor allem wesentlich aufwendiger als die herkömmliche Bestimmung der Durchgangszeiten: »consuming much time in the galvanic preparations, the preparation of the paper, and the translation of the puncture-indications into figures.«[126] Auch mit Blick auf die Zuverlässigkeit der erhaltenen Resultate brachte der Apparat keine spektakulären Fortschritte. Im Gegenteil kamen mit ihm eine Zahl weiterer Fehlerquellen ins Spiel, unter denen die gleichmäßige Fortbewegung des Papierbands am meisten Kopfzerbrechen bereitete.[127] Vor allem aber zeigten die Greenwicher Erfahrungen der ersten Jahre, daß sich die Hoffnungen, die mit der Einführung des Chronographen ursprünglich verbunden waren, nur zu einem Teil erfüllten. Zwar fiel der Fehler des Beobachters in der Bestimmung eines einzelnen Antritts an den Faden kleiner aus, die Differenzen der Beobachter verschwanden aber nicht.[128]

Um den Wert des chronographischen Verfahrens zu beurteilen, wählte Airy einen bemerkenswerten Ansatzpunkt. Die Frage, an der sich seine praktische Verwendung entschied, war für ihn »eine rein physiologische«, nämlich die Frage, »ob die Verbindung zwischen den Nerven des Auges und der Finger kürzer ist als die Verbindung zwischen den Nerven des Auges und des Ohres oder nicht.«[129] Der Einsatz der Registriertechnik wird also vom Beobachterorganismus aus bedacht und findet in dessen Eigenschaften seinen Grund. Dabei spielt es keine Rolle, daß die Entscheidung der aufgeworfenen Frage keinem Anatomen oder Physiologen übertragen wird, sondern Airy sich für seine positive Antwort auf den Vergleich astronomischer Beobachtungen mit der einen und mit der anderen Methode verläßt.[130] Sinn und Zweck kommt dem Registrierapparat mit Rücksicht auf die Verhältnisse des Organismus zu und nach diesem Kriterium muß er sich gegenüber dem etablierten Beobachtungsmodus behaupten. Das heißt allerdings nicht, daß diese und andere seinerzeit erprobte Aufzeichnungssysteme auch in jedem Fall unmittelbar aus der Auseinandersetzung mit der Anatomie und Physiologie der Nerven entstanden sind.

Folgt man ihrer Genealogie, die in die Vereinigten Staaten führt, zeigt sich, daß die elektromagnetische Zeitregistrierung zunächst 1846/47 bei der Bestimmung von Längendifferenzen durch den Gebrauch von Telegraphen als Geber und Empfänger von Zeitsignalen in den Gesichtskreis der Astronomie tritt und erst in einem zweiten Schritt als Registrierverfahren für Durchgangsbeobachtungen entdeckt wird.[131] Die Einführung dieser »method of imprinting dates of astronomical events« wurde dabei nur teilweise unter Bezug auf die Sinne begründet, zum anderen aber durch ihre leichtere Erlernbarkeit und die Möglichkeit, mit ihrer Hilfe die Beobachtungen zu vervielfältigen.[132] Den letzten Punkt erwähnt auch Airy,[133] insgesamt aber spitzt er Verständnis und Nutzen des Zeitschreibers ganz auf den Aspekt der Nervenverbindung zwischen Auge und Ohr respektive Auge und Finger zu. Der Umstand, daß der Vorteil der Zeitbestimmung »by galvanic contact« gegenüber der Zeitbestimmung »by eye-and-ear«, wie man seit der Einführung des Chronographen in Greenwich unterschied, als eine Sache der menschlichen Physiologie zurechtgelegt wird, ist nicht nur mit Blick auf die Abhängigkeit bemerkenswert, in die damit der Gebrauch von Apparaten zu organischen Vorgängen gerät. Vorhergehend muß die Selbstverständlichkeit interessieren, mit der der Akt der Beobachtung von Airy als physiologischer Vorgang aufgefasst wird.

Erinnert man sich an die Situation Ende des 18. Jahrhunderts, so waren Verfahren der Beobachtung damals als Gegenstand der Übung definiert. Der Erfolg solcher Bestimmungen war entsprechend der genauen Beachtung der vorgeschriebenen Prozedur und der Erfahrenheit des Beobachters zugeschlagen worden. Diese Voraussetzung wird auch noch von Bessel zu Beginn seiner Untersuchungen gemacht und erklärt das Maß an Erstaunen, das die Einsicht in die »beständige« Differenz zwischen zwei Beobachtern trotz der vermehrten Aufmerksamkeit auf den Beobachtungsvorgang begleitet. Über die Natur dieser Art von Unterschieden ist damit allerdings, außer daß sie nach dem herkömmlichen Verständnis des Beobachtungsvorgangs schwer zu begreifen sind, nichts entschieden. Unter Bessels damaligen Korrespondenten reicht die Spannbreite der Mutmaßungen von der ungleichen »Empfänglichkeit des Auges« bis zur Annahme eines abweichenden Zählmodus bei Bessel.[134] Die Vielfalt der Erklärungen deutet an, daß das Phänomen keinen privilegierten Ansatzpunkt für sein Verständnis geboten hat. Offenkundig sind alle Typen von Erklärungen a priori gleich möglich gewesen. Dies gilt auch für die Hypothese, die Bessel selbst in seiner Mitteilung von 1823 äußert. Nach der Darlegung aller Vergleichungen schreibt er:

> Wenn man annimmt, daß Eindrücke auf das Auge und das Ohr nicht in einem Momente mit einander verglichen werden können, und daß

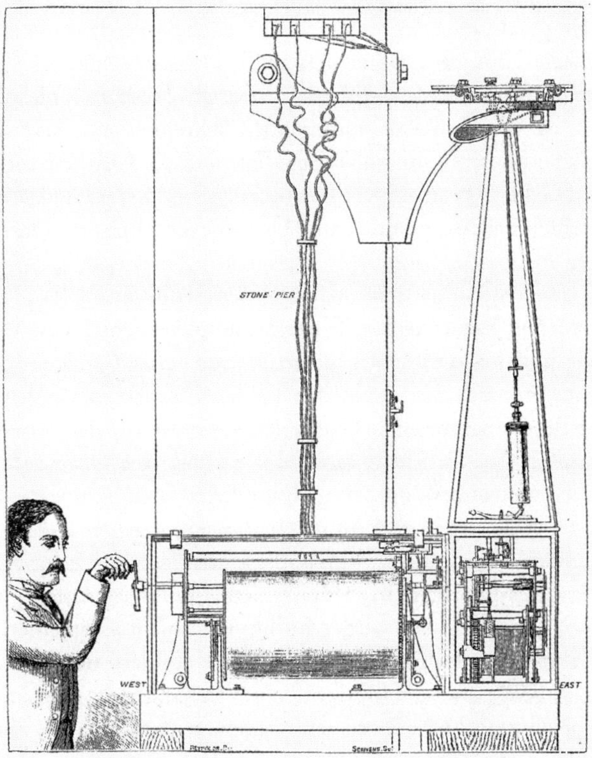

Abb. 11: »Galvanic Chronographic Apparatus« der Sternwarte zu Greenwich (1854), angefertigt von Edward Dent & Co. In: Vaudrey Mercer, *The Life and Letters of Edward John Dent, Chronometer Maker, and some Account of his Successors*, London 1977, S. 407, Plate 84.

zwey Beobachter zur Uebertragung des einen Eindrucks auf den andern *verschiedene* Zeiten gebrauchen, so entsteht ein Unterschied; ein noch größerer aber, wenn der eine vom Sehen zum Hören, der andere vom Hören zum Sehen übergeht; daß verschiedene Beobachtungsarten diesen Unterschied ändern können, darf nicht befremden, wenn man als wahrscheinlich annimmt, daß ein Eindruck auf einen der beyden Sinne *allein*, entweder ganz oder nahe in demselben Momente empfunden wird, in welchem er Statt findet und daß nur das Hinzukommen eines zweyten Eindrucks eine Störung hervorbringt, welche sich nach der verschiedenen Natur des letzten ändert.[135]

Folgt man dieser Überlegung, scheint der fragliche Vorgang von Bessel eher als ein psychischer des Vergleichens aufgefaßt worden zu sein, wobei es Anzeichen dafür gibt, daß er sich an die Denkart seines Königsberger Kollegen, des Philosophen Johann Friedrich Herbart, anlehnt.[136] In einem aus der gleichen Zeit stammenden Schreiben an Struve wird der Vorgang allerdings physisch als »*Fortpflanzung* des Gesehenen oder Gehörten im Gehirn« bestimmt.[137] Unabhängig von dieser Unklarheit wird aber in beiden Fällen eine Erklärung bemüht, die Auge und Ohr in ihrer Beziehung zueinander einschließt. Dies hat zur Konsequenz, daß sich die Leistung der Sinnesorgane im Vorgang der Beobachtung in einer dem überkommenen Werkzeugbegriff der Sinne unvordenklichen Weise als verwickelt und undurchsichtig umreißt, und schlägt sich unmittelbar im Umgang mit den Unterschieden in den Zeitbestimmungen nieder. Während die Annahme, das Phänomen sei etwa auf die verschiedene Beschaffenheit des Gesichtsorgans oder gar auf eine abweichende Verfahrensweise zu rechnen, immer noch impliziert, man könne die Erscheinung durch geeignete Vorkehrungen beseitigen, scheidet diese Möglichkeit unter der »Übertragungs«-Hypothese aus. Genau hierfür steht das Wort vom »unwillkürliche[n]« Unterschied ein, das am Anfang von Bessels Bericht hervorgehoben wird. Mit ihm wird nicht allein eine Aussage über die Umstände der Erscheinung gemacht, sondern im gleichen Zug auch eine Aussage über die Optionen ihrer Behandlung. Man kann sich mit den bemerkten Differenzen arrangieren, etwa sie messen, aber man kann auf sie nicht willentlich Einfluß nehmen, so wie man die Übung eines Beobachters oder – durch Tragen einer Brille – die Empfindlichkeit seiner Augen beeinflussen kann.

Obwohl, so betrachtet, die von Bessel in den Raum gestellte Erklärung der Unterschiede keineswegs nur eine bloße, folgenlose Spekulation war, vielmehr auf dieser die Einsicht fußte, daß das Phänomen nicht zu beseitigen war, wurde der Frage der Ursachen durch die erste Hälfte des 19. Jahrhunderts kaum weiter Aufmerksamkeit geschenkt. Ausschlaggebend hierfür ist nicht, daß Untersuchungen »fast unmöglich« erscheinen, weil die betreffenden »Operationen«, so Bessel, »ohne unser Bewußtseyn vor sich gehen.«[138] Vielmehr gestatten die beschriebenen Strategien – sei es die geeignete Organisation des Beobachtungsbetriebs, der Austausch der Beobachter oder die Bestimmung der Unterschiede – auch ohne jede Kenntnis der Ursachen, wenn schon nicht den von Bessel gefundenen Fehler des Beobachters, so doch seinen Einfluß auf die Beobachtungsresultate zu umgehen. Das auffällige Desinteresse an den Ursachen der Beobachterdifferenzen erklärt sich hieraus vollständig, wie auch die einzige Publikation zeigt, die bis in die 1850er Jahre hinein sich dieses Punkts annimmt. Zwar münden die bereits erwähnten Überlegungen Nicolais auf der Naturforscherversammlung 1829 in Heidelberg in der Hypothese, »daß die gegenseitige Wechselwirkung zwischen den Organen und dem Bewußtseyn nicht völlig momentan ist.«[139] Vorher ist allerdings schon klargestellt, daß Astronomen aus der Erscheinung ihre eigenen »Vorsichtsmaaßregeln« gezogen haben. Für Nicolai selbst sind seine Äußerungen deshalb nur »philosophische Speculationen«, und ihre ganze Absicht besteht darin, das »unwidersprechliche[ ] Factum« der Differenzen zur »allgemeinern Kenntniß der Herren Physiologen« zu bringen, damit sich diese fortan darum kümmern mögen.[140]

Auf diesem Stand der Dinge erscheinen die Sätze, mit denen fünf Jahre später ein Aufsatz Carl August Steinheils anhebt, mehr als außergewöhnlich. Sofort, aus dem Nichts heraus, wird der Leser mit einer Feststellung über die Sinne des Beobachters konfrontiert. »Man kann«, so Steinheil,

> nicht 2 Dinge zugleich mit derselben Präcision beobachten, als wenn die Aufmerksamkeit nur auf einen Gegenstand gerichtet ist; am wenigsten aber kann man ungleichartige Eindrücke wie hören und sehen richtig miteinander combiniren. Welche enormen Unterschiede in dieser Beziehung zwischen einzelnen Beobachtern statt finden, hat Bessel nachgewiesen. Man hat aber auch nicht immer die Überzeugung, daß die Differenz zwischen Angabe und Wahrheit für einen Beobachter constant sey, endlich kein Mittel die Schätzung auf sehr kleine Zeittheile auszudehnen.[141]

Die letzte Bemerkung deutet bereits an, daß der menschliche Organismus für Steinheil nur indirekt von Interesse ist. Der Schüler Bessels betreibt seit Anfang der 1830er Jahre in München eine private Sternwarte, fällt zunächst durch eine Reihe von Verbesserungen astronomischer Instrumente auf und macht sich schließlich als Gründer der »Optischen Werkstätten« und Pionier des Telegraphenbaus einen Namen.[142] Nicht als Anatom oder Physiologe schreibt Steinheil folglich vom Sehen und Hören, sondern als astronomisch versierter Konstrukteur, der, wie es im Titel seiner unveröffentlichten Schrift heißt, eine »Neue Methode der Zeitbeobachtung bey Sterndurchgängen« vorschlagen möchte.

Bessels Erklärung der Beobachterdifferenzen dient bei diesem Unterfangen als Leitfaden. »Erste Erfordernis«, eine »Präcision« zu erreichen, »deren das Bewußtwerden dieses Momentes [des Fadenantritts] fähig ist«, wäre demgemäß, »die Zeitbeobachtung gleichartig mit der Beobachtung des Sterns im Durchgang zu machen.«[143] Der Gedanke, die durch das Ohr erfolgende Empfindung des Pendelschlags an das Auge zu übergeben, hilft allerdings nur bedingt weiter. Zwar läßt sich eine Konstruktion denken, bei der das Pendel in das Gesichtsfeld des Fernrohrs projiziert würde; eine ähnliche Einrichtung unter Verwendung eines Chronometers vertrieb der französische Uhrmacher Abraham-Louis Breguet seit 1819 unter dem Namen »Compteurs astronomiques à oculaire« (Abb. 12).[144] Bessels Hauptgedanken ausdehnend, daß die »Störung« nur durch das »Hinzukommen eines zweyten Eindrucks« bewirkt werde, ist aber mit der simultanen optischen Wahrnehmung von Stern und Pendelschlag für den Beobachter nichts gewonnen. Dieser sieht sich nur »in derselben Verlegenheit indem er genöthigt ist seine Aufmerksamkeit auf beyde Arten der Beobachtung zu theilen.«[145] Als Lösung des Problems schlägt Steinheil vor, die verlaufende Zeit zusammen mit der Bewegung des Sterns durch die Fäden gemeinsam aufzuzeichnen und ihr Verhältnis zueinander im nachhinein abzumessen.

> Ich denke mir nun den Schieber einer geradlinigten Theilmaschine durch einen Fugalpendelator [ein Uhrwerk] nahe gleichmäßig fortbewegt: An dieser 2 Beobachter wo einer die Uhr (Pendelpunktdurchgänge) der andere den Stern (Fadendurchgänge) in der Weise beobachtet, daß Jeder seinen Durchgang mit dem Niederschlag des Fingers bezeichnet. Der Niederschlag des Fingers soll aber bewirken, daß eine feine Spitze äußerst rasch einen Punkt in den bewegten Schieber schlägt, so ist klar, daß der eine die Durchgänge durch die Fäden, der andere parallel laufend die Zeiten aufgetragen hat, und es kann sonach die eine Reihe direct in Theilen der anderen abgemessen werden, wenn beyde Beobachter ehe die Maschine in Bewegung war einen Punkt aufgetragen haben der die Lage beyder Scalen zu einander bestimmt.[146]

Originär ist an diesem Vorschlag neben der parallelen Aufzeichnung von Sterndurchgängen und Pendelschlägen vor allem die Verteilung der Tätigkeiten, aus denen sich der Vorgang der Durchgangsbeobachtung zusammensetzt, auf zwei unabhängig voneinander agierende Beobachter.[147] Erfolg verspricht diese Lösung jedoch nur, wenn sich die Schraube, mit der die Bewegung des Uhrwerks auf den Antrieb der Teilmaschine übertragen wird, gleichmäßig dreht. Dies ist aber offenkundig nicht gelungen, denn weder Steinheils Idee noch eine zeitgleiche, sehr ähnliche des Hamburger Instrumentenmachers Johann Georg Repsold[148] kamen über das Stadium von Plänen und Modellen hinaus.

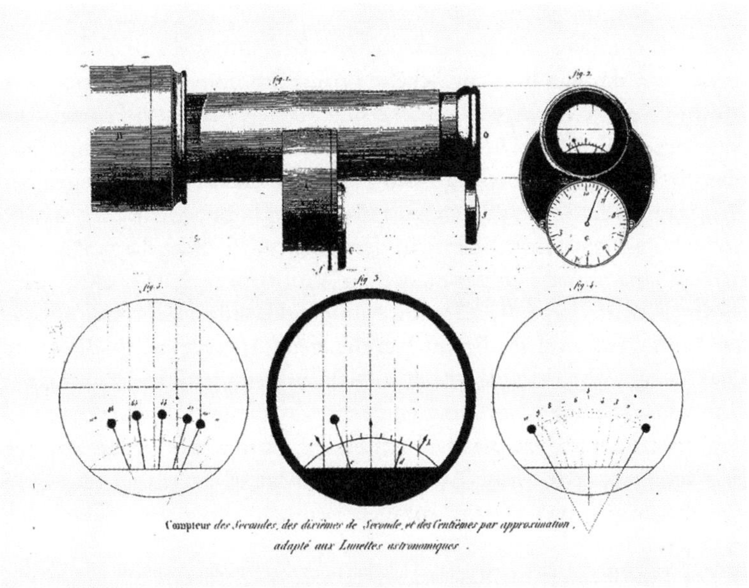

Abb. 12: Compteur des Secondes, des dixièmes de Seconde, et des Centièmes par approximation adapté aux Lunettes astronomiques. In: *Annales de Chimie et de Physique*, Bd. 10, 1819, Anhang.

Als zwanzig Jahre später die ersten Nachrichten aus den USA über den Gebrauch von elektrischen Telegraphen als »clock register« nach Deutschland dringen, sieht Steinheil den von ihm einst eingeschlagenen Weg bestätigt:

> [E]in wesentlicher Vortheil der amerikanischen Methode besteht unläugbar darin, daß sie die Zeitbestimmung unabhängig von der Verbindung der beiden Sinne – Gesicht und Gehör – gemacht hat, indem der Uhrgang sich selbst notirt und der Moment des Sterndurchganges nur durch Bewegung des Fingers bezeichnet wird, was, wie schon Bessel gezeigt hat, von allen Beobachtern gleichzeitig geschieht.[149]

Daß Bessel weder erwiesen noch je bedacht hat, wofür er hier herbeizitiert wird, liefert ein schönes Beispiel für das ›Stille-Post-Spiel‹ der Überlieferung. Hiervon abgesehen zeigt sich aber noch einmal, daß sich für Steinheil der Einsatz von Registrierapparaten primär aus den Gegebenheiten des Beobachterorganismus begründet.

Der Zusammenhang von Physis und Technik ist für die Unternehmungen Steinheils von grundsätzlicherer Bedeutung: Er prägt beispielsweise auch das von ihm entwickelte Prismenphotometer, das nach dem Motto »Nur gleichartige Eindrücke sind vergleichbar« sein Prinzip vom Auge her erhält.[150] Im Unterschied hierzu befolgen die Registrierapparate aber Erfahrungen, die erst aus den astronomischen Beobachtungen hervorgegangen sind. Tatsächlich wird man sagen können, daß hier, wo die Entstehung neuer Instrumente in den Blick rückt, Bachelards Prämisse, daß ein »Instrument« in der modernen Naturwissenschaft »wahrhaft ein verdinglichtes Theorem« darstellt,[151] ihre Erklärungsmacht voll ausspielen kann. Nur wird in diesem Fall der neue Apparat nicht »direkt im Dienst« einer theoretischen Entität »gedacht«, sondern direkt im Dienst eines praktischen Beobachtungsvorgangs: Zweck und Ausgestaltung von Registrierapparaten in der beobachtenden Astronomie folgen aus den Bedingungen, denen nach Auffassung der Akteure Auge und Ohr in ihrem Zusammenspiel unterliegen; diese Bedingungen materialisieren sich in ihnen.

Die Einführung von Registrierverfahren ist nicht von allen Astronomen aus den vermeintlichen Tatsachen des Beobachterorganismus hergeleitet worden. Das Gegenbeispiel liefert Steinheils Münchner Rivale, der Direktor der Akademie-Sternwarte, Johann von Lamont, der sehr früh, 1850/51, die neuen Methoden zur Anwendung bringt und vor allem die »zehnfach grössere[n] Leistungen in demselben Zeitraume« betont.[152] Denkt man aber gerade an Airys Standpunkt, dann wird man den »Galvanic Chronographic Apparatus« in Greenwich und alle ähnlichen Geräte, die nach 1855 sukzessive die Sternwarten Europas und darüber hinaus bevölkern, in einer Linie mit den früheren Überlegungen Steinheils als materiale Tradierung jenes Vorfalls des Beobachters auffassen dürfen, von dem Bessel einst Mitteilung gemacht hat. Überliefert wird mit ihnen nicht allein ein Wissen von bestimmten Eigenschaften des Beobachters, so wie man die photometrische Anordnung Bouguers als das in Pappkarton ausgefaltete Zeugnis dafür begreifen kann, daß man leichter Übereinstimmungen denn Differenzen der Helligkeit bemerken kann. Überliefert wird vor allem die Erfahrung, daß die Sinne unwillkürlich nach ihrer Arbeitsweise und durch keine vorgreifenden Maßnahmen zu überwinden in den Beobachtungsvorgang intervenieren. Apparate treten mit anderen Worten da ein, wo der Wille des Beobachters versagt.

»L'appareil d'observation«

Alle Linien, in denen sich Bessels Fund durch die erste Hälfte des 19. Jahrhunderts überliefert, kennzeichnet, daß in ihnen die Differenzen der Beobachter gerade nicht zum Ansatzpunkt umfassenderer Forschungen werden. Dies gilt sogar für Nicolais Vortrag vor der Naturforscherversammlung 1829, der streng genommen nur eine Hypothese liefert, deren Ausarbeitung einer anderen Fakultät überlassen werden soll; und es gilt ebenso für ein Manuskript in Enckes Nachlaß, in dem unter dem Titel »Verschiedenheit d[er] Beobachter« vor allem die Wege entwickelt werden, diese Verschiedenheit zu bestimmen.[153] Einzig Benjamin Goldschmidt, der seit 1834 an der Göttinger Sternwarte die Stelle eines Observators innehat,[154] beginnt in dieser Zeit, die Erscheinung genauer zu untersuchen.[155] Ob der »Operationplan für die Untersuchungen über Personaldifferenzen«[156] von Frühjahr 1838 vollständig ausgeführt worden ist, muß allerdings bezweifelt werden. Die »selbständige umfassende Arbeit«, die im selben Jahr von Gerling angekündigt wird,[157] ist, soweit ersichtlich, niemals publiziert worden.

Daß sich die Präsenz des Phänomens der Beobachterdifferenzen in andere Formen fügt als in die ihrer Erforschung und Debatte, lehrt, daß wissenschaftliche Einsichten nicht unbedingt den Status eines positiven, als solchen kenntlich gemachten Gegenstands der Wissenschaften erlangen müssen, um Tatsachen zu schaffen. Die einzelnen Linien der Tradierung von Bessels Fund haben gezeigt, daß diese Tatsachen sehr verschieden ausfallen und von der Ordnung des Beobachtungsbetriebs über gesonderte Bestimmungen oder permanent zu wiederholende Berechnungen bis zur Entwicklung von Registrierapparaten reichen. Alle diese Vorgänge eint, daß in ihnen das Verständnis sinnlich-physischer Vorgänge analog zum Zugriff auf Instrumente als Zusammenhang unwillkürlicher, eigener, experimentier- und kalkulierbarer Ordnung nicht weniger wirksam Ausdruck gewinnt, als es in einer genuinen wissenschaftlichen Behandlung der Fall wäre. Mit dieser Form der Tradierung ist keineswegs impliziert, daß der Ausgangspunkt all dieser Vorgänge langsam, schleichend außer Sicht gerät. Nur wird das vorausgesetzte Wissen nicht durch den expliziten Rekurs auf eine einmal gemachte Erfahrung wieder eingeholt, sondern dadurch, daß es sich in den getroffenen Einrichtungen, im Umgang mit den entwickelten Apparaturen und im Vollzug der etablierten Prozeduren immer wieder ausführt. Daß man dem Ereignis des Beobachters nicht unbedingt eingedenkt, es nicht in dem Sinne bewahrt bleibt, daß es immer wieder rekapituliert wird, dieses sich vielmehr immer wieder, etwa in jeder Vergleichung zweier Beobachter reproduziert, führt aber dazu, daß die Wirkkraft dieses Ereignisses gewissen Einschränkungen unterliegt.

Entscheidend ist in diesem Zusammenhang, daß Bessels Fund im Zuge seiner Tradierung gleichsam mit den Beobachtungsvorgängen verwächst, aus denen er ursprünglich hervorgeht. Damit ist nicht gesagt, daß seine Präsenz mit der Andauer bestimmter Typen von Beobachtungsanordnungen gekoppelt ist. So geht man bei einigen Bestimmungen von Längendifferenzen in den 1840er Jahren wieder dazu über, die Beobachter samt Instrumenten auszutauschen, die Differenzen der Beobachter werden aber weiter ermittelt.[158] Und ganz genauso werden in Greenwich auch nach der 1915 erfolgten Einführung eines weitgehend selbstregistrierenden »traveling wire micrometer« Bestimmungen des absoluten Beobachterfehlers fortgeführt.[159] Die symbiotische Beziehung, die das Phänomen zum Feld seines Erscheinens unterhält, behindert aber offenkundig, daß die mit ihm verbundenen Einsichten jenseits der Astronomie *operativ* wirksam werden. Zumindest fällt auf, daß innerhalb des astronomischen Arbeitszusammenhangs schnell immer neue Typen von Beobachterdifferenzen geschildert werden,[160] die zwar nicht immer mit derselben Konsequenz verfolgt werden wie die Unterschiede der Zeitbestimmungen, die Diskussion um einen Personalfehler bei der mikrometrischen Auswertung von Sonnenspektren, die von 1913 bis Anfang der zwanziger Jahre anhält,[161] zeigt aber, daß sich in der Astronomie der Rekurs auf solche Phänomene nachhaltig und ausgreifend auch auf das neue Feld der Astrophysik etabliert hatte. Für die Aufnahme entsprechender Einsichten außerhalb des astronomischen Kontextes galt dies hingegen nur sehr eingeschränkt.

Angesichts der wenigen Hinweise, die sich in der Literatur der Zeit auf Bessels Mitteilung und das Phänomen der Beobachterdifferenzen finden lassen, erscheint es um so bemerkenswerter, daß der Berliner Physiker Heinrich Wilhelm Dove in seiner umfangreichen Anleitung *Ueber Maass und Messen* aus dem Jahr 1835 diesen Punkt gleich an den Anfang des Abschnitts »Messen der Zeit« setzt:

> Dass zwischen dem sinnlichen Eindruck und dem Bewusstwerden desselben eine Zeit verfliesse, scheint für das Auge dadurch erwiesen zu sein, dass verschiedene durch häufige Beobachtungen hinlänglich geübte Beobachter dieselbe Erscheinung nicht zu gleicher Zeit wahrgenommen zu haben glauben. Der Unterschied der Zeit, welcher sich zwischen den Angaben zweier Astronomen zeigte, welche gemeinschaftlich Sternbedeckungen beobachteten, war für verschiedne Beobachtungen derselben gleich, verschieden aber für verschiedene Individuen.[162]

Anders als Astronomen beschäftigt sich Dove allerdings nicht damit, welche Konsequenzen aus dieser Einsicht für die eigene Praxis des Messens und Wägens erwachsen könnten. Seine Prämisse bei der Besprechung der Methoden, daß die Sinne »an gewisse Grenzen gewöhnt [sind], die wir durch Uebung wohl erweitern, aber nicht beliebig überschreiten können«, und die hiermit verbundene Frage, »was erfahren wir durch die Sinne, was nicht?«,[163] besaßen so betrachtet vornehmlich theoretischen Charakter, ohne sich in der Ausgestaltung der Messungen oder in weiteren Untersuchungen niederzuschlagen.

Ähnliches gilt für die Rezeption astronomischer Einsichten in dem damals weitverbreiteten *Lehrbuch der Physik* von Wilhelm Eisenlohr. In der ersten seiner mehr als zehn Auflagen heißt es 1836 bei der Besprechung der Lehre »Vom Sehen und von den optischen Instrumenten«:

> Jeder Licht-Eindruck bedarf einer gewissen Zeit, bis er zu unserem Bewusstsein kommt, und es ist diese Dauer bei den Menschen verschieden. Wenn daher zwei Beobachter den Durchgang eines Fixsternes durch denselben Meridian zu gleicher Zeit beobachten, so kann ihn der eine um 1/4 Secunde früher wahrnehmen, als der andere.[164]

Auch in diesem Fall wird die Möglichkeit solcher Unterschiede nicht auf die eigene Arbeit zurückgewendet. Im Gegenteil bemerkt Eisenlohr in der zweiten Auflage seines Werkes von 1839, daß man es zwar mit einer »höchst wichtigen« Erscheinung zu tun habe, und sie ist ihm so wichtig, daß nun eine längere detaillierte Schilderung der Umstände und Ursachen solcher Differenzen gegeben wird, zugleich wird die Bedeutung dieser Erscheinung jedoch streng eingegrenzt. Wichtig ist sie »für die Astronomie«.[165] Daß dies mitnichten richtig war und solche Vorgänge nicht weniger Beachtung verlangten, wenn anderes als der Durchgang eines Sterns gemessen wurde, zeigen die Versuche über die *Mechanik der menschlichen Gehwerkzeuge*, die der Physiker Wilhelm Weber und sein Bruder, der Anatom Eduard Weber, Mitte der 1830er Jahre unternahmen. Um Länge und Dauer eines einzelnen Schritts zu bestimmen, wird eine »indirecte Methode« gewählt, bei der die Probanden gehalten sind, auf einer genau abgemessenen Strecke ihre Schritte zu zählen und die insgesamt benötigte Zeit mit Hilfe einer Tertienuhr zu stoppen.[166] In einem Nachsatz zu diesem Modus bemerken die Webers:

> Diese verschiedenen, bei einer solchen Messung nothwendigen Thätigkeiten hätten zwar unter mehrere Personen vertheilt werden können; wurden aber deswegen vom Gehenden selber ausgeführt, weil er

> allein im Stande ist, sie ganz gleichzeitig vorzunehmen. Nimmt ein Anderer die Uhr, so verstreicht, wie uns die Erfahrung gelehrt hat, zwischen dem Zeichen, das der erstere giebt, und der Auslösung der Uhr, die der andere bewirkt, ein kleiner Zeitraum, der nicht immer gleich gross ist, wodurch die Beobachtungen unsicher werden.[167]

Die Ausführungen belegen, daß in anderen messenden Wissenschaften nicht nur ähnliche Probleme wie in der Astronomie gegeben waren, sondern diese Probleme auch in vergleichbarer Weise in den gewählten Methoden berücksichtigt wurden.

Kein Mangel an Anschlußmöglichkeiten sorgte dafür, daß die Wirkkraft der astronomischen Einsichten jenseits der eigenen Disziplin gering blieb. Ausschlaggebend scheint vielmehr, daß diese Einsichten, wie bereits angesprochen, im weiteren fast restlos mit Eingriffen in die astronomische Beobachtungspraxis verschmolzen sind. In diesem Sinne könnte man vielleicht sogar von einem ›personal knowledge‹ sprechen. Zwar handelt es sich, anders als bei Michael Polany definiert, keineswegs um Wissensbestände, »die als solche der Person, die sie befolgt, nicht präsent sind«.[168] Doch schon allein, um von den Untersuchungen Bessels und seiner Kollegen Kenntnis zu erhalten, war eine nähere Bekanntschaft mit der Gemeinde der Astronomen unumgänglich. Es dürfte deshalb im Falle Doves nicht unwichtig gewesen sein, daß er vor seiner Tätigkeit in Berlin in den 1820er Jahren als Privatdozent an der Königsberger Universität unterrichtet hatte.[169] Ganz zweifelsfrei sind die Quellen von Eisenlohrs Ausführungen. Ab der zweiten Auflage seines Lehrbuchs bezog sich der Professor am Mannheimer Lyzeum nicht nur ausschließlich auf Vergleichungen des eben dort ansässigen Astronomen Nicolai. Erwähnt wurden auch solche Resultate, die Nicolai nie publiziert hatte und deshalb Eisenlohr nur privatim bekannt geworden sein konnten.

Sind die Formen seiner Tradierung nicht unbedingt hilfreich dafür gewesen, daß Bessels Fund jenseits der eigenen Disziplin nachhaltige Wirkung hat zeigen können, gilt für die Astronomie selbst genau das Gegenteil. Dadurch daß die Bestimmung der Beobachterdifferenzen in die Routinen der Beobachtung eingeht, werden sie zur festen, unhinterfragten Randbedingung astronomischen Beobachtens. Zwar läßt sich über Umstände und Ursachen streiten, aber in ihrem Kern sind diese Differenzen jeder Debatte entzogen. Man geht sie nicht an, sondern geht von ihnen aus. Der neue Direktor der Pariser Sternwarte, Urbain-Jean-Joseph Le Verrier, bemerkt 1855:

> Man weiß seit langer Zeit, seit Maskelyne, dem berühmten Vorgänger von Pond und M. Airy, daß es nicht ausreicht, die Unzulänglichkeiten unserer Instrumente aus Metall und Glas zu untersuchen; daß [darüber hinaus] der menschliche Organismus, als Beobachtungsapparat betrachtet, seine eigenen mehr oder weniger regelmäßigen und konstanten Fehler hat, ganz wie ein geteilter Kreis, eine Pendeluhr oder ein Mittagsfernrohr.[170]

Die Dauer, die hier der Einsicht in die Fehler des Organismus zugebilligt wird, muß nicht wörtlich genommen werden; sie ist Sinnbild dafür, wie tief bereits entsprechende Überlegungen, kaum zwanzig Jahre nachdem sie tatsächlich Gewicht gewonnen haben, in das praktische Wissen von der astronomischen Beobachtung eingegangen sind. Aus Le Verriers Äußerung geht aber nicht nur hervor, daß für Astronomen Mitte der 1850er Jahre der Rekurs auf den Organismus als Fehlerquelle selbstverständlich geworden war. Sie gibt auch sehr deutlich zu verstehen, daß der Beobachter, definiert als »Beobachtungsapparat« oder »appareil d'observation«, in einer Reihe mit allen anderen Instrumenten stand und gleich diesen nach seinen Bedingungen – »certaines particularités physiologiques«, wie Le Verrier schreibt[171] – für den Vorgang der Beobachtung bedacht wurde.

Daß diese Relation zwischen Instrumenten der Beobachtung und Organismus des Beobachters nicht unbedingt originär und allein in der astronomischen Beobachtung entsteht, wurde schon bei Benzenbergs Fallversuchen deutlich. Während dessen Mitteilung über den »Fehler des Sinns« aber unter den zeitgenössischen Physikern kaum Aufmerksamkeit gefunden hat, gewinnt das gleichartige Verständnis des menschlichen Beobachters und seiner Instrumente mit den Weiterungen der Besselschen Mitteilung bis zur Mitte des Jahrhunderts in der Astronomie den Charakter einer allgemein geteilten Anschauung. Wenn in den 1860er Jahren der Direktor des Neuenburger Observatoriums, Adolph Hirsch, programmatisch feststellt, daß der »nervöse Apparat« des Beobachters in derselben Weise zu untersuchen sei wie jedes andere astronomische Präzisionsinstrument,[172] dann artikuliert er damit nur, was bereits seit mehr als dreißig Jahren Praxis gewesen ist. In dem Kontext, aus dem heraus Hirschs Arbeiten zu verstehen sind, deutet sich gleichwohl an, daß der symmetrische Begriff von Beobachter und Instrument nicht mehr unangefochten gilt.

Neu war an seinen Untersuchungen nicht, daß sie Physis und Instrument nach den gleichen Kriterien aufgriffen, neu war die Absicht, das Phänomen der Beobachterdifferenzen mit einer bestimmten Erklärung zusammenzubringen. Daß nun die Frage nach den Ursachen anders als in den Jahrzehnten bis 1850 diskutiert wurde und nicht nur Hirsch, sondern auch eine ganze Zahl weiterer Astronomen sich auf jene Art von »Speculationen« einließ, die Nicolai einige Jahrzehnte früher für einen Vertreter seines Faches eigentlich als unwürdig erachtet hatte, rührte keineswegs aus einem reinen Willen zur Erkenntnis. Bedeutsam wurde dieser Punkt, weil die Einführung der elektromagnetischen Registrierapparate wesentlich mit einer physiologischen Begründung verknüpft worden war. Dieser Argumentation bedienten sich, wie gesehen, Airy und viele andere Fürsprecher des Chronographen.[173] Sie findet sich aber ebenso 1853 in einem der letzten Aufsätze Aragos, der in Paris den Einsatz des »chronomètre à pointage« forciert,[174] einer Zeigeruhr ähnlich der Bregueťschen, bei der der Moment des Durchgangs auf dem Zifferblatt markiert wird.

Daß mit Untersuchungen über die Ursachen der Beobachterdifferenzen zunächst Argumente für eine Debatte über Beobachtungsverfahren gesammelt werden, zeigt sich exemplarisch an der Kontroverse, in die Hirsch von dem Pariser Astronomen Charles Wolf verwickelt wird. Während Hirsch als Anhänger der elektromagnetischen Zeitregistrierung in der Spur Airys die Differenzen als Sache einer »temps physiologique« formuliert, nimmt Wolf mit dem Verständnis der ganzen Angelegenheit als Problem von »discipline and education« zugleich Partei für die alte, auf Auge und Ohr gegründete Beobachtungsmethode.[175] Dabei hat dieser Streit über Verfahren als Streit über Ursachen eine ironische Pointe: denn indem Wolf behauptete, die Beobachterdifferenzen könnten größtenteils »durch Einübung weggeschafft werden«,[176] unterwarf er das Phänomen wieder einem Zugriff, der sich seit Bessel scheinbar endgültig erledigt hatte.

Obwohl Wolfs Überlegungen nichts daran ändern, daß sich die elektromagnetische Zeitregistrierung im weiteren durchsetzt, bleiben sie für das Verständnis der Beobachterdifferenzen nicht ohne Einfluß. In seiner Geschichte des »Royal Observatory Greenwich« aus dem Jahr 1900 läßt Walter Maunder keinen Zweifel, daß sich alle Unterschiede in den Zeitangaben mit etwas »Charakterkenntnis« wie von selbst erklären:

> It will be but a fraction of a second in any case, but there will be a distinct difference, a constant difference, between the eager, quick, impulsive man who habitually anticipates, as it were, the instant when he sees star and wire together, and the phlegmatic, slow-and-sure man who carefully waits till he is quite sure that the contact has taken place, and then deliberately and firmly records it. These differences are so truly personal to the observer that it is quite possible to correct for

> them, and after a given observer's habit has become known, to reduce his transit times to those of some standard observer.[177]

Man kann nicht sagen, daß sich Maunders Interpretation der Differenzen als Resultat des individuellen Temperaments mit Wolfs Auffassung restlos deckt. Beide eint aber, daß sie das Phänomen den Angewohnheiten des Beobachters zuschlagen.

Was bei Maunder als Faktum erscheint und bei Wolf angelegt ist, läßt sich, auf eine einfache Formel gebracht, als wahrhafte Personalisierung des sogenannten Personalfehlers bezeichnen. Solange dieser Fehler physiologisch ausgedeutet wurde, war er zwar in der Weise persönlich, wie er anscheinend von Beobachter zu Beobachter eine verschiedene Größe besaß, er charakterisierte aber gerade nicht die Persönlichkeit des Beobachters. Vielmehr wurde immer vorausgesetzt, daß die Erscheinung selbst mit größter Anstrengung vom Beobachter nicht beherrscht werden konnte, so daß Fragen des Charakters und Temperaments hier gar keine Rolle spielen konnten. Daß um 1900 gegenteilige Prämissen Raum gewinnen, darf entsprechend nicht zu dem Irrtum verleiten, die Beobachterdifferenzen seien von Anfang an und überall als Ausdruck der Persönlichkeit des Beobachters begriffen worden. Wenn Simon Schaffer knapp hundert Jahre Umgang mit der Erscheinung auf die Generalthese reduziert: »The problem of personality was an aspect of human character, but it was *therefore* manageable by astronomical discipline«,[178] deckt sich das zwar mit Maunders Auffassung. Näher betrachtet läßt sich diese These aber nicht einmal für die von Schaffer untersuchten Verhältnisse in Greenwich aufrechterhalten: Airy preist bekanntlich die chronographische Methode nicht als Vorkehrung gegen eventuelle Eigenheiten eines Beobachtercharakters, sondern begründet ihren Einsatz mit Rücksicht auf die Verhältnisse der menschlichen Physiologie.

Schaffers durch den Anschluß an Maunder sehr zugespitzte Sichtweise bringt nicht nur ihn selbst um die Chance, in den Routinen, die Astronomen im Umgang mit dem Phänomen der Beobachterdifferenzen entwickeln, etwas anderes zu entdecken als eine großangelegte Strategie der Disziplinierung. In ihrem Aufsatz »The Image of Objectivity« führen Lorraine Daston und Peter Galison die Überlegungen Schaffers samt dem Zitat von Maunder als schlagendes Beispiel dafür an, wie Naturforscher am Ende des 19. Jahrhunderts ihre eigenen Handlungen und die ihrer Untergebenen vermeintlich immer mehr unter Aufsicht gestellt haben, um jeden Einfluß des beobachtenden Subjekts auszuschließen. Die astronomische Praxis wird damit zu einem Baustein für Dastons und Galisons Haupthese, daß sich in dieser Zeit wissenschaftliche Objektivität mit der Absicht verbindet, den Naturforscher aus dem Beobachtungsvorgang zu eliminieren und die Erhebung von Daten oder Phänomenen dafür an Instrumente zu übertragen. Diese »›nicht-intervenierende‹ oder ›mechanische‹ Objektivität«[179] findet in den Äußerungen von Wissenschaftlern über die Prinzipien ihrer Arbeit und die Methoden der Darstellung wissenschaftlicher Gegenstände zahlreiche Zeugnisse. Gleichwohl zeigt insbesondere der astronomische Umgang mit Beobachterdifferenzen, nimmt man ihn von der Seite seiner Genese her in den Blick, daß hier ganz andere Überlegungen im Spiel waren, als spätere Interpretationen nahelegen.

Die Differenzen der Beobachter sind in den Jahrzehnten zwischen 1830 und 1860 in keinem Augenblick mit dem Kategoriensystem objektiv/subjektiv zusammengebracht oder als Umstand begriffen worden, durch den der menschliche Beobachter in irgendeinen Gegensatz zu seinen Instrumenten gerät. Die Fehler im Beobachtungsresultat, die aus seiner Tätigkeit herrührten, wurden vielmehr als Fehler neben Fehlern anderen Ursprungs behandelt, und alle Beobachtungsfehler insgesamt gaben sich unter dem Regime der Fehleruntersuchung als unvermeidlich zu jedem Vorgang der Beobachtung gehörige Erscheinung zu denken, die in keinem besonderen Verhältnis zur Persönlichkeit des Naturforschers standen. Die verschiedenen Wege, die Differenzen der Beobachter zu neutralisieren oder zu erfassen, zielten entsprechend nicht darauf ab, ›innere Feinde‹ mittels »methodischer Regeln, Messungen und Arbeitsdiziplin unter Kontrolle [zu] halten«,[180] sondern beschäftigten sich mit Umständen der Beobachtung, die man – als dem Beobachter unkontrollierbar, weil unwillkürlich – zu den eigensten Bedingungen des Organismus zählte. Das schloß nicht aus, daß man einzelne Resultate als Ausdruck größerer oder geringerer Übung der beteiligten Beobachter interpretierte, in der Regel wurden die erhaltenen Resultate aber gar nicht bewertet, sondern unkommentiert in Rechnung gebracht.

Noch in einer zweiten, ebenso wichtigen Hinsicht taugt der Umgang mit Beobachterdifferenzen in der Astronomie nicht zum Musterfall ›mechanischer Objektivität‹. Denn gerade die Mechanisierung des Beobachtungsvorgangs Anfang der 1850er Jahre geschieht unter anderen Prämissen, als dies nach Dastons und Galisons Überlegungen zu erwarten ist. Abgesehen davon, daß keines der Aufzeichnungsgeräte den Beobachter vollkommen ersetzt, sind sie auch nicht dazu bestimmt, dessen moralische Fehlbarkeit oder Einbildungskraft zu unterdrücken. Ihre Ratio erhalten sie vielmehr – wie die Einführung der elektromagnetischen Zeitregistrierung in die astronomische Beobachtung zeigt – von der Voraussetzung, daß der Beobachter bestimmten, in seinem Organismus lokalisierten Bedingungen unterstellt ist, deren Wirksamkeit durch Apparate gemindert werden kann. Am deutlichsten wird dies an solchen Überlegungen, die in der Tat den vollkommenen Verzicht auf einen ›human actor‹ im Vorgang der Beobachtung fordern. Im September 1864 kommt der Astronom Hervé Faye, Mitglied des »Bureau des Longitudes«, vor der Pariser Akademie noch einmal auf eines seiner Lieblingsthemen zu sprechen. Schon häufig habe er, so Faye, auf die »sonderbaren Fehler« hingewiesen, die aus der »Individualität« der Beobachter herrühren und die wünschenswerte Genauigkeit astronomischer Bestimmungen beeinträchtigen.[181] Um sie »verschwinden zu lassen«, hilft in seinen Augen nur ein »radikales Mittel«; man muß den »Beobachter abschaffen und unsere Sinne durch den gleichzeitigen Gebrauch der zwei großen Erfindungen unserer Epoche ersetzen, die Photographie und den elektrischen Telegraphen.«[182] Anlaß zu dieser Forderung geben die im selben Jahr publizierten Untersuchungen von Hirsch und dessem Genfer Kollegen Emile Plantamour über den physiologischen Fehler des Beobachters. Faye verbindet die Darstellung ihrer Erfahrungen mit seinen eigenen und denen anderer Astronomen, um endlich in einem bemerkenswerten Resümee seine eingangs aufgestellte Prämisse, besser begründet als je zuvor, wieder einzuholen:

> Que faut-il conclure de ces intéressantes recherches? C'est qu'il n'est pas permis de considérer l'erreur physiologique comme constante, même pendant une seule et même série, et qu'il ne faut compter sur la machine humaine, pour ces mesures délicates, qu'à la condition d'en déterminer immédiatement l'erreur presque à chaque observation. Je demande maintenant aux astronomes s'il ne vaut pas mieux supprimer la machine humaine, dont les imperfections nous sont révélées d'une manière si frappante, et dont les résultats varient non-seulement avec les années, mais aussi, d'un instant à l'autre, avec les troubles momentanés de la digestion, de la circulation du sang ou de la fatigue nerveuse.[183]

Fayes Forderung, auf die »machine humaine« im Vorgang der Beobachtung ganz Verzicht zu leisten, wird, wie man sieht, nicht schon durch deren Fehlerhaftigkeit begründet. Sie rührt allein aus der besonderen Beschaffenheit der vorkommenden Fehler. Zum Problem werden diese, weil ihr Betrag auch über kleine Zeiträume anscheinend nicht gleichbleibt und die Bestimmung der entsprechenden Größe für die Reduktion der Beobachtungen mit einem steten Zweifel einhergehen muß.

Nach Fayes Schlußwort handelt es sich beim physiologischen Fehler des Beobachters um eine Sorte von Fehlern, »die sich jeder Untersuchung entziehen«.[184] Die Forderung, die sinnliche Beobachtung durch das Zusammenspiel von Photographie und elektromagnetischer Zeitregistrierung zu substituieren, folgt so betrachtet demselben Gebot der Fehleranalyse, das schon Bessels weitere Haltung zur Frage der Beobachterdifferenzen bestimmt hat. Ein Fehler, der zwar regelmäßig vorkommt, sich aber in seiner Untersuchung auf keine zumindest für eine gewisse Zeit dauernde Regel bringen läßt, ist tunlichst zu umgehen. Ist insbesondere die Photographie in der zweiten Hälfte des 19. Jahrhunderts »zum Wahrzeichen für alle Aspekte der nichtintervenierenden Objektivität« geworden,[185] wie dies Daston und Galison hervorheben, dann läßt sich aus der Argumentation Fayes für die photographische Aufzeichnung lernen, daß zu diesen Aspekten auch der Gedanke gehört hat, die Intervention des Beobachters aus rein pragmatischen Gründen zu unterbinden. Photographische Platten, so wohl die Annahme Fayes, kann man in ihrem Verhalten besser untersuchen als Ohren und Augen menschlicher Beobachter. Anders verstehen ließe sich unter dieser Perspektive nicht zuletzt auch, was es heißt, wenn am Ende des 19. Jahrhunderts die astronomischen Beobachterdifferenzen endlich in jene Begrifflichkeit eingefaßt werden, in der sie, hielte man es mit Dastons und Galisons Ausführungen, eigentlich schon immer gedacht worden sind.

In einem astronomischen Handbuchartikel über die »Persönliche Gleichung« aus dem Jahr 1899 liest man, daß die hierdurch bezeichneten Beobachtungsfehler »rein subjektiver Natur, an die Person des Beobachters geknüpft sind«.[186] Allerdings machen sich für den Autor in solchen subjektiven Fehlern psychophysische Prozesse und nicht, wie bei Maunder, Charaktereigenschaften des Beobachters geltend. Diese Prozesse können durch das Verhalten des Beobachters beeinflußt werden: Hervorgehoben werden in diesem Zusammenhang der Genuß von Alkohol, Kaffee und Tee (während der Einfluß von Morphium und anderen Drogen zwar erwähnt, ihr Gebrauch unter Astronomen anscheinend aber für wenig verbreitet erachtet wird).[187] Im Kern bleibt das Verständnis der persönlichen Fehler aber ganz unberührt von Fragen des persönlichen Ethos. Wie dieses Beispiel zeigt, ist die Rede vom Subjektiven an der Person des Beobachters, wo sie einsetzt, keineswegs immer gleichbedeutend mit einer Rede über Selbstkontrolle und die Disziplinierung von Leidenschaften und Temperamenten. Die gemessenen Differenzen werden zwar als »rein subjektiver Natur« gekennzeichnet, der Ausdruck wird jedoch ohne jede Bewertung einzig zur Abgrenzung solcher Fehler von »Instrumentalfehlern« gebraucht.[188] Diese Unterscheidung besitzt an der zitierten Stelle offenkundig nomenklatorischen Charakter und ändert an der gleichen Behandlung von Instrumenten und Beobachtersinnen nichts. Insofern diese Unterscheidung notwendig scheint, muß man aber folgern, daß Sinne und Apparate im Kontext der zeitgenössischen Astronomie nicht als vollkommen gleichgeartet verstanden worden sind. Als subjektiv könnten sich die Fehler des Beobachters in dieser Hinsicht umreißen, wie sie ihrer Objektivierung Widerstand leisten. So läßt sich vermuten, daß ein nicht geringer Teil der Rede von der Subjektivität des Beobachters am Ende des 19. Jahrhunderts von den Widerständen handelte, welche sich bei dem Versuch ergaben, die Sinne des Beobachters nicht anders als jedes Instrument in ihrem Verhalten im Beobachtungsvorgang zu untersuchen. Subjektiv war am »appareil d'observation«, was variierte, inkonstant war, auf kein dauerndes Gesetz führte. Subjektiv erschienen die Sinne des Beobachters, wo es ihnen an der Regelmäßigkeit eines Apparats mangelte.

7. Untersuchung und Modellierung

Der Zugriff auf die Sinne, wie er unter dem Regime der Nachforschung einsetzt, hat sich nicht in allen Wissenschaften von der Natur gleichermaßen geltend gemacht und manche auch überhaupt nicht berührt. Dennoch stand die praktische Astronomie nicht alleine da. Mikroskopische Anatomie und Photometrie wurden schon häufiger erwähnt, sogar Anthropologen bezogen in den 1880er Jahren den »erreur personelle« in ihre methodischen Überlegungen ein, und noch in den Meßmethoden der Strahlenphysik vor der Epoche des Geigerzählers tauchten entsprechende Fragestellungen wieder auf.[1] Daß diese Arbeiten aber kaum Aufmerksamkeit gefunden haben, wo es im Größeren darum gegangen ist, die Untersuchung der Sinne im Lauf des 19. Jahrhunderts zu verfolgen, ist nicht weiter verwunderlich. Eingeschlossen in Unternehmungen, die ganz anderen Gegenständen gelten, geben sie kaum Anlaß zu der Vermutung, mit ihrer Durchführung habe sich irgendeine weiter ausgreifende Konsequenz verbunden. Tatsächlich beruhte die Wirksamkeit dieser Arbeiten jedoch genau auf dem Umstand, daß sie als methodische Subroutinen zu einem Bestandteil der nicht mehr weiter diskutierten Prämissen des Beobachtungsbetriebs wurden. Was sich dabei, wieder und wieder, in jeder Untersuchung neu, artikulierte, war eine Möglichkeit der Handhabung: Man konnte, ja, man mußte dem »appareil d'observation« wie jedem anderen Element der Beobachtungsanordnung in den Umständen seiner Operationen hinterherspüren. Diese Gleichsetzung von Organen und Artefakten als gleich zu veranschlagende ist in ihren Konsequenzen nicht zu unterschätzen, läßt sich doch eine Linie ziehen, die von der Untersuchung der Sinne gleich Apparaten zu einer erkenntnisleitenden Modellierung der Sinne als *Sinnesapparate* in der Physiologie nach der Mitte des 19. Jahrhunderts führt. Diese Linie führt aber weder notwendig vom einen zum anderen, noch verläuft sie schnurgerade.

Zunächst muß ein wichtiger Unterschied beachtet werden. Hatten Naturforscher wie Benzenberg oder Bessel Sinne und Instrumente unter denselben Prämissen und nach denselben Methoden behandelt, um mögliche Fehler in ihren Beobachtungen zu erfassen, ging es zwei Generationen später beispielsweise in Hermann von Helmholtz' Untersuchungen über die Physiologie der Klangfarben oder in Ernst Machs Studien über die Reizung der Netzhaut darum, sinnliche Vorgänge mit Hilfe von Zusammenstellungen oder einzelnen Elementen von Instrumenten und Apparaten in ihren Funktionen zu analysieren.[2] Zum Gegenstand der Untersuchung wurden dabei auch diejenigen Aspekte an Sinnesfunktionen, die im Beobachtungsresultat Fehler bedingten, deren genauere Kenntnis aber zum Beispiel für einen praktischen Astronomen vollkommen überflüssig war. Nicht umsonst gewinnt die Debatte über die Ursachen der Beobachterdifferenzen erst Fahrt, als sie sich mit den Vor- und Nachteilen konkurrierender Beobachtungsverfahren verbindet. Man kann deshalb ausschließen, daß der spezifische Forschungsmodus der Sinnesphysiologie in der zweiten Hälfte des 19. Jahrhunderts aus einer einfachen Ansteckung an den Problemen der Naturforschung hervorgeht. An der tiefergehenden Untersuchung der Ursachen von Fehlern der Sinne bestand kein Bedarf, es genügte, ihre Größe zu kennen. Und wo tatsächlich Phänomene aus der Beobachtungspraxis in physiologische Debatten übergingen, geschah dies nach den dortigen Interessenlagen.

Die Art und Weise, wie etwa Nicolais Überlegungen über die Ursachen der Beobachterdifferenzen ein paar Jahre später in Johannes Müllers *Handbuch der Physiologie* wiederkehren, gibt zu verstehen, daß die »Männer vom Fache«[3] keineswegs die ihnen überantworteten Probleme einfach zu ihren eigenen machten. Als (sogleich wieder verworfene) Möglichkeit erwogen, durch Bestimmungen von Beobachterdifferenzen der bis dahin unmeßbaren »Schnelligkeit der Nervenwirkung« auf die Spur zu kommen,[4] wird ein Befund aus der Astronomie in die tradierten physiologischen Diskussionen eingebunden, erhält von dieser Warte aus seinen Platz angewiesen und wird damit vom Kontext der Herkunft abgeschnitten. Weder kommt Müller in seinem Argument auf das praktische Interesse der Astronomie zurück, noch setzt er sich mit den näheren Umständen astronomischer Beobachtungen auseinander. Sowenig also Physiologen daran dachten, die fraglichen Überreste der Beobachtungspraxis nur auftragsgemäß abzuarbeiten, so auffällig ist doch, daß der Zugriff auf die Sinne im Regime der Nachforschung schon in den 1820er und 1830er Jahren gelegentlich in eine regelrechte Erforschung von Sinnesfunktionen einmündet. Dies bestätigt sich sowohl für Ernst Heinrich Webers Untersuchung über den Tastsinn als auch für Joseph Plateaus Studien über die Dauer der Gesichtsempfindung, die jeweils, wenngleich auf verschiedene Weise, von der Untersuchung der Sinnesorgane als Mittel physikalischer Messungen ausgehend zu einer apparativen Auffassung sinnesphysiologischer Vorgänge gelangen.

Webers und Plateaus Unternehmungen sind nicht nur deshalb von Interesse, weil an ihnen verfolgt werden kann, wie *Sinnesapparate* aus der Arbeit mit den Sinnen buchstäblich entstehen. An ihnen zeigt sich auch, daß ein solches Prozedieren sinnlicher Leistungen entlang von Apparaten und Instrumenten im äußersten Fall zur völligen Verschmelzung von modelliertem Gegenstand und Modell führen kann. Daß dies nicht die

Regel ist, bezeugt zum Beispiel der im 19. Jahrhundert notorische Vergleich von Telegraphendraht und Nerv, dessen Produktivität von der Bildung beständig neuer Übereinstimmungen *und* Differenzen unterhalten wird.[5] Paradigmatisch sind diese Unternehmungen also nicht, weil sich in ihnen die ganze Praxis der apparativen Modellierung sinnlicher Vorgänge im 19. Jahrhundert zusammenzieht. Paradigmatisch ist an ihnen vornehmlich die Wucht, mit der sie, wie sich sehr schön an der Fortwirkung von Plateaus Arbeit zeigen wird, ihren Gegenstand formen. Wichtige Unternehmungen sind es schließlich auch, weil sie zu verstehen geben, daß man die Vorgänge in der Erforschung des Organischen bis zur Mitte des 19. Jahrhunderts unterschätzt, wenn man sie einzig als eine Art Vorspiel späterer Geschehnisse begreift. Im Gegenteil konnten Forscher wie Helmholtz oder Mach die Arbeitsweise von Auge und Ohr auch deshalb ganz selbstverständlich an Apparaten anordnen, weil sie bereits an einem wohletablierten Arbeitsmodell in der Untersuchung der Sinne partizipierten.

Der Nervenmaßstab: Ernst Heinrich Weber und die »Feinheit des Tastsinns«

Nach einer Bemerkung Gottfried Benns läßt sich der Furor der Empirie, der am Anfang des 19. Jahrhunderts über die Erforschung des Organischen kommt, bereits an den Überschriften der einschlägigen Veröffentlichungen ablesen: »Titel, die waren reinlich begrenzt und sprachen von einheitlicher Betrachtung eines Arbeitsgebietes; Titel die sagten: wir verzichten auf Metaphysik, wir haben mehr Vertrauen zu Augen, Ohren und Händen.«[6] Benn dachte dabei an die Abhandlungen aus der französischen Schule von Pierre Flourens und François Magendie. Seine Beobachtung gilt aber ebensogut für zwei Publikationen des Leipziger Professors für Anatomie, Ernst Heinrich Weber. »De Tactu« lautet vorbildlich knapp die Überschrift, unter der er 1834 seine in den Jahren zuvor sukzessiv publizierten Mitteilungen über Raum-, Druck- und Temperaturempfindungen des Tastsinns versammelt.[7] Und »Über den Tastsinn« heißt analog die Zusammenfassung, die ein Jahr später in Johannes Müllers *Archiv für Anatomie, Physiologie und wissenschaftliche Medicin* erscheint.[8]

In der Historiographie der Physiologie und der Experimentalpsychologie werden Webers Arbeiten heute in der Tat als Anfang begriffen.[9] Mit ihnen soll in die Erforschung der menschlichen Sinne systematisches Experimentieren und exakte Messung Einzug gehalten haben. Dieser

Eindruck von ›tabula rasa‹ verstärkt sich weiter, wenn man in den Blick nimmt, wie die ganze Unternehmung begonnen haben soll. »Zu dieser Untersuchung«, so Weber 1835,

> gab mir folgende Beobachtung den ersten Anstoss: Wenn man einen Menschen auf dem Rücken an zwei Stellen zugleich berührt, z.B. mit den beiden abgerundeten Spitzen der von einander entfernten Schenkel eines Cirkels, so scheinen ihm die Spitzen, auch wenn sie 1 bis 1 1/2 Zoll [ca. 2,5-4 cm] von einander abstehen, sehr nahe an einander zu liegen.[10]

Was hier als »Anstoss« ausgegeben wird, ist nicht mehr als eine nackte Tatsache, deren Details erst Aufklärung darüber gäben, aus welchem Zusammenhang und zu welchem Ende hier Zirkel und Haut zusammenkommen. Daß Weber über die Hintergründe seiner Unternehmung kaum eine Bemerkung verliert und in seinem ausführlichen Bericht keinen anderen Antrieb für seine Bestimmungen nennt denn den eines allerallgemeinsten Empirismus,[11] muß keine tiefere Absicht beinhalten. Der umgekehrte Schluß, daß die Untersuchungen, von denen »De Tactu« berichtet, einem »pure experimentalism« folgten,[12] hieße allerdings, den Eindruck, den die Schrift schon im Titel erweckt, mit ihrem Inhalt zu verwechseln. Was Weber in seinen Zirkelversuchen und den daran anschließenden Bestimmungen über die Unterscheidung von Gewichten und der Temperatur zweier Körper hervorbringt, ermangelt sicherlich eines festgefügten theoretischen Rahmens. Er hat aber, wie elementar die Zirkelversuche zeigen, sehr wohl einen Begriff vom Gegenstand seiner Untersuchungen, mit dem, wie man sehen wird, auch Vorannahmen über die Beschaffenheit des untersuchten Sinnesvermögens verbunden sind.

Um der Frage nach den Voraussetzungen von Webers Untersuchungen näherzukommen, ist zunächst nach ihrem Gegenstand zu fragen. Dieser ist nicht identisch mit der als Ausgangspunkt des Unternehmens bezeichneten Beobachtung, daß einer Person, werden ihr die zwei Schenkel eines Zirkels auf die Haut gesetzt, an einigen Stellen »die Spitzen, auch wenn sie 1 bis 1 1/2 Zoll von einander abstehen, sehr nahe an einander zu liegen [scheinen].« Der Gegenstand der Untersuchung deutet sich vielmehr in der Bemerkung an, daß man mit der systematischen Annäherung an den Abstand, bei dem man »beide Berührungen als eine einzige empfindet«, ein »Mittel« an der Hand hat,

> durch Versuche zu finden, wie fein der Tastsinn an verschiedenen Stellen des Körpers ist und ob die nämlichen Verhältnisse der Feinheit des Tastsinnes auch bei verschiedenen Menschen Statt finden.[13]

Werden die kleinsten Abstände bestimmt, bei denen die Eindrücke der Zirkelspitzen über den Körper verteilt als zwei unterschieden werden, dann stehen nicht die gefundenen Größen direkt zur Debatte, sondern die lokalen und individuellen Differenzen des Tastsinns, die aus ihnen hergeleitet werden können, und diese bilden den eigentlichen Gegenstand von Webers Untersuchung. In diesem Zusammenhang sind allerdings zwei Einschränkungen zu machen. Zum einen betreffen Webers Bestimmungen mit dem Zirkel, anders als in den Versuchen mit Gewichten und erwärmten Körpern, vornehmlich die »Feinheit« des eigenen, Weberschen Tastsinns – ein Vergleich zwischen mehreren Beobachtern hat nicht stattgefunden.[14] Zum anderen unterliegt das Interesse an der »Feinheit« des Tastsinns an verschiedenen Stellen des Körpers im Ablauf von Webers Untersuchungen selbst einer Zuspitzung.

Letzteres wird deutlicher, wenn man zwei tabellarische Aufstellungen aus Webers Bericht von 1834 miteinander vergleicht. In der ersten, mehrere Seiten umfassenden Tabelle wird vom Kopf bis zu den Zehenspitzen für eine große Zahl von Stellen am Körper jeweils angeführt, ob zwei Eindrücke unterschieden worden sind (»Duo puncta distincta«) und ob die horizontale oder vertikale Lage des Zirkels auf der Haut dabei wahrgenommen wird (»Situs perceptus«).[15] Die Resultate werden in Worten angegeben: »clare«, »clarissime«, »distincta«, »non distincta«, »perceptus«, »obscure perc.[eptus]«, »non satis cl[are]« und anderen Abstufungen. In einer eigenen Spalte links hiervon erscheinen die jeweiligen Abstände zwischen den Zirkelspitzen, auf die sich diese Aussagen beziehen. Aufgeführt werden dabei die Abstände, bei denen die zwei Eindrücke und die Lage des Zirkels eben oder eben nicht mehr bemerkt werden. Es scheint deshalb nicht ganz richtig, wenn der schottische Arzt Allen Thomson über Webers Arbeiten feststellt, man könne diese Tabelle »als ein detaillirtes Register seiner Versuche betrachten«,[16] denn offensichtlich fehlen hier alle jene Bestimmungen, die zur Annäherung an die Grenze der »Feinheit« des Tastsinns an verschiedenen Stellen der Haut angestellt worden sein müssen. Entsprechend gilt schon für diese Tabelle und nicht erst, wie Thomson meint, für die auf sie folgende, daß in ihr »die Hauptpuncte deutlicher«[17] dargelegt werden. Er hat allerdings insofern recht, wie der Hauptpunkt dieser Tabelle auf dem Weg zur zweiten eine weitere Verdichtung erfährt.

Die Ordnung, in der die untersuchten Körperpartien in der ersten Tabelle aufeinander abfolgen, stimmt mit dem Weber wohlvertrauten Schema der topographischen Anatomie überein, das den Körper von oben nach unten in Kopfregion, Rumpf und Gliedmaßen unterteilt.[18] Dagegen rührt in der zweiten Tabelle (Abb. 13) die Abfolge der Einträge, absteigend angeordnet, aus dem »Grad der Feinheit des Tastsinns in den wichtigsten Teilen meines Körpers«, angegeben in Pariser Linien (1 Linie = 2,25 mm).[19] Im Mittelpunkt der Aufmerksamkeit steht damit die graduelle Verschiedenheit der »Feinheit des Tastsinns« für verschiedene Partien des Körpers und die Reihenfolge der aufgeführten Körperpartien und Meßwerte wird selbst zur zentralen Information dieser Tabelle, während das Nacheinander der Einträge in der vorhergehenden Tabelle keine besonderen Einsichten birgt.

In Webers Aufsatz aus dem Jahr 1835 taucht diese Zuspitzung des Erkenntnisinteresses, wie sie sich im Übergang von der ersten zur zweiten Tabelle anzeigt, als solche nicht mehr auf. Der lokal verschiedene Grad der Feinheit des Tastsinns wird von vornherein in den Vordergrund gerückt, und einzig die zweite Tabelle wird gekürzt und in leicht veränderter Form übernommen. Die Frage nach dem Gegenstand, den Weber zu untersuchen glaubte, ist damit vorerst beantwortet, während sich die Frage nach den Annahmen, die mit diesem Gegenstand verbunden werden, nun erst richtig stellt. Um sie anzugehen, müssen auch solche Aspekte erfaßt werden, die von Weber in seinen Ausführungen nicht direkt benannt werden, weil sie seinen Handlungen vorausgesetzt sind und diesen ihre ganze Sinnfälligkeit leihen.

Wo Weber den Zirkel auf der Haut plazierte, wurde nach seinen eigenen Worten die »Feinheit des Tastsinns« untersucht. Daß sich diese ›subtilitas‹, wie es im lateinischen Original heißt, als etwas Quantifizierbares und mit der Hilfe eines Instruments Meßbares umriß, verstand sich keineswegs von selbst. Noch im ausgehenden 18. Jahrhundert wurde die Feinheit eines Sinnesorgans in der Regel mit der Ausbildung dieses Organs im Verhältnis zu anderen Sinnesorganen oder im Verhältnis zu einer ihm selbst erreichbaren Ausbildung in Verbindung gebracht. Der gegebene Grad der Feinheit war dabei als Resultat einer nicht zuletzt ästhetisch verfaßten Schulung des Sinnesorgans konzipiert. In Klügels *Encyklopädie* heißt es in dieser Hinsicht beispielhaft:

> Ein Vorzug der menschlichen Natur ist es, daß unsere Sinne sich vervollkommnen lassen. Die Musik erhöht die Feinheit des Ohrs in der Auffassung der Harmonie und des Ausdrucks der Melodie; die Mahlerey prägt nicht nur die Gestalten genauer ein, sondern übt auch in der Beurtheilung der Schönheit, der Form und des redenden Ausdrucks. Uebung und Aufmerksamkeit schärfen das Gesicht, das Gehör und den Geruch, besonders in dem rohen Zustande der Menschheit, wo die Bedürfnisse es erfordern. Geschmack und Gefühl werden durch Wohlleben verzärtelt. Das Betasten kann bey

T a b u l a

graduum subtilitatis tactus in potissimis corporis mei partibus, quos per minimam distantiam crurum circini corpori impositorum, qua perpendicularis et horizontalis crurum situs et intervallum interpositum sentiri poterat, metitus sum.

Apex linguae	½'''
Superficies volaris 3 phalangis digitorum .	1'''
Superficies rubra labiorum	2'''
Superficies volaris 2 phalangis digitorum	2'''
Superficies dorsalis 3 phalangis digitorum	3'''
Apex nasi	3'''
Superficies vol. capitulorum oss. metacarpi	3'''
Linguae dorsum medium loco 1'' ab apice distante	4'''
Pars non rubra labiorum	4'''
Margo linguae loco 1'' ab apice distante .	4'''
Metacarpus pollicis	4'''
Apex hallucis	5'''
Cutis buccinatorem tegens	5'''
Superf. dorsal. 2 phalangis digit. . . .	5'''
Superf. volaris manus	5'''
Palpebrae superficies externa	5'''
Membrana pituitaria palati duri medii .	6'''
Cutis in parte anteriori ossis zygomat. . .	7'''
Superf. plant. ossis metatarsi hallucis . .	7'''
Superf. dorsal. 1 phalang. digitorum . .	7'''
Superf. dorsal. capitul. oss. metacarp. . .	8'''
Membrana pituitaria labiorum prope gingivam	9'''
Cutis in parte post. ossis zygomatici . .	10'''
Frontis pars inferior	10'''
Cutis in parte posteriori calcis	10'''
Capillati occipitis pars inferior	12'''
Dorsum manus	14'''
Collum sub maxilla inferiori	15'''
Vertex in capite	15'''
In patella et in femore prope patellam .	16'''
Cutis in osse sacro	18'''
In acromio et in brachio prope acromion	18'''
In glutaeo et in femore prope glutaeum	18'''
In antibrachii superiori et inferiori parte	18'''
In crure prope genu et prope pedem .	18'''
In dorso pedis prope digitos	18'''
In sterno	20'''
In spina dorsi ad vertebr. 5 superiores .	24'''
In spina colli prope occiput	24'''
In spina lumborum et infimi pectoris .	24'''
In spina medii colli	30'''
In spina medii dorsi	30'''
In medio brachio excepto loco in quo musculi maximum ambitum habent . .	30'''
In medio femore excepto loco in quo musculi maximum ambitum habent .	30'''

Abb. 13: »Tabula graduum subtilitatis tactus in potissimis corporis mei partibus«. Die Tabelle erstreckt sich im Original über zwei Seiten. In: Ernst Heinrich Weber, *De Pulsu, Resorptione, Auditu et Tactu. Annotationes Anatomicae et Physiologicae*, Leipzig 1834, S. 58f.

> Blindgebornen so fein werden, daß sie einige Farben dadurch unterscheiden.[20]

Der Abstand zu Webers Begriff könnte kaum deutlicher ausfallen. Bestimmt sich für diesen die Feinheit des Tastsinns in Inkrementen eines Längenmaßes, drücken sich hier Unterschiede in Nuancen sinnlicher Qualitäten aus.

Webers Bestimmungen schieben aber nicht nur einem alten Begriff einen neuen Bedeutungskern unter, damit einher geht auch eine Behauptung über den Tastsinn. Wenn sich dessen Feinheit durch einen Zirkel messen lassen soll, dann ist damit impliziert, daß der Tastsinn auf eine solche Art von Eindrücken eingerichtet ist, daß also in irgendeiner Weise der Abstand zwischen den zwei Zirkelspitzen bemerkt und geschätzt werden kann. Ermöglichen soll dies die physische Einrichtung des Tastsinns, und die lokalen Unterschiede dieser Einrichtung bedingen wiederum die lokal verschiedene Feinheit des Tastsinns von der Zungenspitze, auf der die Zirkelspitzen noch bei einem Abstand von einer halben Linie unterschieden werden, bis zur Mitte des Oberschenkels, wo derselbe Abstand dreißig Linien betragen soll. Die zugehörige Regel lautet in Webers Worten:

> Ich fand nun, dass je nervenreicher und daher schärfer fühlend ein Theil der Haut ist, man desto deutlicher und richtiger die Entfernung der beiden berührten Stellen wahrnimmt. Je weniger dagegen die Zahl und Grösse der Nerven ist, die ein Theil der Haut besitzt, desto kleiner scheint der Zwischenraum zwischen ihnen, desto mehr scheinen beide Eindrücke in einen Punkt zusammen zu fliessen.[21]

Der übergeordnete Kontext, von dem her Webers Untersuchungen ihre Sinnhaftigkeit erhalten, umreißt sich hiernach als ein anatomischer. In Webers Aufsatz von 1835 wird die ganze Unternehmung allerdings in einer Weise positioniert, die zu diesem Befund zunächst quer steht. Gleich im zweiten Absatz wird über die grundsätzliche Bedeutung der Bestimmungen verfügt:

> Die Lehre von den Sinnen ist ein Punkt, in welchem einmal in Zukunft die Forschungen der Physiologen, der Psychologen und der Physiker zusammenstossen müssen. Denn es ist vorauszusehen, dass wenn man die Naturkräfte gehörig definirt und die Gesetze, nach welchen sie wirken, aufgefunden haben wird, es ein sehr dringendes Bedürfniss werden wird einzusehen, wie nun die in der Natur Statt

findenden Bewegungen auf unsere Sinnorgane einwirken und die Vorstellungen von den Erscheinungen in der Welt in uns erzeugen.[22]

Man kann diese Äußerung unschwer als Vorschein eines physiologischen Physikalismus nach der Jahrhundertmitte lesen, wie denn Carl Ludwig als einer der wichtigsten Vertreter der Schule der organischen Physik Weber nachträglich zum Zeugen für die Fruchtbarkeit der eigenen Programmatik gemacht hat. In der Gedenkrede auf seinen Leipziger Kollegen unterstreicht Ludwig nicht nur den allgemein »erziehenden Einfluss«, den Webers Experimente zur Wellenlehre zusammen mit dem Physikerbruder Wilhelm Anfang der 1820er Jahre auf seine anatomischen Untersuchungen ausübten.[23] Er legt auch nahe, daß das physikalische Arbeiten Webers Begriff von der Bedeutung des Aufbaus eines Organs für die mit ihm verbundenen Tätigkeiten weitgehend den Auffassungen der organischen Physiker annährte.

Wie Timothy Lenoir betont hat, riefen anatomische Formen für Ludwig »physiologische Wirkungen nicht wegen ihrer Gestalt oder Struktur hervor, sondern weil die Organisation der darin enthaltenen Materie bestimmte Bedingungen festlegt.«[24] In einem Brief an den Anatomen Jakob Henle folgert Ludwig 1854: »Ist aber dieses richtig, so ist die Anatomie in gar keiner Weise hinreichend, um irgendwie Aufschluß über die physiolog. Vorgänge zu gewinnen, indem ihr Objekt immer nur erst Bedeutung empfängt unter der Voraussetzung einer anwesenden Bewegung.«[25] Geht man von dieser Prämisse aus, scheint die Genealogie, in die Webers Denken von seinem Nachfolger eingerückt wird (und auch von Lenoir, der Weber unter die »Vorväter der physikalistischen Schule der Physiologie«[26] zählt), weniger eindeutig. Eine direkte Linie ergibt sich vornehmlich, wenn man Webers Anwendungen der Wellenlehre auf die Hämodynamik berücksichtigt.[27] Dagegen führen die Überlegungen über das Verhältnis von Nervenreichtum und »Feinheit des Tastsinns« gerade auf solche Anschauungen, in denen anatomische Strukturen für sich Aussagekraft in bezug auf organische Vorgänge zugesprochen bekommen. So erklärt es sich vielleicht auch, daß Ludwig die Untersuchungen zum Tastsinn erst an späterer Stelle abhandelt und dann nicht umhinkommt, die für ihr Verständnis maßgebliche Bedeutung der »Einrichtungen« zu unterstreichen, »welche in dem Bau unserer Nerven niedergelegt sind.«[28] Unter den methodischen und konzeptionellen Ressourcen, die sich in der Gesamtheit der Weberschen Arbeiten ausmachen lassen, kam in den Untersuchungen über den Tastsinn jene nicht zuletzt von der physikalistischen Schule kritisierte Episteme zum Zuge, für die

die Untersuchung des Lebens konstitutiv mit der Untersuchung der anatomischen Strukturen des Körpers verschlungen war. Diesem Zustand entsprach, daß die Physiologie institutionell (noch) mit der Anatomie verbunden war und beispielsweise Webers Professur für Anatomie 1840 auf Physiologie erweitert wurde. Vor allem aber beinhaltete dieser Zustand, daß die Anatomie zwar nicht »eigentliche Physiologie« genannt werden durfte, daß sie aber als deren »wahre feste Basis« begriffen werden mußte, wie Christoph Heinrich Pfaff im Vorwort zur deutschen Ausgabe von Xavier Bichats *Allgemeiner Anatomie* (1802) schrieb.[29] Der Rekurs auf diese Schrift geschieht nicht willkürlich. Die enge Relation zwischen Organisation und Verrichtungen der Organe, die Bichats Denken auszeichnete,[30] kehrte in Webers Überlegungen zum Tastsinn wieder, nur daß die vitalistische Voraussetzung einer besonderen lebendigen Kraft in den Organen einer Art organischem Materialismus Platz machte, wie er sich auch in der vergleichenden Anatomie von Bichats Kollegen Georges Cuvier finden ließ: »Dies Organ«, so Cuvier über den Sinn des Gefühls oder den Tastsinn, »ist mehr oder weniger empfindlich, je nachdem die Nerven, welche es enthält, zahlreicher sind, mehr bloß liegen und weniger durch unempfindliche Theile eingeschränkt oder bedeckt sind.«[31]

Um die Prämissen der Weberschen Untersuchungen zu verstehen, genügt es allerdings nicht, auf dessen anatomische Schulung zu verweisen. Zu berücksichtigen ist noch eine andere Quelle, für die auf die Bedeutung zurückzukommen ist, die der Physik in der Lehre von den Sinnen zugesprochen worden ist. Tatsächlich war die Physik für Weber weniger als Erklärungsprinzip organischer Vorgänge denn als ein Feld von Praktiken sinnlicher Beobachtung und damit verbundener Erfahrungen ins Blickfeld gerückt. Mit den Forschungen der Physiologen und Psychologen stoßen die der Physiker in diesem Fall zusammen, insofern in ihren Beobachtungen die Sinne als Beschränkungen des Erfahrbaren operativ wirksam und nach ihren Umständen untersucht werden. Die Aufmerksamkeit auf diesen Punkt war, wie gezeigt, in den 1820er Jahren einschlägig geworden, wenn auch nicht in allen Gebieten der Naturforschung gleichermaßen. Um sich dieser Zusammenhänge zu vergewissern, brauchte Weber allerdings keine literarischen Spezialkenntnisse. Es reichte aus, die Arbeiten seines Bruders Wilhelm zu verfolgen.

Im September 1828 hält der mittlere der drei Brüder Weber, eben an die Universität Halle als Professor für Physik berufen, auf der Jahresversammlung deutscher Naturforscher in Berlin einen vielbeachteten Vortrag. Unter dem Titel »Compensation der Orgelpfeifen« berichtet er über die mögliche Lösung eines hartnäckigen Problems des Orgelbaus:

der Schwierigkeit, daß der Ton einer »longitudinalschwingenden Luftsäule« oder konkret einer Orgelpfeife »bei jeder Verstärkung höher, bei jeder Schwächung tiefer werde, und folglich ein beträchtliches Anwachsen oder Abnehmen des Tones eine dem Gehör unangenehme Aenderung der Tonhöhe zur Folge haben würde.«[32] Webers Ausführungen bringen ihm die Gunst Alexander von Humboldts und, für seine weitere Karriere entscheidend, die von Gauss ein.[33] Unerwähnt bleibt in den zahlreichen Würdigungen von Webers Arbeit jedoch, daß Orgelpfeifen, die unter allen Bedingungen »immer genau dieselbe Tonhöhe behalten«, das Abfallprodukt einer anderen Arbeit waren, die nicht so sehr dem musikalisch geschulten Ohr denn dem messenden Physiker Verdruß ersparen sollte. Als ihren Ausgangspunkt bezeichnet Wilhelm Weber den Umstand, daß es »noch jetzt«, also Mitte der 1820er Jahre,

> an einem zuverlässigen unveränderlichen Maaßstabe für die Höhe der Töne fehlt, an einem Körper, den man mit Sicherheit immer von neuem zurichten kann, und welcher immer genau denselben Ton hervorbringt, an einem Tone, der ein Maaß für alle übrigen Töne ist, der ein Normalton ist, um alle anderen Töne mit ihm vergleichen und auf ihn reduciren zu können.[34]

Das Interesse an dieser Frage ist kein rein technisches. Die Suche nach einem exakten Tonmesser geht auch zurück auf den Wunsch, die physikalischen Meßmethoden um solche zu erweitern, bei denen der Beobachter das Ergebnis mit Hilfe der Ohren bestimmt. Die ersten drei Seiten seines Vortrags über die »Compensation der Orgelpfeifen« füllt Weber nicht mit Erörterungen über Meß- oder Musikinstrumente, sondern mit der Erwägung, warum das Gehör in bestimmten Untersuchungen nicht schon längst das Auge abgelöst hat: »Wenn es möglich wäre«, so die Prämisse,

> mit dem Gehöre eben so genaue Bestimmungen der Töne zu machen, als die Messungen des Raumes durch den Gesichtssinn sind, so würde man einige Eigenschaften und Kräfte der Körper, wie die Cohäsion, die Compressibilität, die Dilatabilität, die Ausdehnung durch die Wärme, zu deren Untersuchung räumliche Messungen des Gesichtssinns weniger geeignet sind, genauer als bisher kennen lernen.[35]

Daß dieser Satz im Konjunktiv geschrieben steht, liegt keineswegs am Ohr. Schon ein einfacher Vorversuch lehrt, daß eine mit einem bestimmten Gewicht gespannte Eisensaite, wenn sie sich durch Erwärmung um

1/1000 einer Pariser Linie ausdehnt, um eine Vierteltonstufe tiefer als der Ausgangston klingt. »Ein geübtes Ohr kann aber«, wie Weber gleich fortfährt, »selbst die Wirkung einer Schwingung zu 1000 Schwingungen noch unterscheiden, und folglich noch den 40. Theil von jenem Tonunterschiede [von einem Viertelton] wahrnehmen«, was zu dem Resümee führt:

> Um wie viel vortheilhafter ist in diesem Falle der Gebrauch des Ohres als der des Auges; den die Messung mittelst des Ohrs ist in diesem Falle etwa 40mal feiner als die mittelst des Auges, das selbst durch das stärkste Mikroskop unterstützt höchstens bis auf den 1000sten Theil einer Linie sicher ist.[36]

Wenn dieser Überschuß des Ohrs über das Auge dennoch meßtechnisch weitgehend ungenutzt blieb, dann lag dies auch daran, daß ein Tonmesser fehlte, auf den sich der Basiston der zur Messung benutzen Eisensaite vor ihrer Erwärmung hätte abstimmen lassen. Dies war die »große, noch vorhandene Schwierigkeit bei Bestimmung der Töne durch das Ohr«,[37] und das Ziel, diese auszuräumen, trieb anfangs die Untersuchungen voran.

In Webers weiterem Experimentieren wichen akustische Meßmethoden bald wieder solchen, die auf das Auge setzten.[38] Entscheidend für unseren Zusammenhang sind aber zwei Aspekte: Zunächst ging es ihm im Unterschied zu den Bemühungen Benzenbergs oder Bessels nicht darum, die sinnliche Tätigkeit als Fehlergröße des erhaltenen Resultats zu untersuchen und eventuell auch zu umgehen, sondern im Gegenteil sollte ein Sinnesorgan an Stelle eines anderen Sinnesorgans für Messungen in Gebrauch gebracht werden. Hiermit verbunden ist zweitens, daß eine bestimmte Redeweise von den Sinnen aufblitzte, die für die Untersuchungen seines Bruders über den Tastsinn einschlägig werden sollte: Was durch die Zahlenverhältnisse bezeichnet wird, nennt Wilhelm Weber die »Feinheit des Gehörs«.[39]

Die Frage, ob Ernst Heinrich Weber diesen numerischen, auf Messungen gegründeten Begriff von der Feinheit eines Sinnesvermögens von seinem Bruder übernahm, läßt sich ebensowenig klären wie die andere, ob nicht Wilhelm Weber wiederum von den Angaben über die Unterscheidungsfähigkeit eines »oreille très-delicate«, also eines sehr feinen Ohres, angeregt worden war, die der französische Physiker Charles Delezenne 1827 in seinem »Mémoire sur les valeurs numériques des notes de la gamme« mitgeteilt hatte.[40] Sicher ist, daß Ernst Heinrich Weber die Zahlen seines Bruders zusammen mit Delezennes Angaben später in den fortlaufenden Berichten über seine Unternehmung an einem Punkt ins Spiel bringt, der gemeinhin als das bleibende Erbe seiner Untersuchungen angesehen wird. Die Rede ist von ›Webers Gesetz‹, wie es Horst Gundlach im Unterschied zu dem von Gustav Theodor Fechner später abgeleiteten ›Weberschen Gesetz‹ bezeichnet hat.[41] Die entsprechende Formulierung findet sich zuerst am Ende der »Summa« des lateinischsprachigen Berichts. In einer Zwischenüberschrift heißt es dort: »In observando discrimine rerum inter se comparatarum non differentiam rerum, sed rationem differentiae ad magnitudinem rerum inter se comparatarum percipimus.«[42] Der gleiche Sachverhalt wird in Webers Aufsatz von 1835 in der Faustformel zusammengezogen, daß es bei der Wahrnehmung von Unterschieden »nicht auf die *absolute*, sondern auf die *relative* Grösse« ankommt respektive daß wir »nicht den absoluten Unterschied, sondern den relativen wahrnehmen«.[43] Die Frage zu dieser Einsicht: die Frage, nach welcher Regel Unterschiede unterschieden werden, ist in Webers Untersuchungen über den Tastsinn allerdings niemals explizit gestellt worden. Webers Gesetz geht vielmehr, nach der Abfolge des Berichts in »De Tactu«, nebenbei aus der Vergleichung der Feinheit des Gesichts und des Gehörs mit der Feinheit des Tastsinns hervor.[44] Die Logik dieses Vergleichs stimmt ganz mit jener überein, nach der Wilhelm Weber den Vorteil des Ohres vor dem Auge behauptet. Die »Summa« der eigenen Versuche über die Unterscheidung von Gewichten durch den Tastsinn und die Unterscheidung der Länge von Linien durch das Auge sowie der Erfahrungen seines Bruders und Delezennes über die Unterscheidung von Tönen trägt den Titel: »De minimis differentiis impressionum ope oculi, auris, et tactus cognoscendis.«[45] Das Resultat fällt auch hier zugunsten des Ohres aus: Mit dem Tastsinn vermag man, so der ältere Weber, Unterschiede von 1/15 bis 1/30 des Gewichts wahrzunehmen und mit dem Auge Unterschiede von 1/100 Teil einer Linie. Dagegen wird mit dem Ohr noch eine Differenz der Tonhöhe von 1/200 (Wilhelm Weber) bis zu 1/320 (Delezenne) der Schwingungszahl des Ausgangstons bemerkt.[46]

Ernst Heinrich Webers Untersuchungen über die »Feinheit des Tastsinns« könnten von dieser letzten Zuspitzung her als bloße Fortführung der pragmatischen Überlegungen verstanden werden, die der Experimentalphysiker Wilhelm Weber über den vorteilhaften Gebrauch der Sinne in Beobachtungen anstellt – und allein wie dieser Vorteil nicht vornehmlich aus der richtigen Verfahrensweise, sondern aus dem experimentell untersuchten und numerisch bezeichneten Unterscheidungsvermögen der verschiedenen Organe begründet wurde, bringt noch einmal den großen Abstand zur Gegebenheit der Sinne in der Naturforschung des ausgehenden 18. Jahrhunderts in Erinnerung. In seinem Aufsatz von 1835 vertieft der Anatom Weber den Ansatz seines Bruders aber noch in einer zweiten, bereits angedeuteten Weise. Nicht nur befragt er die Sinne nach ihrer Eignung zum Messen und legt sie sich nach ihrer »begrenzten Schärfe«, wie Muncke gesagt hätte, gleich einem Chronometer oder einem Maßstab zurecht. Die gemessenen Größen materialisieren sich auch anatomisch, senken sich in den Bau des Körpers ein und würden dort, könnte man sie nur erkennen, direkt abzählbar. Wie schon für die lokalen Differenzen in der Feinheit des Tastsinns werden die Differenzen der Feinheit der verschiedenen Sinnesorgane auf die »Zahl der Nervenfäden« zurückgeführt, »die sich auf einer gleich grossen Fläche der Haut, der Nervenhaut des Auges, und der Nervenausbreitung im Labyrinthe des Ohres endigen.«[47]

Was eben als Vertiefung oder Materialisierung der Feinheit des Sinnesorgans im Bau des Körpers bezeichnet wurde, ist mit dieser Annahme Webers noch nicht vollständig ausgeschöpft. Wenn die numerisch bezeichnete Grenze der Unterscheidung zweier Eindrücke direkt in eine Aussage über die ›Nervendichte‹ pro Flächeneinheit transformiert wird, ergibt sich daraus noch keine besondere Form oder Struktur in der Verteilung der Nervenendigungen. Tatsächlich konkretisiert Weber ihre Lage im Gewebe der Haut nur ein einziges Mal, allerdings in erhellender Weise. Den Ausgangspunkt hierfür bildet die Beobachtung, daß die Unterscheidung der Zirkelspitzen an Armen und Beinen auch von der Stellung des Zirkels auf der Haut abhängig ist. Wird der Zirkel mit demselben Abstand seiner Spitzen an derselben Stelle des Armes oder Beines einmal in Richtung der Längsachse des Gliedes und einmal quer zu dessen Längsachse aufgesetzt, ergibt sich im ersteren Fall gelegentlich nur ein einziger Eindruck, während im letzteren Fall ein doppelter Eindruck leicht unterschieden wird.[48]

Zur Erklärung dieser Erscheinung erinnert Weber daran, daß die Nerven entlang der Längsachse des Körpers und der Extremitäten verlaufen, und postuliert, daß generell die Eindrücke der Zirkelspitzen schwächer und näher zusammenliegend erscheinen, wenn die Linie, die sich zwischen ihnen ziehen läßt, dieselbe Richtung wie die Nerven hat.[49] Vom Nerv insgesamt auf dessen Verzweigungen in Nervenendigungen übergehend, behauptet er dann, daß diese dieselbe Längsausrichtung zeigen wie der Nerv und daß zwei Eindrücke auf dieselbe Endigung oder Nervenfiber nur eine gemeinsame Empfindung erregen.[50] Das Ergebnis dieser Überlegung ist eine einfache Skizze (Abb. 14) samt zugehörigem Kommentar:

Abb. 14: Skizze der Anordnung der Nervenendigungen in den Extremitäten nach Weber. In: Ernst Heinrich Weber, *De Pulsu, Resorptione, Auditu et Tactu. Annotationes Anatomicae et Physiologicae*, Leipzig 1834, S. 152.

> Es sei a.b. die transversale, c.d. die longitudinale Richtung des Arms oder Beins. Wenn nun die Linien die Endigungen der Nervenfibern darstellen, deren jede in Richtung c.d. viele Teilchen [particulas] mit Empfindung versehen, ist es klar, daß sich im selben Bereich in Richtung a.b. viele, in Richtung c.d. hingegen wenige [paucas] Nervenfibern nebeneinander anordnen. Dies zugegeben folgt, daß die Zirkelspitzen, werden sie in Richtung c.d. auf die Haut aufgesetzt, leicht einen Eindruck auf ein und die selbe Nervenfiber machen, hingegen, werden sie in Richtung a.b. aufgesetzt, gewöhnlich mehrere verschiedene Nervenfibern gleichzeitig berühren.[51]

Die Rolle der Ausrichtung des Zirkels für die Beobachtungsresultate war durch diese Erläuterung ebenso elegant wie höchst hypothetisch erklärt. Von Interesse ist an Webers Vorschlag aber auch nicht, ob er wirklich zutrifft, sondern das Vorbild, an dem er sich besonders offensichtlich in der Skizze ausrichtet. Gerade weil hier ein höchst schematisches Modell und keine reale anatomische Entität dargestellt wird, tritt um so deutlicher die Ähnlichkeit der abgebildeten Struktur zu einem Maßstab vor Augen: Quer zur Längsachse von Arm oder Bein angeordnet scheinen übereinander vier kleine, regelmäßig geteilte Lineale in die Haut eingesenkt. Dieses Bild legt nahe, daß hier, im Sinne Lenoirs, der Begriff einer Sache und die Praxis ihrer Erforschung eine »Packung« bilden;[52] oder, mit Rheinberger gesagt, daß »das Räsonnieren gewissermaßen ins Spiel der materiellen Entitäten gerissen« worden ist.[53] Mit der Plazierung des Zirkels auf der Haut, so die These, wären auf ihre nervösen Elemente solche Eigenschaften übergegangen, wie sie damals, wie sich gleich zeigen wird, üblicherweise mit Hilfe des Instruments hervorgebracht wurden.

Nach Webers Darstellung wurde für die Bestimmungen zunächst ein Stangenzirkel und später ein anderer Zirkel – der Beschreibung nach handelte es sich um einen Stellzirkel – benutzt.[54] Diesen Zirkeltypen ist gemeinsam, daß der Abstand zwischen den zwei Schenkeln durch Schrauben fixiert werden kann, wobei der Stangenzirkel auf größere, der Stellzirkel auf kleinere Abstände eingerichtet ist (Abb. 15). Solche Zirkel ließen sich zur Not dazu verwenden, Kreise zu zeichnen, man konnte mit ihnen auch Strecken abnehmen, ihre hauptsächliche Verwendung fanden sie damals jedoch in der Werkstatt des Instrumentenmachers.[55] Mit ihrer Hilfe unterteilte er kreisförmige oder gerade Flächen in Segmente, trug eine regelmäßige Folge von Marken auf und verwandelte sie so in ein Winkel- oder Längenmaß. Eben dies geschieht im Ablauf von Webers Untersuchung: Indem Stangen- und Stellzirkel auf der Haut zu stehen kommen, wird ihre Oberfläche einem geteilten Maßstab nachgebildet, mit dem Unterschied, daß in der Haut eingelagert bereits eine Zahl von unsichtbaren Marken vorliegen soll, die in ihrem lokal verschiedenen Abstand durch den Gebrauch des Instruments vermessen werden.

Kann auf dem Stand des Jahres 1835 nur indirekt gefolgert werden, daß Weber sich die Verteilung der Nervenendigungen in der Haut gleich einem regelmäßig, von Körperpartie zu Körperpartie verschieden geteilten Maßstab zurechtlegt, lassen seine Äußerungen in dem Artikel »Tastsinn und Gemeingefühl«, der vierzehn Jahre später in Rudolph Wagners *Handwörterbuch der Physiologie* erscheint, an Deutlichkeit nichts mehr zu wünschen übrig. Im Anschluß an die Diskussion der möglichen Form, in welcher die einzelnen Nervenfibern in der Haut enden, heißt es dort:

> Mag nun die Ausbreitung der Enden der elementaren Nervenfäden der Haut auf die eine oder auf die andere Weise geschehen; so kann man die Vermutung aufstellen, daß die Haut in kleine *Empfindungskreise* getheilt sei, d.h. in kleine Abtheilungen, von welchen jede ihre Empfindlichkeit einem elementaren Nervenfaden verdankt.[56]

Kam bis dahin in Webers Schriften zum Tastsinn einzig das Substantiv *Teil* vor, das je nachdem eine Flächeneinheit von mit Nerven durchsetzter Haut oder den Bruchteil eines Tons, einer Strecke oder des Gewichts eines Körpers bezeichnete, begegnet hier nun die Haut selbst als eine in Empfindungskreise *geteilte*. Diese nervösen *Abteilungen* wird Weber eine Seite später als den *»Maaßstab«* bezeichnen, *»womit wir den erfüllten Raum messen.«*[57]

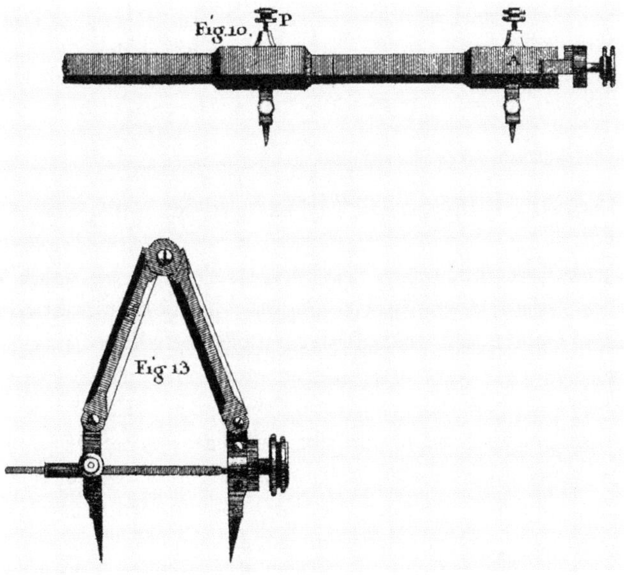

Abb. 15: Oben Stangenzirkel, unten Teilzirkel. Der Abstand zwischen den Zirkelspitzen wurde jeweils durch Drehung der Schraube bestimmt. In: George Adams, *Geometrische und graphische Versuche* (1795), Darmstadt 1985, S. 47.

Wenn eingangs bemerkt wurde, daß die Weberschen Untersuchungen entgegen dem Anschein keineswegs aus einem voraussetzungslosen Experimentalismus folgten, dann hat sich jetzt gezeigt, wovon sie ursprünglich instruiert wurden. Der »Maßstab«, von dem die Rede ist, resultiert eben nicht aus den Bestimmungen mit dem Zirkel (aus ihnen resultiert nur die Einsicht in seine konkrete und lokal verschiedene Größe), sondern wird schon vor dem Beginn der Untersuchung dem Sinnesorgan unterstellt. Man kann daher Webers Untersuchung zuletzt als speziellen Fall einer Feststellung Ludwik Flecks verstehen. Danach soll gelten: »Einen Apparat zu verwenden, ist immer Ausdruck eines gewissen, bereits entwickelten Stils des Denkens.«[58] Der Gebrauch einer Waage, so sein Beispiel, unterwirft den untersuchten Gegenstand notwendig zugleich einem physikalischen Konzept von Schwere. In Webers Arbeit verbindet sich mit dem einfachen Instrument, zu dem dort gegriffen wird, aber nicht nur die Annahme, daß der Tastsinn grundsätzlich auf die Erfahrung von Abständen eingerichtet ist. Mit dem Zirkel überträgt sich auch die Struktur eines geteilten Maßstabs und die zugehörige Begrifflichkeit auf Bau und Begriff des Tastsinns. Das ›wie‹ seiner organischen Ausbildung (und darin impliziert das ›wie‹ seiner Arbeitsweise) ist hier mit anderen Worten mit dem ›wie‹ der Untersuchung unhintergehbar verwickelt.

Verschmelzungen: Die Physiologie des Stroboskops

Wie Webers Untersuchungen zeigen, kann die Tätigkeit eines Sinnesorgans im Ablauf seiner Erforschung der Funktion eines Instruments angenähert werden, ohne daß dies unmittelbar reflektiert wird. Die Art und Weise, wie die Nervenendigungen in der Haut gleich einem Maßstab zurechtgelegt werden, gleichzeitig aber jeder direkte Bezug auf solche Instrumente zunächst unterbleibt, läßt sogar den Schluß zu, daß der ganze Vorgang unterderhand stattfindet. Zu einem ähnlichen Resultat führt der in seinen Umständen allerdings vollkommen anders gelagerte Fall der stroboskopischen Erscheinungen, die, wie es der Name andeutet, die Bewegungseindrücke einschließen, die sich an stroboskopischen Apparaturen zu sehen geben. Apparatur und Theorie der mit ihr verbundenen Effekte sind hier über eine sehr lange Zeit derart miteinander verwachsen gewesen, daß das technische Prinzip des Stroboskops restlos das Verständnis der wahrgenommenen Bewegungseindrücke bestimmt hat und eine Differenz zwischen dem einen und dem anderen, wie sie in jedem Prozeß der Modellierung vorausgesetzt wird, erst gar nicht merklich wurde.

Das von dem belgischen Physiker Joseph Plateau angegebene Phénakisticope, das im Winter 1832/33 auf dem Umweg über London bekannt wurde, bestand genauso wie die gleichzeitig von Simon Stampfer in Wien konstruierte Zauberscheibe im wesentlichen aus zwei Elementen; aus einer um ihren Mittelpunkt drehbaren Scheibe, auf deren einer Seite eine Folge von Zeichnungen eines beliebigen periodischen Bewegungsvorgangs – bei Plateau ein Tänzer, der Pirouetten dreht – in regelmäßigen Abständen kreisförmig aufgebracht wird, sowie aus einer Zahl von spaltenförmig zugespitzten Öffnungen, welche über den Bildern in den Rand der Scheibe eingelassen waren (Abb. 16).[59] Hält man die mit einem Griff versehene Scheibe so vor einen Spiegel, daß die Seite mit den Zeichnungen zu diesem zeigt, setzt die Scheibe in Bewegung und richtet das Auge auf eine Stelle am oberen Rand der Scheibe, wird ab einer gewissen Geschwindigkeit ihre Eigenbewegung unmerklich, und durch einen einzelnen, scheinbar stillstehenden Spalt hindurch erblickt man im Spiegel ein scheinbar ebenso stillstehendes Bild, das etwa die Plateausche Figur

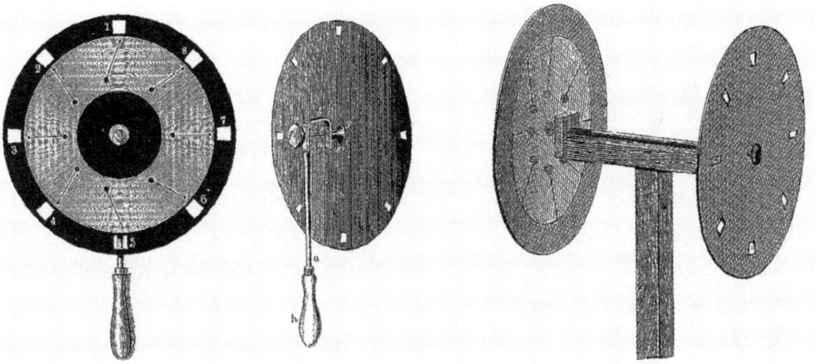

Abb. 16/17: Links Plateausches Phénakisticope (Betrachtung des rotierenden Bildträgers durch die eingelassenen Schlitze im Spiegel), rechts Stampfersches Stroboskop (Betrachtung des rotierenden Bildträgers durch die ebenfalls rotierende Schlitzscheibe). In: Joseph Frick, *Physikalische Technik. Anleitung zu Experimentalvorträgen sowie zur Selbstherstellung einfacher Demonstrationsapparate*, Bd. 2, 2. Abteilung, 7. Auflage, Braunschweig 1909, S. 1716-1717.

in einer Tanzbewegung begriffen zeigt. Diese einfache Anordnung wurde bald mannigfaltig abgeändert: Stampfer ging dazu über, zwei Scheiben auf einer Achse zu montieren, in deren vordere Spalten eingelassen waren und deren hintere die Zeichnungen trug (Abb. 17), während William Horner für das 1834 vorgestellte Dädaleum (Wundertrommel) die Scheibe durch einen mit Spalten versehenen, um seinen Mittelpunkt drehbaren Zylinder ersetzte, auf dessen Innenseite sich die Zeichnungen befanden. Der Effekt blieb dabei immer derselbe. Sobald Scheiben und Trommeln genügend schnell rotierten, gab sich dem fixierten Auge durch den ruhenden Spalt auf ruhendem Grund ein irgendwie bewegtes Ding zu sehen, sei es ein pirouettendrehender Tänzer, ein gallopierendes Pferd oder auch nur ein schwingendes Pendel.

Den Auftritt dieser Apparaturen umgab von Anfang an ein Verlangen nach Priorität der Erfindung. Bereits in dem ersten Aufsatz von Anfang 1833, in dem Plateau sein »nouveau moyen«, wie es vorerst hieß, erwähnte, ging es ihm eigentlich darum, das von seinem Fachkollegen Michael Faraday zwei Jahre früher beschriebene sogenannte ›Zahnradphänomen‹ auf eigene, noch ältere Beobachtungen zurückzuführen. Als Plateau dann einige Monate später erneut auf seinen Vorschlag zu sprechen kam, hatte ihn wiederum der Lauf der Dinge überholt: Der »kleine Apparat, den man kürzlich Phénakisticope genannt hat«, wie es nun heißt, hatte diesen Namen anscheinend von anderer Seite erhalten und war, wie sich

Plateau zu erwähnen beeilte, auch keineswegs von ihm oder unter seiner Anleitung ausgeführt worden.[60] Darauf zu bestehen, hieß für den Autor allerdings gerade, daran zu erinnern, daß diese Apparate sich an seinem Einfall gütlich taten und gleichzeitig diesen Einfall unter Umständen recht unzulänglich umgesetzt hatten.[61] Es folgt denn auch weniger eine Beschreibung des Apparats, der bereits in aller Munde und Hände ist, als eine nochmalige Auseinandersetzung »der Ursachen dieser einzigartigen Erscheinungen« oder »apparances singulières«, der man mittels des Phénakisticope ansichtig wird.[62]

Wenn hier an die Umstände erinnert wird, unter denen Plateau von dieser Apparatur Kenntnis gibt, dann nicht, um die notorische Debatte fortzuführen, wem die Ehre der Erfindung gebührt. Worauf aufmerksam gemacht werden soll, ist die Strategie, mit der Plateau sich selbst als Urheber aller solcher Apparaturen einzusetzen suchte, von wem auch immer sie tatsächlich konstruiert worden waren. Denn aus seiner Sicht war hierfür einzig wichtig, das Prinzip dieser Apparaturen zu definieren und vor allem die Bedingungen zu definieren, auf denen der Bewegungseffekt aufruhte. Priorität kam also demjenigen zu, der eine Theorie der Erscheinungen besaß, die am Phénakisticope und allen anderen derartigen Apparaten anfielen. Dieser Argumentationsgang hat zwei Nachwirkungen, die nicht ganz so auffällig sind wie ein plakativer Streit um den ersten Platz in den Annalen der Technik, dafür aber untergründig weit mehr die Art und Weise bestimmt haben, wie die Effekte solcher Apparaturen im 19. Jahrhundert (und darüber hinaus) verstanden worden sind. Zunächst macht Plateaus Vorgehen es plausibel, daß das von ihm erdachte »moyen« direkt aus seinen seit Mitte der 1820er Jahre durchgeführten Untersuchungen über die Eigenschaften der Lichteindrücke auf das Auge herauswächst – »sur quelques propriétés des impressions produites par la lumière sur l'organe de la vue«, wie der Titel seiner Dissertation von 1829 lautet.[63] Dann aber sorgt dieses Vorgehen dafür, daß das Phénakisticope als eine Art Beleg für Plateaus Aussagen über das Verhalten des Auges gegen Lichteindrücke in die Lehrbücher eingeht. Dieser Bezug auf »gewisse optische Phänomene«[64], aus denen sich vermeintlich alles erklärt, ist sogar so nachhaltig, daß die stroboskopischen Erscheinungen noch bis in die ersten Jahre des 20. Jahrhunderts im Anhang zur Andauer der Lichtempfindung für das menschliche Auge verhandelt worden sind.

Plateaus Taktik, das Phénakisticope als ein Produkt theoretischen Kalküls zu reklamieren, findet in der Geschichte seiner Untersuchungen keine direkte Unterstützung. Bereits Joseph Wachelder hat festgestellt, daß Plateaus Arbeiten zunächst nicht dem Sehorgan, sondern der Natur des farbigen Lichts galten und erst Anfang der 1830er Jahre die Eigenschaften der Retina zum zentralen Objekt seiner Forschungen wurden.[65] Präziser noch veränderte sich das Interesse am Wahrgenommenen grundsätzlich. Denn auch Plateaus Dissertation beschäftigte sich mit den Eindrücken, die das Licht für das Auge hervorruft. Nur interessierten diese Eindrücke zunächst ausschließlich als eine Art Anzeigen für bestimmte Eigenschaften des Lichts – und nicht des Auges. Über die Fragestellung seiner Untersuchung bemerkt Plateau eingangs:

> Es ist der Gedanke natürlich, daß diese Eindrücke [des Lichts auf das Auge] an Dauer und Stärke verschieden sind, je nach der Stärke und der Farbe des Lichts, welches sie hervorbrachte. Daher ist es hier meine Absicht, die Eindrücke, welche von den verschiedenen Farben hervorgebracht werden, in Bezug auf ihre Dauer, ihre Stärke und ihre Wirkung auf einander zu untersuchen.[66]

Das Studium der Eindrücke des Lichts auf das Auge war hier also nicht Selbstzweck. Vielmehr sollten in ihrer Untersuchung zuletzt die Ursachen dieser Eindrücke, also »Stärke und Farbe des Lichts«, präzisiert werden.

Daß Licht einen Eindruck von gewisser Dauer auf das Auge ausübt, der über seine Ursache hinaus anhält, war in der Tat keine Neuigkeit und ebensowenig war das ganze Forschungsprogramm neu, das Plateau formuliert. Es findet sich schon mehr als hundert Jahre früher in Newtons *Opticks* angelegt, wo unter anderem folgende Überlegung festgehalten ist:

> Machen nicht verschiedene Arten von Lichtstrahlen Schwingungen von verschiedener Grösse und erregen dadurch die Empfindung verschiedener Farben, etwa ebenso, wie die Schwingungen der Luft je nach ihrer verschiedenen Grösse die Empfindung verschiedener Töne erregen? Erregen nicht besonders die brechbarsten Strahlen die kürzesten Schwingungen und rufen dadurch den Eindruck des Dunkelviolett hervor, und die am wenigsten brechbaren die grössten Schwingungen, um den Eindruck des tiefen Roth zu machen, und die verschiedenen mittleren Strahlen Schwingungen von mittlerer Grösse, um die Empfindung der verschiedenen Mittelfarben hervorzubringen?[67]

Plateaus eigener Beitrag zu dieser Fragestellung, die ihm von seinem Lehrer Adolphe Quetelet als Thema der »thèse«, also der Dissertation, übertragen worden war,[68] bestand vornehmlich darin, daß er die hypothetischen Formulierungen Newtons mit den argumentativen Standards der Physik am Beginn des 19. Jahrhunderts, das heißt mit den Mitteln der genauen Messung, auszufüllen suchte. Diese Aufgabe war allerdings nicht ohne Schwierigkeiten zu lösen, denn Plateau mußte, wie angedeutet, mit zwei Gegenständen der Untersuchung umgehen; nämlich erstens mit der Dauer und Stärke der Lichteindrücke, aus der zweitens die jeweilige Stärke (»énergie«, wie es im Original heißt) der verschiedenfarbigen Lichtstrahlen abgeleitet werden sollte.

Unter diesen Umständen verwundert es nicht, daß die Messungen zunächst an einem d'Arcyschen Rad und später an rotierenden Sektorenscheiben auf solche Widersprüche geführt haben, daß Plateau einmal inmitten der Arbeit bezweifelt, ob die Angelegenheit überhaupt der »Präzision zugänglich« ist.[69] Die Versuche mit der Anordnung d'Arcys erbringen andere Ergebnisse als bei d'Arcy einige Jahrzehnte zuvor und genau entgegengesetzte Ergebnisse zu den anschließenden Versuchen mit den Sektorenscheiben. Schließlich führt keine der Untersuchungen auf Befunde, wie man sie in der Newtonschen Tradition hätte erwarten müssen.[70] Ausgeräumt werden konnten diese Divergenzen nur durch eine Reihe von Hilfsannahmen über das Sehorgan selbst und die je ablaufenden Vorgänge. Wenn daher Plateau zu dem Resümee kommt, daß alle Beobachtungen insgesamt »die Ordnung der vier Hauptfarben [nach Plateau Weiß, Gelb, Rot und Blau], was die Stärke ihrer Wirkung auf die Netzhaut betrifft, auf eine, wie mir scheint, unzweifelhafte Weise fest[stellen]«,[71] dann zeigt sich damit nicht nur deutlich, daß die Untersuchung der »Wirkung auf die Netzhaut« von der Ordnung der Farben nach ihrer »Stärke« bestimmt wird. In dieser Feststellung selbst stecken auch bereits eine Reihe von Hilfsannahmen über das Verhalten der Netzhaut gegen das einfallende Licht, die im Zuge der Arbeit eingeführt werden, um am eigentlichen Ziel, der Untersuchung des Lichts, festhalten zu können.

Plateaus Forschungen zeigen noch einmal sehr schön, wie am Anfang des 19. Jahrhunderts das Beobachten der Natur in das Beobachten des beobachtenden Organs umschlagen kann, sobald Widersprüche in den Versuchen deren sinnlichen Umstände in den Blick rücken. Für sein Unternehmen hatte diese Wendung zwei Konsequenzen: Zum einen avancierte das Verhalten des Auges und konkret der Retina gegen das farbige Licht, wie bereits erwähnt, zum eigentlichen Forschungsgegenstand, zum anderen aber gewann das Organ ›Auge‹ anscheinend so etwas wie ein ›Vermögen zur Anordnung‹. Damit ist gemeint, daß für Plateau das Auge gerade dadurch, wie es sich als Mitspieler im Vorgang der Beobachtung umriß, als Bestandteil der ganzen Anordnung (und nicht nur als Endglied) neben anderen, aus Metall, Pappe und Glas geformten Bestandteilen Kontur gewann. Und damit ist weiter gemeint, daß das Phénakisticope zu den Untersuchungen über die Eindrücke des Lichts auf das Auge nicht allein in einer theoretischen, sondern darüber hinaus und vor allem in einer operationellen Beziehung steht.[72] Der ›reflexive turn‹ auf die störenden Aktivitäten des Organs eröffnet mit anderen Worten umgekehrt auch einen Handlungsraum, in dem neue Apparaturen vorstellbar werden, die das Auge als Empfindendes in ihr Funktionieren konstitutiv einbeziehen.

Mit der Angabe des Phénakisticope machte Plateau in der Tat etwas, das bis dahin fast ohne Beispiel war. Weder war das Auge hier reiner Adressat apparativer Hervorbringungen, wie das für die Camera obscura und alle Arten von Projektionskünsten des 18. Jahrhunderts der Fall gewesen ist, noch wurden einfach nur einige merkwürdige Erscheinungen angezeigt und weiter studiert, wie es für die konkurrierenden Beobachtungen Faradays an Zahnrädern galt. Daß das Phénakisticope das Auge als Bauteil unter anderen Bauteilen *in* seine Konstruktion einbezog, war aber auch dafür verantwortlich, daß Plateau in seiner Erklärung des Bewegungseffekts hinter die Komplexität der Befunde zurückfiel, die er vorher über das Verhalten der Retina gesammelt hatte. Folgt man seinen Ausführungen, ruht der ganze Vorgang auf gerade zwei Bedingungen auf:

> Wenn mehrere Objekte, die unter sich nach Form oder Lage graduell verschieden sind, nacheinander in Intervallen von sehr kurzer Zeit und genügender Nähe vor dem Auge auftauchen, verbinden sich die sukzessiven Eindrücke, die sie auf der Retina hervorrufen, ohne sich zu vermengen, und man wird glauben, daß man ein einzelnes Objekt sieht, das graduell seine Form oder seine Lage verändert. Dies ist eine vollkommen natürliche Folge des wohlbekannten Phänomens der Andauer der Gesichtsempfindung, und das fragliche Instrument verwirklicht dies, wie man gleich sehen wird, auf sehr einfache Weise.[73]

Geht man damit zu dem Instrument über, wie es Plateau angegeben hat, so stehen die rotierende Schlitzscheibe, die Folge von Zeichnungen eines periodischen Bewegungsvorgangs auf deren Rückseite und der Spiegel dafür ein, daß Darstellungen von geeigneten Objekten unter geeigneten Bedingungen exponiert werden. Den zweiten Teil des Bedingungskomplexes bildet dann das Auge und näher das Andauern der Gesichtsempfindung, das dafür sorgen soll, daß die diskontinuierlichen Eindrücke als kontinuierliche Bewegung eines Objekts erfahren werden.

Nach dieser Auffassung kommt Bewegung, wie es Plateau von seiner Ausbildung als Physiker her vertraut gewesen ist, einer Abfolge von Positionen eines Objekts im Raum oder einer Abfolge von Zuständen eines Objekts gleich. Denn, wie schon zitiert, wird als elementare Bedingung des Bewegungseffekts eingeführt, daß die exponierten Zeichnungen Objekte zeigen, »die unter sich nach Form oder Lage graduell verschieden sind«, die also eine Folge von Zustands- oder Positionsänderungen abbilden. In diesen Zeichnungen fixiert läge damit Bewegung bereits potentiell vor, während das Auge vermittels der Andauer der Gesichtsempfindung die sukzessiv einfallenden Eindrücke zusammenbindet, ein Erfahrungskontinuum schafft und so der in den Zeichnungen quasi aufgespeicherten Bewegung zur Realisierung verhilft, sonst zu dem Bewegungseffekt aber nichts beiträgt. In der Konsequenz dieser ›Physikalisierung‹, die das Auge im Zuge seiner Funktionsbestimmung im Ganzen der Apparatur erfährt, nähert sich Plateau wieder der älteren Auffassung des Sinnesorgans als ›bespielbarer‹ Oberfläche an, auf der sich die Eindrücke der Außenwelt nach dem geometrisch-optischen Modell der Camera obscura abzeichnen und entsprechende Empfindungen hervorrufen. Zwar ist das Auge des Phénakisticope nicht gänzlich passiv, es wird aber in seinem Verhalten von der für die Funktionsweise der Apparatur zugrunde gelegten physikalischen Auffassung von Bewegung überformt und verliert so wieder seine eigenen physiologischen Charakteristika, die Plateau zur gleichen Zeit in einem Nachtrag zur französischen Ausgabe von John Herschels Schrift über das Licht beschreibt.[74] Mit anderen Worten führt die Anordnung des Auges *in* einem Apparat dazu, daß es zugleich auch als *Sinnesapparat* modelliert wird.

Plateau stand mit seiner Art Erklärung der Eindrücke nicht alleine. Johann Christian Poggendorff setzte ein Jahr später in seinem Aufsatz über »Stroboskopische Scheiben« für seine *Annalen der Physik* nur geringfügig andere Akzente. Auch er benannte als »Ursache dieser Täuschungen« das Beharren der Lichteindrücke, um dann dem zweiten Stroboskoperfinder Stampfer folgend und mehr, als dies bei Plateau der Fall war, die Rolle des Beobachters für diese Täuschungen hervorzuheben. Gesetzt den Fall, so Poggendorff, daß »ein Gegenstand abwechselnd so lange sichtbar bleibt, als zur Hervorbringung eines Lichteindrucks erforderlich ist, und so lange verdeckt wird, als noch der gemachte Lichteindruck mit einer gewissen Stärke beharrt,« wird ein Beobachter glauben, immer denselben Gegenstand zu sehen, »wenn auch derselbe bei jedesmaliger Verdeckung durch einen anderen ihm völlig gleichen und genau an seine Stelle gebrachten ersetzt wird.« Wird aber der Gegenstand in der Folge mit anderen vertauscht, die sich nach Stellung und Lage etwas unterscheiden, glaubt man

> einen und denselben Gegenstand in derjenigen Bewegung begriffen zu sehen, welche die verschiedenen Stellungen und örtlichen Lagen der successiv dem Auge dargebotenen Gegenstände, der Reihe nach, einschließen würde.[75]

Wie sich herausstellt, unterscheiden sich die Poggendorff-Stampfersche und die Plateausche Erklärung vornehmlich dadurch, daß bei ersterer das Andauern der Gesichtsempfindung eher als Bedingung dafür begegnet, daß der Beobachter den Wechsel des Bezugsobjekts seiner Empfindungen nicht bemerkt, während sich bei letzterer der Eindruck von Bewegung unmittelbar als »vollkommen natürliche Folge« oder »consequence toute naturelle« desselben Phänomens ergibt.

Die Theorie der Bewegungseindrücke am Stroboskop, wie sie bei der Beschreibung der neuen Apparaturen formuliert wurde, hatte ihrerseits eine lange Nachwirkung. Schon kurz nach ihrer Erfindung begegnen die Apparate in Lehrbüchern der Physik wie dem Eisenlohrschen als »interessanteste Anwendung« der »Dauer des Lichteindrucks«, und mit Valentins *Lehrbuch der Physiologie des Menschen* werden Zauberscheibe und Phénakisticope ab Mitte der 1840er Jahre regelmäßig zum Beleg der entsprechenden physiologischen Tatsachen angeführt.[76] Der epistemologische Ort von Apparaten und zugehörigem Phänomen wurde letzlich auch nicht in Frage gestellt, als vier Jahrzehnte später die erste Arbeit erschien, die mit ihrem Titel »Psychologische Analyse der stroboskopischen Erscheinungen« und mit ihrer Publikation in Wilhelm Wundts *Philosophischen Studien* zu verstehen gab, daß die experimentelle Psychologie das Thema als Terrain ihrer disziplinären Entfaltung entdeckt hatte. Weder wurden neue Experimente noch neue Ergebnisse geboten. Mit den Beobachtungen, zumeist an einer Wundertrommel Hornerscher Machart, wurden allein die optimalen technischen Randbedingungen wie die Breite des Schlitzes für das Eintreten des Bewegungseindrucks ermittelt. Worauf dieser beruhte, lohnte dagegen keine größeren Bemühungen. Nach ersten Vorversuchen bekannte man umstandslos, daß man es »hier, wie bei allen stroboskopischen Phänomenen mit einer Wirkung von Nachbildern« zu tun habe.[77]

Angesichts dieses Zustands verwundert es nicht weiter, daß auch in der Neuauflage von Hermann von Helmholtz' epochalem *Handbuch der physiologischen Optik*, die 1896, zwei Jahre nach dem Tod des Autors, abgeschlossen worden ist, die Besprechung der »Stroboskopischen Apparate« im Nachgang der Untersuchungen Plateaus erfolgt. Sieht ein Beobachter durch die Spalten 1, 2, 3 usw. nacheinander die Figuren 1, 2, 3 usw., werden die erhaltenen Gesichtseindrücke laut Helmholtz »bei hinreichend schneller Wiederholung in eine andauernde Empfindung verschmelzen, die einem ruhenden Objecte entspricht.« Sind ferner die Figuren unter sich nicht gleich, sondern ein wenig verschieden, »so verschmelzen die getrennten Lichteindrücke auch zu dem Bilde eines Gegenstandes, aber dieser verändert sich scheinbar fortdauernd, so wie es die Reihenfolge der Bilder mit sich bringt.«[78] Nichts an Helmholtz' Erläuterungen deutet darauf hin, daß hier eine offene Frage warten könnte. Unverändert aus der ersten Auflage des Handbuchs aus dem Jahr 1867 übernommen, rücken sie das Bewegungsphänomen unter die bereits hinlänglich bekannten Annahmen.

Dennoch scheint es mit der Sicherheit im selben Moment vorbei gewesen zu sein, da die Neuausgabe des Werks von Helmholtz' getreuem Verwalter, Arthur König, vollendet worden ist. Jedenfalls liest man gut fünfundzwanzig Jahre später, daß das Aufsehen, das ein Apparat namens »Cinématographe« im Dezember 1895 in Paris erregt, bald auch Laboratorien und Versuchszimmer physiologischer und psychologischer Institute erfaßt: »Die gewaltigen Fortschritte der Kinematographie in den letzten drei Dezennien haben die Frage nach den physiologischen Grundlagen der stroboskopischen Erscheinungen aufs neue in den Mittelpunkt des Interesses gerückt und die Literatur über diesen Gegenstand beträchtlich anschwellen lassen.«[79] Daß Medien Literatur produzieren, ist Allgemeingut seit Marshall McLuhans Botschaft Nummer zwei, »daß der ›Inhalt‹ jedes Mediums immer ein anderes Medium ist«.[80] Im vorliegenden Fall darf die annoncierte Schriftenflut aber metonymisch verstanden werden. Literatur zeugt von experimenteller Aktivität. Wissenschaftstheoretisch reformuliert würde der Satz folglich lauten: Der Inhalt eines (neuen) Mediums ist immer eine (neue) Serie von Untersuchungen.

Während aber das Publikum der Varietétheater der Fama nach schock- und schlagartig von den bewegten Bildern überwältigt wurde, zeigten sich ihre Theoretiker zunächst unbeeindruckt. Der Psychologe Karl Marbe, der 1898 den Kinematographen zum ersten Mal in der Forschungsliteratur erwähnt, reiht ihn nahtlos unter die »weitere Entwicklung« des Stroboskops ein.[81] Daß sich mit den kinematographisch erzeugten Bewegungseindrücken eventuell auch eine neue Perspektive auf die tradierte Erklärung des Phänomens ergibt, bleibt hingegen hier und in den folgenden Publikationen Marbes und seines Schülers Ernst Dürr unbedacht. Nach wie vor bilden für sie die stroboskopischen Erscheinungen primär einen Anhang zu den Gesetzen der intermittierenden Netzhautreizung.[82] Auf den Punkt gebracht wird die Novität, die der Kinematograph dem Verständnis ›bewegter Bilder‹ bereitet, erst gut zehn Jahre nach den ersten Vorführungen: »Die Hauptsache ist, daß die Phasenbilder in *objektiver Ruhe* exponiert werden und nicht bewegt, wie bei den übrigen Apparaten.«[83] Und in einer Fußnote wird nachgeschoben:

> So sonderbar es klingt, es ist dennoch wahr: diese gerade psychologisch so eminent wichtige Tatsache ist in der ganzen bisheringen psychologischen Literatur ignoriert worden, so daß Marbe allen Ernstes noch heute glaubt, der Stillstand der einzelnen Phasen sei gar keine Bedingung des stroboskopischen Sehens![84]

Der Autor dieser kleinen Polemik heißt Paul Linke. Auf gut hundertfünfzig Seiten betreibt er im weiteren Aufräumungsarbeiten, die allesamt ihren Ausgang von jener technischen Differenz zwischen Stroboskop und Kinematograph nehmen. In Untersuchungen der stroboskopischen Erscheinungen ist für ihn »bis heute«, das heißt bis zum Jahr 1907, »die Frage nach der Entstehung des Bewegungseindrucks beständig mit der nach der *Wirkungsweise* der *einzelnen* stroboskopischen *Apparate* konfundiert worden.«[85] Wie im weiteren ausgeführt wird, gründet der Bewegungseindruck an einem Stroboskop mitnichten auf der Verbindung oder Verschmelzung der sukzessiven Lichteindrücke durch die Andauer der Empfindung. Dagegen ist dieser Effekt äußerst hilfreich, eine bestimmte Störung des Bewegungseindrucks abzuschwächen, die durch die Konstruktion der herkömmlichen Scheiben- und Trommelstroboskope hervorgerufen wird. Nicht Bewegtheit des wahrgenommenen Bildes, so Linke, rührt aus der Andauer der Empfindung. Letzteres trägt vielmehr neben der jeweiligen Spaltenbreite und Rotationsgeschwindigkeit dazu bei, daß die wahrgenommenen Bilder scheinbar stillstehen, obwohl sich die Scheibe oder Trommel andauernd fortbewegt: »Wir können also kurz sagen: Verschmelzung unterstützt den Ruheeffekt.«[86]

Wie Linkes Überlegungen erkennen lassen, besaß Plateaus Erklärung des Bewegungseindrucks zunächst eine solche Evidenz, daß die näheren, apparativen Umstände des Phänomens hiervon vollkommen verdeckt wurden. Man kann deshalb sagen, daß die stroboskopischen Erscheinungen, ehe der Kinematograph über sie hereinbricht, niemals Gegenstand der Forschung oder »epistemische Dinge« gewesen sind, weil an ihnen bis dahin niemals etwas gewesen ist, »was man noch nicht weiß«.[87] Erst die technische Differenz zwischen Kinematograph und Stroboskop läßt das über Jahrzehnte fraglos hingenommene Verständnis der Vorgänge zweifelhaft werden, indem nun die Apparatur, die bis dahin den Bewegungseindruck hervorbringt, in ihrer besonderen Konstruktion und Arbeitsweise faßlich wird. Beides gerät damit neu ins Visier: Der Bewegungseindruck gewinnt abgelöst vom Apparat seiner ersten Beobachtung neue Experimentierwürdigkeit, die Stroboskope im Abstand zum Kinematographen funktionelle Spezifität. Bei relativ einfacher Mechanik erweist sich ihre Funktionsweise als relativ komplex, im Gegensatz zum Kinematographen, dessen Mechanik relativ komplex, dessen Funktionsweise aber relativ simpel ist. Während beim Stroboskop die Eigenbewegung der rotierenden Bildträger erst durch die Zuspitzung des Sehfeldes und die Trägheit der Retina stillgestellt wird, projiziert der Kinematograph immer schon ein ruhendes Bild. Warum dieses jedoch dem Beobachter wiederum als bewegt erscheint, steht jetzt erst als zu Erklärendes im Raum.

Wenn die tradierte Erklärung des Bewegungseindrucks näher betrachtet nur »eine *rein technische* Bedeutung« hat,[88] wie Linke hervorhebt, dann wirft diese Feststellung generell die Frage nach dem Verhältnis von Apparaten zu den Theorien der mit ihnen verbundenen Effekte auf. Die Begründung, die die stroboskopischen Erscheinungen bei Linke schließlich finden, zeigt, daß auch seinem Argument weiterhin, trotz der Beseitigung von älteren Konfusionen, das technische Prinzip der Exposition von Einzelbildern, das Stroboskope und Kinematographen miteinander teilen, vorausgesetzt bleibt. Bewegungswahrnehmung an solchen Apparaten beruht nach Linkes Ansicht auf einer »Identifikationstäuschung«, die von zwei Bedingungen abhängt. Erstens müssen »mindestens zwei Gesichtswahrnehmungen« bestehen, die »in ihren räumlichen Bestimmungen wenig genug voneinander abweichen«, so daß sie auf »einen einzigen Gegenstand« bezogen werden können. Zweitens muß die »Einheit« der zwei Wahrnehmungen erlebt werden, weshalb sie »rasch genug« aufeinander zu folgen haben.[89] Der Rest ist eine Sache von Assoziationen: »Identität des räumlich unterschiedenen ist aber nicht vorstellbar ohne den Gedanken an Bewegung«, der wiederum mit den »sinnlich wahrgenommenen Elementen« verschmilzt.[90]

Nach seinen Prämissen unterscheidet sich Linkes Verständnis der stroboskopischen Bewegungseindrücke nicht wesentlich von den älteren Überlegungen. Auch hier wird das Phänomen so zurechtgelegt, daß es aus einer Sukzession von ähnlichen Eindrücken hervorgeht, die durch einen hinzutretenden Faktor, der in diesem Fall psychologisch als »Identifikation« definiert wird, miteinander zur Empfindung einer Bewegung verbunden werden. So merkt Linke ergänzend an, daß »mancher Irrtum der späteren Literatur hätte vermieden werden können«, wenn nur die

Stampfer-Poggendorffsche Theorie entsprechend berücksichtigt worden wäre. Werde doch in dieser das seiner Meinung nach entscheidende Moment, nämlich daß der Beobachter glaube, immer denselben Gegenstand in immer anderen Lagen zu sehen, bereits deutlich ausgesprochen.[91] Im Unterschied zu Stampfer und Poggendorff baut Linke allerdings die Behandlung der stroboskopischen Erscheinungen nach dem Titel seiner Abhandlung gleich zu einer allgemeinen Diskussion über »das Problem des Sehens von Bewegungen« aus.

Die Frage, wie der stroboskopische Bewegungseindruck entsteht, ist keineswegs von Beginn an explizit mit der Frage verknüpft gewesen, wie wirkliche Bewegung wahrgenommen wird. Beide Vorgänge werden vielmehr erst in der erwähnten Untersuchung Marbes aus dem Jahr 1898 zueinander in Beziehung gesetzt. Obwohl dieser die »alte allgemeine Ansicht« von der Verschmelzung der Gesichtsempfindungen unterstreicht, führt er solche stroboskopischen Erscheinungen, »bei welchen der Eindruck bewegter Objecte erzeugt wird«, noch auf einen zweiten Umstand zurück:

> Wenn ein objectiver Gegenstand vor unserem Auge auf- und abschwingt, so beleuchtet er die entsprechenden neben einander liegenden Netzhautpunkte. Wenn wir mittels des Stroboskops aber den Eindruck eines auf- und abschwingenden Punktes erzeugen wollen, so dürfen die nach einander die Netzhaut beleuchtenden Punkte einen gewissen Abstand von einander haben, ohne dass dadurch der stroboskopische Effect vereitelt würde.[92]

Geht man hiervon aus, dann ergibt sich die Wahrnehmung wirklicher Bewegung aus der lückenlos empfundenen Reihe von Lageveränderungen eines Objekts, während die Wahrnehmung stroboskopischer Bewegung ihre Charakteristik darin gewinnt, daß nur ausgeschnittene Momente dieser Lageveränderung gegeben sind. Wenn unter solchen defizitären Bedingungen gleichwohl der Eindruck von Bewegung entsteht, dann nach Marbe deshalb, weil es im Augenblick der Wahrnehmung an einer »geeignet gerichteten oder genügend intensiven Aufmerksamkeit« fehlt und der »Ausfall von Bewegungsphasen« damit »in Folge rein centraler Ursachen unbemerkt« bleibt.[93] Daß diese Theorie von einem bekennend zerstreuten Professor stammt,[94] paßt ins Bild. Und auch Walter Benjamin hätte für Marbes These einiges übrig haben können, besagt diese doch nichts anderes, als daß die sprichwörtliche »Rezeption in der Zerstreuung« bereits Bedingung der Apperzeption des Films ist.[95]

Wenig Freude bereitet Marbes Behauptung dagegen seinem Rivalen Linke. Hängt der stroboskopisch erzeugte Bewegungseindruck von einem Mangel an Aufmerksamkeit ab, kann dies im Umkehrschluß und vermutlich im Selbstversuch nur heißen, daß wir es bei genügender Aufmerksamkeit »z.B. bei einer kinematographischen Vorführung ganz *in unserer Gewalt* haben, die *einzelnen* Bilder als solche zu sehen oder aber sie zu einem *einheitlichen* Vorgange zu verbinden. Natürlich kann davon keine Rede sein.«[96] Mit Marbes Erklärung wird zugleich auch dessen Vorstellung von der Wahrnehmung wirklicher Bewegung verworfen. Daß logisch für die »Definition der Bewegung die Annahme eines Kontinuums unentbehrlich ist«,[97] schließt keineswegs ein, es müsse für die Prozesse bei der Wahrnehmung von Bewegung genauso sein. Eine Täuschung bilden die stroboskopischen Erscheinungen für ihn allein deswegen, weil die Gesichtseindrücke einer Zahl verschiedener Objekte – nämlich die aufeinander abfolgenden Bilder – als Eindrücke von ein und demselben Objekt miteinander identifiziert werden, während man bei der Wahrnehmung wirklicher Bewegung auch tatsächlich die Gesichtseindrücke »jeweils einem einzigen Gegenstande entsprechen«.[98] Dagegen soll für beide Typen von Bewegungswahrnehmung gleichermaßen gelten, daß sie sich aus einzelnen, diskontinuierlichen Eindrücken aufbauen. Das schärfste Argument hierfür ist noch einmal ein apparativ vermitteltes. Setzt man voraus, daß beispielsweise von der Gehbewegung nur »Anfangs- und Endstadien der einzelnen Schritte« gesehen werden, dann

> erklärt es sich auch am ungezwungensten, daß Momentphotographien gehender Personen, wie wir sie in der ›Woche‹ und ähnlichen Zeitschriften mehr als reichlich zu Gesicht bekommen können, nicht selten einen überaus unnatürlichen Eindruck hervorrufen und jedenfalls ganz anders erscheinen als Gemälde oder Zeichnungen, die ähnliches darstellen. Hier hat eben der Apparat gerade eine solche Phase erwischt, die in Wirklichkeit niemals *gesehen* wird.[99]

Folgt man dem letzten Gedankengang, dann legt Linke unausgesprochen nahe, daß die Wahrnehmung von wirklicher Bewegung auf einem momentphotographisch operierenden physiologischen Mechanismus gründet, mit dem Unterschied, daß dieser Mechanismus das Bewegungskontinuum in eine erheblich geringere Zahl von Phasen auflöst, als es der Momentphotographie möglich ist. Gleich den Erklärungsansätzen seiner Vorgänger gerät damit Linkes allgemeines Modell des Bewegungssehens in eine prekäre Beziehung zu den in der Untersuchung benutzten Apparaten, insofern dieses Modell ein Verhalten des Auges voraussetzt, das exakt komplementär zu Stroboskop und Kinematograph konzipiert wird. Wie diese sich als Phasenbildprojektoren bezeichnen lassen, so gewinnt das Sehorgan hier die Gestalt eines Phasenbilderzeugers, durch den nicht anders als bei einer Filmkamera oder einem chronophotographischen Apparat alles, was sich ihm darbietet, in Einzelbilder zerhackt wird.

Die Vorstellung, die Linke vom Vorgang des Bewegungssehens entwickelt, fügt sich ohne weiteres in die Tradition eines Helmholtzschen Empirismus ein, in dem Sinnesorgane als eine Art Meßapparaturen fungieren, deren Daten in Urteilsroutinen überprüft und als Wahrnehmungen, hier von Bewegung, konstituiert werden.[100] Es liegt sogar nahe, in der Identifikationstheorie des Bewegungssehens eine Variante der Identifizierung von Netzhautbildern als Bildern eines Objekts mittels vom Verstand angeordneter Augenbewegungen wiederzuerkennen, die bei Helmholtz als Exempel seiner Theorie des Sehens fungiert. Es ist deshalb nicht ganz zutreffend, wenn im historischen Rückblick die Kritik aller Modelle stroboskopischen Bewegungserscheinungen, die auf einer irgendwie gearteten Verknüpfung von Objektlagen gründen, als »Verabschiedung des sog.[enannten] Kamera-Modells für die visuelle Wahrnehmung« reformuliert wird.[101] Kennzeichnend ist für diese Modelle weniger ein bestimmtes technisches Dispositiv als der Umstand, daß in ihnen niemals der physikalische Begriff von Bewegung als zeitliche Folge von Raumlagen eines Objekts überwunden wird. Auch das beobachtende Subjekt Linkes, das räumlich und zeitlich geschiedene Eindrücke aufeinander bezieht und mit dieser Identifikation Bewegung eines Objekts assoziiert, ist letztlich mit dem Verstand eines Physikers begabt.

Genau an diesem Punk setzen Max Wertheimers »Experimentelle Studien über das Sehen von Bewegung« an, auf deren Erscheinen im Jahr 1912 der zitierte Einschnitt im Verständnis der »visuellen Wahrnehmung« datiert worden ist. Die ganze Strategie der dort geschilderten Untersuchungen rührt aus einer ebenso einfachen wie folgenreichen Umkehrung der bis dahin geltenden Prämissen. Wo die Bewegungswahrnehmung von Plateau bis Linke als Aftereffekt der Verbindung von phasenhaften Eindrücken begegnet, weist Wertheimer auf den elementaren Unterschied hin, der zwischen der Empfindung von scheinbar oder wirklich stillstehenden Lageeindrücken eines Objekts und der Wahrnehmung von Bewegung besteht:

> Dieser sinnliche klar und deutlich gegebene Eindruck der Bewegung eines Identischen ist psychologisch räthselhaft. Was ist psychisch gegeben, wenn man hier Bewegung sieht?[102]

Die Antwort auf diese Frage führt über eine Reihe von Vorversuchen und Wiederholungen älterer Beobachtungen zu einer Erscheinung, die bis dahin nicht bemerkt worden ist. Bei sukzessiver Exposition zweier Reize a, b – in der Regel zwei Striche, die übereinandergelegt einen Winkel bilden – zeigt sich Bewegung ohne jede Wahrnehmung von bewegten Objekten oder mit Wertheimers Worten:

> was von Objekten vorhanden war, war in den zwei Lagen gegeben; nicht eines oder eines von ihnen oder ein ähnliches betraf die Bewegung; sondern zwischen ihnen war Bewegung gegeben; nicht eine Objektbewegung. Auch nicht: das Objekt bewegt sich hinüber, ich sehe es nur nicht. Sondern es war einfach Bewegung da; nicht auf ein Objekt bezüglich.[103]

Diese reine Wahrnehmung von Bewegtheit, die Wertheimer als φ-Phänomen bezeichnet, tritt sogar unter solchen Bedingungen auf, bei denen die exponierten Objekte gar nicht ins Bewußtsein treten und somit auch keine Lageveränderung von Objekten bemerkt worden sein kann. Solche Bewegungen sind daher für ihn »psychische Phänomene« eigener Ordnung, »die objektivisch, nicht subjektivisch erscheinen«, und genauso »neben, ja im Gegensatze zur Wahrnehmung von Lagen und Folgen von Lagen« gesehen werden.[104]

Nach den Wertheimerschen Untersuchungen gibt sich das Sehen von Bewegung als etwas grundsätzlich anderes zu denken denn als physikalisch informierte Kontemplation über das Verhältnis von sukzessiven Eindrücken auf die Netzhaut. Bewegung in Form des φ-Phänomens bestimmt sich als ein psychisch unmittelbar gegebenes, nicht weiter ableitbares »Hinüber«, dem nach der als Gestalttheorie schulemachenden Isomorphie-These ein physiologisches »Hinüber von Erregung« zwischen verschiedenen zentralen Bezirken des optischen Systems entsprechen soll.[105] Dabei war auch dieses Modell des Bewegungssehens genauso wie dasjenige, das es zu ersetzen versuchte, von technischen Randbedingungen durchdrungen. Dies gilt für die Arbeit des Experimentierens, in der, anders als bis dahin, analog dem Kinematographen ruhende Bilder exponiert wurden, wodurch der erzeugte Bewegungseindruck bereinigt wurde.[106] Und es gilt für die komplette Verschiebung der Aufgabenstellung von der Diskussion der Grundlage des Eindrucks (den Einzelbildern) zur Analyse des Eindrucks selbst (dem bewegten Bild), die auch davon lebt, daß sich mit dem Erfolg des Kinematographen eine Rezeptionsanordnung etabliert hatte, bei der nur noch das projizierte Bild, ohne den Projektionsapparat, der nun im Rücken war, vor Augen trat.

Trotz der Gegensätze in entscheidenden Punkten haben sowohl Wertheimers wie Linkes Theorien des Bewegungseffekts ihre je eigene Karriere gemacht. Wie der Blick auf die Entwicklung etwa bis 1930 lehrt, bildete Wertheimers Studie einerseits innerhalb der psychologischen und physiologischen Debatte den Fixpunkt der Forschung und gilt heute als klassische Untersuchung auf dem Feld der »visual motion«.[107] Andererseits ging sie mit Hugo Münsterbergs *The Photoplay* (1916) und Rudolf Arnheims *Film als Kunst* (1932) in das Fundament einer von Experimentalpsychologen betriebenen und psychologisch versierten Filmästhetik ein.[108] Dagegen gewann Linkes Theorie der Identifikationstäuschung im deutschen Sprachraum das Erklärungsmonopol in populären Schriften wie der Broschüre *Die Kinematographie*, die 1911 der Zeiss-Physiker Hans Lehmann für die Sammlung »Aus Natur und Geisteswelt« verfaßte, in technischen Anleitungen wie dem *Leitfaden für Kinooperateure und Kinobesitzer* (1919) von Dr. Paul Schrott, zu Zeiten der Doppelmonarchie noch Ritter von Schrott, oder dem damaligen Standardwerk der Kinematographentechnik, dem vielfach aufgelegten *Handbuch der praktischen Kinematographie* von Paul Liesegang.[109]

Mit der Parallelüberlieferung zweier unter sich kaum vereinbarer Theorien des Bewegungseindrucks überdauern nicht zuletzt auch zwei ganz verschiedene Ansätze, das Verhältnis von technischem Artefakt und Beobachter zu denken. Linkes Modell ist unzweifelhaft, obwohl mit ihm seinerseits ältere Konfusionen zwischen Apparaturen und Theorie überholt werden, um die technischen Eigenschaften der Apparaturen als ›Phasenbildprojektoren‹ zentriert und wird von dieser Voraussetzung her verständlich. Dagegen beruht Wertheimers Modell grundsätzlich auf der Differenz, die zwischen der vom Beobachter wahrgenommenen Bewegung und der sukzessiven Exposition ruhender, unbewegter Bilder von Objekten besteht. Im ersten Fall bestimmt sich der Bewegungseindruck als psychische Realisierung physikalischer Prämissen und deren technischer Anordnung. Hingegen soll im zweiten Fall der Eindruck eines Bewegten von einem organischen und psychischen Vorgang abhängig sein, der von den erhaltenen Reizen ausgelöst wird, aber nicht mit ihrer Empfindung zu Ende ist, so daß die wahrgenommene Bewegung in diesem Fall mit mehr Recht ein Produkt des Beobachters denn der technischen Teile der Apparatur genannt werden kann. Folgerichtig tendiert Wertheimer dazu, unterstützt durch vorhergehende Blindversuche, zwischen der Wahrnehmung wirklicher und stroboskopisch induzierter Bewegungen nicht mehr zu unterscheiden,[110] während Linke, wie alle seine Vorgänger, dabei geblieben ist, stroboskopische Erscheinungen, wenn auch mit neuer Begründung, als Täuschungen zu bezeichnen.

8. Sinne/Sinnesapparate

Die Karriere des Apparats ist zusammen mit dem 20. Jahrhundert an ihr Ende gekommen. Die machtvollen Partei- und Staatsapparate sind über Nacht in sich zusammengebrochen, die Apparate der Verwaltung und der Sicherheitsapparat von Polizei und Geheimdiensten stehen heute eher im Ruf notorischer Ineffizienz denn bedrohlicher Allgegenwärtigkeit, der psychische Apparat Freuds hat seinen Platz im Museum des Menschen gefunden und die technischen Apparate, um die sich dieses Metaphernfeld in den Jahrzehnten vor und nach 1900 entwickelt hat, Fotoapparat, Telefon-, Rundfunk- oder Fernsehapparat, sie alle stehen kurz vor dem Verschwinden in digitalen, multimedialen Funktionseinheiten. Obwohl also der »magische Bann des Apparatebilds«[1] bereits einer vergangenen Epoche angehört, hat sich seine Wirkkraft als Ordnungskategorie und Denkfigur auf einem Feld bis heute nicht verloren: auf dem Feld der Sinne. Gemeint ist damit nicht, daß Begriffsbildungen wie ›dioptrischer Apparat‹ oder ›schalleitender Apparat‹ weiterhin zum gebräuchlichen anatomischen und physiologischen Vokabular gehören. Ausdrücke wie diese rühren, wie eingangs berichtet, an eine ältere Schicht apparativer Semantik. Gemeint ist, daß das Verständnis der Sinne als *Sinnesapparate* keineswegs abbricht, wenn in der Sinnesphysiologie am Ende des 19. Jahrhunderts die Biochemie der Rezeptoren die organische Physik ersetzt, daß diese Auffassung vielmehr fortwirkt, wo die Sinne in ihren Eigenschaften und Umständen nicht mehr untersucht, sondern zur Vorstellung gebracht werden.

Verzweigungen: *Sinnesapparate* als Denkfigur

Den Bodensatz eines Sprechens über die Sinne entlang von Instrumenten und Apparaten bildet das physikotheologische ›argument from design‹, unter dem, beispielhaft in William Paleys höchst erfolgreicher *Natural Theology* (1802), Instrumente wie Fernrohr oder Mikroskop in ihrer planvollen Konstruktion die Folie dafür abgeben, um das menschliche Auge in seiner höheren Wohlgeordnetheit erst erkennen zu können.[2] Alexander von Humboldt verkehrt diese Figur der Offenbarung am Ende des zweiten Bandes seines *Kosmos* (1847) in ein umfassendes Prinzip der Erfindung, nach dem das Studium der in der »elementarischen Natur« und »den zarten Zellen organischer Gewebe« tätigen Kräfte zugleich auch zum »Erschaffen neuer Organe«, und das heißt neuer »Werkzeuge der Beobachtung«, führen wird.[3] Systematisch formuliert wird dieser Zusammenhang dreißig Jahre später von Ernst Kapp, der in seinen *Grundlinien einer Philosophie der Technik* die Welt der Artefakte als eine einzige durch »Organprojection« entstandene Verdinglichung von »Form, Functionsbeziehung und Normalverhältniss« der »leiblichen Gliederung« ausführt.[4] Umgekehrt zu Paleys Vorgehen fungiert hier zwar der Mensch als »das Maass der Dinge«, nämlich als Bezugsrahmen, in dem Technik nach ihrem Wesen erfaßbar wird, dieser Vorgang läßt allerdings diesen Menschen und seine leibliche Gliederung nicht unberührt. Denn indem rekursiv vom Hammer über das zusammengesetzte Mikroskop bis zum Musikinstrument alles auf seinen leiblichen Ursprung zurückgeführt wird,[5] bringt Kapps Argument unbeabsichtigt, aber um so effektiver, den Organismus vornehmlich nach seiner Möglichkeit zum Werkzeug, Instrument und Apparat ins Denken. Jedes technische Artefakt mag auf den Organismus verweisen, dieser selbst wird hierdurch jedoch zum ursprünglichsten Artefakt, zur universalen Apparatur.

Während Kapps Überlegungen, zurückgewandt auf den menschlichen Organismus, beispielsweise auch in populären Schaubildern überdauern (Abb. 18), schlägt das Denken der Sinne am Anfang des 20. Jahrhunderts noch eine andere Richtung ein. Den Ausgangspunkt bilden hier Herbert Spencers *Principles of Psychology* (1855), wo im Rahmen einer Fortschrittsgeschichte des menschlichen Geistes Werkzeuge und Instrumente als »supplementäre[ ] Sinnesorgane« oder »künstliche Erweiterungen der Sinne« erscheinen.[6] Dieser Zusammenhang von Sinnen und Apparaten unter der Perspektive einer stetigen Ausdehnung menschlicher Möglichkeiten deutet sich bereits bei Humboldt an, für den jedes neue Organ-Werkzeug »die geistige, oft auch die physische Macht des Menschen« zu vermehren verspricht.[7] Zu seiner klaren Formulierung kommt es aber erst, wo unter dem Einfluß des darwinistischen Denkstils die höhere Ordnung der Natur als irdisches Schlachtengetümmel hervortritt. Unter dem Spencerschen Titel »Die Erweiterung unserer Sinne« bemerkt der Physiker Otto Wiener im Jahr 1900, daß jedes neue Instrument »vom entwicklungsgeschichtlichen Standpunkte« nicht nur »eine naturgemässe Fortentwicklung und Erweiterung unserer Sinne« darstellt, sondern zugleich »ein[en] Fortschritt in der Anpassung an unsere Umgebung und ein[en] Vorteil im Kampfe um's Dasein« bedeutet.[8]

Werden Apparaturen nicht als Projektionen, sondern als Extensionen von Sinnesorganen begriffen, bleibt die Frage nach dem wesensmäßigen Verhältnis suspendiert; in Beziehung geraten die Sinne des Menschen zu Instrumenten und Apparaten hier nach ihrem (defizitären) Vermögen, sich die Welt anzueignen. Insofern ist es nicht ganz richtig, daß Kapps

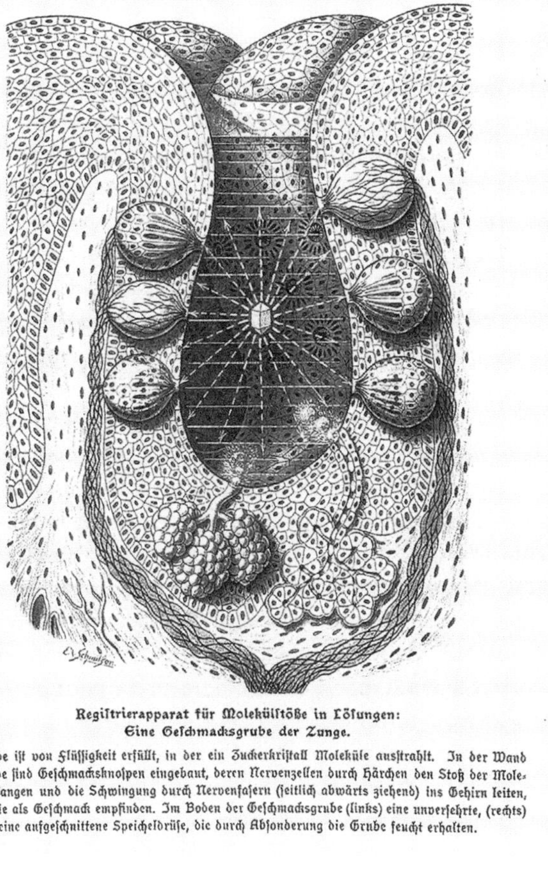

Abb. 18: »Registrierapparat für Molekülstöße in Lösungen: Eine Geschmacksgrube der Zunge«. In: Fritz Kahn, *Das Leben des Menschen. Eine volkstümliche Anatomie, Biologie, Physiologie und Entwicklungsgeschichte des Menschen*, Bd. 1, Stuttgart 1926, S. 33, Tafel IV.

These von der Organprojektion bei Friedrich Kittler in einem Zug mit Freuds Wort vom Menschen als »Prothesengott« und schließlich mit Marshall McLuhans Mediologie verhandelt wird.[9] Wenn in *Understanding Media* mehr als einmal bekannt wird: »Das Leitmotiv dieses Buches ist der Gedanke, daß alle Techniken Ausweitungen unserer Körperorgane und unseres Nervensystems sind, die dazu dienen, Macht und Geschwindigkeit zu vergrößern«,[10] dann schreibt sich mit diesem Satz weit eher die Spencersche denn die Kappsche Denktradition fort. Dehnen Instrumente und Apparate das Potential des Menschen aus, wird dieser zwar zweifelsohne als Subjekt und Herr seiner Gerätschaften eingesetzt, damit ist aber nicht notwendig impliziert, daß Instrumente und Apparate auch Verdinglichungen des menschlichen Organismus darstellen. McLuhan streift gelegentlich auch diese andere Variante des Verhältnisses von Sinnen und Apparaten. Wichtiger aber ist ihm, in welcher Weise die sinnliche Wahrnehmung und das Verhältnis der Sinne zueinander durch ihre Extensionen verändert werden.

Dieser Punkt und der Slogan »Das Medium ist die Botschaft«, unter dem McLuhans Buch heute geläufig ist, haben wiederum den Grund gelegt für eine Theorie der Medien, die sich in jedem Augenblick aus einer Grundannahme über die Relation entsprechender Apparate zu den Organen speist, auf die sie einwirken. Anekdotisch verdichtet bringt sie Friedrich Kittler 1995 im Nachwort zur dritten Auflage seiner *Aufschreibesysteme 1800/1900* vor. »Um zu wissen, was Augen heute sehen und Ohren heute hören«, so Kittler, »müßte schon geklärt sein, was Helmholtz in Chicago dazu gebracht hat, vor allen anderen Kollegen Edisons Hand zu schütteln.«[11] Es spricht für sich, daß die Botschaft von Helmholtz' Handschlag mit dem Chefkonstrukteur der neuen Apparatewelt, dem Telephon- und Beleuchtungspionier, dem Erfinder des Phonographen und des Kinetoscope, unbestimmt bleibt. Diese Botschaft sucht kein Argument zu eröffnen und fügt sich andernorts in die Formulierung, »daß das einzige, was man von ihnen [von Seele und Mensch] wissen kann, die technischen Apparate sind, an denen Seele oder Mensch jeweils historisch Maß nehmen.«[12] Obwohl mit dieser Bemerkung McLuhans Modell von Medien als Extensionen des Organismus angegangen wird, betrifft sie eigentlich, wie das Wort vom »Maß« andeutet, die andere Tradition, die Apparate als Projektionen von Organen begreift. Es läge daher nahe, die Überzeugungen einer *Berliner Vorlesung 1999* als späte Revision Kappscher *Leitlinien* einzuordnen, die selber nur wieder die damalige sinnesphysiologische Forschungspraxis invertieren; vom »Standpunkte der Organprojection«, so Kapp, hat man, wo etwa die Retina als lichtempfindliche photographische Schicht bezeichnet wird, »solche Aussprüche nur umzukehren.«[13] Aber Kittlers Prämisse kehrt diese Umkehrung nicht einfach wieder um, mit ihr wird der Zusammenhang von Sinnen und Apparaten auch auf einer anderen Ebene reformuliert. Nicht was Sinne sind und wie sich Apparate zu ihnen verhalten, wird hier berührt, sondern die vorhergehende Frage, inwieweit das, was von den Sinnen *gewußt* wird, was sich also an ihnen überhaupt zu denken und zu untersuchen stellt, von der Existenz bestimmter Instrumente und Apparate organisiert und begrenzt wird. Geht man vom gesamten Unternehmen Kittlers aus, hätte man es hier mit einem weiteren Stück »Aufräumarbeiten« zu tun, das sich diesmal der Verstellung der epistemischen Effekte von Technik durch ihre anthropozentrische Mißdeutung annimmt. Nur gewinnen diese Arbeiten nie den nötigen Abstand zu dem Diskurs, den sie zur Rede stellen.

Für die Annahme, daß das sinnesphysiologische Wissen von den Apparaten durchdrungen ist, an denen die Funktionen der Organe experimentiert werden, lassen sich für die zweite Hälfte des 19. Jahrhunderts und, wie im vorigen Kapitel gezeigt, auch schon für die Zeit unmittelbar zuvor eine Reihe von Beispielen beibringen. Die Dynamik dieses Vorgangs ist allerdings erheblich komplexer, als es mit einfachen Formeln zu erfassen ist. Als Ernst Mach 1865 in seinen Untersuchungen über intermittierende Netzhautreizung auf ein Phänomen stößt, das heute unter dem Namen ›Mach-Bänder‹ geführt wird, liefert das Verhalten einer photographischen Platte unter denselben Versuchsbedingungen den Abstoßpunkt, die eigene Formation der retinalen Prozesse herauszuarbeiten.[14] Während hier also Wissen aus der Differenz von organischer und photochemischer Schicht entsteht, liefern sich fünfzehn Jahre später die Untersuchungen des Physiologen Wilhelm Kühne über den Verlauf der Reizung von Stäbchen und Zapfen vollkommen dem Modell der Photographie aus. Nicht nur werden die zur Untersuchung präparierten Kaninchenaugen in eine Experimentalapparatur eingebaut, die einer Kamera gleicht. Die weitere Behandlung der vom Licht gereizten Netzhaut folgt auch dem etablierten Arbeitsgefüge des photographischen Prozesses von der Entwicklung zur Fixierung des entstandenen Bildes als »Optogramm«.[15] Modell des Organischen ist die Photographie in diesem Fall gleich nach zwei Aspekten; nämlich nach der Voraussetzung, daß der organische Zusammenhang Auge mit dem technischen Zusammenhang Photographie in eins gesetzt werden kann, und nach der Konsequenz, die gereizte Retina ganz so, als handelte es sich um eine photographische Platte, auch praktisch anzugehen.

Dieses Beispiel und andere zeigen, daß der Gebrauch von »mediating machines«[16] von der gezielten Darstellung von Differenzen zwischen organischen und apparativen Vorgängen bis zur restlosen Einbettung eines Forschungsgegenstands in ein technisches Dispositiv reichen konnte. Tatsächlich erklärt sich erst aus dieser Spannbreite der Erfolg, den die Arbeitspraxis *Sinnesapparate* für die Sinnesphysiologie im 19. Jahrhundert gezeitigt hat. Dieses Handeln hat selbstverständlich Konsequenzen für das je hervorgebrachte Wissen, vor allem aber steht es als Handeln selbst in der Geschichte. Es hat seine hohe Zeit in den Jahrzehnten nach 1850, und es verliert allmählich an modellhafter Kraft, als sich die Untersuchung der Sinne ins Detail vorarbeitet und sinnliche Vorgänge immer mehr in ihrer biochemischen, neuronalen Bedingtheit in den Blick rücken. Dagegen spricht auch nicht die Beobachtung, daß man heute etwa darangeht, die Funktion von Cochlea und Retina durch Implantate zu ersetzen, die einlaufende Signale digital verarbeiten und als elektrische Impulse weitergeben. Im Reparaturbetrieb der Medizin geht es nicht um die Eröffnung neuer Erfahrungsmöglichkeiten, sondern um die Abstimmung von technischen Bauelementen auf organische Rezeptoren, und die Probleme, die Schnittstelle zwischen Chip und Nerv in den Griff zu bekommen, unterstreichen nur, daß Reizungsvorgänge nicht einfach auf Routinen der Datenverarbeitung abzubilden sind.

In der Spur des 19. Jahrhunderts: Zum Verhältnis von Sinnen und Apparaten

Mit der Historisierung von Friedrich Kittlers Wort, daß man »über seine Sinne [nichts weiß], bevor nicht Medien Modelle und Metaphern bereitstellen«,[17] ist es aber nicht getan. Seine »schroffe These«, wie er selbst es nennt, hat noch einen Hintersinn, mit dem sich eine Praxis des Forschens als Technik der Macht enthüllt. Können doch technische Medien »eben deshalb Modelle des sogenannten Menschen« vorstellen, »weil sie zur strategischen Überrollung seiner Sinne entwickelt worden sind.«[18] Mit anderen Worten sind Medien – wenigstens solche, die etwas zu hören oder zu sehen geben – auf menschliche Sinne abgestimmt und umreißen derart auch spezifische Eigenschaften dieser Organe, unter deren Ausnutzung man sie wiederum ganz in seine Hand bekommt. Entstehung von Wissen und Übermittlung von Befehlen fallen so in eins zusammen. Kittler steht mit dieser Auffassung nicht allein: Sie findet sich mit kaum anderen Akzenten auch bei Jonathan Crary, der in *Techniques of the Observer* all jene Apparate, die sich um das ›subjektive Sehen‹ herum entwickeln sollen, als »neue Prozeduren der Disziplinierung und Regulierung«[19] des Auges auf den Punkt bringt. Die Frage ist aber, ob diese Rede von der Unterwerfung und Überrollung der Sinne nicht noch einmal, diesmal auf einer anderen Ebene, von der hohen Zeit des Experimentierens mit den Sinnen an Apparaten bestimmt ist. Denn all diesen experimentellen Anordnungen eignet natürlich immer auch ein Moment der Bemächtigung und Kontrolle des untersuchten Gegenstands, und dieses Moment schlägt sich zuweilen auch im Verständnis der Funktionsweise der Sinne nieder. Es deutet deshalb manches darauf hin, daß noch in heutigen medientheoretischen und kulturwissenschaftlichen Überlegungen ein Begriff der affizierten Sinnesorgane andauert, der aus dem

Forschungszugriff des 19. Jahrhunderts herauswächst und nicht weiter bedacht, sondern einfach weiter reproduziert wird.

Wie sich an der Diskussion der stroboskopischen Erscheinungen gezeigt hat, bestehen über die Natur der beobachteten Bewegungen zu Beginn des 20. Jahrhunderts zwei grundverschiedene Auffassungen, die in zwei offenkundig hermetisch gegeneinander abgeschotteten Überlieferungszusammenhängen weitergegeben werden. Berücksichtigt man, daß je nachdem, ob der Bewegungseindruck als Aftereffekt phasenhafter Reize oder als Vorgang eigener, psychophysischer Ordnung begriffen wird, der Status stroboskopischer Erscheinungen grundsätzlich verschieden ausfällt und in der Folge der Beobachter entweder als dauernd Getäuschter oder als getreu Wahrnehmender begegnet, dann scheint die Entscheidung, an welche der Auffassungen man heute anschließt, nicht ganz belanglos. In dieser Hinsicht ist es signifikant, daß sowohl Jonathan Crary als auch Friedrich Kittler die stroboskopischen Apparaturen und Phänomene in der Tradition von Phasenmodellen der Täuschung verstehen.

Anders als Crary suggeriert, ist es für sein Argument sehr wohl von Bedeutung, ob »die Vorstellung von der ›Beharrlichkeit des Seheindrucks‹ für die Erklärung der Bewegungsillusion empirisch wahr ist«[20] und in welche Vorstellungen im weiteren seine eigenen Ausführungen eingebunden sind. Schon das Wort von der »Bewegungsillusion« stellt in diesem Zusammenhang eine klare, wenn vielleicht auch nicht bewußte Parteinahme zugunsten von Phasenmodellen dar. Noch mehr gilt das für die Vorstellung, daß Effekte wie die stroboskopischen wesentlich das Resultat »äußerer, technischer Manipulationen« sind.[21] Was hier behauptet wird, führt grundsätzlich solche Auffassungen der wahrgenommenen Bewegungen weiter, die das ganze Phänomen in der Technik der Reizung beschlossen sehen und den wahrnehmenden Beobachter zum Empfänger eines vorab angeordneten Befehls erklären. Mag Crary sich auch von einem Urteil über die Rolle des Nachbilds im gesamten Vorgang freihalten, in seinen Folgerungen befindet er sich doch tief in der Spur Plateaus, bei dem, wie erinnerlich, das Auge bloß als Vollzugsgehilfe einer in den projizierten Bildern bereits angelegten Erfahrung von Bewegung aufscheint. Dieser Anschluß erstaunt um so mehr, wie sich im Resultat vor dem Stroboskop nicht das von Crary postulierte aktive Auge einer neuen Zeit einfindet, sondern das Auge des 18. Jahrhunderts, das sich in Dienst nehmen läßt und mit Kants Worten aus der »Apologie für die Sinnlichkeit« seine Dienste zur Verfügung stellt.

Die historische Konstruktion des Sehens, von der Crary schreibt, steht damit Seite an Seite mit einer Spielart von Medientheorie, die für solche Ansätze nur ein recht zwiespältiges Lob übrig hat. Für den Geschmack

Friedrich Kittlers ist in Crarys Studien zu oft vom Körper die Rede, um sie ganz ernst nehmen zu können.[22] Dabei sind seine eigenen Gedankengänge, sobald sich die Theorie optischer Medien mit menschlichen Empfängern beschäftigt, nicht weniger auf den Organismus fixiert. Speist sich doch die Rede von der medientechnischen Überwältigung der Sinne aus dem Affekt gegen die umgekehrte These, daß »natürlich der Mensch das Subjekt aller Medien« sei.[23] Im besonderen der stroboskopischen Erscheinungen bedeutet dies, daß die wahrgenommenen Bewegungen aus dem »Stroboskopeffekt« folgen sollen, nach dem »periodische Zerhackung von gleichermaßen periodischen Bildern« zu der »schönen Illusion« führt, »daß das Auge fälschlicherweise den Zahn A aus dem Bild 1 mit einem Zahn B aus Bild 2, einem dritten Zahn C aus Bild 3 usw. identifiziert«, woraus sich entweder »virtuelle Bewegung« oder »virtueller Stillstand« ergibt.[24] Auf welcher historischen Höhe hier gesprochen wird, verrät schon die Formulierung. Daß das Auge numerisch unterschiedene Bilder miteinander »identifiziert«, hätte Paul Linke wahrscheinlich nur deshalb bestritten, weil für ihn der Vorgang der Identifikation eine psychische Leistung darstellt, für die das Auge nur die phasenhafte Grundlage anliefert. Allerdings fällt Linkes Name bei Kittler nicht, dafür – die Rede von Zähnen und Zahnrädern deutet es bereits an – der von Michael Faraday, und diesem wird, obwohl er davon gar nicht handelt, die referierte Erklärung des Bewegungseffekts zugeschrieben.[25]

Um einem Mißverständnis vorzubeugen: Kittlers und Crarys Darlegungen interessieren hier nicht mit Rücksicht auf die Frage, ob sie die Grundlagen stroboskopischer Bewegungseindrücke zutreffend ausführen. Eine solche Diskussion müßte auf der Ebene des positiven Wissens geführt werden und könnte immer nur vorläufige Antworten liefern. Es geht vielmehr darum, daß das Verhältnis zwischen Apparatur und Beobachtersinnen, das am Beispiel der stroboskopischen Erscheinungen entworfen wird, uneingestanden, auf jeden Fall unbemerkt, an einer bestimmten Deutungstradition dieser Erscheinungen partizipiert. So wandert die Rede von der Identifikation bei Kittler in direkter Linie aus Lehmanns *Die Kinematographie* von 1911 über Friedrich von Zglinickis *Der Weg des Films* aus dem Jahr 1956 in seine *Berliner Vorlesung 1999*,[26] während Crary für seine Kenntnisse über die stroboskopischen Erscheinungen auf das französische Pendant zu von Zglinickis Buch verweist: auf George Sadouls *Histoire générale du Cinéma*, in der noch 1945 das »principe du cinéma moderne« ohne Einschränkung auf Plateaus Erklärung des Phénakisticope von 1833 zurückgeführt wird.[27] Die Konsequenz solcher Fortschreibungen ist aber, daß mit den übernommenen Aussagen in einem Zug deren Voraussetzungen und Konsequenzen aufgesogen werden und zugleich eine andere, entgegengesetzte Auffassung der fraglichen Vorgänge ausgeblendet wird, die mit der hochgestimmten Rede von der Unterwerfung und Überrollung der Sinne weit weniger gut zusammenpaßt.

Wenn in zwei Studien, die von je verschiedener Seite einen originären Zugang zum Feld einer Theorie und Geschichte technischer Apparaturen eröffnet haben, das Verhältnis dieser Apparate zum Auge des Beobachters als eines der Bemächtigung und Täuschung beschrieben wird und bei Kittler allgemeiner noch, was von Sinnen, Seele und Mensch je historisch gewußt werden konnte und heute gewußt wird, die technischen Apparate sein sollen, an denen sie untersucht und durchdacht werden, dann sind dies am Ende weder sonderlich provokative noch sonderlich genaue Thesen. Vielleicht wirbeln solche Studien einzig einen Zusammenhang von Annahmen und Verfahrensweisen der Forschung auf, der im Lauf des 19. Jahrhunderts Konjunktur hatte und nun, nach einer Zeit der Abgesunkenheit, im Gewand einer historischen These wiederkehrt. Die so erhaltenen Befunde und die auf ihnen gegründeten Aussagen können aber kaum mehr leisten, als einer vergangenen Zeit ihre Aporien vor Augen zu führen. Daß in den Schriften Spencers, Kapps oder Wieners Apparate aller Art die Macht des menschlichen Organismus verlängern und, so wenigstens Kapp, aus dessen Gliederungen auch herausprojiziert worden sind, zeugt zweifelsohne von einer systematischen Vergeßlichkeit gegenüber der gewöhnlich genau umgekehrten Vorgehensweise in den physiologischen Laboratorien des 19. Jahrhunderts. Dies nun, hundert Jahre später, aufzudecken hat seine eigenen Verdienste, endet aber in neuen Aporien. Es mag beruhigend sein, sich das Verhältnis von Sinnen und Apparaten fortgesetzt als eines der Manipulation und Unterwerfung zu erzählen. Mit ihrer Logik konfrontiert wird so aber nur eine Weise, die Sinne zu verstehen und zu behandeln, die zur Mitte des 19. Jahrhunderts dominierend geworden ist und den Sinnen eine neue, zweischneidige Positivität gegeben hat. Wie Auge und Ohr oder Tastorgan und Nervensystem als Apparate und an Apparaten nach ihren Bedingungen widerständig geworden sind und funktionelle Spezifität gewonnen haben, werden sie zugleich und bis in die Gegenwart solcher Schriften hinein, die vorgeben, im historischen Abstand auf die Geschehnisse zurückzukommen, im Bezug auf Apparate umrissen, ohne daß diese Reduktion noch als Reduktion in ihrer Geschichtlichkeit mitbedacht wird. Kein Zweifel, die Geste der Aufklärung, die Kittlers und noch mehr Crarys Ausführungen zusammenhält, greift zu kurz. Das Verhältnis von Sinnen und Apparaten *als Verhältnis* zu denken, kann jedenfalls nicht heißen, einen überkommenen historischen Stand des Forschens und der Forschungspraxis den eigenen Thesen unbesehen vorauszusetzen.

Dieses Buch steht für einen anderen Vorschlag. Mit dem Versuch zu zeigen, wie der Denkfigur und Forschungspraxis *Sinnesapparate* ein operatives Wissen vorausläuft, das Sinne und Apparate im Rahmen eines Regimes der Naturforschung zusammenbringt, wird ihrem Verhältnis nicht nur ein Erscheinungsort gewonnen, der bislang unbeachtet geblieben ist. Es wird auch daran erinnert, daß sich das Verhältnis zwischen ihnen in diesem Kontext erheblich anders darstellt. In den Routinen, die sich um das Phänomen astronomischer Beobachterdifferenzen herausbilden, wird das Zusammenspiel von Auge und Ohr symmetrisch zu den Instrumenten der Beobachtung behandelt und gewinnt pragmatisch als Verhalten eines »appareil d'observation« Gestalt, der genauso wie ein Instrument analysiert werden kann (und muß). Dagegen werden die Sinne weder als Vorbilder von Instrumenten und Apparaten begriffen, noch wird ihr Verhalten im Bezug auf Instrumente und Apparate auseinandergesetzt und formuliert. Die Sinne werden *gleich* Apparaten aber nicht *als* Apparate untersucht.

Diese Differenz mag nicht sonderlich groß erscheinen, genauso wie sich an den Untersuchungen Webers über den Tastsinn oder den stroboskopischen Weiterungen von Plateaus Forschungen über die Eigenschaften des Lichts herausgestellt hat, daß sich ein Modus des Handelns jederzeit in einen des Begreifens verwandeln kann. Trotzdem soll diese Differenz hier unterstrichen werden, weil an ihr deutlich wird, daß der Begriff der Sinne *als* Apparate und *an* Apparaten, wie er in rezenten historisch-systematischen Zugängen und nicht zuletzt in den alltäglichen Metaphernbildungen wiederholt wird, an seinen Wurzeln auseinanderfällt und seine einheitliche Bedeutung verliert. So ist das Anliegen dieser Studie im Sinne von Foucaults Auseinandersetzung mit Nietzsches kritischem Verständnis der Historie im Kern ein genealogisches gewesen: Den überlieferten großen Einheiten sollte das »komplizierte Netz der Herkunft« nachgetragen werden.[28] Diesem Erkenntnisinteresse hat methodisch der Sinn für die Einzelheiten entsprochen; für die kleinen Abstände und Verschiebungen, in denen Verzweigungen stattfinden und Ereignisse auftreten, genauso wie für die widerspenstigen Details, die, zueinander in Beziehung gesetzt, ebensosehr Dispersion wie Kohärenz, Widerstreit wie Übereinstimmung erzeugen. Dieser Sinn mag unangenehm sein, weil er nicht aufs Ganze geht, und bezeichnet doch nur das Vermögen, all das, was im Zuge der historischen Überlieferung ausgeschieden oder unkenntlich wurde, zu reaktivieren und gegen den Stand der Dinge zu wenden, wie er selbstverständlich geworden ist.

Anmerkungen

1. Die Sinne der Naturforschung

1 So die Pointierung von Gaston Bachelards Diktum »un fait est fait« durch Hans-Jörg Rheinberger in seiner auszugsweisen Übersetzung von Bruno Latours Aufsatz »The force and the reason of experiment« (1990) in: *Philosophischer Taschenkalender. Jahrbuch zum Streit der Fakultäten*, 1992/93, S. 210-220.

2 Vgl. Arnold Benz, Das Bild als Bühne der Musterkennung: ein Beispiel aus der Astrophysik, in: Bettina Heintz und Jörg Huber (Hg.), *Mit dem Auge denken. Strategien der Sichtbarmachung in wissenschaftlichen und virtuellen Welten*, Wien, New York 2001, S. 65-78.

3 Vgl. Hartmut Böhme, Was sieht man, wenn man sieht? Zur Nutzung von Bildern in den neuzeitlichen Wissenschaften, *Frankfurter Allgemeine Zeitung*, Nr. 6, 8. Januar 2005, S. 38.

4 Jean-Baptiste Biot, *Lehrbuch der Experimental-Physik oder Erfahrungs-Naturlehre* (3. Auflage, 1824), übers. von Gustav Theodor Fechner, Bd. 2, Leipzig 1824, S. 133. Im Original ders., *Précis Élémentaire de Physique Expérimentale*, Bd. 1, Paris 1817, S. 394f.

5 François Magendie, *Grundriß der Physiologie* (1816), übers. von Carl Friedrich Heusinger, Teil 1, Eisenach 1820, S. 139. Der Ausdruck »appareils des sensations« wird dort noch mit »Sinnes-Werkzeuge« übersetzt. Ich folge hier der späteren Formulierung desselben Übersetzers in François Magendie, *Handbuch der Physiologie* (3. Auflage, 1833), übers. von Carl Friedrich Heusinger, Bd. 1, Eisenach, Wien 1834, S. 131. Im Original ders., *Précis Élémentaire de Physiologie*, Bd. 1, Paris 1816, S. 141.

6 Vgl. Xavier Bichat, *Traité d'anatomie descriptive*, Bd. 1, Paris 1801, S. xi.

7 Magendie, *Grundriß der Physiologie*, Teil 1, S. 139 (im Original ders., *Précis Élémentaire de Physiologie*, Bd. 1, S. 141).

8 Ebd., S. 138 (im Original, Bd. 1, S. 140).

9 Jonathan Crary, *Techniken des Betrachters. Sehen und Moderne im 19. Jahrhundert* (1990), Dresden, Basel 1996, S. 78.

10 Apparatus, in: Johann Heinrich Zedler, *Grosses vollständiges Universal-Lexicon aller Wissenschaften und Künste* (1732), Bd. 2, 2. vollständiger photomechanischer Nachdruck, Graz 1993, Sp. 940. Siehe ferner Apparat und Appareil, in: *Encyclopédie, ou Dictionnaire Raisonné des Sciences, des Arts et des Métiers*, Bd. 1, Paris 1751, S. 542f.

11 Vgl. Helmut Lethen, Aufstieg und Niedergang des ›Apparats‹, in: Reto Sorg und Stefan Bodo Würffel (Hg.), *Gott und Götze in der Literatur der Moderne*, München 1999, S. 101-116, S. 104f, sowie die eben angegebenen Einträge im Zedler und in der *Encyclopédie*.

12 Magendie, *Grundriß der Physiologie*, Teil 1, S. 16 (im Original ders., *Précis Élémentaire de Physiologie*, Bd. 1, S. 10).

13 Jonathan Crary, Modernizing Vision. Discussion, in: Hal Forster (Hg.), *Vision and Visuality. Discussions in Contemporary Culture*, Seattle 1988, S. 45-49, S. 46.

14 Biot, *Lehrbuch der Experimental-Physik oder Erfahrungs-Naturlehre*, Bd. 2, S. 133 (im Original ders., *Précis Élémentaire de Physique Expérimentale*, Bd. 1, S. 395).

15 Vgl. Johannes Müller, Aussicht zur Physiologie des Gehörsinns. Fragment, in: ders., *Zur vergleichenden Physiologie des Gesichtssinnes des Menschen und der Thiere nebst einem Versuch über die Bewegungen der Augen und über den menschlichen Blick*, Leipzig 1826, S. 435-462, S. 449.

16 Vgl. beispielsweise Gabriel Gustav Valentin, *Lehrbuch der Physiologie des Menschen. Für Aerzte und Studirende*, Bd. 2, Braunschweig 1844, S. 312 (die Ohrmuschel als Vorbereitungsapparat) oder S. 578 (das Nervensystem als einer der mannigfaltigen Apparate des menschlichen Organismus).

17 Hermann von Helmholtz, *Die Lehre von den Tonempfindungen als physiologische Grundlage für die Theorie der Musik*, Braunschweig 1863, S. 187, S. 203 und S. 210.

18 Timothy Lenoir, Farbensehen, Tonempfindung und der Telegraph. Helmholtz und die Materialität der Kommunikation, in: Hans-Jörg Rheinberger und Michael Hagner (Hg.), *Die Experimentalisierung des Lebens. Experimentalsysteme in den biologischen Wissenschaften 1850/1950*, Berlin 1993, S. 50-73, S. 63.

19 Vgl. Christoph Hoffmann, Zwei Schichten: Netzhaut und Fotografie, 1860/1890, *Fotogeschichte*, Jg. 21, Heft 81, 2001, S. 21-38.

20 Nach dem Ausdruck Georges Canguilhems, wie er in Michel Foucaults Vorlesung *L'ordre du discours* in Stellung gebracht worden ist (ders., *Die Ordnung des Diskurses* (1971), übers. von Walter Seitter, Frankfurt am Main 1991, S. 24).

21 Vgl. Margaret Atherton, How to Write the History of Vision: Understanding the Relationship between Descartes and Berkeley, in: David Michael Levin (Hg.), *Sites of Vision. The Discursive Construction of Sight in the History of Philosophy*, Cambridge/Mass., London 1997, S. 139-165.

22 Vgl. für dieses Argument Jutta Schickore, Eröffnung der Augen. Auge und Sehen in der mikroskopischen Anatomie, in: Gabriele Dürbeck u.a. (Hg.), *Wahrnehmung der Natur – Natur der Wahrnehmung. Studien zur Geschichte der visuellen Kultur um 1800*, Dresden 2001, S. 165-177, S. 166f.

23 Vgl. Bruno Latour, Drawing things together, in: Michael Lynch und Steve Woolgar (Hg.), *Representation in Scientific Practice*, Cambridge/Mass., London 1990, S. 19-68, S. 55.

24 Peter von [Pieter van] Musschenbroek, *Grundlehren der Naturwissenschaft* (2. Auflage, 1741), übers. von Johann Christoph Gottsched, Leipzig 1747, S. 548.

25 Vgl. auch Steven Shapin, *Die wissenschaftliche Revolution* (1996), übers. von Michael Bischoff, Frankfurt a. M. 1998, S. 110f.

26 Siehe hierzu Kapitel 4, S. 127.

27 Vgl. Johann [Jan Evangelista] Purkinje, *Beiträge zur Kenntnis des Sehens in subjectiver Hinsicht*, Prag 1819, S. 7.

28 Ebd., S. 92.

29 Siehe hierzu Jutta Schickore, Ever-Present Impediments: Exploring Instruments and Methods of Microscopy, *Perspectives on Science*, Bd. 9, 2001, S. 126-146, sowie ihre in Vorbereitung befindliche Monographie *Dissecting Vision. The Entwined History of the Eye and the Microscope, 1740-1850*, Manuskript, 2004.

30 Schickore, *Dissecting Vision*, S. 197.

31 Friedrich Kohlrausch, *Leitfaden der praktischen Physik*, Leipzig 1870, S. XII.

32 Vgl. Michael Faraday, Experimental Researches in Electricity, *Philosophical Transactions of the Royal Society of London*, Bd. 122, 1832, Part 1, S. 125-162, insb. S. 129 und S. 160.

33 Vgl. Philipp Sarasin, *Reizbare Maschinen. Eine Geschichte des Körpers 1765-1914*, Frankfurt a. M. 2001, S. 27.

34 Michel Foucault, Nietzsche, die Genealogie, die Historie (1971), in: ders., *Dits et Ecrits. Schriften in vier Bänden. Band II: 1970-1975*, übers. von Michael Bischoff, hgg. von Daniel Defert und François Ewald, Frankfurt a. M. 2002, S. 166-191, S. 176.

2. Beobachtung nach Vorschrift

1 Ian Hacking, *Einführung in die Philosophie der Naturwissenschaften* (1983), Stuttgart 1996, S. 278.

2 Vgl. Karl Popper, *Logik der Forschung* (1934), 4. Auflage, Tübingen 1971, S. 72f.

3 Hacking, *Einführung in die Philosophie der Naturwissenschaften*, S. 278.

4 Vgl. Bruno Latour und Steve Woolgar, *Laboratory Life. The Construction of Scientific Facts* (1979), 2. Auflage, Princeton 1986, S. 91-103.

5 Vgl. Latour, Drawing things together, S. 26.

6 Vgl. Karin Knorr-Cetina, *Die Fabrikation von Erkenntnis. Zur Anthropologie der Naturwissenschaft* (1981), Frankfurt a. M. 1984, S. 67, S. 97, S. 131, S. 179 und S. 249. In der englischsprachigen Originalausgabe des Buches aus dem Jahr 1981 fehlen die Aufnahmen noch.

7 Vgl. Latour und Woolgar, *Laboratory Life*, S. 27-41.

8 Vgl. Peter Janich, Beobachtung, in: *Enzyklopädie Philosophie und Wissenschaftstheorie*, Bd. 1, Stuttgart, Weimar 1995, S. 281-282.

9 Vgl. Hans Poser, Observatio, Beobachtung, in: *Historisches Wörterbuch der Philosophie*, Bd. 6, Darmstadt 1984, Sp. 1072-1081.

10 Hacking, *Einführung in die Philosophie der Naturwissenschaften*, S. 302-307.

11 Ebd., S. 279f.

12 Olaf Breidbach, *Bilder des Wissens. Zur Kulturgeschichte der wissenschaftlichen Wahrnehmung*, München 2005, S. 14.

13 Ebd.

14 Vgl. Peter Geimer, Ein Projektil und sein Selbstporträt. Räume der Selbstauslösung um 1887, in: Christoph Hoffmann und Peter Berz (Hg.), *Über Schall. Ernst Machs und Peter Salchers Geschoßfotografien*, Göttingen 2001, S. 335-355, S. 350.

15 Vgl. Trevor Pinch, Towards an Analysis of Scientific Observation: The Externality and Evidential Significance of Observational Reports in Physics, *Social Studies of Science*, Bd. 15, 1985, S. 3-36, S. 7-9.

16 Vgl. Karin Knorr-Cetina, *Wissenskulturen. Ein Vergleich naturwissenschaftlicher Wissensformen* (1999), Frankfurt a. M. 2002, S. 139f.

17 Für das Beispiel der Radioastronomie siehe außer Benz, Das Bild als Bühne der Musterkennung, auch Michael Lynch und Samuel Y. Edgerton Jr., Aesthetics and digital image processing: representational craft in contemporary astronomy, in: Gordon Fyfe und John Law (Hg.), *Picturing Power: Visual Depiction and Social Relations*, London, New York 1988, S. 184-220.

18 Knorr-Cetina, *Wissenskulturen*, S. 85. Zu untersuchen wäre, inwieweit dieser Prozeß auch schon solche Wissenschaften erfaßt hat, die überwiegend auf Feldforschung beruhen.

19 Hacking, *Einführung in die Philosophie der Naturwissenschaften*, S. 279.

20 Ebd.
21 Ebd., S. 278.
22 Vgl. Étienne-Jules Marey, *Le mouvement*, Paris 1894, S. 16f. Die Ableitung von Zeitmomenten aus Markierungen auf einem stetig vorwärtsbewegten Papierband ist bekanntlich schon seit Mitte des 19. Jahrhunderts insbesondere in der Physiologie üblich (vgl. Oskar Langendorff, *Physiologische Graphik. Ein Leitfaden der in der Physiologie gebräuchlichen Registrirmethoden*, Leipzig, Wien 1891).
23 Carl Friedrich Gauss an Hans Christian Schumacher, Göttingen, 31. Dezember 1837, in: Christian August Friedrich Peters (Hg.), *Briefwechsel zwischen C. F. Gauss und H. C. Schumacher*, Bd. 3, Altona 1861, S. 190f.
24 Vermutlich interessierte sich Gauss – der zu dieser Zeit nur noch selten astronomische Beobachtungen durchführte – für das Sekundenzählen als Element des Verfahrens bei den erdmagnetischen Terminbeobachtungen durch den Göttinger magnetischen Verein (Vgl. Carl Friedrich Gauss, Das in den Beobachtungsterminen anzuwendende Verfahren (1836), in: ders., *Werke*, hgg. von der Gesellschaft der Wissenschaften zu Göttingen, Bd. 5, Göttingen 1877, S. 541-556, S. 551).
25 Vgl. H. Otto Sibum, Die Sprache der Instrumente. Eine Studie zur Praxis und Repräsentation des Experimentierens, in: Michael Heidelberger und Friedrich Steinle (Hg.), *Experimental Essays – Versuche zum Experiment*, Baden-Baden 1998, S. 141-156.
26 Vgl. für das folgende Willem D. Hackmann, *Electricity from Glass: The History of the Frictional Electrical Machine 1600-1850*, Alphen aan den Rijn 1987; und John L. Heilbron, *Electricity in the 17th and 18th Centuries. A Study of Early Modern Physics*, Berkeley, Los Angeles, Oxford 1979.
27 Zu den Körpertechniken in Grays Experimentierpraxis siehe Simon Schaffer, Experimenters Technique's, Dyers' Hands, and the Electric Planetarium, *Isis*, Bd. 88, 1997, S. 456-483, insb. S. 462f und S. 469f.
28 Vgl. Alessandro Volta, Ueber die beim Contact ungleicher Leiter erregte Elektricität. Drei Briefe an Prof. Gren in Halle (1796-97), in: ders., *Untersuchungen über den Galvanismus* (= Ostwalds Klassiker der exakten Wissenschaften 118), Leipzig 1900, S. 3-75, S. 7.
29 Vgl. Stuart Strickland, The Ideology of Self-Knowledge and the Practice of Self-Experimentation, *Eighteenth-Century Studies*, Bd. 31, 1998, S. 453-471.
30 Dieser Ausdruck bei Knorr-Cetina, *Wissenskulturen*, S. 139.
31 Vgl. Martin Heidegger, Die Frage nach der Technik (1953), in: ders., *Vorträge und Aufsätze. Gesamtausgabe*, Bd. 7, Frankfurt a. M. 2000, S. 7-36, S. 24.
32 Vgl. Kapitel 4, S. 93-98.
33 Vgl. Pierre Bouguer, *Traité d'optique sur la gradation de la lumière. Ouvrage posthume*, hgg. von M. l'Abbé de la Caille, Paris 1760, S. 8-11.
34 Christian August Crusius, *Anleitung über natürliche Begebenheiten ordentlich und vorsichtig nachzudenken*, Leipzig 1749, Vorrede [S. XXXI].
35 Johann Andreas Segner, *Einleitung in die Natur-Lehre*, Göttingen 1746, Vorrede [S. II].
36 Johann Gottlob Krüger, *Naturlehre*, Halle 1740, S. 2.
37 Steven Shapin, *A Social History of Truth. Civility and Science in Seventeenth-Century England*, Chicago, London 1994, insb. S. 243-309, Zitate, S. 304 und S. 302. Siehe auch ders., *Die wissenschaftliche Revolution*, S. 155f.

38 Shapin, *A Social History of Truth*, S. 303f.

39 Vgl. Petrus [Pieter] van Musschenbroek, Oratio de methodo instituendi experimenta physica (1730), in: *Tentamina experimentorum naturalium captorum in Academie del Cimento*, Wien, Prag, Tergest [Triest] 1756, S. III-XLVIII; sowie Georgii Erhardi Hambergeri [Georg Erhard Hamberger], De cautione in experientiis recte formandis et adplicandis adhibenda, in: ders., *Elementa physices, methodo mathematica in usum auditorii conscripta*, 3. Auflage, Jena 1741, S. 17-80.

40 Johann Christian Polykarp Erxleben, *Anfangsgründe der Naturlehre*, Göttingen, Gotha 1772, S. 4.

41 Johann Anton [Jean Antoine] Nollet, *Rede, von der Geschicklichkeit zur Erforschung der Natur, welche er den 15. May 1753 bey dem Antritte seines öffentlichen Lehramtes, in den Navarrischen Collegio gehalten* (1753), Erfurt 1755, S. 10.

42 Ebd., S. 23.

43 Ebd., S. 33.

44 Vgl. Hans Poser, Die Kunst der Beobachtung. Zur Preisfrage der Holländischen Akademie von 1768, in: ders. (Hg.), *Erfahrung und Beobachtung. Erkenntnistheoretische und wissenschaftshistorische Untersuchungen zur Erkenntnisbegründung*, Berlin 1992, S. 99-119, S. 105-107.

45 Vgl. Carole Huta, Bonnet-Senebier: Histoire d'une relation, in: Marino Buscaglia, René Sigrist, Jacques Trembley und Jean Wüest (Hg.), *Charles Bonnet. Savant et Philosophe (1720-1793)*, Genève 1994, S. 211-224, S. 212.

46 Jean Senebier, *Die Kunst zu beobachten* (1775), übers. von Johann Friedrich Gmelin, Bd. 1, Leipzig 1776, S. 21f.

47 Ebd., S. 25.

48 Vgl. hierzu Jacques Marx, L'Art d'Observer au XVIIIe Siecle: Jean Senebier et Charles Bonnet, *Janus*, Bd. 61, 1974, S. 201-220.

49 Vgl. Klaus-Dieter Herbst, *Die Entwicklung des Meridiankreises. Genesis eines astronomischen Hauptinstrumentes unter Berücksichtigung des Wechselverhältnisses zwischen Astronomie, Astro-Technik und Technik*, Bassum, Stuttgart 1996, S. 79-82. In derselben Weise wirksam war die Einführung von Vernierskalen im 17. Jahrhundert.

50 Vgl. Lissa Roberts, The Death of the Sensous Chemist: The ›New‹ Chemistry and the Transformation of Sensous Technology, *Studies in the History and Philosophy of Science*, Bd. 26, 1995, S. 503-529, S. 508.

51 Joseph Jérôme Lalande, *Astronomie*, Bd. 2, 2. Auflage, Paris 1771, S. 722-830 (Beschreibung der Instrumente), und Bd. 3, S. 1-82 (Verfahren ihres Gebrauchs).

52 Bouguer, *Traité d'optique sur la gradation de la lumière*, S. 14.

53 Johann Heinrich Lambert, *Anmerkungen über die Branderschen Mikrometer von Glase und deren Gebrauch nebst Beylagen die Geschichte und die Vortheile dieser Erfindung betreffend*, Augsburg 1769, S. 3.

54 Vgl. Eric Gray Forbes, *Tobias Mayer (1723-1762). Pionier der Naturwissenschaft der deutschen Aufklärungszeit*, übers. von Maria Forbes und Hans Heinrich Voigt, Marbach 1993, S. 29.

55 Tobias Mayer, Beschreibung eines neuen Mikrometers, *Kosmographische Nachrichten und Sammlungen auf das Jahr 1748*, Nürnberg 1750, S. 1-11, S. 5 (wiederabgedruckt in Lambert, *Anmerkungen über die Branderschen Mikrometer*, S. 31-48).

56 Ebd., S. 6.

57 Ebd.
58 Ebd.
59 Ebd., S. 5.
60 Beobachtung, in: Johann Samuel Traugott Gehler, *Physikalisches Wörterbuch oder Versuch einer Erklärung der vornehmsten Begriffe und Kunstwörter der Naturlehre mit kurzen Nachrichten von der Geschichte der Erfindungen und Beschreibungen der Werkzeuge begleitet*, Teil 1, Leipzig 1787, S. 290-296, S. 295.
61 Nollet, *Rede, von der Geschicklichkeit zur Erforschung der Natur*, S. 53.
62 Vgl. Steven Shapin, Pump and Circumstance: Robert Boyle's Literary Technology, *Social Studies of Science*, Bd. 14, 1984, S. 481-520, insb. S. 490-497.
63 Senebier, *Die Kunst zu beobachten*, Bd. 1, S. 101f.
64 Ebd., S. 117.
65 Ebd., S. 118.
66 Johann Elert Bode, *Erläuterung der Sternkunde und der dazu gehörigen Wissenschaften*, Bd. 1, 2. Auflage, Berlin 1793, S. 258f.
67 Vgl. Harold I. Brown, Galileo on the Telescope and the Eye, *Journal of the History of Ideas*, Bd. 46, 1985, S. 487-501, S. 491.
68 Senebier, *Die Kunst zu beobachten*, Bd. 1, S. 102 und S. 119.
69 Ebd., S. 105.
70 Ebd., S. 102 und S. 119.
71 Ebd., S. 129.
72 Ebd., S. 105 und S. 110.
73 Ebd., S. 129.
74 Max Horkheimer und Theodor W. Adorno, *Dialektik der Aufklärung. Philosophische Fragmente* (1947), überarbeitete Neuausgabe, Frankfurt a. M. 1969, S. 9.
75 Immanuel Kant, Anthropologie in pragmatischer Hinsicht abgefaßt (2. Auflage, 1800), in: ders., *Gesammelte Schriften, Erste Abtheilung: Werke*, hgg. von der Königlich Preußischen Akademie der Wissenschaften, Bd. 7, Berlin 1917, S. 143.
76 Ebd., S. 121f.
77 Vgl. Reinhard Brandt, *Kritischer Kommentar zu Kants Anthropologie in pragmatischer Hinsicht (1798)* (= Kant Forschungen, Band 10), Hamburg 1999, S. 184-186.
78 Kant, Anthropologie in pragmatischer Hinsicht abgefaßt, S. 144-146, Zitate, S. 145 und S. 146.
79 Brandt, *Kritischer Kommentar zu Kants Anthropologie in pragmatischer Hinsicht (1798)*, S. 186.
80 Kant, Anthropologie in pragmatischer Hinsicht abgefaßt, S. 145.
81 Ebd., S. 119.
82 Sinnliche Empfindungen, in: Georg Simon Klügel, *Encyklopädie oder zusammenhängender Vortrag der gemeinnützigsten, insbesondere aus der Betrachtung der Natur und des Menschen gesammelten Erkenntnisse*, Teil 1, Berlin, Stettin 1782, S. 360-367, S. 366.
83 Vgl. Roberts, The Death of the Sensous Chemist, S. 510f.
84 Kant, Anthropologie in pragmatischer Hinsicht abgefaßt, S. 146.
85 Bode, *Erläuterung der Sternkunde*, Bd. 1, S. 173.
86 Gesichtsbetrüge, in: Johann Samuel Traugott Gehler, *Physikalisches Wörterbuch oder Versuch einer Erklärung der vornehmsten Begriffe und Kunstwörter der Natur-*

lehre mit kurzen Nachrichten von der Geschichte der Erfindungen und Beschreibungen der Werkzeuge begleitet, Teil 2, Leipzig 1789, S. 467-476, S. 467.

87 Senebier, *Die Kunst zu beobachten*, Bd. 1, S. 124f.

88 Johann Heinrich Lambert, Theorie der Zuverlässigkeit der Beobachtungen und Versuche, in: ders., *Beyträge zum Gebrauche der Mathematik und deren Anwendung*, Berlin 1765, S. 424-488, S. 425.

89 Ebd., S. 425f.

90 Vgl. Eberhard Knobloch, Zur Genese der Fehlertheorie, in: Hans Poser (Hg.), *Erfahrung und Beobachtung. Erkenntnistheoretische und wissenschaftshistorische Untersuchungen zur Erkenntnisbegründung*, Berlin 1992, S. 143-175. Siehe ferner J. J. Gray und Laura Tilling, Johann Heinrich Lambert, Mathematician and Scientist, 1728-1777, *Historia Mathematica*, Bd. 5, 1978, S. 13-41, hier S. 23-26.

91 Vgl. Senebier, *Die Kunst zu beobachten*, Bd. 1, S. 232-242.

92 Vgl. [Anonym], Remarques pour contribuer à étendre & c. par J. H. Lambert. Troisiéme extrait. XII. Examen général des erreurs que l'on fait dans les observations, *Journal Littéraire*, Bd. 4, 1773, S. 120-149, S. 123.

93 Senebier, *Die Kunst zu beobachten*, Bd. 1, S. 106.

94 Ebd., S. 109.

3. Was ist ein besseres Meßinstrument?

1 Zur Rezeption von Gehlers Wörterbuch siehe: Andreas Kleinert, Die deutschsprachigen physikalischen Wörterbücher des 18. Jahrhunderts: Johann Samuel Traugott Gehler und Johann Carl Fischer, *Das achtzehnte Jahrhundert: Mitteilungen der deutschen Gesellschaft für die Erforschung des 18. Jahrhunderts*, Bd. 22, 1998, S. 129-138.

2 Vgl. Georg Wilhelm Muncke, Beobachtung, in: *Johann Samuel Traugott Gehler's Physikalisches Wörterbuch*, neu bearb. von Heinrich Wilhelm Brandes, Ludwig Gmelin, Johann Caspar Horner, Georg Wilhelm Muncke und Christoph Heinrich Pfaff, Bd. 1, Teil 2, Leipzig 1825, S. 884-912, hier S. 884-887.

3 Ebd., S. 887.

4 Beobachtung, in: Gehler, *Physikalisches Wörterbuch*, Teil 1, S. 293.

5 Gotthilf Heinrich Ludwig Hagen, *Grundzüge der Wahrscheinlichkeits-Rechnung*, Berlin 1837, S. 135-137. Eine Nachkontrolle von Hagens Rechnung ist unterblieben.

6 Vgl. die Beiträge von Thomas S. Kuhn, I. Bernhard Cohen und Ian Hacking in: Lorenz Krüger, Lorraine J. Daston und Michael Heidelberger (Hg.), *The Probabilistic Revolution. Volume 1: Ideas in History*, Cambridge/Mass., London 1987, S. 7-55. Ob diese Revolution tatsächlich stattgefunden hat, steht hier nicht zur Debatte.

7 Kathryn M. Olesko, The Meaning of Precision: The Exact Sensibility in Early Nineteenth-Century Germany, in: M. Norton Wise (Hg.), *The Values of Precision*, Princeton 1995, S. 103-134.

8 Ebd., S. 108.

9 Zeno G. Swijtink, The Objectification of Observation: Measurement and Statistical Methods in the Nineteenth Century, in: Lorenz Krüger, Lorraine J. Daston

und Michael Heidelberger (Hg.), *The Probabilistic Revolution. Volume 1: Ideas in History*, Cambridge/Mass., London 1987, S. 261-285, S. 262f.

10 Ebd., S. 266.

11 Schickore, Ever-Present Impediments: Exploring Instruments and Methods of Microscopy, S. 128.

12 Ebd., S. 140.

13 Muncke, Beobachtung, S. 887.

14 Vgl. A. J. Turner, Interpreting the History of Scientific Instruments, in: R. G. W. Anderson, J. A. Bennet und W. F. Ryan (Hg.), *Making Instruments Count. Essays on Historical scientific Instruments presented to Gerard L'Estrange Turner*, Aldershot 1993, S. 17-26, S. 20.

15 Bruno Latour, *Die Hoffnung der Pandora. Untersuchungen zur Wirklichkeit der Wissenschaft* (1999), Frankfurt a. M. 2000, S. 153.

16 Vgl. Deborah Jean Warner, What is a scientific instrument, when did it become one, and why?, *British Journal for the History of Science*, Bd. 23, 1990, S. 83-93.

17 Gerald L'Estrange Turner, The Microscope as Technical Frontier in Science (1966), in: ders., *Essays on the History of the Microscope*, Oxford 1980, S. 159-181, S. 159.

18 Ebd., S. 161.

19 Vgl. Thomas Kuhn, Die Funktion des Messens in der Entwicklung der physikalischen Wissenschaften (1961), in: ders., *Die Entstehung des Neuen. Studien zur Struktur der Wissenschaftsgeschichte*, hgg. von Lorenz Krüger, Frankfurt a. M. 1971, S. 254-307, insb. S. 287-294.

20 Vgl. Maurice Daumas, Precision of Measurement and Physical and Chemical Research in the Eighteenth Century, in: A. C. Crombie (Hg.), *Scientific Change. Historical studies in the intellectual, social and technical conditions for scientific discovery and technical invention, from antiquity to the present*, London 1963, S. 418-430.

21 Hacking, *Einführung in die Philosophie der Naturwissenschaften*, S. 375.

22 Vgl. Kuhn, Die Funktion des Messens in der Entwicklung der physikalischen Wissenschaften, S. 289.

23 Vgl. Allan Chapman, Pure Research and Practical Teaching: The Astronomical Career of James Bradley, 1693-1762, *Notes and Records of the Royal Society of London*, Bd. 47, 1993, S. 205-212.

24 Joseph Johann von Littrow, Versuch, in: *Johann Samuel Traugott Gehler's Physikalisches Wörterbuch*, neu bearb. von Ludwig Gmelin, Joseph Johann von Littrow, Georg Wilhelm Muncke und Christoph Heinrich Pfaff, Bd. 9, Teil 3, Leipzig 1840, S. 1813-1857, S. 1831.

25 Ebd., S. 1832.

26 Ebd., S. 1831.

27 Vgl. Allan Chapman, *Dividing the Circle. The Development of Critical Angular Measurement in Astronomy 1500-1850* (1990), 2. Auflage, Chichester 1995, S. 36-38.

28 Für die Verknüpfung von Mikrometer und Fadennetz durch Auzout und Picard siehe Maurice Daumas, *Scientific Instruments of the Seventeenth and Eighteenth Centuries* (1953), New York, Washington 1972, S. 49-51.

29 Zur Gründung der Pariser Sternwarte siehe Raymonde Barthault, The Story of Paris Observatory, *Sky & Telescope*, Bd. 59, 1980, S. 100-107, S. 100f. Zur Green-

wicher Sternwarte und der Entwicklung der Astronomie Ende des 17. Jahrhunderts siehe Eric G. Forbes, *Greenwich Observatory. Volume 1: Orgins and Early History (1675-1835)*, London 1975, S. 1-24.

30 Elisabeth I. Eisenstein, *Die Druckerpresse. Kulturrevolutionen im frühen modernen Europa* (1983), Wien, New York 1997, S. 72.

31 Vgl. Michael Cahn, Die Medien des Wissens. Sprache, Schrift und Druck, in: ders. (Hg.), *Der Druck des Wissens. Geschichte und Medium der wissenschaftlichen Publikation*, Berlin 1991, S. 31-64, S. 53f.

32 Vgl. Forbes, *Greenwich Observatory*, S. 47-62.

33 Vgl. Freeman J. Dyson, Two Revolutions in Astronomy, *Proceedings of the American Philosophical Society*, Bd. 140, 1996, S. 1-9; sowie Mari Williams, James Bradley and the 18th century ›gap‹ in attempts to measure annual stellar parallax, *Notes and Records of the Royal Society of London*, Bd. 37, 1982, S. 83-100.

34 Vgl. John L. Heilbron, *Weighing Imponderables and other quantitative Science around 1800* (= Historical Studies in the Physical and Biological Sciences, Bd. 24, Supplement), Berkeley 1993, S. 42f.

35 Vgl. Allan Chapman, The Design and Accuracy of Some Observatory Instruments of the Seventeenth Century, *Annals of Science*, Bd. 40, 1983, S. 457-471, insb. S. 464-470.

36 Vgl. Allan Chapman, The Accuracy of Angular Measuring Instruments used in Astronomy between 1500 and 1850, *Journal for the History of Astronomy*, Bd. 14, 1983, S. 133-137, S. 134, Fig. 1.

37 Vgl. Chapman, *Dividing the Circle*, S. 38f.

38 Vgl. Herbst, *Die Entwicklung des Meridiankreises 1750-1850*, S. 39-91.

39 John F. W. Herschel, *A Treatise on Astronomy*, London 1833, S. 70.

40 Vgl. ebd., S. 71.

41 Nouvelles Litteraires. De Geneve, in: *Journal des Sçavans*, 1771, S. 118.

42 [Joseph Jérôme Lalande], Du Baromètre, de sa construction et de ses usages, in: *Connoissance des Mouvemens Célestes, pour l'année commune 1765*, Paris 1763, S. 199-221, S. 200.

43 Jean André de Luc, *Recherches sur les modifications de l'atmosphère. Contenant l'histoire critique du baromètre et du thermomètre, un traité sur la construction de ces instrumens, des expériences relatives à leurs usages, et principalement à la mesure des hauteurs et à la correction des refractions moyennes*, Bd. 1-2, Genève 1772. In der Folge zitiert nach der deutschen Ausgabe: ders., *Untersuchungen über die Atmosphäre und die zu Abmessung ihrer Veränderungen dienlichen Werkzeuge* (1772), übers. von Johann Samuel Traugott Gehler, Teil 1-2, Leipzig 1776-1778.

44 Vgl. *Journal des Sçavans*, 1773, S. 478-485, und S. 667-675, Zitat S. 675.

45 Vgl. *Göttingische Anzeigen von gelehrten Sachen*, 1774, S. 1121-1130.

46 *The Edinburgh Magazine and Review*, Bd. 1, 1773, S. 255-262, S. 255. Die Besprechung wurde in Bd. 2, 1774, S. 531-541, fortgesetzt.

47 Matthias Dörries, Balances, Spectroscopes, and the Reflexive Nature of Experiment, *Studies in the History and Philosophy of Science*, Bd. 25, 1994, S. 1-36, S. 2.

48 Theodore S. Feldman, Applied mathematics and the quantification of experimental physics: The example of barometric hypsometry, *Historical Studies in the Physical Sciences*, Bd. 15, 1984/85, S. 127-195, S. 178.

49 Vgl. die abwertenden Bemerkungen in Robert P. Beckinsale, Jean André de Luc, in: Charles Coulston Gillespie (Hg.), *Dictionary of Scientific Biography*, Bd. 4, New York 1971, S. 27-29. Umfangreichere Biographien geben Heinrich Escher, Deluc, Jo. Andreas, in: *Allgemeine Encyclopädie der Wissenschaften und Künste*, hgg. von J. S. Ersch und J. G. Gruber, Erste Section. Dreiundzwanzigster Theil, Leipzig 1832, S. 424-430; und Rudolf Wolf, Jean-André Deluc von Genf. 1727-1817, in: ders., *Biographien zur Kulturgeschichte der Schweiz*, Vierter Cyclus, Zürich 1862, S. 193-210.

50 Vgl. Deluc (Jean-André), in: *Biographie Universelle. Ancienne et Moderne*, Nouvelle Edition, Bd. 10, Paris 1854, S. 352-354, S. 352.

51 Über die Beziehungen zwischen Politik, Religion und wissenschaftlicher Agenda im Genf des 18. Jahrhunderts siehe René Sigrist, Science et société à Genève au XVIIIe siècle: L'exemple de Charles Bonnet, in: Marino Buscaglia, René Sigrist, Jacques Trembley und Jean Wüest (Hg.), *Charles Bonnet. Savant et Philosophe (1720-1793)*, Genève 1994, S. 19-39, insb. S. 30-34; sowie Jean Starobinski, L'essor de la science genevoise, in: Jacques Trembley (Hg.), *Les savants genevois dans l'europe intellectuelle du XVIIe au milieu de XIXe siècle*, Genève 1987, S. 7-22.

52 de Luc, *Untersuchungen über die Atmosphäre*, Teil 1, S. 297. Für de Lucs Vorstellungen über die Naturgeschichte der Erde siehe Albert V. Carozzi, La géologie. De l'histoire de la Terre selon le récit de Moïse aux premiers essais sur la structure des Alpes et à la géologie expérimentale 1778-1878, in: Trembley (Hg.), *Les savants genevois dans l'europe intellectuelle*, S. 203-265, hier: S. 206-219.

53 de Luc, *Untersuchungen über die Atmosphäre*, Teil 1, S. 298.

54 Ebd., Teil 2, S. 418.

55 Ebd., Teil 1, S. 298.

56 Ebd., Teil 1, S. 299.

57 Johann Heinrich Lambert, *Logische und philosophische Abhandlungen*, Bd. 1, Berlin 1782, S. 436.

58 Ebd.

59 Ebd., S. 435.

60 Vgl. hierzu ausführlich Christoph Hoffmann, The ruin of a book: Jean André de Luc's »Recherches sur les modifications de l'atmosphère« (1772), *Modern Language Notes*, Bd. 118, 2003, S. 586-602.

61 de Luc, *Untersuchungen über die Atmosphäre*, Teil 2, S. 421.

62 Nouvelles Litteraires. De Geneve, *Journal des Sçavans*, 1771, S. 118.

63 de Luc, *Untersuchungen über die Atmosphäre*, Teil 2, S. 422.

64 *The Edinburgh Magazine and Review*, Bd. 1, 1773, S. 256.

65 Senebier, *Die Kunst zu beobachten*, Bd. 2, S. 261f.

66 Vgl. Shapin, Pump and Circumstance, S. 489-497.

67 Zu den Veränderungen in der Form wissenschaftlicher Abhandlung siehe die Übersicht von Alan G. Gross, Joseph E. Harmon und Michael Reidy, *Communicating Science. The Scientific Article from the 17th Century to the Present*, Oxford, New York 2002.

68 Vgl. Feldman, Applied mathematics and the quantification of experimental physics, S. 152-154; sowie Margarida Archinard, De Luc et la recherche barométrique, *Gesnerus*, Bd. 32, 1975, S. 235-247, S. 235f.

69 de Luc, *Untersuchungen über die Atmosphäre*, Teil 2, S. 147-151.

70 Vgl. Feldman, Applied mathematics and the quantification of experimental physics, S. 165.
71 Ebd., S. 169f.
72 de Luc, *Untersuchungen über die Atmosphäre*, Teil 1, S. 308.
73 Ebd., Teil 1, S. 316.
74 Ebd.
75 Bruno Borchardt, *Die Entwicklung der Formel für das Höhenmessen mit dem Barometer*, Berlin 1885, S. 15.
76 de Luc, *Untersuchungen über die Atmosphäre*, Teil 1, S. 326-333, Zitat S. 332.
77 Ebd., Teil 1, S. 340f.
78 Ebd., Teil 1, S. 341.
79 Ebd., Teil 1, S. 342f.
80 Ebd., Teil 1, S. 336.
81 Ebd., Teil 1, S. 336-338, Zitat S. 337.
82 Daumas, Precision of Measurement and Physical and Chemical Research in the Eighteenth Century, S. 419.
83 Vgl. Theodore S. Feldman, Late Enlightenment Meteorology, in: Tore Frängsmyr, John L. Heilbron und Robin E. Rider (Hg.), *The Quantifying Spirit in the 18th Century*, Berkeley, Los Angeles, Oxford 1990, S. 143-177, S. 147-149.
84 Vgl. beispielsweise die Berechnungen bei William Derham, An Abstract of the Meteorological Diaries, communicated at the Royal Society, with Remarks upon them. Part III: Containig Meteorological Observations made at Berlin [and] Sweden 1726, *Philosophical Transactions of the Royal Society* [London], Bd. 38, 1733/34, S. 334-344, S. 343.
85 de Luc, *Untersuchungen über die Atmosphäre*, Teil 1, S. 332.
86 Zitiert nach Archinard, De Luc et la recherche barométrique, S. 235.
87 Vgl. Feldman, Applied mathematics and the quantification of experimental physics, S. 164.
88 *Connoissance des Mouvemens Célestes pour l'Année commune 1765*, Paris 1763, S. 199-221.
89 de Luc, *Untersuchungen über die Atmosphäre*, Teil 2, S. 66f.
90 Ebd., Teil 2, S. 128.
91 Zu den thermometrischen Untersuchungen de Lucs siehe Hasok Chang, Spirit, air, and quicksilver: The search for the ›real‹ scale of temperature, *Historical Studies in the Physical Sciences*, Bd. 31, 2001, S. 249-284, hier S. 254-259.
92 de Luc, *Untersuchungen über die Atmosphäre*, Teil 2, S. 83-146.
93 Zum Begriff des epistemischen Dings siehe Hans-Jörg Rheinberger, *Experimentalsysteme und epistemische Dinge. Eine Geschichte der Protheinsynthese im Reagenzglas*, Göttingen 2001, S. 18-34.
94 de Luc, *Untersuchungen über die Atmosphäre*, Teil 2, S. 270-326.
95 Ebd., Teil 2, S. 325.
96 Ebd.
97 Ebd.
98 Vgl. Chang, Spirit, air, and quicksilver, S. 254.
99 Hans-Jörg Rheinberger, *Experiment, Differenz, Schrift. Zur Geschichte epistemischer Dinge*, Marburg/Lahn 1992, S. 26.
100 Senebier, *Die Kunst zu beobachten*, S. 122.
101 Herschel, *A Treatise on Astronomy*, S. 69.

4. Empfindung als Vorgang

1 Vgl. de Luc, *Untersuchungen über die Atmosphäre*, Teil 1, S. 346-349.
2 Foucault, Nietzsche, die Genealogie, die Historie, S. 176.
3 Ebd., S. 178.
4 Horst Gundlach, Psychologie und Experiment um die Mitte des 19. Jahrhunderts, in: ders. (Hg.), *Psychologische Forschung und Methode – Das Versprechen des Experiments. Festschrift für Werner Traxel*, Passau 1992, S. 105-119, S. 115f.
5 Littrow, Versuch, S. 1816f.
6 Ebd., S. 1815f und S. 1817.
7 Vgl. John F. W. Herschel, *Preliminary Discourse on the Study of Natural Philosophy*, London 1830, S. 80-83. Zur Bedeutung der Schrift: Richard Yeo, Reviewing Herschel's Discourse, *Studies in History and Philosophy of Science*, Bd. 20, 1989, S. 541-552.
8 Vgl. Iwan Rhys Morus, Seeing und Believing Science, *ISIS*, Bd. 97, 2006, S. 101-110, S. 103.
9 Vgl. beispielsweise John B. Hearnshaw, *The measurement of starlight. Two centuries of astronomical photometry*, Cambridge, New York 1996, S. 53.
10 Dieser Aspekt findet sich ausführlich, wenn auch nicht direkt ins Zentrum der Untersuchung gerückt, bei Sean F. Johnston beschrieben (ders., *A History of Light and Colour Measurement. Science in the Shadows*, Bristol, Philadelphia 2001).
11 Pierre Bouguer, Remarques sur les moyens de mesurer la lumière, avec quelques applications de ces moyens, *Histoire de l'Académie Royale des Sciences. Mémoires de mathématique et de physique. Année 1757*, Paris 1762, S. 1-23, S. 2.
12 [Anonym], Sur les moyens de mesurer la lumière, *Histoire de l'Académie Royale des Sciences. Année 1757*, Paris 1762, S. 145-153, S. 145.
13 Ebd.
14 Ebd.
15 Vgl. Pierre Bouguer, *Essay d'optique sur la gradation de la lumière*, Paris 1729, S. 5f.
16 Bouguer, Remarques sur les moyens de mesurer la lumière, S. 2.
17 Bouguer, *Traité d'optique sur la gradation de la lumière*, S. 14.
18 Ebd., S. 15.
19 Hermann von Helmholtz, *Handbuch der physiologischen Optik* (1867), 2., umgearbeitete Auflage, Hamburg, Leipzig 1896, S. 478.
20 Erich Schoenberg, Theoretische Photometrie, in: K. F. Bottlinger, A. Brill, E. Schoenberg und H. Rosenberg (Bearb.), *Grundlagen der Astrophysik*, Zweiter Teil, Berlin 1929, S. 1-280, S. 11.
21 Bouguer, *Traité d'optique sur la gradation de la lumière*, S. 51.
22 Ebd., S. 52.
23 Ebd., S. 53.
24 Bouguer, Remarques sur les moyens de mesurer la lumière, S. 8.
25 Ebd., S. 2.
26 Ebd., S. 3.
27 Bouguer, *Traité d'optique sur la gradation de la lumière*, S. 53 (Hervorhebung C.H.).
28 Ebd., S. 54.

29 Bouguer, Remarques sur les moyens de mesurer la lumière, S. 8.
30 Ebd., S. 2.
31 Johann Heinrich Lambert, *Photometrie* ([im lateinischen Original: *Photometria sive de mensura et gradibus luminis colorum et umbrae*] 1760), gekürzte Ausgabe, hgg. von Ernst Anding, 3 Hefte, Leipzig 1892, Heft 1, S. 6.
32 Ebd., Heft 1, S. 13.
33 Ebd., Heft 3, S. 91f.
34 Ebd.
35 Ebd., Heft 1, S. 102.
36 Ebd.
37 Ebd., Heft 1, S. 104 (Hervorhebung C.H.). Im lateinischen Original heißt es: »Differentiae hae sunt errorum, qui *in occuli iudicium* irrepere possunt, veluti limites extremi, quos aut nunquam aut rarissime excedet.« (Johann Heinrich Lambert, *Photometria sive de mensura et gradibus luminis colorum et umbrae*, Augsburg 1760, S. 128).
38 Lambert, Photometrie, Heft 1, S. 97.
39 Ebd., Heft 1, S. 104-107, Zitate S. 104 und S. 107.
40 Vgl. [Anonym], Éloge de M. le Comte d'Arci, *Histoire de l'Académie Royale des Sciences. Année 1779*, Paris 1782, S. 54-70.
41 Patrice Chevalier d'Arcy, Mémoire sur la durée de la sensation de la vue, *Histoire de l'Académie Royale des Sciences. Mémoires de mathématique et de physique. Année 1765*, Paris 1768, S. 439-451, S. 439.
42 Ebd. Hervorhebung C.H.
43 [Anonym], Sur la durée de la sensation de la vue, *Histoire de l'Académie Royale des Sciences. Année 1765*, Paris 1768, S. 18-22, S. 18.
44 d'Arcy, Mémoire sur la durée de la sensation de la vue, S. 440.
45 Vgl. hier und im folgenden, ebd., S. 442-449. Eine zeitgenössische Beschreibung der erwähnten Feuerwerksmaschinerie, auch als »girandole« oder »rouè a feu« bekannt, findet sich in [Anonym], *Manuel de l'Artificier*, 2., korrigierte und erweiterte Auflage, Paris 1757, S. 105-113.
46 d'Arcy, Mémoire sur la durée de la sensation de la vue, S. 447f.
47 Vue, in: *Encyclopédie ou Dictionnaire Raisonné des Sciences, des Arts et des Métiers*, Bd. 17, Neufchastel 1765, S. 565-570, S. 568.
48 Isaac Newton, *Opticks: Or, A Treatise of the Reflexions, Refractions, Inflexions and Colours of Light*, Erstes Buch, London 1704, S. 104. Ab der zweiten Auflage der *Opticks*, London 1718, wird der Vorgang auch als Beleg dafür angeführt, daß das Licht auf der Retina Bewegungen, »Motions«, von »lasting nature« hervorruft (vgl. dort, S. 322).
49 Vgl. Johann Andreas Segner, *De raritate luminis quibusdam praemissis*, Göttingen 1740, S. 5-8.
50 Vgl. Casper Hakfoort, *Optics in the age of Euler. Conceptions of the nature of light, 1700-1795*, Cambridge, New York 1995, S. 87.
51 Ebd. Siehe ferner Geoffrey N. Cantor, *Optics after Newton. Theories of Light in Britain and Ireland, 1704-1840*, Manchester 1983, S. 52-55.
52 Vgl. Joseph Priestley, *The History and Present State of Discoveries relating to Vision, Light, and Colours*, London 1772, S. 636f.
53 Lambert, *Photometrie*, Heft 2, S. 55.

54 Ebd.
55 d'Arcy, Mémoire sur la durée de la sensation de la vue, S. 450.
56 Gesichtsbetrüge und Gesichtsfehler, in: Gehler, *Physikalisches Wörterbuch*, Teil 2, S. 467-476 und S. 476-484.
57 d'Arcy, Mémoire sur la durée de la sensation de la vue, S. 440.
58 Ebd., S. 451.
59 Ebd.
60 Zu Plateaus Untersuchungen siehe Kapitel 7, S. 250-257.
61 [Anonym], Éloge de M. le Comte d'Arci, S. 64.
62 Vgl. Lambert, *Photometrie*, Heft 2, S. 55-65, insb. S. 56f.
63 Newton, *Opticks*, Zweites Buch, S. 135.
64 Ebd.
65 Ebd., Zweites Buch, S. 136.
66 Vgl. René Descartes, La Dioptrique (1637), in: ders., *Œuvres de Descartes* (1902), hgg. von Charles Adam und Paul Tannery, Bd. 6, Neudruck, Paris 1982, S. 131f. Vgl. ferner Michael Hagner, Die Entfaltung der cartesischen »Mechanik des Sehens« und ihre Grenzen, *Sudhoffs Archiv. Zeitschrift für Wissenschaftsgeschichte*, Bd. 74, 1990, S. 148-171, insb. S. 156f.
67 d'Arcy, Mémoire sur la durée de la sensation de la vue, S. 448.
68 Ebd.
69 Segner, *Einleitung in die Natur-Lehre*, S. 265f.
70 Am Ende der Abhandlung wird nur kursorisch auf Bradleys Endeckung der Nutation hingewiesen, ohne daß erläutert würde, wie hier das Phänomen der Dauer der Gesichtsempfindung ins Spiel kommen könnte (d'Arcy, Mémoire sur la durée de la sensation de la vue, S. 451). Ohne direkt auf d'Arcy zu verweisen, wirft ein gutes Jahrzehnt später Jacques François Dicquemare die Frage auf, ob die Nachdauer der Empfindung auf die wahrgenommene Form der Kometen Einfluß nimmt (siehe ders., Remarques sur l'illusion des Sens, & en particulier de la Vue, *Observations sur la physique, sur l'histoire naturelle et sur les arts*, Bd. 11, 1778, S. 403-411, S. 410).
71 Vgl. Roberts, The Death of the Sensous Chemist, S. 511.
72 Vgl. Tobia[s] Mayer, Experimenta circa visus aciem, *Comentarii Societatis Regiae Scientiarum Gottingensis*, Bd. 4, 1754, S. 97-112.
73 Zu Mayers Untersuchungen, Vorläufern und Nachgeschichte siehe Eckart Scheerer, Tobias Mayer – Experiments on visual acuity (1755), *Spatial Vision*, Bd. 2, 1987, S. 81-97, S. 82-84.
74 d'Arcy, Mémoire sur la durée de la sensation de la vue, S. 441.
75 Muncke, Beobachtung, S. 887, Fußnote 2.
76 Senebier, *Die Kunst zu beobachten*, Bd. 2, S. 267.
77 Vgl. Domenico Bertoloni Meli, St Peter and the rotation of the earth: the problem of fall around 1800, in: Peter Michael Harman and Alan E. Shapiro (Hg.), *The investigation of difficult things. Essays on Newton and the history of exact sciences in honour of D.T. Whiteside*, Cambridge, New York 1992, S. 421-447, S. 423.
78 Johann Friedrich Benzenberg, *Versuche über das Gesetz des Falls, über den Widerstand der Luft und über die Umdrehung der Erde, nebst der Geschichte aller früheren Versuche von Galiläi bis auf Guglielmini*, Düsseldorf 1804, S. 174.
79 Zur Druckgeschichte siehe Bertoloni Meli, St Peter and the rotation of the earth, S. 441-445.

80 Benzenberg, *Versuche über das Gesetz des Falls*, S. 41.
81 Ebd., S. 328.
82 Vgl. Johann Heinrich Lambert, Anmerkungen und Zusätze zur practischen Geometrie, in: ders., *Beyträge zum Gebrauche der Mathematik und deren Anwendung*, Berlin 1765, S. 1-313, S. 215-228. Benzenberg verweist auf Lambert mehrfach, so auch unmittelbar in seinen fehlertheoretischen Ausführungen (siehe Benzenberg, *Versuche über das Gesetz des Falls*, S. 330).
83 Siehe Johann Tobias Mayer, *Gründlicher und ausführlicher Unterricht zur praktischen Geometrie*, Teil 1, 2., vermehrte Auflage, Göttingen 1795, S. 45. Auch Mayer, Sohn des Astronomen und Mathematikers, bezieht sich auf Lambert.
84 Vgl. die jüngst edierte Vorlesungsmitschrift: Johann Friedrich Benzenberg, *Die Astronomie, Physische Geographie, Meteorologie und Geologie. Georg Christoph Lichtenbergs Vorlesung 1797/98*, hgg. und kommentiert von Hartmut Grosser, Göttingen 2004, S. 52f.
85 Vgl. Maria Teresa Borgato, La prova fisica della rotazione della Terra e l'esperimento di Guglielmini, in: Luigi Pepe (Hg.), *Copernico e la questione copernicana in Italia dal XVI al XIX secolo*, Firenze 1996, S. 201-261.
86 Johann Friedrich Benzenberg, Nachricht von Versuchen, welche im Hamburger St. Michaelisthurme über den Fall der Körper zum Beweise der Achsenumdrehung der Erde, im Großen angestellt werden. In einem Briefe an den Herausgeber, *Annalen der Physik*, Bd. 11, 1802, S. 169-174, S. 172.
87 Benzenberg, *Versuche über das Gesetz des Falls*, S. 161.
88 Johann Friedrich Benzenberg, Fortgesetzte Nachricht von Versuchen im Großen über den Fall der Körper, in einem Briefe an den Herausgeber, *Annalen der Physik*, Bd. 11, 1802, S. 470-473, S. 472.
89 Vgl. Benzenberg, *Versuche über das Gesetz des Falls*, S. 54f.
90 Ebd., S. 57.
91 Ebd., S. 59. Die Fehlergröße fiel bei längeren Laufzeiten der Uhr gegen den gewöhnlichen Gangfehler kaum ins Gewicht. Dieser betrug für eine Minute Laufzeit nach Benzenbergs Bestimmungen um die sechzig Tertien oder eine Sekunde (ebd., S. 54f). Bei kurzen Laufzeiten der Uhr von wenigen Sekunden, wie sie bei den Fallversuchen vorkamen, überstieg hingegen der sogenannte konstante Fehler der Uhr den Gangfehler um ein erhebliches.
92 Ebd., S. 58.
93 Ebd., S. 59.
94 Vgl. ebd., S. 60-65, Zitat S. 65.
95 Nach heutigem Sprachgebrauch versteht man unter der Zeitgleichung üblicherweise die Umrechnung einer in mittlerer Sonnenzeit gegebenen astronomischen Beobachtung in wahre Sonnenzeit. Daß hier der Gang der Uhr gemeint ist, geht aus einer Bemerkung, ebd., S. 61, hervor.
96 Ebd., S. 162.
97 Samuel Thomas Soemmerring, *Vom Baue des menschlichen Körpers. Fünften Theils erste Abtheilung: Hirn und Nervenlehre*, Frankfurt a. M. 1800, S. 418f.
98 Alberto [Albrecht] von Haller, *Elementa physiologiae corporis humani*, Bd. 4: Cerebrum, Nervi, Musculi, Lausanne 1766, S. 372f.
99 Vgl. hierzu Henning Schmidgen, Zur Genealogie der Reaktionsversuche in der experimentellen Psychologie, in: Christoph Meinel (Hg.), *Instrument-Experiment. Historische Studien*, Berlin, Diepholz 2000, S. 168-179.

100 Vgl. Bertoloni Meli, St Peter and the rotation of the earth, S. 445f.

101 Vgl. Wilhelm Olbers an Carl Friedrich Gauss, Bremen, 4. März 1803, in: Wilhelm Olbers, *Sein Leben und seine Werke. Zweiter Band: Briefwechsel zwischen Olbers und Gauss, Erste Abtheilung*, hgg. von C. Schilling, Berlin 1900, S. 129-131.

102 Vgl. Harald Lucht, Johann Friedrich Benzenberg – Jugendliebe in Bremen – Sein Wirken für Landesvermessung und Kataster, in: Kurt Kröger (Hg.), *Wegbereiter der Landesvermessung. Spurensuche*, Stuttgart 1999, S. 55-73, insb. S. 56-64.

103 Vgl. Wilhelm Olbers, *Sein Leben und seine Werke. Zweiter Band: Briefwechsel zwischen Olbers und Gauss, Zweite Abtheilung*, hgg. von C. Schilling, Berlin 1909, S. 555 und S. 572.

104 Vgl. Julius Heyderhoff, *Johann Friedrich Benzenberg. Der erste Rheinische Liberale*, Düsseldorf 1909.

105 Zitiert nach Lucht, Johann Friedrich Benzenberg, S. 55.

106 Zur Diskussion um den Begriff der Präzision siehe die Einleitung von M. Norton Wise in: ders. (Hg.), *The Values of Precision*, Princeton/New Jersey 1995, S. 3-13.

107 Vgl. Johann Friedrich Benzenberg, Versuche über die Geschwindigkeit des Schalls; angestellt in Düsseldorf den 5. November und den 2. und 3. December 1809, *Annalen der Physik*, Bd. 35, 1810, S. 383-406, S. 394.

108 Ebd., S. 394f.

109 Ebd., S. 396f.

110 Johann Friedrich Benzenberg, Versuche über die Geschwindigkeit des Schalls bei hohen Temperaturen, *Annalen der Physik*, Bd. 42, 1812, S. 1-36, S. 2f.

111 Johann Friedrich Benzenberg, Auszug aus einem Schreiben des D. Benzenberg an den Herausgeber über seine und Biot's Schallversuche, *Annalen der Physik*, Bd. 37, 1811, S. 221-225, S. 222f.

112 Ebd., S. 222.

113 Ebd., S. 223.

114 Biot, *Lehrbuch der Experimental-Physik oder Erfahrungs-Naturlehre*, Bd. 2, S. 5. Im Original ders., *Précis Élémentaire de Physique Expérimentale*, Bd. 1, S. 315.

115 Siehe hierzu Dominique François Arago, Résultats des expériences faites, par ordre du Bureau des Longitudes, pour la détermination de la vitesse du son dans l'atmosphère, *Annales de Chimie et de Physique*, 2. Serie, Bd. 20, 1822, S. 210-223, S. 213.

116 Vgl. Georg Wilhelm Muncke, Schall, in: *Johann Samuel Traugott Gehler's Physikalisches Wörterbuch*, neu bearb. von Ludwig Gmelin, Johann Caspar Horner, Joseph Johann von Littrow, Georg Wilhelm Muncke und Christoph Heinrich Pfaff, Bd. 8, Leipzig 1836, S. 178-505, S. 403.

117 Vgl. Gerrit Moll und Albert van Beek, An account of Experiments on the velocity of Sound, made in Holland, *Philosophical Transactions of the Royal Society* [London], Bd. 114, 1824, S. 424-456, S. 427f.

118 Dafür, daß Bessel mit dieser Arbeit zum Zeitpunkt seiner Untersuchungen über die Differenzen der Beobachter nicht vertraut gewesen ist, spricht vor allem der Umstand, daß die in Benzenbergs Schrift enthaltenen Ausführungen über den »Fehler des Sinns« erstmals im Winter 1824, also nach der Publikation von

Bessels abschließendem Bericht, von dem Astronomen Friedrich Wilhelm Argelander in einem Brief an seinen ehemaligen Lehrer erwähnt werden (Friedrich Wilhelm Argelander an Friedrich Wilhelm Bessel, Åbo, 7. Janauar 1824, *Archiv der Berlin-Brandenburgischen Akademie der Wissenschaften*, Berlin, NL Bessel, Brief-Bd. 17, p. 19). Auch wird in den überlieferten Briefen Bessels an Benzenberg (*Archiv des Heinrich-Heine-Instituts*, Düsseldorf, Nachlaß Benzenberg) und Benzenbergs an Bessel (*Archiv der Berlin-Brandenburgischen Akademie der Wissenschaften*, Berlin, Nachlaß Bessel) dieses Thema nicht berührt.

5. Ein Ereignis nimmt seinen Lauf

1 Michel de Certeau, *Das Schreiben der Geschichte* (1975), übers. von Sylvia M. Schomburg-Scherff, Frankfurt a. M., New York 1991, S. 91.

2 Johann Gustav Droysen, Historik. Die Vorlesungen von 1857 (Rekonstruktion der ersten vollständigen Fassung aus den Handschriften), in: ders., *Historik. Rekonstruktion der ersten vollständigen Fassung der Vorlesungen (1857), Grundriß der Historik in der ersten handschriftlichen (1857/58) und in der letzten gedruckten Fassung (1882)*, Textausgabe von Peter Leyh, Stuttgart-Bad Cannstatt 1977, S. 9.

3 Ebd.

4 Ebd., S. 101.

5 Crary, *Techniken des Betrachters*, S. 18.

6 Ebd., S. 18f.

7 Ebd., S. 18.

8 Vgl. Atherton, How to Write the History of Vision, S. 160.

9 Ebd., S. 163.

10 Droysen, Historik, S. 101.

11 Ebd., S. 102.

12 *Astronomische Beobachtungen auf der Königlichen Universitäts-Sternwarte in Königsberg von F. W. Bessel*, 8. Abtheilung vom 1. Januar bis 31. December 1822, Königsberg 1823, S. III.

13 Ebd., S. III-VIII (Wiederabgedruckt in: ders., *Abhandlungen*, hgg. von Rudolf Engelmann, Bd. 3, Leipzig 1876, S. 300-303).

14 de Certeau, *Das Schreiben der Geschichte*, S. 93.

15 Hierzu ausführlich Kapitel 6, S. 183-186.

16 Vgl. Edwin G. Boring, *A History of Experimental Psychology*, New York, London 1935, S. 141f; ders., The Beginning and Growth of Measurement in Psychology, *Isis*, Bd. 52, 1961, S. 238-257, S. 246; sowie Simon Schaffer, Astronomers Mark Time: Discipline and the Personal Equation, *Science in Context*, Bd. 2, 1988, S. 115-145.

17 Vgl. Lorraine Daston, The Coming into Being of Scientific Objects, in: dies. (Hg.), *Biographies of Scientific Objects*, Chicago, London 2000, S. 1-14.

18 Reinhart Koselleck, Darstellung, Ereignis und Struktur (1973), in: ders., *Vergangene Zukunft. Zur Semantik geschichtlicher Zeiten*, Frankfurt a. M. 1989, S. 144-157, S. 151.

19 *Astronomical Observations made at the Royal Observatory at Greenwich from 1787 to 1798 by the Rev. Nevil Maskelyne*, Bd. 3, London 1799, S. 319.

20 Vgl. Raynor L. Duncombe, Personal Equation in Astronomy, *Popular Astronomy*, Bd. 53, 1945, S. 2-13, S. 63-76 und S. 110-121, hier S. 2; Boring, The Beginning and Growth of Measurement in Psychology, S. 245; G. P. Brooks und R. C. Brooks, The Improbable Progenitor, *The Journal of the Royal Astronomical Society of Canada*, Bd. 73, 1979, S. 9-23, S. 9f; Schaffer, Astronomers Mark Time, S. 116. In seiner ausführlichen Darstellung der Vorgänge bemerkt Boring allerdings, daß als eigentlicher Entdecker des fraglichen Phänomens Bessel anzusehen sei (vgl. Boring, *A History of Experimental Psychology*, S. 133).

21 Georges Canguilhem, Der Gegenstand der Wissenschaftsgeschichte (1966), in: ders., *Wissenschaftsgeschichte und Epistemologie. Gesammelte Aufsätze*, hgg. von Wolf Lepenies, Frankfurt a. M. 1979, S. 22-37, S. 34.

22 In diesem Sinne Michel Serres, Vorwort, in: ders. (Hg.), *Elemente einer Geschichte der Wissenschaften* (1989), 2. Auflage, Frankfurt a. M. 1995, S. 11-37, S. 22.

23 *Astronomical Observations Made at The Royal Observatory at Greenwich From 1787 to 1798*, S. 339.

24 Vgl. Derek Howse, *Nevil Maskelyne. The Seaman's Astronomer*, Cambridge 1989, S. 169.

25 Ebd., S. 209-211. Daß Maskelyne unter Umständen sehr persönliche Motive für die Anwürfe gegen Kinnebrook hatte, fällt dagegen in das Ressort der Schlüssellochhistorie (vgl. J. D. Mollon und A. J. Perkins, Errors of Judgement at Greenwich in 1796, *Nature*, Bd. 380, 1996, S. 101-102).

26 Siehe hierzu und zu der ewigen Querele über die Bestimmung der Länge durch Chronometer und Monddistanzen Derek Howse, *Greenwich Time and the Longitude* (1980), London 1997, S. 65-78; sowie David S. Landes, *Revolution in Time. Clocks and the Making of the Modern World* (1983), London 2000, S. 160-166.

27 Zur Bestimmung des Uhrgangs siehe Joseph [Giuseppe] Piazzi, *Lehrbuch der Astronomie* (1817), übers. von Johann Heinrich Westphal, Teil 1, Berlin 1822, S. 141f.

28 Nevil Maskelyne, Preface, in: *Astronomical Observations made at the Royal Observatory at Greenwich from 1765 to 1774 by the Rev. Nevil Maskelyne*, Bd. 1, London 1776, S. i-ix, S. v.

29 Dieses Verfahren war um 1800 weitgehend anerkannt. Eine Ausnahme macht Joseph Jérôme Lalandes *Astronomie*. Über die Messung der Durchgangszeiten zweier aufeinanderfolgender Sterne heißt es dort: »Il suffit alors d'observer l'heure, la minute, la seconde, et même la fraction de seconde où chacun des deux astres passe *au milieu* du fil.« (Lalande, *Astronomie*, Bd. 3, 2. Auflage, S. 75; ebenso Bd. 2, 3. Auflage, Paris 1792, S. 718; Hervorhebung C. H.).

30 *Astronomical Observations Made at The Royal Observatory at Greenwich from 1787 to 1798*, S. 339.

31 Ebd.

32 Forbes, *Greenwich Observatory. Volume 1*, S. 134.

33 Ebd.

34 Vgl. Thomas Hornsby, [Preface], in: *Astronomical Observations made at the Royal Observatory at Greenwich from the year MDCCL to the year MDCCLXII by the Rev. James Bradley*, Bd. 1, Oxford 1798, S. vi.

35 Maskelyne, Preface, in: *Astronomical Observations made at the Royal Observatory at Greenwich from 1765 to 1774*, S. v.

36 *Astronomical Observations Made at The Royal Observatory at Greenwich from 1787 to 1798*, S. 339.

37 Vgl. Edmund C. Sanford, Personal Equation, *The American Journal of Psychology*, Bd. 2, 1888/89, S. 3-38, S. 271-298 und S. 403-430, hier S. 9.

38 Friedrich Wilhelm Bessel an Johann Franz Encke, Königsberg, 2. Oktober 1823, *Archiv der Berlin-Brandenburgischen Akademie der Wissenschaften*, Berlin, NL Bessel, Brief-Bd. 16, p. 160.

39 Bernhard August von Lindenau, Beiträge zur Geschichte der Greenwicher Sternwarte und derer in Großbritannien überhaupt, *Zeitschrift für Astronomie und verwandte Wissenschaften*, Bd. 2, 1816, S. 199-244, S. 236. Dafür, daß Bessel durch diesen Aufsatz zuerst von dem Vorfall erfahren hat, siehe *Astronomische Beobachtungen* [Königsberg], 8. Abtheilung, S. III.

40 So Duncombe, Personal Equation in Astronomy, S. 3; Boring, *A History of Experimental Psychology*, S. 134f; und G. P. Brooks und R. C. Brooks, The Improbable Progenitor, S. 11f.

41 Ludwik Fleck, Über die wissenschaftliche Beobachtung und die Wahrnehmung im Allgemeinen (1935), in: ders., *Erfahrung und Tatsache. Gesammelte Aufsätze*, hgg. von Lothar Schäfer und Thomas Schnelle, Frankfurt a. M. 1983, S. 59-83, S. 81.

42 Vgl. Agnes M. Clerke, *Geschichte der Astronomie während des neunzehnten Jahrhunderts* (1885), Berlin 1889, S. 1f.

43 Vgl. A. J. Meadows, The origins of astrophysics, in: Owen Gingerich (Hg.), *Astrophysics and twentieth-century astronomy to 1950: Part A* (= The General History of Astronomy, Bd. 4), Cambridge, London 1984, S. 3-15.

44 Vgl. Simon Schaffer, Herschel in Bedlam: Natural History and Stellar Astronomy, *British Journal for the History of Science*, Bd. 13, 1980, S. 211-239; sowie ders., Uranus and the Establishment of Herschel's Astronomy, *Journal for the History of Astronomy*, Bd. 12, 1981, S. 11-26.

45 Piazzi, *Lehrbuch der Astronomie*, Teil 1, S. 2.

46 Vgl. Mari Williams, Was there such a thing like stellar astronomy in the Eighteenth Century?, *History of Science*, Bd. 21, 1983, S. 369-385.

47 Gustav Adolph Jahn, *Geschichte der Astronomie vom Anfange des Neunzehnten Jahrhunderts bis zu Ende des Jahres 1842*, Bd. 1, Leipzig 1844, S. IX.

48 Vgl. Karin Reich, Olbers in den Schlagzeilen: Zeitungen berichten über die Entdeckung der Planetoiden, in: Gerd Biegel, Günther Oestmann und Karin Reich (Hg.), *Neue Welten. Wilhelm Olbers und die Naturwissenschaften um 1800*, Braunschweig 2001, S. 90-101.

49 Vgl. Rainer Baasner, *Das Lob der Sternkunst. Astronomie in der deutschen Aufklärung*, Göttingen 1987, S. 28-31.

50 Zur Gründung der Seeberger Sternwarte siehe Manfred Strumpf, *Gothas astronomische Epoche*, Horb am Neckar 1998, S. 12-17.

51 Vgl. Peter Brosche, *Der Astronom der Herzogin. Leben und Werk von Franz Xaver von Zach (1754-1832)*, Frankfurt a. M. 2001, insb. Kapitel 6-12, Zitat S. 9.

52 Vgl. Dietmar Fürst, Die Gründung der Königsberger Sternwarte im Lichte der Akten des Preußischen Staates, *Beiträge zur Astronomiegeschichte*, Bd. 1, 1998, S. 79-106, Bd. 2, 1999, S. 145-188, und Bd. 3, 2000, S. 22-67.

53 Vgl. Martin Brendel, Über die astronomischen Arbeiten von Gauss, in: Carl

Friedrich Gauss, *Werke*, hgg. von der Gesellschaft der Wissenschaften zu Göttingen, Bd. 11, Abt. 2, Berlin 1924-1929, S. 128.

54 Für den Begriff siehe Latour, Drawing things together, S. 57-60.

55 Bernhard August von Lindenau an Friedrich Wilhelm Bessel, Seeberg, 10. März 1818, *Archiv der Berlin-Brandenburgischen Akademie der Wissenschaften*, Berlin, NL Bessel, Nr. 287, f. 199vs.

56 Friedrich Wilhelm Bessel an Carl Friedrich Gauss, Königsberg, 15. Juni 1818, in: *Briefwechsel zwischen Gauss und Bessel*, hgg. auf Veranlassung der Königlich Preussischen Akademie der Wissenschaften, Leipzig 1880, S. 272f.

57 Vgl. Kasimir Ławrynowicz, *Friedrich Wilhelm Bessel 1784-1846* (= Vita Mathematica 9), Basel, Boston, Berlin 1995, S. 136-150.

58 Johann Friedrich Wurm, Über die Genauigkeit neuerer astronomischer Beobachtungen seit Flamsteed's Zeiten, *Astronomisches Jahrbuch*, Erster Supplementband, Berlin 1793, S. 118-128, S. 118.

59 Ebd., S. 121.

60 Ebd., S. 122. Bei den Größenangaben handelt es sich um Bogensekunden, C.H.

61 Ebd., S. 120.

62 Friedrich Wilhelm Bessel, Ueber Wahrscheinlichkeits-Rechnung, in: ders., *Populäre Vorlesungen über wissenschaftliche Gegenstände*, hgg. von Heinrich Christian Schumacher, Hamburg 1848, S. 387-407, S. 400f.

63 Wurm, Über die Genauigkeit neuerer astronomischer Beobachtungen seit Flamsteed's Zeiten, S. 118.

64 Jack Goody, *The domestication of the savage mind*, Cambridge, New York 1977, S. 87.

65 Rheinberger, *Experimentalsysteme und epistemische Dinge*, S. 23. Siehe dort auch Kapitel IV.

66 So Dieter B. Herrmann, *Die Enstehung der astronomischen Fachzeitschriften in Deutschland (1798-1821)* (= Veröffentlichungen der Archenhold-Sternwarte Berlin Treptow, Nr. 5), Berlin 1972, S. 34f.

67 Vgl. Eisenstein, *Die Druckerpresse*, S. 72.

68 Vgl. Kuhn, Die Funktion des Messens in der Entwicklung der physikalischen Wissenschaften, S. 278f.

69 Friedrich Wilhelm Bessel an Friedrich Georg Wilhelm Struve, Königsberg, 21. Mai 1823, *Archiv der Berlin-Brandenburgischen Akademie der Wissenschaften*, Berlin, NL Bessel, Brief-Bd. 14, p. 190.

70 Vgl. Herrmann, *Die Enstehung der astronomischen Fachzeitschriften*, S. 6f.

71 Vgl. Jürgen Hamel, H. C. Schumacher – Zentrum der internationalen Kommunikation in der Astronomie und Mittler zwischen Dänemark und Deutschland, in: Wolfgang R. Dick und Jürgen Hamel (Hg.), *Astronomie von Olbers bis Schwarzschild, Nationale Entwicklungen und internationale Beziehungen im 19. Jahrhundert*, Frankfurt a. M. 2002, S. 89-120, S. 114.

72 Johann Elert Bode, Ueber die Genauigkeit astronomischer Beobachtungen und Berechnungen, besonders in historischer Rücksicht, *Astronomisches Jahrbuch für das Jahr 1821*, Berlin 1818, S. 183-199, S. 199.

73 Vgl. Reinhart Koselleck, ›Erfahrungsraum‹ und ›Erwartungshorizont‹ – zwei historische Kategorien, (1976), in: ders., *Vergangene Zukunft. Zur Semantik geschichtlicher Zeiten*, Frankfurt a. M. 1989, S. 349-375, hier S. 364-367.

74 Allerdings sieht Koselleck den Entwurf der Geschichte als einen »Prozeß andauernder und zunehmender Vervollkommnung« als ein Element jener Zukunftsorientierung des geschichtlichen Erfahrungsraums an, die sich am Ende des 18. Jahrhunderts vollzieht. (Koselleck, ›Erfahrungsraum‹ und ›Erwartungshorizont‹, S. 364f). Dem ist nicht zu widersprechen. Nur zeichnet die Rede vom Fortschritt aus, daß die Zukunft aus ihrer Bindung an Vergangenheit und Gegenwart entlassen wird, während dies für den Begriff der Vervollkommnung nicht gilt. Ihm werden die gemachten Erfahrungen ja zum sicheren Wegweiser der zukünftigen Entwicklung.

75 Bode, Ueber die Genauigkeit astronomischer Beobachtungen und Berechnungen, S. 199.

76 Ebd.

77 Vgl. ebd., S. 194f.

78 Vgl. Albert van Helden, Telescopes and Authority from Galileo to Cassini, *Osiris*, 2. Serie, Bd. 9, 1994, S. 9-29.

79 Vgl. Herbst, *Die Entwicklung des Meridiankreises*, S. 145-185; siehe ferner Brendel, Über die astronomischen Arbeiten von Gauss, S. 59-70.

80 Bernhard August von Lindenau, Einleitung, *Zeitschrift für Astronomie und verwandte Wissenschaften*, Bd. 1, 1816. S. 3-123, S. 107. Nathaniel Bliss folgte für zwei Jahre, bis zu seinem Tod 1764, Bradley im Amt des Astronomer Royal. Abraham Gotthelf Kästner war seit 1756 Professor der Mathematik und Physik an der Göttinger Universität und versah nach dem Tode Mayers 1762 zeitweise die Aufsicht über die Sternwarte.

81 Joseph Johann von Littrow, Ueber die Declination der vorzüglichsten Fixsterne, *Zeitschrift für Astronomie und verwandte Wissenschaften*, Bd. 4, 1817, S. 63-90, S. 89.

82 Friedrich Wilhelm Bessel an Joseph Johann von Littrow, Königsberg, 18. November 1817, *Archiv der Berlin-Brandenburgischen Akademie der Wissenschaften*, Berlin, NL Bessel, Nr. 413, ohne Seitenzählung [p. 1 des Briefes].

83 Kathryn M. Olesko, *Physics as a Calling. Discipline and Practice in the Königsberg Seminar for Physics*, Ithaca, London 1991, S. 66.

84 Vgl. Carl Friedrich Gauss, Auszug aus einem Schreiben des Herrn Hofrath Gauß an den Director der Seeberger Sternwarte, *Zeitschrift für Astronomie und verwandte Wissenschaften*, Bd. 4, 1817, S. 119-131, S. 122.

85 Ebd., S. 122f.

86 Vgl. Carl Friedrich Gauss an Wilhelm Olbers, Göttingen, 2. August 1817, in: Olbers, *Sein Leben und seine Werke*, Bd. 2, Abt. 1, S. 659.

87 Friedrich Wilhelm Bessel an Carl Friedrich Gauss, Königsberg, 18. November 1817, in: *Briefwechsel zwischen Gauss und Bessel*, S. 256.

88 Bernhard August von Lindenau an Friedrich Wilhelm Bessel, Altenburg, 15. Juli 1817, *Archiv der Berlin-Brandenburgischen Akademie der Wissenschaften*, Berlin, NL Bessel, Nr. 287, f. 193vs.

89 Friedrich Wilhelm Bessel, Bestimmung der geraden Aufsteigungen der 36 Maskelyne'schen Fundamentalsterne für 1815, auf Königsberger Beobachtungen gegründet, *Abhandlungen der Königlichen Akademie der Wissenschaften in Berlin, Mathematische Classe*, Jahrgang 1818/19, Berlin 1820, S. 19-36, S. 19.

90 Ebd., S. 19f.

91 Darüber hinaus taucht der Beobachter noch in einem dritten Zusammenhang auf, insofern die »Behandlungsart« der Instrumente und damit die Einrichtung, Gebrauchsweise und Pflege der Instrumente durch einen Beobachter als Quelle konstanter Fehler erwähnt wird und entsprechend die Prüfung der »Beobachtungsart« als einer der Gegenstände begegnet, an denen der Beobachter seine »*Einsicht*« in solche Fehler zu beweisen hat.

92 Bessel, Bestimmung der geraden Aufsteigungen der 36 Maskelyne'schen Fundamentalsterne für 1815, S. 20.

93 Ebd.

94 Joseph Johann von Littrow, Ueber die Beobachtungen am Mittagsrohre, *Zeitschrift für Astronomie und verwandte Wissenschaften*, Bd. 5, 1818, S. 9-24, S. 11.

95 Ebd., S. 12.

96 Carl Friedrich Gauss an Wilhelm Olbers, [o.O., n.d., Göttingen, etwa 19. Mai 1819], in: Olbers, *Sein Leben und seine Werke,* Bd. 2, Abt. 1, S. 726.

97 Ebd.

98 Ebd., S. 726f.

99 Gauss bezieht sich offenkundig auf einen Aufsatz Bohnenbergers, in dem die Abhängigkeit des wahrscheinlichen Fehlers eines Antritts zur Deklination des beobachteten Sterns diskutiert wird (Vgl. Johann Gottlieb Friedrich Bohnenberger, Ueber die Berichtigung des Mittagsfernrohrs, *Zeitschrift für Astronomie und verwandte Wissenschaften*, Bd. 4, 1817, S. 355-362).

100 Carl Friedrich Gauss an Friedrich Bernhard Gottfried Nicolai, Göttingen, 30. Januar 1820, in: Wilhelm Valentiner (Hg.), *Briefe von C. F. Gauss an B. Nicolai. Zu Carl Friedrich Gauss' hundertjährigem Geburtstage*, Karlsruhe 1877, S. 8.

101 Rudolf Wolf, *Handbuch der Astronomie, ihrer Geschichte und Litteratur*, Bd. 2, Zürich 1892, S. 110f.

102 Friedrich Wilhelm Bessel an Joseph Johann von Littrow, Königsberg, 11. April 1819, *Archiv der Berlin-Brandenburgischen Akademie der Wissenschaften*, Berlin, NL Bessel, Nr. 413, ohne Seitenzählung [p. 1f des Briefes].

103 Carl Friedrich Gauss an Friedrich Bernhard Gottfried Nicolai, Göttingen, 30. Januar 1820, in: Valentiner (Hg.), *Briefe von C. F. Gauss an B. Nicolai*, S. 8.

104 Carl Friedrich Gauss an Wilhelm Olbers, Göttingen, 5. Juni 1819, in: Olbers, *Sein Leben und seine Werke*, Bd. 2, Abt. 1, S. 731.

105 Vgl. Friedrich Wilhelm Bessel, *Fundamenta Astronomiae pro Anno MDCCLV deducta ex observationibus viri incompatabilis James Bradley in specula astronomica Grenovicensi per Annos 1750-1762 institutis*, Regiomonti [Königsberg] 1818, S. 8f.

106 So geschah es auch, als der Breslauer Mathematiker Heinrich Wilhelm Brandes bei seinem Besuch auf dem Seeberg im September 1818 drei Sterndurchgänge bestimmte (siehe Beobachtungen Sternwarte Seeberg 1818-1821, *Forschungs- und Landesbibliothek Gotha*, Handschriftenabteilung, Chart. B 2190(7), f. 19vs).

107 *Astronomische Beobachtungen* [Königsberg], 8. Abtheilung, S. IV.

108 Johann Franz Encke an Friedrich Wilhelm Bessel, Seeberg, 12. Juli 1818, *Archiv der Berlin-Brandenburgischen Akademie der Wissenschaften*, Berlin, NL Bessel, Brief-Bd. 13, p. 60.

109 Zum Begriff des experimentellen Unrats siehe Christoph Hoffmann, The Scent of Filth: Experiments, Waste, and the Set-up, in: Giora Hon, Jutta

Schickore, und Friedrich Steinle (Hg.), *Going Amiss*, Cambridge/Mass. (in Vorbereitung).

110 Friedrich Wilhelm Bessel, Tafeln für die scheinb. Oerter des Polarsterns, *Astronomisches Jahrbuch für das Jahr 1817*, Berlin 1814, S. 197-206, S. 197.

111 Friedrich Georg Wilhelm Struve, Beobachtung der Polhöhe der Dorpater Sternwarte, und der AR von α, δ und β klein. Bären, *Astronomisches Jahrbuch für das Jahr 1818*, Berlin 1815, S. 271-276, S. 274.

112 Johann Franz Encke an Friedrich Wilhelm Bessel, Seeberg, 15. August 1818, *Archiv der Berlin-Brandenburgischen Akademie der Wissenschaften*, Berlin, NL Bessel, Brief-Bd. 13, p. 64.

113 Friedrich Wilhelm Bessel an Johann Franz Encke, Königsberg, 26. Oktober 1818, *Archiv der Berlin-Brandenburgischen Akademie der Wissenschaften*, Berlin, NL Bessel, Brief-Bd. 16, p. 68.

114 Ebd.

115 Johann Franz Encke an Friedrich Wilhelm Bessel, Seeberg, 12. Januar 1819, *Archiv der Berlin-Brandenburgischen Akademie der Wissenschaften*, Berlin, NL Bessel, Brief-Bd. 13, p. 77.

116 Friedrich Wilhelm Bessel an Johann Franz Encke, Königsberg, 28. Januar 1819, *Archiv der Berlin-Brandenburgischen Akademie der Wissenschaften*, Berlin, NL Bessel, Brief-Bd. 16, p. 82.

117 Vgl. Struve, Beobachtung der Polhöhe der Dorpater Sternwarte, S. 273.

118 Friedrich Wilhelm Bessel an Carl Friedrich Gauss, Königsberg, 15. Juni 1818, *Briefwechsel zwischen Gauss und Bessel*, S. 275.

119 *Astronomische Beobachtungen* [Königsberg], 8. Abtheilung, S. III.

120 Ebd.

121 Vgl. Alan H. Batten, *Resolute and Undertaking Characters: The Lives of Wilhelm and Otto Struve*, Dordrecht 1988, S. 37.

122 *Astronomische Beobachtungen* [Königsberg], 8. Abtheilung, S. VI.

123 Friedrich Georg Wilhelm Struve an Friedrich Wilhelm Bessel, Altona, 15. September 1820, *Archiv der Berlin-Brandenburgischen Akademie der Wissenschaften*, Berlin NL Bessel, Brief-Bd. 12, p. 135.

124 Vgl. *Astronomical Observations Made at The Royal Observatory at Greenwich from 1787 to 1798*, S. 339.

125 *Astronomische Beobachtungen* [Königsberg], 8. Abtheilung, S. IV.

126 Ebd., S. V.

127 In der Untersuchung ist vorausgesetzt, daß in einer Beobachtungsreihe, wenn der erste Beobachter den Durchgang zu früh oder der zweite zu spät nimmt, die Zeitdifferenz zwischen beiden Durchgängen insgesamt zu groß ausfallen wird, und entsprechend in der anderen Beobachtungsreihe, wenn in umgekehrter Reihenfolge der erste Beobachter den Durchgang zu spät oder der zweite zu früh bestimmt, diese Zeitdifferenz zu klein ausfallen wird. Man erhält also nur die Differenz zwischen zwei Zeitdifferenzen, die aber keinen Hinweis darauf gibt, welcher der beiden Beobachter zu früh oder zu spät beobachtet hat.

128 *Astronomische Beobachtungen* [Königsberg], 8. Abtheilung, S. V.

129 Friedrich Wilhelm Bessel an Johann Georg Tralles, Königsberg, 11. Februar 1821, *Archiv der Berlin-Brandenburgischen Akademie der Wissenschaften*, Berlin, NL Bessel, Nr. 384, f. 56.

130 Vgl. Friedrich Wilhelm Bessel an Friedrich Georg Wilhelm Struve, Königsberg, 20. Januar 1821, *Archiv der Berlin-Brandenburgischen Akademie der Wissenschaften*, Berlin, NL Bessel, Brief-Bd. 14, p. 130; Friedrich Wilhelm Bessel an Wilhelm Olbers, Königsberg, 8. Februar 1821, in: Adolph Erman (Hg.), *Briefwechsel zwischen W. Olbers und F. W. Bessel*, Bd. 2, Leipzig 1852, S. 185f; Friedrich Wilhelm Bessel an Johann Franz Encke, o.O., n.d. [Februar 1821], *Archiv der Berlin-Brandenburgischen Akademie der Wissenschaften*, Berlin, NL Encke, Nr. 145.

131 Friedrich Wilhelm Bessel an Wilhelm Olbers, Königsberg, 8. Februar 1821, in: Erman (Hg.), *Briefwechsel zwischen W. Olbers und F. W. Bessel*, Bd. 2, S. 186.

132 Carl Friedrich Gauss an Wilhelm Olbers, Göttingen, 18. März 1821, in: Olbers, *Sein Leben und seine Werke*, Bd. 2, Abt. 2, S. 92.

133 Ebd.

134 Johann Henric Walbeck an Friedrich Wilhelm Bessel, Dorpat, 11. Februar 1821, *Archiv der Berlin-Brandenburgischen Akademie der Wissenschaften*, Berlin, NL Bessel, Nr. 393, f. 1.

135 Carl Friedrich Gauss an Friedrich Bernhard Gottfried Nicolai, Göttingen, 22. Juli 1820, in: Valentiner (Hg.), *Briefe von C. F. Gauss an B. Nicolai*, S. 26.

136 Johann Henric Walbeck an Friedrich Wilhelm Bessel, Dorpat, 11. Februar 1821, *Archiv der Berlin-Brandenburgischen Akademie der Wissenschaften*, Berlin, NL Bessel, Nr. 393, f. 3.

137 Friedrich Wilhelm Bessel an Friedrich Georg Wilhelm Struve, Königsberg, 12. März 1821, *Archiv der Berlin-Brandenburgischen Akademie der Wissenschaften*, Berlin, NL Bessel, Brief-Bd. 14, p. 138.

138 *Observationes astronomicas, institutas in specula Universitatis caesareae Dorpatensis,* Bd. 3: Observationes annorum 1820 et 1821, Dorpat 1823, S. L.

139 Friedrich Georg Wilhelm Struve an Friedrich Wilhelm Bessel, Dorpat, 30. Januar/11. Februar 1821, *Archiv der Berlin-Brandenburgischen Akademie der Wissenschaften*, Berlin, NL Bessel, Brief-Bd. 12, p. 138.

140 Vgl. zu den näheren Umständen Friedrich Georg Wilhelm Struve an Friedrich Wilhelm Bessel, Dorpat, 12. Dezember/24. Dezember 1822, *Archiv der Berlin-Brandenburgischen Akademie der Wissenschaften*, Berlin, NL Bessel, Brief-Bd. 12, p. 202.

141 Hacking, *Einführung in die Philosophie der Naturwissenschaften*, S. 250.

142 Vgl. Rheinberger, *Experiment, Differenz, Schrift*, S. 27f.

143 Gaston Bachelard, *Der neue wissenschaftliche Geist* (1934), übers. von Michael Bischoff, Frankfurt a. M. 1988, S. 149.

144 Friedrich Wilhelm August Argelander an Friedrich Wilhelm Bessel, St. Petersburg, 19. Juli 1823, *Archiv der Berlin-Brandenburgischen Akademie der Wissenschaften*, Berlin, NL Bessel, Brief-Bd. 17, p. 2.

145 Friedrich Wilhelm Bessel an Friedrich Georg Wilhelm Struve, Königsberg, 21. Mai 1823, *Archiv der Berlin-Brandenburgischen Akademie der Wissenschaften*, Berlin, NL Bessel, Brief-Bd. 14, p. 189f.

146 Vgl. *Astronomische Beobachtungen* [Königsberg], 8. Abtheilung, S. VI.

147 Friedrich Wilhelm Bessel an Johann Georg Tralles, Königsberg, 11. Februar 1821, *Archiv der Berlin-Brandenburgischen Akademie der Wissenschaften*, Berlin, NL Bessel, Nr. 384, f. 56.

148 *Astronomische Beobachtungen* [Königsberg], 8. Abtheilung, S. VI.

149 Friedrich Wilhelm Bessel an Wilhelm Olbers, Königsberg, 20. November 1820, in: Erman (Hg.), *Briefwechsel zwischen W. Olbers und F. W. Bessel*, Bd. 2, S. 177f.

150 Carl Friedrich Gauss an Wilhelm Olbers, Celle, 13. September 1820, in: Olbers, *Sein Leben und seine Werke*, Bd. 2, Abt. 2, S. 33.

151 Vgl. ebd.

152 Friedrich Wilhelm Bessel an Wilhelm Olbers, Königsberg, 20. November 1820, in: Erman (Hg.), *Briefwechsel zwischen W. Olbers und F. W. Bessel*, Bd. 2, S. 178.

153 Friedrich Wilhelm Bessel an Johann Franz Encke, Königsberg, 9. Juli 1821 *Archiv der Berlin-Brandenburgischen Akademie der Wissenschaften*, Berlin, NL Bessel, Brief-Bd. 16, p. 122.

154 *Astronomische Beobachtungen* [Königsberg], 8. Abtheilung, S. V [Tabelle] und S. VI.

155 Friedrich Wilhelm August Argelander an Friedrich Georg Wilhelm Struve, Königsberg, 28. April 1823. Persönliche Mitteilung von Herrn Dr. Wolfgang R. Dick (Potsdam).

156 *Astronomische Beobachtungen* [Königsberg], 8. Abtheilung, S. V und S. VI.

157 Ebd., S. VII.

158 Ebd.

159 Friedrich Georg Wilhelm Struve an Friedrich Wilhelm Bessel, o.O., n.d., [vermutlich Juli 1823], *Archiv der Berlin-Brandenburgischen Akademie der Wissenschaften*, Berlin, NL Bessel, Brief-Bd. 12, p. 221f. Siehe ferner *Observationes astronomicas, institutas in specula Universitatis caesareae Dorpatensis,* Bd. 4 (= N. S. Bd. 1): Observationes annorum 1822 et 1823, Dorpat 1825, S. XLVII-L. Sowie *Astronomische Beobachtungen* [Königsberg], 8. Abtheilung, S. VIf.

160 Friedrich Georg Wilhelm Struve an Friedrich Wilhelm Bessel, o.O., n.d., [vermutlich Juli 1823], *Archiv der Berlin-Brandenburgischen Akademie der Wissenschaften*, Berlin, NL Bessel, Brief-Bd. 12, p. 223.

161 Friedrich Wilhelm Bessel an Friedrich Georg Wilhelm Struve, Königsberg, 26. Juli 1823, *Archiv der Berlin-Brandenburgischen Akademie der Wissenschaften*, Berlin, NL Bessel, Brief-Bd. 14, p. 197.

162 Vgl. Bachelard, *Der neue wissenschaftliche Geist*, S. 164-171.

6. Die Geschichte der Präsenz

1 Vgl. Edmund Husserl, *Die Krisis der europäischen Wissenschaften und die transzendentale Phänomenologie. Eine Einleitung in die phänomenologische Philosophie.* Beilage III (= Husserliana VI), hgg. von Walter Biemel, Nachdruck, Haag 1976, S. 371.

2 Vgl. Jacques Derrida, *Husserls Weg in die Geschichte am Leitfaden der Geometrie. Ein Kommentar zur Beilage III der »Krisis«* (1962), übers. von Rüdiger Hentschel und Andreas Knop, München 1987, Kapitel VII.

3 Diese Überlegung nimmt auf das Aktionsmodell Bruno Latours Bezug, der bekanntlich vorgeschlagen hat, soziologische Entitäten wie ›Macht‹ oder ›Gesellschaft‹ weniger als Voraussetzungen denn als Hervorbringungen von Handlungen zu begreifen (siehe ders., The powers of association, in: John Law (Hg.), *Power, Action and Belief*, London 1986, S. 264-280).

4 Wolf, *Handbuch der Astronomie*, Bd. 2, S. 110.
5 Vgl. Wilhelm Wundt, *Beiträge zur Theorie der Sinneswahrnehmung*, Leipzig, Heidelberg 1862, S. XXVIIf, Zitate S. XXVIII.
6 Ebd., S. XXVII.
7 Vgl. Schmidgen, Zur Genealogie der Reaktionsversuche in der experimentellen Psychologie, insb. S. 168-172. Dort auch die weitere Literatur.
8 Vgl. hierfür insgesamt Jimena Canales, *Sensational Differences: Individuality in Observation, Experiment, and Representation (France 1853-1895)*, Ph. D., Harvard University, Cambridge/Mass. 2003.
9 Christian August Friedrich Peters, *Ueber die Bestimmung des Längenunterschiedes zwischen Altona und Schwerin, ausgeführt im Jahre 1858 durch galvanische Signale*, Altona 1861, S. 254.
10 Vgl. Olesko, *Physics as a Calling*, S. 219.
11 Rodolphe Radau, Ueber die persönlichen Gleichungen bei Beobachtungen derselben Erscheinungen durch verschiedene Beobachter, *Repertorium für physikalische Technik, für Mathematische und Astronomische Instrumentenkunde*, Bd. 1, 1866, S. 202-218, S. 306-321, und Bd. 2, 1867, S. 115-156, hier Bd. 1, 1866, S. 204.
12 Sanford, Personal Equation, S. 429.
13 Ebd., S. 14.
14 Boring, *A History of Experimental Psychology*, S. 136.
15 Vgl. ebd., S. 147, Abschnitt »Notes«.
16 Ebd., S. 135.
17 Duncombe, Personal Equation in Astronomy, S. 3.
18 Brooks und Brooks, The Improbable Progenitor, S. 13.
19 Vgl. Schaffer, Astronomers Mark Time, S. 116-119.
20 Vgl. Simon Schaffer, Making up discovery, in: Margaret E. Boden (Hg.), *Dimensions of Creativity*, Cambridge/Mass. 1994, S. 13-51.
21 Vgl. Sanford, Personal Equation, S. 16f.
22 [Johann Elert Bode], Einige astronomische Beobachtungen, Nachrichten und Bemerkungen, *Astronomisches Jahrbuch für das Jahr 1827*, Berlin 1824, S. 203-208, S. 208.
23 Vgl. [Anonym], Curious Astronomical Fact, *The Philosophical Magazine, and Journal*, Bd. 63, 1824, S. 230-232; sowie [Edouard de Billy], Fait Curieux en Astronomie, *Bulletin des Sciences Mathématiques, Astronomiques, Physiques et Chimiques*, Bd. 2, 1824, S. 111-113. Darüber hinaus erscheint unter dem Titel »Singular Differences in Astronomical Observations« eine kurze Notiz ohne bibliographischen Nachweis in David Brewsters *The Edinburgh Journal of Science*, Bd. 1, 1824, S. 178f.
24 Vgl. Friedrich Bernhard Gottfried Nicolai, Über die bei den einzelnen Individuen statt findende Verschiedenheit des geistigen Reflexes der äußern Eindrücke auf die Organe des Gesichts und Gehörs, *Isis*, Bd. 23, 1830, Sp. 678-681.
25 Vgl. Francis Baily, Report on the new Standard Scale of this Society, *Memoirs of the Royal Astronomical Society*, Bd. 9, 1836, S. 35-184, S. 92, Fußnote. Auf diese Arbeit hat mich freundlicherweise Jimena Canales hingewiesen.
26 Vgl. Richard Sheepshanks und Alphonse Quetelet, Sur la Différence des Longitudes des Observatoires Royaux de Greenwich et de Bruxelles Déterminée au Moyen de Chronomètres, *Noveaux Mémoires de L'Académie Royale des Sciences et Belles-Lettres de Bruxelles*, Bd. 16, 1843, S. 3-18, S. 10.

27 Ebd., S. 4-13.

28 Baily, Report on the new Standard Scale of this Society, S. 92.

29 Eine Aufstellung ist hier aus Platzgründen unterlassen worden. Einige der Bestimmungen werden im weiteren noch erwähnt. Besonders aktiv waren Friedrich Wilhelm Struve und Friedrich Bernhard Gottfried Nicolai, die an den meisten Vergleichungen beteiligt gewesen sind.

30 Friedrich Bernhard Gottfried Nicolai an Friedrich Wilhelm Bessel, Mannheim, 4. April 1821, *Archiv der Berlin-Brandenburgischen Akademie der Wissenschaften*, Berlin, NL Bessel, Nr. 312, f. 16.

31 Vgl. Piazzi, *Lehrbuch der Astronomie*, Teil 1, S. 144, und die Musterrechnung für die Bestimmung der Rektaszension, S. 158f.

32 Friedrich Bernhard Gottfried Nicolai an Wilhelm Olbers, Mannheim, 3. März 1821, *Staats- und Universitätsbibliothek Bremen*, Handschriftenabteilung, Nachlaß Wilhelm Olbers.

33 Vgl. *Astronomische Beobachtungen* [Königsberg], 8. Abtheilung, S. VIII.

34 Heinrich Christian Schumacher, *Journal of the Observations made for ascertaining the time of the place, in the observatory, which was erected at Helgoland for that purpose*, [o. O.] 1825, S. V.

35 *Astronomische Beobachtungen auf der Königlichen Universitäts-Sternwarte in Königsberg von F. W. Bessel*, 16. Abtheilung vom 1. Januar bis 31. December 1830, Königsberg 1833, S. III.

36 Vgl. ebd., S. 19; sowie *Astronomische Beobachtungen auf der Königlichen Universitäts-Sternwarte in Königsberg von F. W. Bessel*, 17. Abtheilung vom 1. Januar bis 31. December 1831, Königsberg 1835, S. III, sowie S. 7 und S. 18.

37 Vgl. *Observationes astronomicas, institutas in specula Universitatis caesareae Dorpatensis*, Bd. 6 (= N. S. Bd. 3): Observationes annorum 1825 et 1826, Dorpat 1830, S. III. Zur Konkurrenzsituation zwischen Struve und Bessel siehe Wolfgang Dick, Zur Frage der Priorität bei den ersten genauen Parallaxenmessungen durch Bessel, Struve und Henderson, *Die Sterne*, Bd. 64, 1988, S. 306-311.

38 Vgl. nur *Astronomische Beobachtungen auf der Königlichen Sternwarte zu Berlin*, Bd. 1, 1840, S. XXX und S. XXXI, sowie S. 23, Fußnote 1. Die Beobachtungsjournale wurden erst mit Bezug der neuen, 1835/36 vollendeten Sternwarte publiziert. Ob Encke bereits vorher auf der alten Sternwarte einen festen Assistenten beschäftigte und wie der Beobachtungsbetrieb eingerichtet war, muß offenbleiben.

39 Jens Ruchatz, Tradierung, in: Nicolas Pethes und Jens Ruchatz (Hg.), *Gedächtnis und Erinnerung. Ein interdisziplinäres Lexikon*, Reinbek bei Hamburg 2001, S. 586-587, S. 586.

40 Vgl. Jan Assmann, *Das kulturelle Gedächtnis. Schrift, Erinnerung und politische Identität in frühen Hochkulturen*, München 1992, S. 68-70.

41 Friedrich Wilhelm Bessel an Friedrich Georg Wilhelm Struve, Königsberg, 7. November 1823, *Archiv der Berlin-Brandenburgischen Akademie der Wissenschaften*, Berlin, NL Bessel, Brief-Bd. 14, p. 206.

42 Vgl. *Astronomische Beobachtungen* [Königsberg], 8. Abtheilung, S. VI.

43 Friedrich Wilhelm Bessel, Ueber die Verbindung der astronomischen Beobachtungen mit der Astronomie (1840), in: ders., *Populäre Vorlesungen über wissenschaftliche Gegenstände*, hgg. von Heinrich Christian Schumacher, Hamburg 1848, S. 408-457, S. 432.

44 Carl Theodor Anger, Grundzüge der neueren astronomischen Beobachtungs-Kunst, *Programmata Mathematica*, 1847, Heft 2, S. 18.
45 Vgl. Johann Gottlieb Friedrich Bohnenberger, *Anleitung zur geographischen Ortsbestimmung vorzüglich mittels des Spiegelsextanten*, neu bearbeitet von Gustav Adolph Jahn, Göttingen 1852, S. 158-197.
46 Vgl. ausführlich Andreas Galle, Über die geodätischen Arbeiten von Gauss, in: Carl Friedrich Gauss, *Werke*, hgg. von der Gesellschaft der Wissenschaften zu Göttingen, Bd. 11, Abt. 2, Berlin 1924-1929, S. 67-72 und S. 150-161.
47 Vgl. *Astronomische Beobachtungen* [Königsberg], 8. Abtheilung, S. VIII.
48 Ebd.
49 Friedrich Bernhard Gottfried Nicolai, Berechnung der Meridiandifferenz zweier Orte, aus correspondirenden Mondsculminationen, *Astronomische Nachrichten*, Bd. 2, 1824, Sp. 17-24, Sp. 17. Hervorhebung C.H.
50 Siehe hierzu allein die acht Methoden, die bei Bohnenberger, *Anleitung zur geographischen Ortsbestimmung vorzüglich mittels des Spiegelsextanten*, Kapitel XII, aufgezählt werden.
51 Vgl. *Astronomische Beobachtungen* [Königsberg], 8. Abtheilung, S. VIII.
52 Friedrich Georg Wilhelm Struve an Friedrich Wilhelm Bessel, [o.O., n.d., vermutlich Juli 1823], *Archiv der Berlin-Brandenburgischen Akademie der Wissenschaften*, Berlin, NL Bessel, Brief-Bd. 12, p. 223.
53 Vgl. Friedrich Wilhelm August Argelander an Friedrich Wilhelm Bessel, St. Petersburg, 19. Juli 1823, *Archiv der Berlin-Brandenburgischen Akademie der Wissenschaften*, Berlin, NL Bessel, Brief-Bd. 17, p. 3.
54 Vgl. Friedrich Karl Knorre an Friedrich Wilhelm Bessel, London, 4. Oktober 1825, *Archiv der Berlin-Brandenburgischen Akademie der Wissenschaften*, Berlin, NL Bessel, Nr. 268, f. 1-2.
55 Vgl. Friedrich Wilhelm Bessel an Johann Franz Encke, Königsberg, 19. März 1826, *Archiv der Berlin-Brandenburgischen Akademie der Wissenschaften*, Berlin, NL Bessel, Brief-Bd. 16, p. 255.
56 Vgl. Friedrich Georg Wilhelm Struve an Friedrich Wilhelm Bessel, Dorpat, 14. Juni/26. Juni 1826, *Archiv der Berlin-Brandenburgischen Akademie der Wissenschaften*, Berlin, NL Bessel, Brief-Bd. 12, p. 282.
57 Vgl. Friedrich Wilhelm Bessel an Friedrich Georg Wilhelm Struve, Königsberg, 27. November 1827, *Archiv der Berlin-Brandenburgischen Akademie der Wissenschaften*, Berlin, NL Bessel, Brief-Bd. 14, p. 260.
58 Vgl. *Observationes astronomicas* [Dorpat], Bd. 6, S. XXVI-S. XIX; *Astronomische Beobachtungen auf der Königlichen Universitäts-Sternwarte in Königsberg von F. W. Bessel*, 11. Abtheilung vom 1. Januar bis 31. December 1825, Königsberg 1826, [S. III]; sowie Beobachtungen am Mittagsfernrohre auf der Sternwarte zu Mannheim. T. II. F. B. G. Nicolai [Januar 1822-November 1833], hier: Beobachtungen für den 10. April 1827, *Landesmuseum für Technik und Arbeit*, Mannheim, Bestand Mannheimer Sternwarte, F. B. G. Nicolai.
59 Friedrich Wilhelm Bessel an Friedrich Georg Wilhelm Struve, Königsberg, 21. Mai 1823, *Archiv der Berlin-Brandenburgischen Akademie der Wissenschaften*, Berlin, NL Bessel, Brief-Bd. 14, p. 190.
60 Friedrich Wilhelm Bessel an Friedrich Wilhelm August Argelander, Königsberg, 7. November 1823, *Archiv der Berlin-Brandenburgischen Akademie der Wissenschaften*, Berlin, NL Bessel, Brief-Bd. 17, p. 21.

61 Vgl. den Überblick von Struve am Anfang seines Bericht über die große Chronometerexpedition von 1843 zwischen der neuen russischen Hauptsternwarte in Pulkowa (nahe St. Petersburg) und Altona (Friedrich Georg Wilhelm Struve, *Expédition Chronométrique exécutée par ordre de sa Majesté L'Empereur Nicolas Ier entre Poulkova et Altona pour la détermination de la longitude géographique relative de l'observatoire central de Russie. Rapports faits à L'Académie Impériale des Sciences de St.-Pétersbourg*, Sankt Petersburg 1844, S. 1-4).

62 Heinrich Christian Schumacher, Längenunterschiede zwischen Altona, Bremen, Helgoland und Greenwich, durch Chronometer bestimmt, *Astronomische Nachrichten*, Bd. 5, 1827, Sp. 225-228, Sp. 228.

63 Friedrich Wilhelm Bessel an Heinrich Christian Schumacher, Königsberg, 30. April 1833, *Archiv der Berlin-Brandenburgischen Akademie der Wissenschaften*, Berlin, NL Bessel, Brief-Bd. 8, p. 855.

64 Für die einzelnen Operationen siehe Struve, *Expédition Chronométrique exécutée par ordre de sa Majeste L'Empereur Nicolas Ier entre Poulkova et Altona*, S. 7f.

65 Vgl. [Johann Franz Encke], Constanten für Berlin, *Berliner Astronomisches Jahrbuch für 1839*, Berlin 1837, S. 240-310, S. 267.

66 Vgl. Christian August Friedrich Peters, Längendifferenzen mehrerer Sternwarten aus den Beobachtungen der Mondssterne berechnet, *Astronomische Nachrichten*, Bd. 5, 1827, Sp. 67-76.

67 Vgl. Heinrich Christian Schumacher, Längendifferenz zwischen Copenhagen und Altona, *Astronomische Nachrichten*, Bd. 9, 1831, Sp. 163-164, Sp. 163; und [Encke], Constanten für Berlin, S. 266.

68 Siehe hierfür insgesamt Gerhard Engelmann, Die Russische Chronometer-Expedition im Jahre 1833 und ihre Durchführung an der südlichen Ostseeküste, *Greifswald-Stralsunder Jahrbuch*, Bd. 9, 1970/71, S. 151-167; sowie Ławrynowicz, *Friedrich Wilhelm Bessel 1784-1846*, S. 130-132.

69 Friedrich Georg Wilhelm Struve an Friedrich Wilhelm Bessel, Dorpat, 20. April/ 2. Mai 1833, *Archiv der Berlin-Brandenburgischen Akademie der Wissenschaften*, Berlin, NL Bessel, Brief-Bd. 12, p. 372.

70 Heinrich Christian Schumacher an Theodor Friedrich von Schubert, Altona, 19. April 1833, *Staatsbibliothek zu Berlin – Preußischer Kulturbesitz*, Handschriftenabteilung, Nachlaß Heinrich Christian Schumacher, Briefkonzepte, ohne Paginierung.

71 Vgl. [Encke], Constanten für Berlin, S. 266.

72 Friedrich Georg Wilhelm Struve an Johann Franz Encke, Altona, 1. September 1833, *Archiv der Berlin-Brandenburgischen Akademie der Wissenschaften*, Berlin, NL Encke, Nr. 114, f. 17.

73 Der Bescheid wird vom Präses der Studienkommission der Allgemeinen Kriegsschule, Rühle von Lilienstern, unterzeichnet; als Freund Heinrich von Kleists bekannt (Otto August Rühle von Lilienstern an Johann Franz Encke, Berlin, 11. September 1833, *Archiv der Berlin-Brandenburgischen Akademie der Wissenschaften*, Berlin, Sternwarte Babelsberg, Nr. 198: Correspondenz Chronometer-Expedition 1833).

74 Theodor Friedrich von Schubert an Johann Franz Encke, St. Petersburg, 28. November 1833, *Archiv der Berlin-Brandenburgischen Akademie der Wissenschaften*, Berlin, Sternwarte Babelsberg, Nr. 198: Correspondenz Chronometer-Expedition 1833.

75 Friedrich Wilhelm Bessel an Heinrich Christian Schumacher, Galtgarben, 10. Juli 1833, *Archiv der Berlin-Brandenburgischen Akademie der Wissenschaften*, Berlin, NL Bessel, Brief-Bd. 8, p. 873.

76 Vgl. Friedrich Wilhelm Bessel an Theodor Friedrich von Schubert, Briefkonzept, [o.O.], 20. April 1833, *Archiv der Berlin-Brandenburgischen Akademie der Wissenschaften*, Berlin, NL Bessel, Nr. 120: Chronometerreise 1833.

77 Friedrich Wilhelm Bessel an Theodor Friedrich von Schubert, Briefkonzept, [o.O.], 18. Mai 1833, *Archiv der Berlin-Brandenburgischen Akademie der Wissenschaften*, Berlin, NL Bessel, Nr. 120: Chronometerreise 1833.

78 Vgl. Friedrich Wilhelm Bessel an Friedrich Georg Wilhelm Struve, Königsberg, 20. Januar 1834, *Archiv der Berlin-Brandenburgischen Akademie der Wissenschaften*, Berlin, NL Bessel, Brief-Bd. 14, p. 340f.

79 Vgl. Theodor Friedrich von Schubert an Johann Franz Encke, St. Petersburg, 28. November 1833, *Archiv der Berlin-Brandenburgischen Akademie der Wissenschaften*, Berlin, Sternwarte Babelsberg, Nr. 198: Correspondenz Chronometer-Expedition 1833.

80 Friedrich Georg Wilhelm Struve an Friedrich Wilhelm Bessel, o.O., n.d., [Dorpat, 16. Mai/28. Mai 1834], *Archiv der Berlin-Brandenburgischen Akademie der Wissenschaften*, Berlin, NL Bessel, Brief-Bd. 12, p. 380.

81 Die Resultate der Vergleichungen finden sich in *Astronomische Beobachtungen auf der Königlichen Universitäts-Sternwarte in Königsberg von F. W. Bessel*, 20. Abtheilung vom 1. Januar bis 31. December 1834, Königsberg 1840, S. 30f.

82 Vgl. Teodor Fridrich Šubert [Theodor Friedrich von Schubert], Chronometričeskaja ėkspedicija proizvedënnaja Po Vysočajšemy Ego Imperatorskago Veličestva, *Zapiski gidrografičeskago depot*, Bd. 3, 1836, S. 1-258, und Bd. 4, 1836, S. 1-180.

83 Ebd., Bd. 3, 1836, S. 103-108.

84 Vgl. [Encke], Constanten für Berlin, S. 273.

85 Vgl. Friedrich Bernhard Gottfried Nicolai an Christian Ludwig Gerling, Mannheim, 28. Mai 1837, *Universitätsbibliothek Marburg*, Handschriftenabteilung, Nachlaß Christian Ludwig Gerling, Ms. 319/512. Im Hintergrund stehen hier die eigenen Erfahrungen aus den Beobachtungen mit Knorre sowie aus späteren Vergleichungen mit Thomas Clausen und Struve in den Jahren 1829 und 1834. Siehe auch seinen Hinweis auf Fehler »aus psychologischen Gründen« in der 1825 gedruckten Nachricht über »Resultate von Pulver-Signalen zu geographischen Längen-Bestimmungen in der Gegend von Mannheim« (*Astronomisches Jahrbuch für das Jahr 1828*, Berlin 1825, S. 127-131, S. 131).

86 Vgl. Sheepshanks und Quetelet, Sur la Différence des Longitudes des Observatoires Royaux de Greenwich et de Bruxelles, S. 4-10.

87 Vgl. Adolph Theodor Kupffer, Notice of the Chronometric Expedition of Lieutnant-General Schubert, executed in 1833, to determine the Longitude of the most important Points on the Coast of the Baltic, *The Journal of the Royal Geographical Society of London*, Bd. 6, 1836, S. 413-416.

88 Šubert, Chronometričeskaja ėkspedicija, Bd. 3, 1836, S. 103.

89 *Correspondance Mathématique et Physique*, Bd. 10, 1838, S. 501-502, S. 502.

90 Vgl. *Astronomische Beobachtungen auf der Königlichen Universitäts-Sternwarte in Königsberg von F. W. Bessel*, 18. Abtheilung vom 1. Januar bis 31. December 1832, Königsberg 1836, S. III.

91 Daß Bessels Bericht von 1823 in der posthumen Ausgabe seiner Schriften unter dem Titel »Persönliche Gleichung bei Durchgangsbeobachtungen« erscheint, verdankt sich einem Eingriff des Herausgebers (Siehe Friedrich Wilhelm Bessel, Persönliche Gleichung bei Durchgangsbeobachtungen (1823), in: ders., *Abhandlungen*, hgg. von Rudolf Engelmann, Bd. 3, Leipzig 1876, S. 300-304).

92 Vgl. Hermann Konstantin von Gersdorff und Johann Heinrich Mädler, Astronomische Beobachtungen auf Arkona (Insel Rügen) im Sommer 1833, *Astronomische Nachrichten*, Bd. 13, 1836, Sp. 319-328, Sp. 328.

93 Vgl. Sanford, Personal Equation, S. 17.

94 Vgl. Christian Ludwig Gerling, Die Längen-Unterschiede zwischen Göttingen (Altona), Marburg und Mannheim durch Signale bestimmt, *Astronomische Nachrichten*, Bd. 15, 1838, Sp. 249-278, Sp. 260.

95 Friedrich Wilhelm Bessel an Carl Friedrich Gauss, Königsberg, 11. Dezember 1823, in: *Briefwechsel zwischen Gauss und Bessel*, S. 426. Siehe auch Forbes, *The Greenwich Observatory. Volume 1*, S. 165f.

96 Vgl. E. Walter Maunder, *The Royal Observatory Greenwich. A glance at its history and work*, London 1900, S. 97f.

97 *Astronomical Observations made at the Royal Observatory at Greenwich for the year 1825*, Teil 2: April bis Juni 1825, London 1825, S. 7.

98 Vgl. den Hinweis auf die neue Spalte und die Aufschlüsselung der Namenskürzel in den *Astronomical Observations made at the Royal Observatory at Greenwich for the year 1831*, Teil 1: Januar bis März 1831, London 1831, S. 4.

99 Vgl. Maunder, *The Royal Observatory Greenwich*, S. 100f; Forbes, *Greenwich Observatory. Volume 1*, S. 171; sowie A. J. Meadows, *Greenwich Observatory. Volume 2: Recent History (1836-1975)*, London 1975, S. 1-4.

100 Vgl. [George Biddell Airy], Introduction, *Astronomical Observations made at the Royal Observatory at Greenwich in the year 1836*, London 1837, S. [i]f.

101 George Biddell Airy, *Autobiography*, ed. by Wilfrid Airy, Cambridge 1896, S. 123.

102 Vgl. Maunder, *The Royal Observatory Greenwich*, S. 116-118.

103 Vgl. Schaffer, Astronomers Mark Time, S. 116f, Zitat S. 117.

104 Ebd., S. 118.

105 *Astronomical Observations made at the Royal Observatory at Greenwich in the year 1836*, London 1837, S. xx.

106 Ebd., S. xxi.

107 *Astronomical Observations made at the Royal Observatory at Greenwich in the year 1838*, London 1840, S. xiii.

108 George Biddell Airy, On the Longitude of the Cambridge Observatory (1828), *Transactions of the Cambridge Philosophical Society*, Bd. 3, 1830, S. 155-170, S. 169.

109 Airy, *Autobiography*, S. 87.

110 George Biddell Airy, Preface, *Astronomical Observations made at the Observatory of Cambridge*, Bd. 2, 1829, Cambridge 1830, S. ii.

111 Vgl. die ab 1826 eingeführte Markierung der Beobachtungen durch Namenskürzel in der Spalte »Observateurs« (*Observations Astronomiques faites a l'Observatoire Royal de Paris publiées par le Bureau des Longitudes*, Bd. 2, Paris 1838).

112 Airy, Preface, *Astronomical Observations* [Cambridge], Bd. 2, 1829, S. ii.

113 Vgl. *Astronomical Observations made at the Observatory of Cambridge*, Bd. 3, 1830, Cambridge 1831, S. 69f.

114 Vgl. *Astronomical Observations made at the Royal Observatory at Greenwich in the year 1836*, London 1837, S. xx.

115 *Astronomical Observations made at the Royal Observatory at Greenwich for the year 1830*, Teil 5: Supplement, London 1833, S. iv.

116 *Astronomical Observations made at the Royal Observatory at Greenwich in the year 1838*, London 1840, S. xiii.

117 *Astronomical Observations made at the Royal Observatory at Greenwich in the year 1832*, Teil 5: Supplement, London 1833, S. iv.

118 Johann Franz Encke an Heinrich Christian Schumacher, Berlin, 23/24. Januar 1834, *Staatsbibliothek zu Berlin – Preußischer Kulturbesitz*, Handschriftenabteilung, Nachlaß Heinrich Christian Schumacher.

119 So bemerkt Airy schon in der Einleitung zum ersten Band seiner Cambridger Beobachtungen, daß sich der Beobachter, nämlich er selbst, gelegentlich »painfully« bewußt ist, »that he cannot, by any effort, bring the eye and ear to act together in the manner which is necessary for observing a transit« (*Astronomical Observations made at the Observatory of Cambridge*, Bd. 1, 1828, London 1829, S. 4).

120 Vgl. *Astronomical and Magnetical and Meteorological Observations made at the Royal Observatory at Greenwich in the year 1850*, London 1852, S. xxvi-xxxiii.

121 *Astronomical Observations made at the Royal Observatory Edinburgh*, Bd. 1: Oktober 1834 bis Dezember 1835, Edinburgh 1837, S. xiif.

122 Vgl. beispielsweise den Brief des Leiters des »U.S. Coast Survey«, A. D. Bache, an Schumacher über die 1847 durchgeführte Bestimmung der Längendifferenz zwischen Washington, Jersey City und Philadelphia durch telegraphische Signale (*Astronomische Nachrichten*, Bd. 28, 1849, Sp. 121-126, insb. Sp. 125f).

123 Vgl. *Annales de l'Observatoire de Bruxelles*, Bd. 12, Brüssel 1857: Observations faites à la lunette méridienne 1840-47, S. IV. Die regelmäßige Bestimmung der Beobachterdifferenzen am »Observatoire de Paris« beginnt 1843 (Vgl. Canales, *Sensational Differences*, S. 121-125).

124 Struve, *Expédition Chronométrique exécutée par ordre de sa Majesté L'Empereur Nicolas Ier entre Poulkova et Altona*, S. 29.

125 Vgl. *Astronomical and Magnetical and Meteorological Observations made at the Royal Observatory at Greenwich in the Year 1854*, London 1856, S. vif. Siehe ferner: Description of the Galvanic Chronographic Apparatus of the Royal Observatory, Greenwich, *Astronomical and Magnetical and Meteorological Observations made at the Royal Observatory at Greenwich in the Year 1856*, London 1857, Appendix.

126 Airy, *Autobiography*, S. 218.

127 Vgl. George Biddell Airy, On the Method of observing and recording Transits, lately introduced in America; and on some other connected subjects, *Monthly Notices of the Royal Astronomical Society*, Bd. 10, 1849/50, S. 26-34, S. 31.

128 Vgl. Edward Dunkin, Comparison of the Probable Error of a Transit of a Star Observed with the Transit-circle by the ›Eye and Ear‹ and Chronographic Methods, *Monthly Notices of the Royal Astronomical Society*, Bd. 20, 1859/60, S. 86-88; sowie ders., On the Probable Error of a Meridional Transit-Observation by the ›Eye and Ear‹ and Chronographic Methods, *Monthly Notices of the Royal Astronomical Society*, Bd. 24, 1863/64, S. 152-159.

129 Airy, On the Method of observing and recording Transits, S. 29.
130 Ebd., S. 30.
131 Zur Einführung der elektromagnetischen Registrierapparate in den Vereinigten Staaten siehe Elias Loomis, *The recent progress of astronomy; especially in the United States*, New York 1851, S. 212-236.
132 Alexander Bache, Schreiben des Herrn Professor A. D. Bache an den Herausgeber [Washington, 26. Dezember 1848], *Astronomische Nachrichten*, Bd. 28, 1849, Sp. 273-278, Sp. 275f.
133 Airy, On the Method of observing and recording Transits, S. 30.
134 Für den Rekurs aufs Auge siehe Johann Georg Tralles an Friedrich Wilhelm Bessel, Berlin, 10. März 1821, *Archiv der Berlin-Brandenburgischen Akademie der Wissenschaften*, Berlin, NL Bessel, Nr. 384, f. 103. Die von Bessel heftig bestrittene Annahme eines Zählfehlers rührt von Argelander her (Friedrich Wilhelm August Argelander an Friedrich Wilhelm Georg Struve, Königsberg, 28. April 1823. Persönliche Mitteilung von Herrn Dr. Wolfgang R. Dick [Potsdam]) und wird später von Encke erneut aufgegriffen (Johann Franz Encke, Über die Längenbestimmung von Berlin und Königsberg mittelst des Telegraphen, *Monatsberichte der Königlichen Akademie der Wissenschaften zu Berlin aus dem Jahre 1857*, Berlin 1858, S. 586-618, S. 617f).
135 *Astronomische Beobachtungen* [Königsberg], 8. Abtheilung, S. VII.
136 Der Ausdruck »Störung«, der aus Bessels Überlegung hervorsticht, spielt eine zentrale Rolle in Herbarts Lehre vom Vorstellungsleben (siehe Johann Friedrich Herbart, *Psychologie als Wissenschaft neu gegründet auf Erfahrung, Metaphysik und Mathematik*, Erster, synthetischer Teil, Königsberg 1824, S. 316f). Bessel war zudem kurz zuvor als eine Art mathematischer Gutachter der in Herbarts Schrift »De attentionis mensura causisque primariis. Psychologiae principia statica et mechanica exemplo illustraturus« (1822) entwickelten Differentiale und Integrale des Aufmerkens in Erscheinung getreten (in: Johann Friedrich Herbart, *Sämmtliche Werke*, hgg. von Gustav Hartenstein, Zweiter Abdruck, Hamburg, Leipzig 1889, Bd. 7, 3. Theil, S. 124f). Auch schlägt Argelander vor, den »Spycholog« Herbart zu konsultieren; allerdings erst nach Erscheinen von Bessels Mitteilung (Friedrich Wilhelm August Argelander an Friedrich Wilhelm Bessel, Åbo, 31. Dezember 1823, *Archiv der Berlin-Brandenburgischen Akademie der Wissenschaften*, Berlin, NL Bessel, Brief-Bd. 17, p. 29).
137 Friedrich Wilhelm Bessel an Friedrich Georg Wilhelm Struve, Königsberg, 11. Oktober 1823, *Archiv der Berlin-Brandenburgischen Akademie der Wissenschaften*, Berlin, NL Bessel, Brief-Bd. 14, p. 202.
138 *Astronomische Beobachtungen* [Königsberg], 8. Abtheilung, S. VIII.
139 Nicolai, Über die bei den einzelnen Individuen statt findende Verschiedenheit des geistigen Reflexes der äußern Eindrücke auf die Organe des Gesichts und Gehörs, Sp. 680.
140 Ebd. Zum besonderen Platz von Nicolais Ausführungen in der Präsenz von Bessels Mitteilung siehe Kapitel 7, S. 234.
141 Carl August Steinheil, Neue Methode der Zeitbeobachtung bey Sterndurchgängen (1834), S. 1, *Archiv des Deutschen Museums München*, Firmenarchiv C. A. Steinheil, Karton VI.
142 Vgl. Helmut Franz und Eduard Reutinger, *Steinheil: Münchner Optik mit Tradition, 1826-1939 (1995)*, Stuttgart [2001], S. 3-119.

143 Steinheil, Neue Methode der Zeitbeobachtung bey Sterndurchgängen, S. 1. *Archiv des Deutschen Museums München*, Firmenarchiv C. A. Steinheil, Karton VI.

144 Vgl. [Anonym], Compteur des Secondes, des dixièmes de Seconde, et des Centièmes par approximation adapté aux Lunettes astronomiques, *Annales de Chimie et de Physique*, Bd. 10, 1819, Anhang.

145 Steinheil, Neue Methode der Zeitbeobachtung bey Sterndurchgängen, S. 2. *Archiv des Deutschen Museums München*, Firmenarchiv C. A. Steinheil, Karton VI.

146 Ebd., S. 3.

147 Für eine erste, abweichende Version eines solchen »Instrumentchens« siehe Carl August Steinheil an Otto August Rosenberger, Perlach, 1. Februar 1828, in: *Briefwechsel zwischen Bessel und Steinheil*, hgg. im Auftrage der Königlichen Akademien der Wissenschaften zu Berlin und München, Leipzig 1913, S. 241.

148 Die erste Beschreibung von Repsolds Apparat gibt Peters im Jahr 1859 (ders., Beschreibung eines auf der Altonaer Sternwarte aufgestellten galvanischen Registrierapparats für Durchgangs-Beobachtungen, nebst Vergleichung einiger an demselben bestimmten Personal-Differenzen mit solchen, die auf gewöhnliche Weise gefunden sind, *Astronomische Nachrichten*, Bd. 49, 1859, Sp. 1-30, Sp. 22). Eine Abbildung findet sich in Johann Adolf Repsold, *Zur Geschichte der astronomischen Messwerkzeuge von Purbach bis Reichenbach*, Bd. 1, Leipzig 1908, Fig. 159.

149 Carl August Steinheil, Geschwindigkeit der Fortpflanzung des Hydrogalvanischen Stromes nach C. Walker, *Astronomische Nachrichten*, Bd. 29, 1849, Sp. 97-100, Sp. 100.

150 Vgl. Carl August Steinheil, Elemente der Helligkeits-Messungen am Sternenhimmel, *Abhandlungen der Königlich Bayerischen Akademie der Wissenschaften, Mathematisch-Physikalische Classe*, Bd. 2, 1831-1836, München 1837, S. 1-140, S. 7-13. Für das Motto siehe ebd., [S. 2].

151 Vgl. Gaston Bachelard, *Les intuitions atomistiques*, Paris 1933, S. 140. (Zitiert nach: Gaston Bachelard, *Epistemologie* (1973), ausgewählt von Dominique Lecourt und übers. von Henriette Besse, Frankfurt a. M. 1993, S. 154).

152 Johann von Lamont, Ueber galvanisch-registrirende Uhren, *Astronomischer Kalender für das Königreich Bayern auf das Schaltjahr 1852 verfasst*, München 1850, S. 150-158, S. 156. Zu Lamonts »Zeitregistrirungs-Apparat« siehe ders., Beschreibung der an der Münchener Sternwarte zu den Beobachtungen verwendeten neuen Instrumente und Apparate, *Abhandlungen der Königlich Bayerischen Akademie der Wissenschaften, Mathematisch-Physikalische Klasse*, Bd. 6, 1850-1852, München 1852, S. 381-481.

153 Johann Franz Encke, Verschiedenheit d[er] Beobachter [o.O., n.d.], *Archiv der Berlin-Brandenburgischen Akademie der Wissenschaften*, Berlin, NL Encke, Nr. 184, Bd. 2. Nach den erwähnten Vergleichungen ist der Entwurf nicht vor 1835 entstanden.

154 Vgl. Brendel, Über die astronomischen Arbeiten von Gauss, S. 143.

155 Siehe hierzu vier Briefe von Benjamin Goldschmidt an Christian Ludwig Gerling von Oktober bis Dezember 1837, *Universitätsbibliothek Marburg*, Handschriftenabteilung, Nachlaß Christian Ludwig Gerling, Ms. 319/306-309.

156 Vgl. Benjamin Goldschmidt an Christian Ludwig Gerling, Göttingen, 11. März 1838, *Universitätsbibliothek Marburg*, Handschriftenabteilung, Nachlaß Christian Ludwig Gerling, Ms. 319/310.

157 Vgl. Gerling, Die Längen-Unterschiede, Sp. 261.

158 Vgl. zuerst Friedrich Georg Wilhelm Struve und Otto Wilhelm Struve, *Expédition Chronométrique exécutée par ordre de sa Majesté L'Empereur Nicolas Ier entre Altona et Greenwich pour la détermination de la longitude géographique de l'observatoire central de Russie. Rapports faits à L'Académie Impériale des Sciences de St.-Pétersbourg*, Sankt Petersburg 1846, S. 2 und S. 29.

159 Vgl. W. M. Witchell, The Story of the Greenwich Transit Circle, *Occassional Notes of the Royal Astronomical Society*, Bd. 2, Nr. 14, Dezember 1952, S. 20-33, S. 29. Zwar wurden, wie Witchell bemerkt, nach der Einführung der neuen Methode die Beobachtungsergebnisse nicht länger auf einen ›standard observer‹ reduziert. Noch im Jahrgang 1955 der »Greenwich Observations« findet sich aber bei Durchgangsbeobachtungen zur Zeitbestimmung eine kleine absolute »observer correction« vermerkt (*Greenwich Observations in Astronomy and Magnetism. Made at the Royal Observatory, Greenwich, the Royal Greenwich Observatory, Herstmonceaux, and the Royal Greenwich Observatory, Abinger, in the Year 1955*, London 1960, S. A 3).

160 Vgl. Baily, Report on the new Standard Scale of this Society, S. 108-111. Für weitere Typen von Personalfehlern siehe Norbert Herz, Persönliche Gleichung, in: *Handwörterbuch der Astronomie*, Bd. 3, Abteilung 1, Breslau 1899, S. 368-383, S. 382f.

161 Vgl. Klaus Hentschel, A Breakdown of Intersubjective Measurement: The Case of Solar-Rotation Measurements in the Early 20th Century, *Studies in History and Philosophy of Modern Physics*, Bd. 29, 1998, S. 473-507.

162 Vgl. Heinrich Wilhelm Dove, *Ueber Maass und Messen oder Darstellung der bei Zeit-, Raum- und Gewichts-Bestimmungen üblichen Maasse, Messinstrumente und Messmethoden, nebst Reductionstafeln*, 2., sehr vermehrte und berichtigte Auflage, Berlin 1835, S. 52.

163 Ebd.

164 Wilhelm Eisenlohr, *Lehrbuch der Physik zum Gebrauche bei Vorlesungen und beim Unterrichte*, Mannheim 1836, S. 260.

165 Wilhelm Eisenlohr, *Lehrbuch der Physik zum Gebrauche bei Vorlesungen und beim Unterrichte*, 2., sehr vermehrte und verbesserte Auflage, Mannheim 1839, S. 335.

166 Vgl. Wilhelm Weber und Eduard Weber, *Mechanik der menschlichen Gehwerkzeuge. Eine anatomisch-physiologische Untersuchung*, Göttingen 1836, S. 228.

167 Ebd., S. 229.

168 Michael Polany, *Personal Knowledge. Towards a Post-Critical Philosophy*, 2., korrigierte Auflage, Chicago 1962, S. 49.

169 Vgl. Olesko, *Physics as a Calling*, S. 32.

170 Urbain-Jean-Joseph Le Verrier, Rapport sur l'Observatoire Impérial de Paris et Projet d'Organisation, *Annales de L'Observatoire Impérial de Paris*, Bd. 1, 1855, S. 1-68, S. 16.

171 Ebd.

172 Vgl. Jimena Canales, Exit the frog, enter the human: Physiology and experimental-psychology in nineteenth-century astronomy, *British Journal for the History of Science*, Bd. 34, 2001, S. 173-197, S. 195.

173 Vgl. etwa den Direktor des »Armagh Observatory«, Thomas Romney Robinson, ([ders.], On the probable errors of the eye and ear in transit observations, *Proceedings of the Royal Irish Academy*, Bd. 5, 1853, S. 366-372).

174 Vgl. Dominique François Arago, Note sur un moyen très-simple de s'affranchir des erreurs personelles dans les observations des passages des astres au méridien, *Comptes Rendus Hebdomadaires des Séances de l'Académie des Sciences*, Bd. 36, 1853, S. 276-284.

175 Vgl. Canales, Exit the frog enter the human, S. 189-193.

176 Radau, Ueber die persönlichen Gleichungen, Bd. 2, 1866, S. 139.

177 Maunder, *The Royal Observatory Greenwich*, S. 176f.

178 Schaffer, Astronomers Mark Time, S. 125.

179 Vgl. Lorraine Daston und Peter Galison, Das Bild der Objektivität (1992), in Peter Geimer (Hg.), *Ordnungen der Sichtbarkeit. Fotografie in Wissenschaft, Kunst und Technologie*, Frankfurt a. M. 2002, S. 29-99, S. 31.

180 Ebd., S. 89f.

181 Hervé Faye, Sur les erreurs d'origine physiologique, *Comptes Rendus Hebdomadaires des Séances de l'Académie des Sciences*, Bd. 59, 1864, S. 473-479, S. 473.

182 Ebd.

183 Ebd., S. 478.

184 Ebd., S. 479.

185 Daston und Galison, Das Bild der Objektivität, S. 93.

186 Herz, Persönliche Gleichung, S. 368.

187 Ebd., S. 380.

188 Ebd., S. 368.

7. Untersuchung und Modellierung

1 Zur Diskussion des Beobachters unter (französischen) Anthropologen siehe Nélia Dias, *La mesure de sens. Les anthropologues et les corps humain au XIXe siècle*, Paris 2004, S. 166-169. Für die Bestimmung von Beobachtungsfehlern in der Strahlenphysik siehe Johannes Abele, *»Wachhund des Atomzeitalters«. Geigerzähler in der Geschichte des Strahlenschutzes*, München 2002, S. 53-82.

2 Vgl. Lenoir, Farbensehen, Tonempfindung und der Telegraph; sowie Christoph Hoffmann, Zwei Schichten: Netzhaut und Fotografie, 1860/1890, *Fotogeschichte*, Jg. 21, Heft 81, 2001, S. 21-38, hier S. 24-29.

3 Nicolai, Über die bei den einzelnen Individuen statt findende Verschiedenheit des geistigen Reflexes der äußern Eindrücke auf die Organe des Gesichts und Gehörs, Sp. 681.

4 Vgl. Johannes Müller, *Handbuch der Physiologie des Menschen für Vorlesungen*, Bd. 1, Teil 1, Coblenz 1833, S. 654f.

5 Vgl. Christoph Hoffmann, Helmholtz' Apparatuses. Telegraphy as Working Model of Nerve Physiology, *Philosophia Scientiae*, Bd. 7, Heft 1, 2003, S. 129-149. Zur Verbreitung diese Vergleichs siehe ferner Laura Otis, *Networking. Communicating with Bodies and Machines in the Nineteenth Century*, Ann Arbor 2001.

6 Gottfried Benn, Beitrag zur Geschichte der Psychiatrie (1910), in: ders., *Gesammelte Werke*, Bd. 4, 7. Auflage, Stuttgart 1992, S. 415-422, S. 416.

7 Vgl. Ernst Heinrich Weber, *De Pulsu, Resorptione, Auditu et Tactu. Annotationes Anatomicae et Physiologicae*, Leipzig 1834, S. 44-175. Zur Publikationsgeschichte der Weberschen Untersuchungen, die zunächst ab 1829 einzeln als »Prolusiones« oder Vorreden zu Doktorprüfungen erschienen waren, siehe Horst Gundlach, *Entstehung und Gegenstand der Psychophysik*, Berlin 1993, S. 140f.

8 Ernst Heinrich Weber, Über den Tastsinn, *Archiv für Anatomie, Physiologie und wissenschaftliche Medicin*, Jg. 1835, S. 152-159.

9 Vgl. hierzu ausführlich Christoph Hoffmann, Haut und Zirkel. Ein Entstehungsherd: Ernst Heinrich Webers Untersuchungen »Ueber den Tastsinn«, in: Michael Hagner (Hg.), *Ansichten der Wissenschaftsgeschichte*, Frankfurt a. M. 2001, S. 191-223.

10 Weber, Über den Tastsinn, S. 152f.

11 Vgl. Weber, *De Pulsu, Resorptione, Auditu et Tactu*, S. 45.

12 Helen E. Ross und David J. Murray, Introduction, in: dies. (Hg.), *E. H. Weber on the Tactile Senses*, 2. Auflage, Hove 1996, S. 1-20, S. 7.

13 Weber, Über den Tastsinn, S. 153.

14 Gelegentlich wird angemerkt, daß die angegebenen Beobachtungen durch viele Personen bestätigt worden sind, von einer vergleichenden Serie von Untersuchungen mit dem Zirkel ist aber nur einmal die Rede (Weber, *De Pulsu, Resorptione, Auditu et Tactu*, S. 60 und S. 67).

15 Ebd., S. 50-57.

16 Allen Thomson, Bericht über einige neue Experimente des Hrn. Dr. Weber's, Prof. der Anatomie zu Leipzig, über die Empfindlichkeit der Haut, *Notizen aus dem Gebiete der Natur- und Heilkunde*, Bd. 43, 1834, Sp. 17-25, Sp. 18f.

17 Ebd., Sp. 19.

18 Für das Schema der topographischen Anatomie siehe Friedrich Hildebrandt, *Handbuch der Anatomie des Menschen*, Bd. 1, 4. umgearbeitete und sehr vermehrte Ausgabe besorgt von Ernst Heinrich Weber, Braunschweig 1830, S. 6. Nach Webers eigener Aussage ist die Reihenfolge »pro lubitu« gewählt worden (Weber, *De Pulsu, Resorptione, Auditu et Tactu*, S. 57).

19 Weber, *De Pulsu, Resorptione, Auditu et Tactu*, S. 58.

20 Sinnliche Empfindungen, in: Klügel, *Encyklopädie*, Teil 1, S. 366.

21 Weber, Über den Tastsinn, S. 153.

22 Ebd., S. 152.

23 Vgl. Carl Ludwig, *Rede zum Gedächtniss an Ernst Heinrich Weber*, Leipzig 1878, S. 10-12, Zitat S. 11.

24 Timothy Lenoir, Naturwissenschaft für die Klinik. Die Vorgeschichte von Carl Ludwigs Physiologischem Institut in Leipzig (1988), in: ders., *Politik im Tempel der Wissenschaft. Forschung und Machtausübung im deutschen Kaiserreich*, Frankfurt a. M., New York 1992, S. 53-106, S. 81.

25 Zitiert nach ebd.

26 Ebd., S. 87.

27 Vgl. Ludwig, *Rede zum Gedächtniss an Ernst Heinrich Weber*, S. 11f.

28 Ebd., S. 19.

29 Christoph Heinrich Pfaff, Vorwort des Übersetzers, in: Xavier Bichat, *Allgemeine Anatomie angewandt auf die Physiologie und Arzneywissenschaft*, übers. von Christoph Heinrich Pfaff, Erster Teil, Erste Abteilung, Leipzig 1802, S. Vf.

30 Vgl. ebd., S. 43-49.
31 Georges Cuvier, *Vorlesungen über vergleichende Anatomie* (1805), übers. von Ludwig Friedrich Froriep und Johann Friedrich Meckel, Teil 2, Leipzig 1809, S. 531.
32 Wilhelm Weber, Compensation der Orgelpfeifen, *Annalen der Physik*, Bd. 90, 1828, S. 397-408, S. 401.
33 Vgl. Karl Heinrich Wiederkehr, *Wilhelm Eduard Weber. Erforscher der Wellenbewegung und der Elektrizität 1804-1891*, Stuttgart 1967, S. 32-35.
34 Weber, Compensation der Orgelpfeifen, S. 400.
35 Ebd., S. 397.
36 Ebd., S. 398.
37 Vgl. ebd., S. 400.
38 Anfang der 1840er Jahre benutzt Weber in vergleichbaren Untersuchungen die Poggendorffsche Methode der Spiegelablesung, die zuerst in den zusammen mit Gauss durchgeführten Messungen des Erdmagnetismus zum Einsatz kam (siehe Wilhelm Weber, Ueber die Elasticität fester Körper, *Annalen der Physik*, Bd. 130, 1841, S. 1-18, S. 3f).
39 Weber, Compensation der Orgelpfeifen, S. 398.
40 Vgl. Charles Édouard Joseph Delezenne, Mémoire sur les valeurs numériques des notes de la gamme, *Recueil des Travaux de la Société des Sciences, de l'Agriculture et des Arts a Lille*, Jg. 1827, S. 1-56, S. 5.
41 Vgl. Gundlach, *Enstehung und Gegenstand der Psychophysik*, S. 123f und S. 160-163.
42 Weber, *De Pulsu, Resorptione, Auditu et Tactu*, S. 172.
43 Weber, Über den Tastsinn, S. 156.
44 Weber, *De Pulsu, Resorptione, Auditu et Tactu*, S. 142f.
45 Ebd., S. 171. Auf die Untersuchungen Delezennes wird ebd., S. 130f, S. 143, S. 172 und S. 173f verwiesen, auf die Werte Wilhelm Webers ebd., S. 172.
46 Weber, Über den Tastsinn, S. 158f.
47 Ebd., S. 159.
48 Weber, *De Pulsu, Resorptione, Auditu et Tactu*, S. 151.
49 Ebd.
50 Ebd., S. 152.
51 Ebd.
52 Vgl. Timothy Lenoir, Practice, Reason, Context: The Dialogue Between Theory and Experiment, *Science in Context*, Bd. 2, 1988, S. 3-22, S. 13.
53 Rheinberger, *Experiment, Differenz, Schrift. Zur Geschichte epistemischer Dinge*, S. 22.
54 Weber, *De Pulsu, Resorptione, Auditu et Tactu*, S. 46.
55 Vgl. George Adams, *Geometrische und graphische Versuche* (1795), Darmstadt 1985, S. 47; und Chapman, *Dividing the Circle*, S. 66-81.
56 Ernst Heinrich Weber, Tastsinn und Gemeingefühl, in: Rudolph Wagner (Hg.), *Handwörterbuch der Physiologie mit Rücksicht auf physiologische Pathologie*, Bd. 3, 2. Abtheilung, Braunschweig 1846, S. 481-588, S. 527. Die Bände des Wagnerschen Handbuchs erschienen in Lieferungen. Das auf dem Titelblatt des dritten Bandes angegebene Erscheinungsjahr 1846 bezeichnet offenkundig das Jahr des Drucks des ersten Artikels. Daß Weber, wie schon früher vermutet wurde (siehe Gundlach, *Enstehung und Gegenstand der Psychophysik*, S. 146-148), erst Anfang

1849 das Manuskript abschloß, belegt sein Brief an Rudolph Wagner, Leipzig, 22. Januar 1849, *Universitätsbibliothek Göttingen*, Handschriftenabteilung, Cod. Ms. R. Wagner 11.

57 Weber, Tastsinn und Gemeingefühl, S. 528.

58 Ludwik Fleck, Schauen, Sehen, Wissen (1947), in: ders., *Erfahrung und Tatsache. Gesammelte Aufsätze*, hgg. von Lothar Schäfer und Thomas Schnelle, Frankfurt a.M. 1983, S. 147-174, S. 164.

59 Zu den einzelnen Apparaturen siehe Georg Füsslin, *Optisches Spielzeug oder wie die Bilder laufen lernten*, Stuttgart 1993; sowie Friedrich von Zglinicki, *Der Weg des Films. Die Geschichte der Kinematographie und ihrer Vorläufer*, Berlin 1956, S. 112-128.

60 Vgl. Joseph Plateau, Des Illusions d'optique sur lesquelles se fonde le petit appareil appelé récemment Phénakisticope, *Annales de Chimie et de Physique*, 2. Serie, Bd. 53, 1833, S. 304-308, hier S. 304.

61 Ebd.

62 Ebd.

63 Vgl. Joseph Plateau, *Dissertation sur quelques propriétés des impressions produites par la lumière sur l'organe de la vue*, Liège 1829.

64 Plateau, Des Illusions d'optique, S. 305.

65 Vgl. Joseph Wachelder, Nachbilder, Natur und Wahrnehmung. Die frühen optischen Untersuchungen von Joseph Plateau, in: Gabriele Dürbeck u.a. (Hg.), *Wahrnehmung der Natur – Natur der Wahrnehmung. Studien zur Geschichte der visuellen Kultur um 1800*, Dresden 2001, S. 253-275, insb. S. 260-270.

66 Vgl. Plateau, *Dissertation sur quelques propriétés des impressions*, S. 5. Hier und im folgenden zitiert nach dem von Johann Christian Poggendorff übersetzten Auszug in den *Annalen der Physik*: Joseph Plateau, Ueber einige Eigenschaften der vom Lichte auf das Gesichtsorgan hervorgebrachten Eindrücke, *Annalen der Physik*, Bd. 96, 1830, S. 304-332, S. 305.

67 Newton, *Opticks*, Zweites Buch, S. 136. Die Übersetzung folgt der deutschen Ausgabe der 2. Auflage der *Opticks* von 1717, in der die zitierte Stelle unverändert aus der 1. Auflage von 1704 übernommen ist, jedoch im ganzen der Schrift an anderer Stelle erscheint; siehe Isaac Newton, *Optik oder Abhandlung über Spiegelungen, Brechungen, Beugungen und Farben des Lichts* (dt. 1898), übers. und hgg. von William Abendroth, eingeleitet und erläutert von Markus Fierz, Braunschweig 1983, S. 228.

68 Vgl. Joseph Plateau an Adolphe Quetelet, Liège, 7. März 1827, *Académie Royale de Belgique*, Correspondance d'Adolphe Quetelet (siehe auch A. J. J. van de Velde, Joseph Plateau 1801-1883, *Briefwisseling met Adolphe Quetelet, chronologie en genealogie*, Brüssel 1948, S. 9).

69 »[J]e n'ai pas obtenu de bon résultat – et surtout des résultats bien précis; mais le sujet n'est pas, je crois, susceptible de précision.« Joseph Plateau an Adolphe Quetelet, Liège, 23. Juni 1828, *Académie Royale de Belgique*, Correspondance d'Adolphe Quetelet.

70 Vgl. Wachelder, Nachbilder, Natur und Wahrnehmung, S. 260-263.

71 Plateau, Ueber einige Eigenschaften der vom Lichte auf das Gesichtsorgan hervorgebrachten Eindrücke, S. 328 (im Original ders., *Dissertation sur quelques propriétés des impressions produites par la lumière sur l'organe de la vue*, S. 26).

72 Das gleiche gilt für eine zweite Apparatur zur Erzeugung »einer neuen Art von Anamorphosen«, die Plateau schon drei Jahre früher angegeben hatte (Joseph Plateau, Lettre relative à différentes expériences d'optique, *Correspondance Mathématique et Physique*, Bd. 6, 1830, S. 121-126).

73 Si plusieurs objets, différant graduellement entre eux de forme ou de position, se montrent successivement devant l'oeil pendant des intervalles de temps très courts et suffisamment rapprochés, les impressions successives qu'ils produisent sur la rétine se lieront entre elles sans se confondre, et l'on croira voir un seul objet changeant graduellement de forme ou de position. C'est une conséquence toute naturelle du phénomène bien connu de la durée de la sensation de la vue, et que l'instrument en question réalise, comme on va le voir, de la manière la plus simple (Plateau, Des Illusions d'optique, S. 305).

74 Vgl. Joseph Plateau, Sur la persistance des impressions de la rétine, in: John Herschel, *Traité de la lumière*, übers. von Pieter Frans Verhulst und Adolphe Quételet, Bd. 2, Supplément, Paris 1833, S. 471-489.

75 Johann Christian Poggendorff, Stroboskopische Scheiben, Phänakistikop, Phantasmaskop, *Annalen der Physik*, Bd. 108, 1834, S. 636-649, S. 638; sowie Simon Stampfer, Ueber die optischen Täuschungs-Phänomene, welche durch die stroboskopischen Scheiben (optischen Zauberscheiben) hervorgebracht werden, *Jahrbücher des k. k. polytechnischen Institutes in Wien*, Bd. 18, 1834, S. 237-258, hier S. 241-243.

76 Vgl. Eisenlohr, *Lehrbuch der Physik zum Gebrauche bei Vorlesungen und beim Unterrichte*, S. 261; sowie Gabriel Gustav Valentin, *Lehrbuch der Physiologie des Menschen. Für Aerzte und Studirende*, Bd. 2, Braunschweig 1844, S. 468f.

77 Otto Fischer, Psychologische Analyse der stroboskopischen Erscheinungen, *Philosophische Studien*, Bd. 3, 1886, S. 128-156, S. 134.

78 Helmholtz, *Handbuch der physiologischen Optik*, S. 494f.

79 Franz Hillebrand, Zur Theorie der stroboskopischen Bewegungen, *Zeitschrift für Psychologie und Physiologie der Sinnesorgane*, I. Abteilung, Bd. 89, 1922, S. 209-272, S. 209.

80 Marshall McLuhan, *Die magischen Kanäle. »Unterstanding Media«* (1964), Düsseldorf, Wien 1968, S. 14.

81 Vgl. Karl Marbe, Die stroboskopischen Erscheinungen, *Philosophische Studien*, Bd. 14, 1898, S. 376-401, S. 380f.

82 Vgl. Karl Marbe, Thatsachen und Theorien des Talbot'schen Gesetzes, *Archiv für die gesammte Physiologie des Menschen und der Thiere*, Bd. 97, 1903, S. 335-393, S. 392; sowie Ernst Dürr, Ueber die stroboskopischen Erscheinungen, *Philosophische Studien*, Bd. 15, 1900, S. 501-523.

83 Paul Linke, Die stroboskopischen Täuschungen und das Problem des Sehens von Bewegungen, *Psychologische Studien*, Bd. 3, 1907, S. 393-545, S. 413.

84 Ebd., Fußnote 1.

85 Ebd., S. 416.

86 Ebd., S. 466.

87 Rheinberger, *Experimentalsysteme und epistemische Dinge*, S. 25.

88 Linke, Die stroboskopischen Täuschungen und das Problem des Sehens von Bewegungen, S. 463.

89 Ebd., S. 544f.

90 Ebd., S. 545.

91 Ebd., S. 415.

92 Marbe, Die stroboskopischen Erscheinungen, S. 398f.
93 Ebd., S. 400.
94 Vgl. Karl Marbe, *Selbstbiographie*, Halle/Saale 1945, S. 52f.
95 Vgl. Walter Benjamin, Das Kunstwerk im Zeitalter seiner technischen Reproduzierbarkeit. Zweite Fassung, in: *Gesammelte Schriften, Band I.2*, hgg. von Rolf Tiedemann und Hermann Schweppenhäuser, 3. Auflage, Frankfurt a.M. 1990, S. 471-508, S. 505.
96 Linke, Die stroboskopischen Täuschungen und das Problem des Sehens von Bewegungen, S. 483.
97 Ebd., S. 480.
98 Ebd., S. 545.
99 Ebd., S. 542.
100 Vgl. die Zusammenfassung bei Timothy Lenoir, Das Auge des Physiologen. Zur Entstehungsgeschichte von Helmholtz' Theorie des Sehens (1993), in: Philipp Sarasin und Jakob Tanner (Hg.), *Physiologie und industrielle Gesellschaft. Studien zur Verwissenschaftlichung des Körpers im 19. und 20. Jahrhundert*, Frankfurt a. M. 1998, S. 99-128, S. 124f.
101 Vgl. Viktor Sarris, Max Wertheimer in Frankfurt – über Beginn und Aufbaukrise der Gestaltpsychologie. I. Ausgangsstudien über das Sehen von Bewegung 1910-1912, *Zeitschrift für Psychologie*, Bd. 195, 1987, S. 283-310, S. 288.
102 Max Wertheimer, Experimentelle Studien über das Sehen von Bewegung, *Zeitschrift für Psychologie und Physiologie der Sinnesorgane*, I. Abteilung, Bd. 61, 1912, S. 161-265, S. 166.
103 Ebd., S. 223.
104 Ebd., S. 227f.
105 Ebd., S. 248. Zur Rolle von Wertheimers Isomorphiethese für die Entfaltung der Gestalttheorie siehe Mitchell G. Ash, *Gestalt Psychology in German Culture 1890-1967. Holism and the Quest for Objectivity*, Cambridge 1995, S. 125-134.
106 Vgl. Wertheimer, Experimentelle Studien über das Sehen von Bewegung, S. 176; sowie ders., Bemerkungen zu Hillebrands Theorie der stroboskopischen Erscheinungen, *Psychologische Forschung*, Bd. 3, 1923, S. 106-123, S. 111.
107 Für die zeitgenössische Diskussion siehe Franz Hillebrand, Zur Theorie der stroboskopischen Bewegungen, *Zeitschrift für Psychologie und Physiologie der Sinnesorgane*, I. Abteilung, Bd. 90, 1922, S. 1-66; sowie Glenn de Vere Higginson, The visual apprehension of movement under succesive retinal excitations, *The American Journal of Psychology*, Bd. 37, 1926, S. 63-115. Aus heutiger Sicht siehe Robert Sekuler, Motion Perception: A modern view of Wertheimer's 1912 monograph, *Perception*, Bd. 25, 1996, S. 1243-1258.
108 Vgl. Hugo Münsterberg, *Das Lichtspiel. Eine psychologische Studie* (1916), hgg. und übers. von Jörg Schweinitz, Wien 1996, S. 46-49; sowie Rudolf Arnheim, *Film als Kunst*, Berlin 1932, S. 121.
109 Vgl. Hans Lehmann, *Die Kinematographie, ihre Grundlagen und ihre Anwendungen*, Leipzig 1911, S. 16f; Paul Schrott, *Leitfaden für Kinooperateure und Kinobesitzer*, Wien 1919, S. 7; sowie Hermann Joachim, Die kinematographische Projektion, in: F. Paul Liesegang und Guido Seeber (Hg.), *Handbuch der praktischen Kinematographie*, Bd. 3, Teil 1, 7/8. Auflage, Halle/Saale 1928, S. 312f.
110 Vgl. Wertheimer, Experimentelle Studien über das Sehen von Bewegung, S. 173f.

8. Sinne/Sinnesapparate

1 Lethen, Aufstieg und Niedergang des ›Apparats‹, S. 116.

2 Vgl. William Paley, *Natural Theology, or Evidences of the Existence and Attributes of The Deity, Collected from the Appearances of Nature*, London 1802, S. 23.

3 Alexander von Humboldt, Kosmos. Entwurf einer Physischen Weltbeschreibung (1847), in: ders., *Studienausgabe*, hgg. und kommentiert von Hanno Beck, Bd. 7, Teil 2, Darmstadt 1993, S. 338.

4 Ernst Kapp, *Grundlinien einer Philosophie der Technik. Zur Entstehungsgeschichte der Cultur aus neuen Gesichtspunkten*, Braunschweig 1877, S. Vf.

5 Vgl. insbesondere das Kapitel »Apparate und Instrumente«, ebd., S. 77-106.

6 Herbert Spencer, *Die Principien der Psychologie* (3. Auflage, 1880), Bd. 1, Stuttgart 1882, S. 380. Im Original ders., *The Principles of Psychology*, London 1855, S. 461.

7 Humboldt, Kosmos, S. 338.

8 Otto Wiener, *Die Erweiterung der Sinne. Akademische Antrittsvorlesung*, Leipzig 1900, S. 5.

9 Friedrich Kittler, *Optische Medien. Berliner Vorlesung 1999*, Berlin 2002, S. 22.

10 McLuhan, *Die magischen Kanäle*, S. 99.

11 Friedrich Kittler, *Aufschreibesysteme 1800/1900* (1985), 3. Auflage, München 1995, S. 524.

12 Kittler, *Optische Medien*, S. 30. Für eine materialreiche Ausführung und kritische Auseinandersetzung mit dieser These siehe Stefan Rieger, *Die Individualität der Medien. Eine Geschichte der Wissenschaften vom Menschen*, Frankfurt a. M. 2001.

13 Kapp, *Grundlinien einer Philosophie der Technik*, S. 81.

14 Hoffmann, Zwei Schichten, S. 24-29.

15 Ebd., S. 29-33. Siehe weiter Richard L. Kremer, The Eye as Inscription Device in the 1870s: Optograms, Cameras, and the Photochemistry of Vision, in: Brigitte Hoppe (Hg.), *Biology Integrating Scientific Fundamentals. Contributions to the History of Interrelations between Biology, Chemistry, and Physics from the 18th to the 20th Century*, München 1997, S. 360-381.

16 Vgl. für diesen Ausdruck M. Norton Wise, Mediating Machines, *Science in Context*, Bd. 2, 1988, S. 77-113.

17 Kittler, *Optische Medien*, S. 28.

18 Ebd., S. 31.

19 Crary, *Techniken des Betrachters*, S. 116.

20 Ebd., S. 115.

21 Ebd., S. 112.

22 Vgl. Kittler, *Optische Medien*, S. 199.

23 Vgl. ebd., S. 22.

24 Ebd., S. 203f.

25 Faradays Überlegungen betreffen den Punkt, warum zwei in Bewegung befindliche Zahnräder unter bestimmten Bedingungen betrachtet die Empfindung eines einzelnen scheinbar stillstehenden oder sehr langsam sich bewegenden Zahnrads hervorrufen, und das heißt auf das Phénakisticope übertragen, sie betreffen die Frage, warum man die tatsächlich in Rotation befindliche Schlitzscheibe *nicht* in Rotation begriffen empfindet; warum aber die gezeichneten, statischen Objekte, die durch den Schlitz in der Scheibe hindurch nacheinander sichtbar

werden, als ein kontinuierlich in Bewegung begriffenes Objekt erscheinen, davon weiß Faraday nichts zu sagen (siehe Michael Faraday, On a peculiar class of optical deceptions, *Journal of the Royal Institution of Great Britain*, Jg. 1831, S. 205-223, S. 210-212).

26 In der entsprechenden Passage verweist Kittler (*Optische Medien*, S. 203) auf Zglinicki, der sich wiederum auf Lehmanns Schrift sowie für Faradays Beobachtungen auf einen Aufsatz Liesegangs stützt (Zglinicki, *Der Weg des Films*, S. 108-114).

27 Vgl. Crary, *Techniken des Betrachters*, S. 178, Fußnote 204. Siehe ferner George Sadoul, *Histoire générale du Cinéma I: L'Invention du Cinéma 1832-1897* (1945), Paris 1948, S. 18.

28 Foucault, Nietzsche, die Genealogie, die Historie, S. 172.

Archivbestände und Literatur

Académie Royale de Belgique, Brüssel, Correspondance d'Adolphe Quetelet.
Archiv der Berlin-Brandenburgischen Akademie der Wissenschaften, Berlin, Bestand Sternwarte Babelsberg.
Archiv der Berlin-Brandenburgischen Akademie der Wissenschaften, Berlin, Nachlaß Friedrich Wilhelm Bessel.
Archiv der Berlin-Brandenburgischen Akademie der Wissenschaften, Berlin, Nachlaß Johann Franz Encke.
Archiv des Deutschen Museums München, Firmenarchiv C. A. Steinheil.
Archiv des Heinrich-Heine-Instituts, Düsseldorf, Nachlaß Johann Friedrich Benzenberg.
Forschungs- und Landesbibliothek Gotha, Handschriftenabteilung, Bestand Sternwarte Seeberg.
Landesmuseum für Technik und Arbeit, Mannheim, Bestand Mannheimer Sternwarte, F. B. G. Nicolai.
Staatsbibliothek zu Berlin – Preußischer Kulturbesitz, Handschriftenabteilung, Nachlaß Heinrich Christian Schumacher.
Staats- und Universitätsbibliothek Bremen, Handschriftenabteilung, Nachlaß Wilhelm Olbers.
Universitätsbibliothek Göttingen, Handschriftenabteilung, Cod. Ms. R. Wagner.
Universitätsbibliothek Marburg, Handschriftenabteilung, Nachlaß Christian Ludwig Gerling.

[Anonym], Compteur des Secondes, des dixièmes de Seconde, et des Centièmes par approximation adapté aux Lunettes astronomiques, *Annales de Chimie et de Physique*, Bd. 10, 1819, Anhang.
[Anonym], Curious Astronomical Fact, *The Philosophical Magazine, and Journal*, Bd. 63, 1824, S. 230-232.
[Anonym], Éloge de M. le Comte d'Arci, *Histoire de l'Académie Royale des Sciences. Année 1779*, Paris 1782, S. 54-70.
[Anonym], *Manuel de l'Artificier*, 2., korrigierte und erweiterte Auflage, Paris 1757.
[Anonym], Remarques pour contribuer à étendre & c. par J. H. Lambert. Troisiéme extrait. XII. Examen général des erreurs que l'on fait dans les observations, *Journal Littéraire*, Bd. 4, 1773, S. 120-149.
[Anonym], Sur la durée de la sensation de la vue, *Histoire de l'Académie Royale des Sciences. Année 1765*, Paris 1768, S. 1-22.
[Anonym], Sur les moyens de mesurer la lumière, *Histoire de l'Académie Royale des Sciences. Année 1757*, Paris 1762, S. 145-153.

Abele, Johannes, *»Wachhund des Atomzeitalters«. Geigerzähler in der Geschichte des Strahlenschutzes*, München 2002.

Adams, George, *Geometrische und graphische Versuche* (1795), Darmstadt 1985.

Airy, George Biddell, Preface, *Astronomical Observations made at the Observatory of Cambridge*, Bd. 2, 1829, Cambridge 1830.

Airy, George Biddell, On the Longitude of the Cambridge Observatory (1828), *Transactions of the Cambridge Philosophical Society*, Bd. 3, 1830, S. 155-170.

[Airy, George Biddell], Introduction, *Astronomical Observations made at the Royal Observatory at Greenwich in the year 1836*, London 1837.

Airy, George Biddell, On the Method of observing and recording Transits, lately introduced in America; and on some other connected subjects, *Monthly Notices of the Royal Astronomical Society*, Bd. 10, 1849/50, S. 26-34.

Airy, George Biddell, *Autobiography*, ed. by Wilfrid Airy, Cambridge 1896.

Anger, Carl Theodor, Grundzüge der neueren astronomischen Beobachtungs-Kunst, *Programmata Mathematica*, 1847, Heft 2.

Annales de l'Observatoire de Bruxelles, Bd. 1-12, Brüssel 1837-1857.

Arago, Dominique François, Résultats des expériences faites, par ordre du Bureau des Longitudes, pour la détermination de la vitesse du son dans l'atmosphère, *Annales de Chimie et de Physique*, 2. Serie, Bd. 20, 1822, S. 210-223.

Arago, Dominique François, Note sur un moyen très-simple de s'affranchir des erreurs personelles dans les observations des passages des astres au méridien, *Comptes Rendus Hebdomadaires des Séances de l'Académie des Sciences*, Bd. 36, 1853, S. 276-284.

Archinard, Margarida, De Luc et la recherche barométrique, *Gesnerus*, Bd. 32, 1975, S. 235-247.

d'Arcy, Patrice Chevalier, Mémoire sur la durée de la sensation de la vue, *Histoire de l'Académie Royale des Sciences. Mémoires de mathématique et de physique. Année 1765*, Paris 1768, S. 439-451.

Arnheim, Rudolf, *Film als Kunst*, Berlin 1932.

Ash, Mitchell G., *Gestalt Psychology in German Culture 1890-1967. Holism and the Quest for Objectivity*, Cambridge 1995.

Assmann, Jan, *Das kulturelle Gedächtnis. Schrift, Erinnerung und politische Identität in frühen Hochkulturen*, München 1992.

Astronomical and Magnetical and Meteorological Observations made at the Royal Observatory at Greenwich, 1845-1856, London 1847-1858.

Astronomical Observations made at the Observatory of Cambridge, Bd. 1-8, 1828-1835, Cambridge 1829-1836.

Astronomical Observations made at the Royal Observatory Edinburgh, Bd. 1: Oktober 1834 bis Dezember 1835, Edinburgh 1837.

Astronomical Observations made at the Royal Observatory at Greenwich, Bd. 1-4, 1765-1810, London 1776-1811.

Astronomical Observations made at the Royal Observatory at Greenwich, 1811-1844, London 1812-1846.

Astronomical Observations made at the Royal Observatory at Greenwich from the year Year MDCCL to the Year MDCCLXII by the Rev. James Bradley, 2 Bde., Oxford 1798-1805.

Astronomische Beobachtungen auf der Königlichen Sternwarte zu Berlin, Bd. 1, 1840.

Astronomische Beobachtungen auf der Königlichen Universitäts-Sternwarte in Königsberg, 1. – 28. Abtheilung, 1813/14-1846, Königsberg 1815-1856.

Atherton, Margaret, How to Write the History of Vision: Understanding the Relationship between Descartes and Berkeley, in: David Michael Levin (Hg.), *Sites of Vision. The Discursive Construction of Sight in the History of Philosophy*, Cambridge/Mass., London 1997, S. 139-165.

Baasner, Rainer, *Das Lob der Sternkunst. Astronomie in der deutschen Aufklärung*, Göttingen 1987.

Bache, Alexander, Schreiben des Herrn Professor A. D. Bache an den Herausgeber [Washington, 26. Dezember 1848], *Astronomische Nachrichten*, Bd. 28, 1849, Sp. 273-278.

Bachelard, Gaston, *Les intuitions atomistiques*, Paris 1933.

Bachelard, Gaston, *Der neue wissenschaftliche Geist* (1934), übers. von Michael Bischoff, Frankfurt a. M. 1988.

Bachelard, Gaston, *Epistemologie* (1973), ausgewählt von Dominique Lecourt und übers. von Henriette Besse, Frankfurt a. M. 1993.

Baily, Francis, Report on the new Standard Scale of this Society, *Memoirs of the Royal Astronomical Society*, Bd. 9, 1836, S. 35-184.

Barthault, Raymonde, The Story of Paris Observatory, *Sky & Telescope*, Bd. 59, 1980, S. 100-107.

Batten, Alan H., *Resolute and Undertaking Characters: The Lives of Wilhelm and Otto Struve*, Dordrecht 1988.

Beckinsale, Robert P., Jean André de Luc, in: Charles Coulston Gillespie (Hg.), *Dictionary of Scientific Biography*, Bd. 4, New York 1971, S. 27-29.

Benjamin, Walter, Das Kunstwerk im Zeitalter seiner technischen Reproduzierbarkeit. Zweite Fassung, in: *Gesammelte Schriften, Band I.2*, hgg. von Rolf Tiedemann und Hermann Schweppenhäuser, 3. Auflage, Frankfurt a. M. 1990, S. 471-508.

Benn, Gottfried, Beitrag zur Geschichte der Psychiatrie (1910), in: ders., *Gesammelte Werke*, Bd. 4, 7. Auflage, Stuttgart 1992, S. 415-422.

Benz, Arnold, Das Bild als Bühne der Musterkennung: ein Beispiel aus der

Astrophysik, in: Bettina Heintz und Jörg Huber (Hg.), *Mit dem Auge denken. Strategien der Sichtbarmachung in wissenschaftlichen und virtuellen Welten*, Wien, New York 2001, S. 65-78.

Benzenberg, Johann Friedrich, Nachricht von Versuchen, welche im Hamburger St. Michaelisthurme über den Fall der Körper zum Beweise der Achsenumdrehung der Erde, im Großen angestellt werden. In einem Briefe an den Herausgeber, *Annalen der Physik*, Bd. 11, 1802, S. 169-174.

Benzenberg, Johann Friedrich, Fortgesetzte Nachricht von Versuchen im Großen über den Fall der Körper, in einem Briefe an den Herausgeber, *Annalen der Physik*, Bd. 11, 1802, S. 470-473.

Benzenberg, Johann Friedrich, *Versuche über das Gesetz des Falls, über den Widerstand der Luft und über die Umdrehung der Erde, nebst der Geschichte aller früheren Versuche von Galiläi bis auf Guglielmini*, Düsseldorf 1804.

Benzenberg, Johann Friedrich, Versuche über die Geschwindigkeit des Schalls; angestellt in Düsseldorf den 5. November und den 2. und 3. December 1809, *Annalen der Physik*, Bd. 35, 1810, S. 383-406.

Benzenberg, Johann Friedrich, Auszug aus einem Schreiben des D. Benzenberg an den Herausgeber über seine und Biot's Schallversuche, *Annalen der Physik*, Bd. 37, 1811, S. 221-225.

Benzenberg, Johann Friedrich, Versuche über die Geschwindigkeit des Schalls bei hohen Temperaturen, *Annalen der Physik*, Bd. 42, 1812, S. 1-36.

Benzenberg, Johann Friedrich, *Die Astronomie, Physische Geographie, Meteorologie und Geologie. Georg Christoph Lichtenbergs Vorlesung 1797/98*, hgg. und kommentiert von Hartmut Grosser, Göttingen 2004.

Bertoloni Meli, Domenico, St Peter and the rotation of the earth: the problem of fall around 1800, in: Peter Michael Harman and Alan E. Shapiro (Hg.), *The investigation of difficult things. Essays on Newton and the history of exact sciences in honour of D.T. Whiteside*, Cambridge, New York 1992, S. 421-447.

Bessel, Friedrich Wilhelm, Tafeln für die scheinb. Oerter des Polarsterns, *Astronomisches Jahrbuch für das Jahr 1817*, Berlin 1814, S. 197-206.

Bessel, Friedrich Wilhelm, *Fundamenta Astronomiae pro Anno MDCCLV deducta ex observationibus viri incompatabilis James Bradley in specula astronomica Grenovicensi per Annos 1750-1762 institutis*, Regiomonti [Königsberg] 1818.

Bessel, Friedrich Wilhelm, Bestimmung der geraden Aufsteigungen der 36 Maskelyne'schen Fundamentalsterne für 1815, auf Königsberger Beobachtungen gegründet, *Abhandlungen der Königlichen Akademie der Wissenschaften in Berlin, Mathematische Classe*, Jahrgang 1818/19, Berlin 1820, S. 19-36.

Bessel, Friedrich Wilhelm, Persönliche Gleichung bei Durchgangsbeobachtungen (1823), in: ders., *Abhandlungen*, hgg. von Rudolf Engelmann, Bd. 3, Leipzig 1876, S. 300-304.

Bessel, Friedrich Wilhelm, *Populäre Vorlesungen über wissenschaftliche Gegenstände*, hgg. von Heinrich Christian Schumacher, Hamburg 1848.

Bichat, Xavier, *Traité d'anatomie descriptive*, Bd. 1, Paris 1801.

[de Billy, Edouard], Fait Curieux en Astronomie, *Bulletin des Sciences Mathématiques, Astronomiques, Physiques et Chimiques*, Bd. 2, 1824, S. 111-113.

Biographie Universelle. Ancienne et Moderne, Nouvelle Edition, 45 Bde., Paris 1854-1865.

Biot, Jean-Baptiste, *Précis Élémentaire de Physique Expérimentale*, 2 Bde., Paris 1817.

Biot, Jean-Baptiste, *Lehrbuch der Experimental-Physik oder Erfahrungs-Naturlehre* (3. Auflage, 1824), übers. von Gustav Theodor Fechner, 4 Bde., Leipzig 1824-1825.

Bode, Johann Elert, *Erläuterung der Sternkunde und der dazu gehörigen Wissenschaften*, 2 Bde., 2. Auflage, Berlin 1793.

Bode, Johann Elert, Ueber die Genauigkeit astronomischer Beobachtungen und Berechnungen, besonders in historischer Rücksicht, *Astronomisches Jahrbuch für das Jahr 1821*, Berlin 1818, S. 183-199.

[Bode, Johann Elert], Einige astronomische Beobachtungen, Nachrichten und Bemerkungen, *Astronomisches Jahrbuch für das Jahr 1827*, Berlin 1824, S. 203-208.

Bohnenberger, Johann Gottlieb Friedrich, Ueber die Berichtigung des Mittagsfernrohrs, *Zeitschrift für Astronomie und verwandte Wissenschaften*, Bd. 4, 1817, S. 355-362.

Bohnenberger, Johann Gottlieb Friedrich, *Anleitung zur geographischen Ortsbestimmung vorzüglich mittels des Spiegelsextanten*, neu bearbeitet von Gustav Adolph Jahn, Göttingen 1852.

Borchardt, Bruno, *Die Entwicklung der Formel für das Höhenmessen mit dem Barometer*, Berlin 1885.

Borgato, Maria Teresa, La prova fisica della rotazione della Terra e l'esperimento di Guglielmini, in: Luigi Pepe (Hg.), *Copernico e la questione copernicana in Italia dal XVI al XIX secolo*, Firenze 1996, S. 201-261.

Boring, Edwin G., *A History of Experimental Psychology*, New York, London 1935.

Boring, Edwin G., The Beginning and Growth of Measurement in Psychology, *Isis*, Bd. 52, 1961, S. 238-257.

Bouguer, Pierre, *Essay d'optique sur la gradation de la lumière*, Paris 1729.

Bouguer, Pierre, Remarques sur les moyens de mesurer la lumière, avec quelques applications de ces moyens, *Histoire de l'Académie Royale des*

Sciences. Mémoires de mathématique et de physique. Année 1757, Paris 1762, S. 1-23.

Bouguer, Pierre, *Traité d'optique sur la gradation de la lumière. Ouvrage posthume*, hgg. von M. l'Abbé de la Caille, Paris 1760.

Brandt, Reinhard, *Kritischer Kommentar zu Kants Anthropologie in pragmatischer Hinsicht (1798)* (= Kant Forschungen, Band 10), Hamburg 1999.

Breidbach, Olaf, *Bilder des Wissens. Zur Kulturgeschichte der wissenschaftlichen Wahrnehmung*, München 2005.

Brendel, Martin, Über die astronomischen Arbeiten von Gauss, in: Carl Friedrich Gauss, *Werke*, hgg. von der Gesellschaft der Wissenschaften zu Göttingen, Bd. 11, Abt. 2, Berlin 1924-1929.

Briefwechsel zwischen Bessel und Steinheil, hgg. im Auftrage der Königlichen Akademien der Wissenschaften zu Berlin und München, Leipzig 1913.

Briefwechsel zwischen Gauss und Bessel, hgg. auf Veranlassung der Königlich Preussischen Akademie der Wissenschaften, Leipzig 1880.

Brooks, G. P. und R. C. Brooks, The Improbable Progenitor, *The Journal of the Royal Astronomical Society of Canada*, Bd. 73, 1979, S. 9-23.

Brosche, Peter, *Der Astronom der Herzogin. Leben und Werk von Franz Xaver von Zach (1754-1832)*, Frankfurt a. M. 2001.

Brown, Harold I., Galileo on the Telescope and the Eye, *Journal of the History of Ideas*, Bd. 46, 1985, S. 487-501.

Cahn, Michael, Die Medien des Wissens. Sprache, Schrift und Druck, in: ders. (Hg.), *Der Druck des Wissens. Geschichte und Medium der wissenschaftlichen Publikation*, Berlin 1991, S. 31-64.

Canales, Jimena, Exit the frog, enter the human: Physiology and experimental-psychology in nineteenth-century astronomy, *British Journal for the History of Science*, Bd. 34, 2001, S. 173-197.

Canales, Jimena, *Sensational Differences: Individuality in Observation, Experiment, and Representation (France 1853-1895)*, Ph. D., Harvard University, Cambridge/Mass. 2003.

Canguilhem, Georges, Der Gegenstand der Wissenschaftsgeschichte (1966), in: ders., *Wissenschaftsgeschichte und Epistemologie. Gesammelte Aufsätze*, hgg. von Wolf Lepenies, Frankfurt a. M. 1979, S. 22-37.

Cantor, Geoffrey N., *Optics after Newton. Theories of Light in Britain and Ireland, 1704-1840*, Manchester 1983.

Carozzi, Albert V., La géologie. De l'histoire de la Terre selon le récit de Moïse aux premiers essais sur la structure des Alpes et à la géologie expérimentale 1778-1878, in: Jacques Trembley (Hg.), *Les savants genevois dans l'europe intellectuelle du XVIIe au milieu de XIXe siècle*, Genève 1987, S. 203-265.

de Certeau, Michel, *Das Schreiben der Geschichte* (1975), übers. von Sylvia M. Schomburg-Scherff, Frankfurt a. M., New York 1991.

Chang, Hasok, Spirit, air, and quicksilver: The search for the ›real‹ scale of temperature, *Historical Studies in the Physical Sciences*, Bd. 31, 2001, S. 249-284.

Chapman, Allan, The Design and Accuracy of Some Observatory Instruments of the Seventeenth Century, *Annals of Science*, Bd. 40, 1983, S. 457-471.

Chapman, Allan, The Accuracy of Angular Measuring Instruments used in Astronomy between 1500 and 1850, *Journal for the History of Astronomy*, Bd. 14, 1983, S. 133-137.

Chapman, Allan, *Dividing the Circle. The Development of Critical Angular Measurement in Astronomy 1500-1850* (1990), 2. Auflage, Chichester 1995.

Chapman, Allan, Pure Research and Practical Teaching: The Astronomical Career of James Bradley, 1693-1762, *Notes and Records of the Royal Society of London*, Bd. 47, 1993, S. 205-212.

Clerke, Agnes M., *Geschichte der Astronomie während des neunzehnten Jahrhunderts* (1885), Berlin 1889.

Crary, Jonathan, Modernizing Vision. Discussion, in: Hal Forster (Hg.), *Vision and Visuality. Discussions in Contemporary Culture*, Seattle 1988, S. 45-49.

Crary, Jonathan, *Techniken des Betrachters. Sehen und Moderne im 19. Jahrhundert* (1990), Dresden, Basel 1996.

Crusius, Christian August, *Anleitung über natürliche Begebenheiten ordentlich und vorsichtig nachzudenken*, Leipzig 1749.

Cuvier, Georges, *Vorlesungen über vergleichende Anatomie* (1805), übers. von Ludwig Friedrich Froriep und Johann Friedrich Meckel, 4 Teile, Leipzig 1809-1810.

Daston, Lorraine, The Coming into Being of Scientific Objects, in: dies. (Hg.), *Biographies of Scientific Objects*, Chicago, London 2000, S. 1-14.

Daston, Lorraine und Peter Galison, Das Bild der Objektivität (1992), in Peter Geimer (Hg.), *Ordnungen der Sichtbarkeit. Fotografie in Wissenschaft, Kunst und Technologie*, Frankfurt a. M. 2002, S. 29-99.

Daumas, Maurice, Precision of Measurement and Physical and Chemical Research in the Eighteenth Century, in: A. C. Crombie (Hg.), *Scientific Change. Historical studies in the intellectual, social and technical conditions for scientific discovery and technical invention, from antiquity to the present*, London 1963, S. 418-430.

Daumas, Maurice, *Scientific Instruments of the Seventeenth and Eighteenth Centuries* (1953), New York, Washington 1972.

Delezenne, Charles Édouard Joseph, Mémoire sur les valeurs numériques des notes de la gamme, *Recueil des Travaux de la Société des Sciences, de l'Agriculture et des Arts a Lille*, Jg. 1827, S. 1-56.

Derham, William, An Abstract of the Meteorological Diaries, communicated at the Royal Society, with Remarks upon them. Part III: Containig Meteorological Observations made at Berlin [and] Sweden 1726, *Philosophical Transactions of the Royal Society* [London], Bd. 38, 1733/34, S. 334-344.

Derrida, Jacques, *Husserls Weg in die Geschichte am Leitfaden der Geometrie. Ein Kommentar zur Beilage III der »Krisis«* (1962), übers. von Rüdiger Hentschel und Andreas Knop, München 1987.

Descartes, René, La Dioptrique (1637), in: ders., *Œuvres de Descartes* (1902), hgg. von Charles Adam und Paul Tannery, Bd. 6, Neudruck, Paris 1982.

Dias, Nélia, *La mesure de sens. Les anthropologues et les corps humain au XIXe siècle*, Paris 2004.

Dick, Wolfgang, Zur Frage der Priorität bei den ersten genauen Parallaxenmessungen durch Bessel, Struve und Henderson, *Die Sterne*, Bd. 64, 1988, S. 306-311.

Dicquemare, Jacques François, Remarques sur l'illusion des Sens, & en particulier de la Vue, *Observations sur la physique, sur l'histoire naturelle et sur les arts*, Bd. 11, 1778, S. 403-411.

Dörries, Matthias, Balances, Spectroscopes, and the Reflexive Nature of Experiment, *Studies in the History and Philosophy of Science*, Bd. 25, 1994, S. 1-36.

Dove, Heinrich Wilhelm, *Ueber Maass und Messen oder Darstellung der bei Zeit-, Raum- und Gewichtsbestimmungen üblichen Maasse, Messinstrumente und Messmethoden, nebst Reductionstafeln*, 2., sehr vermehrte und berichtigte Auflage, Berlin 1835.

Droysen, Johann Gustav, Historik. Die Vorlesungen von 1857 (Rekonstruktion der ersten vollständigen Fassung aus den Handschriften), in: ders., *Historik. Rekonstruktion der ersten vollständigen Fassung der Vorlesungen (1857), Grundriß der Historik in der ersten handschriftlichen (1857/58) und in der letzten gedruckten Fassung (1882)*, Textausgabe von Peter Leyh, Stuttgart-Bad Cannstatt 1977.

Duncombe, Raynor L., Personal Equation in Astronomy, *Popular Astronomy*, Bd. 53, 1945, S. 2-13, S. 63-76 und S. 110-121.

Dunkin, Edward, Comparison of the Probable Error of a Transit of a Star Observed with the Transit-circle by the ›Eye and Ear‹ and Chronographic Methods, *Monthly Notices of the Royal Astronomical Society*, Bd. 20, 1859/60, S. 86-88.

Dunkin, Edward, On the Probable Error of a Meridional Transit-Observation by the ›Eye and Ear‹ and Chronographic Methods, *Monthly Notices of the Royal Astronomical Society*, Bd. 24, 1863/64, S. 152-159.

Dürr, Ernst, Ueber die stroboskopischen Erscheinungen, *Philosophische Studien*, Bd. 15, 1900, S. 501-523.

Dyson, Freeman J., Two Revolutions in Astronomy, *Proceedings of the American Philosophical Society*, Bd. 140, 1996, S. 1-9.

Eisenlohr, Wilhelm, *Lehrbuch der Physik zum Gebrauche bei Vorlesungen und beim Unterrichte*, Mannheim 1836.

Eisenlohr, Wilhelm, *Lehrbuch der Physik zum Gebrauche bei Vorlesungen und beim Unterrichte*, 2., sehr vermehrte und verbesserte Auflage, Mannheim 1839.

Eisenstein, Elisabeth I., *Die Druckerpresse. Kulturrevolutionen im frühen modernen Europa* (1983), Wien, New York 1997.

[Encke, Johann Franz], Constanten für Berlin, *Berliner Astronomisches Jahrbuch für 1839*, Berlin 1837, S. 240-310.

Encke, Johann Franz, Über die Längenbestimmung von Berlin und Königsberg mittelst des Telegraphen, *Monatsberichte der Königlichen Akademie der Wissenschaften zu Berlin aus dem Jahre 1857*, Berlin 1858, S. 586-618.

Encyclopédie, ou Dictionnaire Raisonné des Sciences, des Arts et des Métiers, 35 Bde., Paris/ Neufchastel/Amsterdam 1751-1780.

Engelmann, Gerhard, Die Russische Chronometer-Expedition im Jahre 1833 und ihre Durchführung an der südlichen Ostseeküste, *Greifswald-Stralsunder Jahrbuch*, Bd. 9, 1970/71, S. 151-167.

Erman, Adolph (Hg.), *Briefwechsel zwischen W. Olbers und F. W. Bessel*, 2 Bde., Leipzig 1852.

Erxleben, Johann Christian Polykarp, *Anfangsgründe der Naturlehre*, Göttingen, Gotha 1772.

Escher, Heinrich, Deluc, Jo. Andreas, in: *Allgemeine Encyclopädie der Wissenschaften und Künste*, hgg. von J. S. Ersch und J. G. Gruber, Erste Section. Dreiundzwanzigster Theil, Leipzig 1832, S. 424-430.

Faraday, Michael, On a peculiar class of optical deceptions, *Journal of the Royal Institution of Great Britain*, Jg. 1831, S. 205-223.

Faraday, Michael, Experimental Researches in Electricity, *Philosophical Transactions of the Royal Society of London*, Bd. 122, 1832, Part 1, S. 125-162.

Faye, Hervé, Sur les erreurs d'origine physiologique, *Comptes Rendus Hebdomadaires des Séances de l'Académie des Sciences*, Bd. 59, 1864, S. 473-479.

Feldman, Theodore S., Applied mathematics and the quantification of experimental physics: The example of barometric hypsometry, *Historical Studies in the Physical Sciences*, Bd. 15, 1984/85, S. 127-195.

Feldman, Theodore S., Late Enlightenment Meteorology, in: Tore Frängsmyr, John L. Heilbron und Robin E. Rider (Hg.), *The Quantifying Spirit in the 18th Century*, Berkeley, Los Angeles, Oxford 1990, S. 143-177.

Fischer, Otto, Psychologische Analyse der stroboskopischen Erscheinungen, *Philosophische Studien*, Bd. 3, 1886, S. 128-156.

Fleck, Ludwik, *Erfahrung und Tatsache. Gesammelte Aufsätze*, hgg. von Lothar Schäfer und Thomas Schnelle, Frankfurt a. M. 1983.

Forbes, Eric G., *Greenwich Observatory. Volume 1: Orgins and Early History (1675-1835)*, London 1975.

Forbes, Eric Gray, *Tobias Mayer (1723-1762). Pionier der Naturwissenschaft der deutschen Aufklärungszeit*, übers. von Maria Forbes und Hans Heinrich Voigt, Marbach 1993.

Foucault, Michel, *Die Ordnung des Diskurses* (1971), übers. von Walter Seitter, Frankfurt am Main 1991.

Foucault, Michel, Nietzsche, die Genealogie, die Historie (1971), in: ders., *Dits et Ecrits. Schriften in vier Bänden. Band II: 1970-1975*, übers. von Michael Bischoff, hgg. von Daniel Defert und François Ewald, Frankfurt a. M. 2002, S. 166-191.

Franz, Helmut und Eduard Reutinger, *Steinheil: Münchner Optik mit Tradition, 1826-1939 (1995)*, Stuttgart [2001].

Fürst, Dietmar, Die Gründung der Königsberger Sternwarte im Lichte der Akten des Preußischen Staates, *Beiträge zur Astronomiegeschichte*, Bd. 1, 1998, S. 79-106, Bd. 2, 1999, S. 145-188, und Bd. 3, 2000, S. 22-67.

Füsslin, Georg, *Optisches Spielzeug oder wie die Bilder laufen lernten*, Stuttgart 1993.

Galle, Andreas, Über die geodätischen Arbeiten von Gauss, in: Carl Friedrich Gauss, *Werke*, hgg. von der Gesellschaft der Wissenschaften zu Göttingen, Bd. 11, Abt. 2, Berlin 1924-1929.

Gauss, Carl Friedrich, Auszug aus einem Schreiben des Herrn Hofrath Gauß an den Director der Seeberger Sternwarte, *Zeitschrift für Astronomie und verwandte Wissenschaften*, Bd. 4, 1817, S. 119-131.

Gauss, Carl Friedrich, Das in den Beobachtungsterminen anzuwendende Verfahren (1836), in: ders., *Werke*, hgg. von der Gesellschaft der Wissenschaften zu Göttingen, Bd. 5, Göttingen 1877, S. 541-556.

Gehler, Johann Samuel Traugott, *Physikalisches Wörterbuch oder Versuch einer Erklärung der vornehmsten Begriffe und Kunstwörter der Naturlehre mit kurzen Nachrichten von der Geschichte der Erfindungen und Beschreibungen der Werkzeuge begleitet*, 5 Teile, Leipzig 1787-1795.

Geimer, Peter, Ein Projektil und sein Selbstporträt. Räume der Selbstauslösung um 1887, in: Christoph Hoffmann und Peter Berz (Hg.), *Über Schall. Ernst Machs und Peter Salchers Geschoßfotografien*, Göttingen 2001, S. 335-355.

Gerling, Christian Ludwig, Die Längen-Unterschiede zwischen Göttingen (Altona), Marburg und Mannheim durch Signale bestimmt, *Astronomische Nachrichten*, Bd. 15, 1838, Sp. 249-278.

Gersdorff, Hermann Konstantin von und Johann Heinrich Mädler, Astronomische Beobachtungen auf Arkona (Insel Rügen) im Sommer 1833, *Astronomische Nachrichten*, Bd. 13, 1836, Sp. 319-328.

Goody, Jack, *The domestication of the savage mind*, Cambridge, New York 1977.

Gray, J. J. und Laura Tilling, Johann Heinrich Lambert, Mathematician and Scientist, 1728-1777, *Historia Mathematica*, Bd. 5, 1978, S. 13-41.

Greenwich Observations in Astronomy and Magnetism. Made at the Royal Observatory, Greenwich, the Royal Greenwich Observatory, Herstmonceaux, and the Royal Greenwich Observatory, Abinger, in the Year 1955, London 1960.

Gross, Alan G., Harmon, Joseph E. und Reidy, Michael, *Communicating Science. The Scientific Article from the 17th Century to the Present*, Oxford, New York 2002.

Gundlach, Horst, Psychologie und Experiment um die Mitte des 19. Jahrhunderts, in: ders. (Hg.), *Psychologische Forschung und Methode – Das Versprechen des Experiments. Festschrift für Werner Traxel*, Passau 1992, S. 105-119.

Gundlach, Horst, *Entstehung und Gegenstand der Psychophysik*, Berlin 1993.

Hacking, Ian, *Einführung in die Philosophie der Naturwissenschaften* (1983), Stuttgart 1996.

Hackmann, Willem D., *Electricity from Glass: The History of the Frictional Electrical Machine 1600-1850*, Alphen aan den Rijn 1987.

Hagen, Gotthilf Heinrich Ludwig, *Grundzüge der Wahrscheinlichkeits-Rechnung*, Berlin 1837.

Hagner, Michael, Die Entfaltung der cartesischen »Mechanik des Sehens« und ihre Grenzen, *Sudhoffs Archiv. Zeitschrift für Wissenschaftsgeschichte*, Bd. 74, 1990, S. 148-171.

Hakfoort, Casper, *Optics in the age of Euler. Conceptions of the nature of light, 1700-1795*, Cambridge, New York 1995.

Haller, Alberto [Albrecht] von, *Elementa physiologiae corporis humani*, 8 Bde., Lausanne 1757-1778.

Hambergeri, Georgii Erhardi [Georg Erhard Hamberger], De cautione in experientiis recte formandis et adplicandis adhibenda, in: ders., *Elementa physices, methodo mathematica in usum auditorii conscripta*, 3. Auflage, Jena 1741.

Hamel, Jürgen, H. C. Schumacher – Zentrum der internationalen Kommunikation in der Astronomie und Mittler zwischen Dänemark und Deutschland, in: Wolfgang R. Dick und Jürgen Hamel (Hg.), *Astronomie von Olbers bis Schwarzschild, Nationale Entwicklungen und internationale Beziehungen im 19. Jahrhundert*, Frankfurt a. M. 2002, S. 89-120.

Hearnshaw, John B., *The measurement of starlight. Two centuries of astronomical photometry*, Cambridge, New York 1996.

Heidegger, Martin, Die Frage nach der Technik (1953), in: ders., *Vorträge und Aufsätze. Gesamtausgabe*, Bd. 7, Frankfurt a. M. 2000, S. 7-36.

Heilbron, John L., *Electricity in the 17th and 18th Centuries. A Study of Early Modern Physics*, Berkeley, Los Angeles, Oxford 1979.

Heilbron, John L., *Weighing Imponderables and other quantitative Science around 1800* (= Historical Studies in the Physical and Biological Sciences, Bd. 24, Supplement), Berkeley 1993.

Helden, Albert van, Telescopes and Authority from Galileo to Cassini, *Osiris*, 2. Serie, Bd. 9, 1994, S. 9-29.

von Helmholtz, Hermann, *Die Lehre von den Tonempfindungen als physiologische Grundlage für die Theorie der Musik*, Braunschweig 1863.

von Helmholtz, Hermann, *Handbuch der physiologischen Optik* (1867), 2., umgearbeitete Auflage, Hamburg, Leipzig 1896.

Hentschel, Klaus, A Breakdown of Intersubjective Measurement: The Case of Solar-Rotation Measurements in the Early 20th Century, *Studies in History and Philosophy of Modern Physics*, Bd. 29, 1998, S. 473-507.

Herbart, Johann Friedrich, De attentionis mensura causisque primariis. Psychologiae principia statica et mechanica exemplo illustraturus (1822), in: ders., *Sämmtliche Werke*, hgg. von Gustav Hartenstein, Bd. 7, Teil 3, Zweiter Abdruck, Hamburg, Leipzig 1889.

Herbart, Johann Friedrich, *Psychologie als Wissenschaft neu gegründet auf Erfahrung, Metaphysik und Mathematik*, 2 Teile, Königsberg 1824-1825.

Herbst, Klaus-Dieter, *Die Entwicklung des Meridiankreises. Genesis eines astronomischen Hauptinstrumentes unter Berücksichtigung des Wechselverhältnisses zwischen Astronomie, Astro-Technik und Technik*, Bassum, Stuttgart 1996.

Herrmann, Dieter B., *Die Enstehung der astronomischen Fachzeitschriften in Deutschland (1798-1821)* (= Veröffentlichungen der Archenhold-Sternwarte Berlin Treptow, Nr. 5), Berlin 1972.

Herschel, John F. W., *Preliminary Discourse on the Study of Natural Philosophy*, London 1830.

Herschel, John F. W., *A Treatise on Astronomy*, London 1833.

Herz, Norbert, Persönliche Gleichung, in: *Handwörterbuch der Astronomie*, Bd. 3, Abteilung 1, Breslau 1899, S. 368-383.

Heyderhoff, Julius, *Johann Friedrich Benzenberg. Der erste Rheinische Liberale*, Düsseldorf 1909.

Hildebrandt, Friedrich, *Handbuch der Anatomie des Menschen*, 4 Bde., 4. umgearbeitete und sehr vermehrte Ausgabe besorgt von Ernst Heinrich Weber, Braunschweig 1830-1832.

Hillebrand, Franz, Zur Theorie der stroboskopischen Bewegungen, *Zeitschrift für Psychologie und Physiologie der Sinnesorgane*, I. Abteilung, Bd. 89, 1922, S. 209-272.

Hillebrand, Franz, Zur Theorie der stroboskopischen Bewegungen, *Zeitschrift für Psychologie und Physiologie der Sinnesorgane*, I. Abteilung, Bd. 90, 1922, S. 1-66.

Hoffmann, Christoph, Zwei Schichten: Netzhaut und Fotografie, 1860/1890, *Fotogeschichte*, Jg. 21, Heft 81, 2001, S. 21-38.

Hoffmann, Christoph, Haut und Zirkel. Ein Entstehungsherd: Ernst Heinrich Webers Untersuchungen »Ueber den Tastsinn«, in: Michael Hagner (Hg.), *Ansichten der Wissenschaftsgeschichte*, Frankfurt a. M. 2001, S. 191-223.

Hoffmann, Christoph, Helmholtz' Apparatuses. Telegraphy as Working Model of Nerve Physiology, *Philosophia Scientiae*, Bd. 7, Heft 1, 2003, S. 129-149.

Hoffmann, Christoph, The ruin of a book: Jean André de Luc's »Recherches sur les modifications de l'atmosphère« (1772), *Modern Language Notes*, Bd. 118, 2003, S. 586-602.

Hoffmann, Christoph, The Scent of Filth: Experiments, Waste, and the Set-up, in: Giora Hon, Jutta Schickore, und Friedrich Steinle (Hg.), *Going Amiss*, Cambridge/Mass. (in Vorbereitung).

Horkheimer, Max und Theodor W. Adorno, *Dialektik der Aufklärung. Philosophische Fragmente* (1947), überarbeitete Neuausgabe, Frankfurt a. M. 1969.

Howse, Derek, *Nevil Maskelyne. The Seaman's Astronomer*, Cambridge 1989.

Howse, Derek, *Greenwich Time and the Longitude* (1980), London 1997.

von Humboldt, Alexander, Kosmos. Entwurf einer Physischen Weltbeschreibung (1847), in: ders., *Studienausgabe*, hgg. und kommentiert von Hanno Beck, Bd. 7, Darmstadt 1993.

Husserl, Edmund, *Die Krisis der europäischen Wissenschaften und die transzendentale Phänomenologie. Eine Einleitung in die phänomenologische Philosophie.* Beilage III (= Husserliana VI), hgg. von Walter Biemel, Nachdruck, Haag 1976.

Huta, Carole, Bonnet-Senebier: Histoire d'une relation, in: Marino Buscaglia, René Sigrist, Jacques Trembley und Jean Wüest (Hg.), *Charles Bonnet. Savant et Philosophe (1720-1793)*, Genève 1994, S. 211-224.

Jahn, Gustav Adolph, *Geschichte der Astronomie vom Anfange des Neunzehnten Jahrhunderts bis zu Ende des Jahres 1842*, 2 Bde., Leipzig 1844.

Janich, Peter, Beobachtung, in: *Enzyklopädie Philosophie und Wissenschaftstheorie*, Bd. 1, Stuttgart, Weimar 1995, S. 281-282.

Joachim, Hermann, Die kinematographische Projektion, in: F. Paul Liesegang und Guido Seeber (Hg.), *Handbuch der praktischen Kinematographie*, Bd. 3, Teil 1, 7/8. Auflage, Halle/Saale 1928.

Johnston, Sean F., *A History of Light and Colour Measurement. Science in the Shadows*, Bristol, Philadelphia 2001.

Kant, Immanuel, Anthropologie in pragmatischer Hinsicht abgefaßt (2. Auflage, 1800), in: ders., *Gesammelte Schriften, Erste Abtheilung: Werke*, hgg. von der Königlich Preußischen Akademie der Wissenschaften, Bd. 7, Berlin 1917.

Kapp, Ernst, *Grundlinien einer Philosophie der Technik. Zur Entstehungsgeschichte der Cultur aus neuen Gesichtspunkten*, Braunschweig 1877.

Kittler, Friedrich, *Aufschreibesysteme 1800/1900* (1985), 3. Auflage, München 1995.

Kittler, Friedrich, *Optische Medien. Berliner Vorlesung 1999*, Berlin 2002.

Kleinert, Andreas, Die deutschsprachigen physikalischen Wörterbücher des 18. Jahrhunderts: Johann Samuel Traugott Gehler und Johann Carl Fischer, *Das achtzehnte Jahrhundert: Mitteilungen der deutschen Gesellschaft für die Erforschung des 18. Jahrhunderts*, Bd. 22, 1998, S. 129-138.

Klügel, Georg Simon, *Encyklopädie oder zusammenhängender Vortrag der gemeinnützigsten, insbesondere aus der Betrachtung der Natur und des Menschen gesammelten Erkenntnisse*, 3 Teile, Berlin, Stettin 1782-1784.

Knobloch, Eberhard, Zur Genese der Fehlertheorie, in: Hans Poser (Hg.), *Erfahrung und Beobachtung. Erkenntnistheoretische und wissenschaftshistorische Untersuchungen zur Erkenntnisbegründung*, Berlin 1992, S. 143-175.

Knorr-Cetina, Karin, *Die Fabrikation von Erkenntnis. Zur Anthropologie der Naturwissenschaft* (1981), Frankfurt a. M. 1984.

Knorr-Cetina, Karin, *Wissenskulturen. Ein Vergleich naturwissenschaftlicher Wissensformen* (1999), Frankfurt a. M. 2002.

Kohlrausch, Friedrich, *Leitfaden der praktischen Physik*, Leipzig 1870.

Koselleck, Reinhart, *Vergangene Zukunft. Zur Semantik geschichtlicher Zeiten*, Frankfurt a. M. 1989.

Kremer, Richard L., The Eye as Inscription Device in the 1870s: Optograms, Cameras, and the Photochemistry of Vision, in: Brigitte Hoppe (Hg.), *Biology Integrating Scientific Fundamentals. Contributions to the History of Interrelations between Biology, Chemistry, and Physics from the 18th to the 20th Century*, München 1997, S. 360-381.

Krüger, Johann Gottlob, *Naturlehre*, Halle 1740.

Krüger, Lorenz, Lorraine J. Daston und Michael Heidelberger (Hg.), *The Probabilistic Revolution*, Bd. 1-2, Cambridge/Mass., London 1987.

Kuhn, Thomas, Die Funktion des Messens in der Entwicklung der physikalischen Wissenschaften (1961), in: ders., *Die Entstehung des Neuen. Studien zur Struktur der Wissenschaftsgeschichte*, hgg. von Lorenz Krüger, Frankfurt a. M. 1971, S. 254-307.

Kupffer, Adolph Theodor, Notice of the Chronometric Expedition of Lieutnant-General Schubert, executed in 1833, to determine the Longitude of the most important Points on the Coast of the Baltic, *The Journal of the Royal Geographical Society of London*, Bd. 6, 1836, S. 413-416.

[Lalande, Joseph Jérôme], Du Baromètre, de sa construction et de ses usages, in: *Connoissance des Mouvemens Célestes, pour l'année commune 1765*, Paris 1763, S. 199-221.

Lalande, Joseph Jérôme, *Astronomie*, 3 Bde., 2. Auflage, Paris 1771.

Lambert, Johann Heinrich, *Photometria sive de mensura et gradibus luminis colorum et umbrae*, Augsburg 1760.

Lambert, Johann Heinrich, *Photometrie* ([im lateinischen Original: *Photometria sive de mensura et gradibus luminis colorum et umbrae*] 1760), gekürzte Ausgabe, hgg. von Ernst Anding, 3 Hefte, Leipzig 1892.

Lambert, Johann Heinrich, *Beyträge zum Gebrauche der Mathematik und deren Anwendung*, Berlin 1765.

Lambert, Johann Heinrich, *Anmerkungen über die Branderschen Mikrometer von Glase und deren Gebrauch nebst Beylagen die Geschichte und die Vortheile dieser Erfindung betreffend*, Augsburg 1769.

Lambert, Johann Heinrich, *Logische und philosophische Abhandlungen*, 2 Bde., Berlin 1782-1787.

von Lamont, Johann, Ueber galvanisch-registrirende Uhren, *Astronomischer Kalender für das Königreich Bayern auf das Schaltjahr 1852 verfasst*, München 1850, S. 150-158.

von Lamont, Johann, Beschreibung der an der Münchener Sternwarte zu den Beobachtungen verwendeten neuen Instrumente und Apparate, *Abhandlungen der Königlich Bayerischen Akademie der Wissenschaften, Mathematisch-Physikalische Klasse*, Bd. 6, 1850-1852, München 1852, S. 381-481.

Landes, David S., *Revolution in Time. Clocks and the Making of the Modern World* (1983), London 2000.

Langendorff, Oskar, *Physiologische Graphik. Ein Leitfaden der in der Physiologie gebräuchlichen Registrirmethoden*, Leipzig, Wien 1891.

Latour, Bruno, The powers of association, in: John Law (Hg.), *Power, Action and Belief*, London 1986, S. 264-280.

Latour, Bruno, Drawing things together, in: Michael Lynch und Steve Woolgar (Hg.), *Representation in Scientific Practice*, Cambridge/Mass., London 1990, S. 19-68.

Latour, Bruno, *Die Hoffnung der Pandora. Untersuchungen zur Wirklichkeit der Wissenschaft* (1999), Frankfurt a. M. 2000.

Latour, Bruno und Steve Woolgar, *Laboratory Life. The Construction of Scientific Facts* (1979), 2. Auflage, Princeton 1986.

Ławrynowicz, Kasimir, *Friedrich Wilhelm Bessel 1784-1846* (= Vita Mathematica 9), Basel, Boston, Berlin 1995.

Le Verrier, Urbain-Jean-Joseph, Rapport sur l'Observatoire Impérial de Paris et Projet d'Organisation, *Annales de L'Observatoire Impérial de Paris*, Bd. 1, 1855, S. 1-68.

Lehmann, Hans, *Die Kinematographie, ihre Grundlagen und ihre Anwendungen*, Leipzig 1911.

Lenoir, Timothy, Practice, Reason, Context: The Dialogue Between Theory and Experiment, *Science in Context*, Bd. 2, 1988, S. 3-22.

Lenoir, Timothy, *Politik im Tempel der Wissenschaft. Forschung und Machtausübung im deutschen Kaiserreich*, Frankfurt a.M., New York 1992.

Lenoir, Timothy, Farbensehen, Tonempfindung und der Telegraph. Helmholtz und die Materialität der Kommunikation, in: Hans-Jörg Rheinberger und Michael Hagner (Hg.), *Die Experimentalisierung des Lebens. Experimentalsysteme in den biologischen Wissenschaften 1850/1950*, Berlin 1993, S. 50-73.

Lenoir, Timothy, Das Auge des Physiologen. Zur Entstehungsgeschichte von Helmholtz' Theorie des Sehens (1993), in: Philipp Sarasin und Jakob Tanner (Hg.), *Physiologie und industrielle Gesellschaft. Studien zur Verwissenschaftlichung des Körpers im 19. und 20. Jahrhundert*, Frankfurt a. M. 1998, S. 99-128.

Lethen, Helmut, Aufstieg und Niedergang des ›Apparats‹, in: Reto Sorg und Stefan Bodo Würffel (Hg.), *Gott und Götze in der Literatur der Moderne*, München 1999, S. 101-116.

von Lindenau, Bernhard August, Einleitung, *Zeitschrift für Astronomie und verwandte Wissenschaften*, Bd. 1, 1816. S. 3-123.

von Lindenau, Bernhard August, Beiträge zur Geschichte der Greenwicher Sternwarte und derer in Großbritannien überhaupt, *Zeitschrift für Astronomie und verwandte Wissenschaften*, Bd. 2, 1816, S. 199-244.

Linke, Paul, Die stroboskopischen Täuschungen und das Problem des Sehens von Bewegungen, *Psychologische Studien*, Bd. 3, 1907, S. 393-545.

von Littrow, Joseph Johann, Ueber die Declination der vorzüglichsten Fixsterne, *Zeitschrift für Astronomie und verwandte Wissenschaften*, Bd. 4, 1817, S. 63-90.

von Littrow, Joseph Johann, Ueber die Beobachtungen am Mittagsrohre, *Zeitschrift für Astronomie und verwandte Wissenschaften*, Bd. 5, 1818, S. 9-24.

von Littrow, Joseph Johann, Versuch, in: *Johann Samuel Traugott Gehler's Physikalisches Wörterbuch*, neu bearb. von Ludwig Gmelin, Joseph Johann von Littrow, Georg Wilhelm Muncke und Christoph Heinrich Pfaff, Bd. 9, Teil 3, Leipzig 1840, S. 1813-1857.

Loomis, Elias, *The recent progress of astronomy; especially in the United States*, New York 1851.

de Luc, Jean André, *Recherches sur les modifications de l'atmosphère. Con-*

tenant l'histoire critique du baromètre et du thermomètre, un traité sur la construction de ces instrumens, des expériences relatives à leurs usages, et principalement à la mesure des hauteurs et à la correction des refractions moyennes, 2 Bde., Genève 1772.

de Luc, Jean André, *Untersuchungen über die Atmosphäre und die zu Abmessung ihrer Veränderungen dienlichen Werkzeuge* (1772), übers. von Johann Samuel Traugott Gehler, 2 Teile, Leipzig 1776-1778.

Lucht, Harald, Johann Friedrich Benzenberg – Jugendliebe in Bremen – Sein Wirken für Landesvermessung und Kataster, in: Kurt Kröger (Hg.), *Wegbereiter der Landesvermessung. Spurensuche*, Stuttgart 1999, S. 55-73.

Ludwig, Carl, *Rede zum Gedächtniss an Ernst Heinrich Weber*, Leipzig 1878.

Lynch, Michael und Samuel Y. Edgerton Jr., Aesthetics and digital image processing: representational craft in contemporary astronomy, in: Gordon Fyfe und John Law (Hg.), *Picturing Power: Visual Depiction and Social Relations*, London, New York 1988, S. 184-220.

Magendie, François, *Précis Élémentaire de Physiologie*, 2 Bde., Paris 1816-1817.

Magendie, François, *Grundriß der Physiologie* (1816), übers. von Carl Friedrich Heusinger, 2 Teile, Eisenach 1820.

Magendie, François, *Handbuch der Physiologie* (3. Auflage, 1833), übers. von Carl Friedrich Heusinger, 2 Bde., Eisenach, Wien 1834-1836.

Marbe, Karl, Die stroboskopischen Erscheinungen, *Philosophische Studien*, Bd. 14, 1898, S. 376-401.

Marbe, Karl, Thatsachen und Theorien des Talbot'schen Gesetzes, *Archiv für die gesammte Physiologie des Menschen und der Thiere*, Bd. 97, 1903, S. 335-393.

Marbe, Karl, *Selbstbiographie*, Halle/Saale 1945.

Marey, Étienne-Jules, *Le mouvement*, Paris 1894.

Marx, Jacques, L'Art d'Observer au XVIIIe Siecle: Jean Senebier et Charles Bonnet, *Janus*, Bd. 61, 1974, S. 201-220.

Maskelyne, Nevil, Preface, in: *Astronomical Observations Made at The Royal Observatory at Greenwich from 1765 to 1774 By the Rev. Nevil Maskelyne*, Bd. 1, London 1776, S. i-ix.

Maunder, E. Walter, *The Royal Observatory Greenwich. A glance at its history and work*, London 1900.

Mayer, Johann Tobias, *Gründlicher und ausführlicher Unterricht zur praktischen Geometrie*, 4 Teile, 2., vermehrte Auflage, Göttingen 1792-1804.

Mayer, Tobias, Beschreibung eines neuen Mikrometers, *Kosmographische Nachrichten und Sammlungen auf das Jahr 1748*, Nürnberg 1750, S. 1-11.

Mayer, Tobia[s], Experimenta circa visus aciem, *Comentarii Societatis Regiae Scientiarum Gottingensis*, Bd. 4, 1754, S. 97-112.

McLuhan, Marshall, *Die magischen Kanäle. »Understanding Media«* (1964), Düsseldorf 1968.

Meadows, A. J., *Greenwich Observatory. Volume 2: Recent History (1836-1975)*, London 1975.

Meadows, A. J., The origins of astrophysics, in: Owen Gingerich (Hg.), *Astrophysics and twentieth-century astronomy to 1950: Part A* (= The General History of Astronomy, Bd. 4), Cambridge, London 1984, S. 3-15.

Moll, Gerrit und Albert van Beek, An account of Experiments on the velocity of Sound, made in Holland, *Philosophical Transactions of the Royal Society* [London], Bd. 114, 1824, S. 424-456.

Mollon, J. D. und A. J. Perkins, Errors of Judgement at Greenwich in 1796, *Nature*, Bd. 380, 1996, S. 101-102.

Müller, Johannes, *Zur vergleichenden Physiologie des Gesichtssinnes des Menschen und der Thiere nebst einem Versuch über die Bewegungen der Augen und über den menschlichen Blick*, Leipzig 1826.

Müller, Johannes, *Handbuch der Physiologie des Menschen für Vorlesungen*, 2 Bde., Coblenz 1833-1840.

Muncke, Georg Wilhelm, Beobachtung, in: *Johann Samuel Traugott Gehler's Physikalisches Wörterbuch*, neu bearb. von Heinrich Wilhelm Brandes, Ludwig Gmelin, Johann Caspar Horner, Georg Wilhelm Muncke und Christoph Heinrich Pfaff, Bd. 1, Teil 2, Leipzig 1825, S. 884-912.

Muncke, Georg Wilhelm, Schall, in: *Johann Samuel Traugott Gehler's Physikalisches Wörterbuch*, neu bearb. von Ludwig Gmelin, Johann Caspar Horner, Joseph Johann von Littrow, Georg Wilhelm Muncke und Christoph Heinrich Pfaff, Bd. 8, Leipzig 1836, S. 178-505.

Münsterberg, Hugo, *Das Lichtspiel. Eine psychologische Studie* (1916), hgg. und übers. von Jörg Schweinitz, Wien 1996.

van Musschenbroek, Petrus [Pieter], Oratio de methodo instituendi experimenta physica (1730), in: *Tentamina experimentorum naturalium captorum in Academie del Cimento*, Wien, Prag, Tergest [Triest] 1756, S. III-XLVIII.

von Musschenbroek, Peter [Pieter van], *Grundlehren der Naturwissenschaft* (2. Auflage, 1741), übers. von Johann Christoph Gottsched, Leipzig 1747.

Newton, Isaac, *Opticks: Or, A Treatise of the Reflexions, Refractions, Inflexions and Colours of Light*, London 1704.

Nicolai, Friedrich Bernhard Gottfried, Berechnung der Meridiandifferenz zweier Orte, aus correspondirenden Mondsculminationen, *Astronomische Nachrichten*, Bd. 2, 1824, Sp. 17-24.

Nicolai, Friedrich Bernhard Gottfried, Resultate von Pulver-Signalen zu geographischen Längen-Bestimmungen in der Gegend von Mannheim, *Astronomisches Jahrbuch für das Jahr 1828*, Berlin 1825, S. 127-131.

Nicolai, Friedrich Bernhard Gottfried, Über die bei den einzelnen Individuen statt findende Verschiedenheit des geistigen Reflexes der äußern Eindrücke auf die Organe des Gesichts und Gehörs, *Isis*, Bd. 23, 1830, Sp. 678-681.

Nollet, Johann Anton [Jean Antoine], *Rede, von der Geschicklichkeit zur Erforschung der Natur, welche er den 15. May 1753 bey dem Antritte seines öffentlichen Lehramtes, in den Navarrischen Collegio gehalten* (1753), Erfurt 1755.

Observationes astronomicas, institutas in specula Universitatis caesareae Dorpatensis, Bd. 1-6, 1814/15-1825/26, Dorpat 1817-1830.

Observations Astronomiques faites a l'Observatoire Royal de Paris publiées par le Bureau des Longitudes, 2 Bde., Paris 1825-38.

Olbers, Wilhelm, *Sein Leben und seine Werke*, hgg. von C. Schilling, 2 Bde., Berlin 1894-1909.

Olesko, Kathryn M., *Physics as a Calling. Discipline and Practice in the Königsberg Seminar for Physics*, Ithaca, London 1991.

Olesko, Kathryn M., The Meaning of Precision: The Exact Sensibility in Early Nineteenth-Century Germany, in: M. Norton Wise (Hg.), *The Values of Precision*, Princeton 1995, S. 103-134.

Otis, Laura, *Networking. Communicating with Bodies and Machines in the Nineteenth Century*, Ann Arbor 2001.

Paley, William, *Natural Theology, or Evidences of the Existence and Attributes of The Deity, Collected from the Appearances of Nature*, London 1802.

Paschen, Heinrich Christian Friedrich, Vorläufiger Bericht über die Chronometer-Reisen im Jahre 1848, zur Bestimmung des Längenunterschiedes zwischen Altona und Schwerin, *Astronomische Nachrichten*, Bd. 30, 1850, Sp. 77-80.

Peters, Christian August Friedrich, Längendifferenzen mehrerer Sternwarten aus den Beobachtungen der Mondssterne berechnet, *Astronomische Nachrichten*, Bd. 5, 1827, Sp. 67-76.

Peters, Christian August Friedrich, Beschreibung eines auf der Altonaer Sternwarte aufgestellten galvanischen Registrierapparats für Durchgangs-Beobachtungen, nebst Vergleichung einiger an demselben bestimmten Personal-Differenzen mit solchen, die auf gewöhnliche Weise gefunden sind, *Astronomische Nachrichten*, Bd. 49, 1859, Sp. 1-30.

Peters, Christian August Friedrich, *Ueber die Bestimmung des Längenunterschiedes zwischen Altona und Schwerin, ausgeführt im Jahre 1858 durch galvanische Signale*, Altona 1861.

Peters, Christian August Friedrich (Hg.), *Briefwechsel zwischen C. F. Gauss und H. C. Schumacher*, 6 Bde., Altona 1860-1865.

Pfaff, Christoph Heinrich, Vorwort des Übersetzers, in: Xavier Bichat, *Allgemeine Anatomie angewandt auf die Physiologie und Arzneywissenschaft*, übers. von Christoph Heinrich Pfaff, Erster Teil, Erste Abteilung, Leipzig 1802.

Piazzi, Joseph [Giuseppe], *Lehrbuch der Astronomie* (1817), übers. von Johann Heinrich Westphal, 2 Teile, Berlin 1822.

Pinch, Trevor, Towards an Analysis of Scientific Observation: The Externality and Evidential Significance of Observational Reports in Physics, *Social Studies of Science*, Bd. 15, 1985, S. 3-36.

Plateau, Joseph, *Dissertation sur quelques propriétés des impressions produites par la lumière sur l'organe de vue*, Liège 1829.

Plateau, Joseph, Ueber einige Eigenschaften der vom Lichte auf das Gesichtsorgan hervorgebrachten Eindrücke, *Annalen der Physik*, Bd. 96, 1830, S. 304-332.

Plateau, Joseph, Lettre relative à différentes expériences d'optique, *Correspondance Mathématique et Physique*, Bd. 6, 1830, S. 121-126.

Plateau, Joseph, Sur la persistance des impressions de la rétine, in: John Herschel, *Traité de la lumière*, übers. von Pieter Frans Verhulst und Adolphe Quételet, Bd. 2, Supplément, Paris 1833, S. 471-489.

Plateau, Joseph, Des Illusions d'optique sur lesquelles se fonde le petit appareil appelé récemment Phénakisticope, *Annales de Chimie et de Physique*, 2. Serie, Bd. 53, 1833, S. 304-308.

Poggendorff, Johann Christian, Stroboskopische Scheiben, Phänakistikop, Phantasmaskop, *Annalen der Physik*, Bd. 108, 1834, S. 636-649.

Polany, Michael, *Personal Knowledge. Towards a Post-Critical Philosophy*, 2., korrigierte Auflage, Chicago 1962.

Popper, Karl, *Logik der Forschung* (1934), 4. Auflage, Tübingen 1971.

Poser, Hans, Observatio, Beobachtung, in: *Historisches Wörterbuch der Philosophie*, Bd. 6, Darmstadt 1984, Sp. 1072-1081.

Poser, Hans, Die Kunst der Beobachtung. Zur Preisfrage der Holländischen Akademie von 1768, in: ders. (Hg.), *Erfahrung und Beobachtung. Erkenntnistheoretische und wissenschaftshistorische Untersuchungen zur Erkenntnisbegründung*, Berlin 1992, S. 99-119.

Priestley, Joseph, *The History and Present State of Discoveries relating to Vision, Light, and Colours*, London 1772.

Purkinje, Johann [Jan Evangelista], *Beiträge zur Kenntnis des Sehens in subjectiver Hinsicht*, Prag 1819.

Radau, Rodolphe, Ueber die persönlichen Gleichungen bei Beobachtungen derselben Erscheinungen durch verschiedene Beobachter, *Repertorium für physikalische Technik, für Mathematische und Astronomische Instrumentenkunde*, Bd. 1, 1866, S. 202-218, S. 306-321, und Bd. 2, 1867, S. 115-156.

Reich, Karin, Olbers in den Schlagzeilen: Zeitungen berichten über die Entdeckung der Planetoiden, in: Gerd Biegel, Günther Oestmann und

Karin Reich (Hg.), *Neue Welten. Wilhelm Olbers und die Naturwissenschaften um 1800*, Braunschweig 2001, S. 90-101.

Repsold, Johann Adolf, *Zur Geschichte der astronomischen Messwerkzeuge von Purbach bis Reichenbach*, Bd. 1, Leipzig 1908.

Rheinberger, Hans-Jörg, *Experiment, Differenz, Schrift. Zur Geschichte epistemischer Dinge*, Marburg/Lahn 1992.

Rheinberger, Hans-Jörg, *Experimentalsysteme und epistemische Dinge. Eine Geschichte der Protheinsynthese im Reagenzglas*, Göttingen 2001.

Rhys Morus, Iwan, Seeing und Believing Science, *ISIS*, Bd. 97, 2006, S. 101-110.

Rieger, Stefan, *Die Individualität der Medien. Eine Geschichte der Wissenschaften vom Menschen*, Frankfurt a. M. 2001.

Roberts, Lissa, The Death of the Sensous Chemist: The ›New‹ Chemistry and the Transformation of Sensous Technology, *Studies in the History and Philosophy of Science*, Bd. 26, 1995, S. 503-529.

Robinson, Thomas Romney, On the probable errors of the eye and ear in transit observations, *Proceedings of the Royal Irish Academy*, Bd. 5, 1853, S. 366-372.

Ross, Helen E. und David J. Murray, Introduction, in: dies. (Hg.), *E. H. Weber on the Tactile Senses*, 2. Auflage, Hove 1996, S. 1-20.

Ruchatz, Jens, Tradierung, in: Nicolas Pethes und Jens Ruchatz (Hg.), *Gedächtnis und Erinnerung. Ein interdisziplinäres Lexikon*, Reinbek bei Hamburg 2001, S. 586-587.

Sadoul, George, *Histoire générale du Cinéma I: L'Invention du Cinéma 1832-1897* (1945), Paris 1948.

Sanford, Edmund C., Personal Equation, *The American Journal of Psychology*, Bd. 2, 1888/89, S. 3-38, S. 271-298 und S. 403-430.

Sarasin, Philipp, *Reizbare Maschinen. Eine Geschichte des Körpers 1765-1914*, Frankfurt a. M. 2001.

Sarris, Viktor, Max Wertheimer in Frankfurt – über Beginn und Aufbaukrise der Gestaltpsychologie. I. Ausgangsstudien über das Sehen von Bewegung 1910-1912, *Zeitschrift für Psychologie*, Bd. 195, 1987, S. 283-310.

Schaffer, Simon, Herschel in Bedlam: Natural History and Stellar Astronomy, *British Journal for the History of Science*, Bd. 13, 1980, S. 211-239.

Schaffer, Simon, Uranus and the Establishment of Herschel's Astronomy, *Journal for the History of Astronomy*, Bd. 12, 1981, S. 11-26.

Schaffer, Simon, Astronomers Mark Time: Discipline and the Personal Equation, *Science in Context*, Bd. 2, 1988, S. 115-145.

Schaffer, Simon, Making up discovery, in: Margaret E. Boden (Hg.), *Dimensions of Creativity*, Cambridge/Mass. 1994, S. 13-51.

Schaffer, Simon, Experimenters Technique's, Dyers' Hands, and the Electric Planetarium, *Isis*, Bd. 88, 1997, S. 456-483.

Scheerer, Eckart, Tobias Mayer – Experiments on visual acuity (1755), *Spatial Vision*, Bd. 2, 1987, S. 81-97.

Schickore, Jutta, Eröffnung der Augen. Auge und Sehen in der mikroskopischen Anatomie, in: Gabriele Dürbeck u.a. (Hg.), *Wahrnehmung der Natur – Natur der Wahrnehmung. Studien zur Geschichte der visuellen Kultur um 1800*, Dresden 2001, S. 165-177.

Schickore, Jutta, Ever-Present Impediments: Exploring Instruments and Methods of Microscopy, *Perspectives on Science*, Bd. 9, 2001, S. 126-146.

Schickore, Jutta, *Dissecting Vision. The Entwined History of the Eye and the Microscope, 1740-1850*, Manuskript, 2004.

Schmidgen, Henning, Zur Genealogie der Reaktionsversuche in der experimentellen Psychologie, in: Christoph Meinel (Hg.), *Instrument-Experiment. Historische Studien*, Berlin, Diepholz 2000, S. 168-179.

Schoenberg, Erich, Theoretische Photometrie, in: K. F. Bottlinger, A. Brill, E. Schoenberg und H. Rosenberg (Bearb.), *Grundlagen der Astrophysik*, Zweiter Teil, Berlin 1929, S. 1-280.

Schrott, Paul, *Leitfaden für Kinooperateure und Kinobesitzer*, Wien 1919.

Schumacher, Heinrich Christian, *Journal of the Observations made for ascertaining the time of the place, in the observatory, which was erected at Helgoland for that purpose*, [o. O.] 1825.

Schumacher, Heinrich Christian, Längenunterschiede zwischen Altona, Bremen, Helgoland und Greenwich, durch Chronometer bestimmt, *Astronomische Nachrichten*, Bd. 5, 1827, Sp. 225-228.

Schumacher, Heinrich Christian, Längendifferenz zwischen Copenhagen und Altona, *Astronomische Nachrichten*, Bd. 9, 1831, Sp. 163-164.

Segner, Johann Andreas, *De raritate luminis quibusdam praemissis*, Göttingen 1740.

Segner, Johann Andreas, *Einleitung in die Natur-Lehre*, Göttingen 1746.

Sekuler, Robert, Motion Perception: A modern view of Wertheimer's 1912 monograph, *Perception*, Bd. 25, 1996, S. 1243-1258.

Senebier, Jean, *Die Kunst zu beobachten* (1775), übers. von Johann Friedrich Gmelin, 2 Bde., Leipzig 1776-1778.

Serres, Michel, Vorwort, in: ders. (Hg.), *Elemente einer Geschichte der Wissenschaften* (1989), 2. Auflage, Frankfurt a. M. 1995, S. 11-37.

Shapin, Steven, Pump and Circumstance: Robert Boyle's Literary Technology, *Social Studies of Science*, Bd. 14, 1984, S. 481-520.

Shapin, Steven, *A Social History of Truth. Civility and Science in Seventeenth-Century England*, Chicago, London 1994.

Shapin, Steven, *Die wissenschaftliche Revolution* (1996), übers. von Michael Bischoff, Frankfurt a. M. 1998.

Sheepshanks, Richard und Alphonse Quetelet, Sur la Différence des Longitudes des Observatoires Royaux de Greenwich et de Bruxelles Déterminée au Moyen de Chronomètres, *Noveaux Mémoires de L'Académie Royale des Sciences et Belles-Lettres de Bruxelles*, Bd. 16, 1843, S. 3-18.

Sibum, H. Otto, Die Sprache der Instrumente. Eine Studie zur Praxis und Repräsentation des Experimentierens, in: Michael Heidelberger und Friedrich Steinle (Hg.), *Experimental Essays – Versuche zum Experiment*, Baden-Baden 1998, S. 141-156.

Sigrist, René, Science et société à Genève au XVIIIe siècle: L'exemple de Charles Bonnet, in: Marino Buscaglia, René Sigrist, Jacques Trembley und Jean Wüest (Hg.), *Charles Bonnet. Savant et Philosophe (1720-1793)*, Genève 1994, S. 19-39.

Soemmerring, Samuel Thomas, *Vom Baue des menschlichen Körpers. Fünften Theils erste Abtheilung: Hirn und Nervenlehre*, Frankfurt a. M. 1800.

Spencer, Herbert, *The Principles of Psychology*, London 1855.

Spencer, Herbert, *Die Principien der Psychologie* (3. Auflage, 1880), Bd. 1, Stuttgart 1882.

Stampfer, Simon, Ueber die optischen Täuschungs-Phänomene, welche durch die stroboskopischen Scheiben (optischen Zauberscheiben) hervorgebracht werden, *Jahrbücher des k. k. polytechnischen Institutes in Wien*, Bd. 18, 1834, S. 237-258.

Starobinski, Jean, L'essor de la science genevoise, in: Jacques Trembley (Hg.), *Les savants genevois dans l'europe intellectuelle du XVIIe au milieu de XIXe siècle*, Genève 1987, S. 7-22.

Steinheil, Carl August, Elemente der Helligkeits-Messungen am Sternenhimmel, *Abhandlungen der Königlich Bayerischen Akademie der Wissenschaften, Mathematisch-Physikalische Classe*, Bd. 2, 1831-1836, München 1837, S. 1-140.

Steinheil, Carl August, Geschwindigkeit der Fortpflanzung des Hydrogalvanischen Stromes nach C. Walker, *Astronomische Nachrichten*, Bd. 29, 1849, Sp. 97-100.

Strickland, Stuart, The Ideology of Self-Knowledge and the Practice of Self-Experimentation, *Eighteenth-Century Studies*, Bd. 31, 1998, S. 453-471.

Strumpf, Manfred, *Gothas astronomische Epoche*, Horb am Neckar 1998.

Struve, Friedrich Georg Wilhelm, Beobachtung der Polhöhe der Dorpater Sternwarte, und der AR von α, δ und β klein. Bären, *Astronomisches Jahrbuch für das Jahr 1818*, Berlin 1815, S. 271-276.

Struve, Friedrich Georg Wilhelm, *Expédition Chronométrique exécutée par ordre de sa Majesté L'Empereur Nicolas Ier entre Poulkova et Altona pour la détermination de la longitude géographique relative de l'observatoire central de Russie. Rapports faits à L'Académie Impériale des Sciences de St.-Pétersbourg*, Sankt Petersburg 1844.

Struve, Friedrich Georg Wilhelm und Otto Wilhelm Struve, *Expédition Chronométrique exécutée par ordre de sa Majesté L'Empereur Nicolas Ier*

entre Altona et Greenwich pour la détermination de la longitude géographique de l'observatoire central de Russie. Rapports faits à L'Académie Impériale des Sciences de St.-Pétersbourg, Sankt Petersburg 1846.

Šubert, Teodor Fridrich [Theodor Friedrich von Schubert], Chronometričeskaja ėkspedicija proizvedënnaja Po Vysočajšemy Ego Imperatorskago Veličestva, *Zapiski gidrografičeskago depot*, Bd. 3, 1836, S. 1-258, und Bd. 4, 1836, S. 1-180.

Swijtink, Zeno G., The Objectification of Observation: Measurement and Statistical Methods in the Nineteenth Century, in: Lorenz Krüger, Lorraine J. Daston und Michael Heidelberger (Hg.), *The Probabilistic Revolution. Volume 1: Ideas in History*, Cambridge/Mass., London 1987, S. 261-285.

Thomson, Allen, Bericht über einige neue Experimente des Hrn. Dr. Weber's, Prof. der Anatomie zu Leipzig, über die Empfindlichkeit der Haut, *Notizen aus dem Gebiete der Natur- und Heilkunde*, Bd. 43, 1834, Sp. 17-25.

Turner, A. J., Interpreting the History of Scientific Instruments, in: R. G. W. Anderson, J. A. Bennet und W. F. Ryan (Hg.), *Making Instruments Count. Essays on Historical scientific Instruments presented to Gerard L'Estrange Turner*, Aldershot 1993, S. 17-26.

Turner, Gerald L'Estrange, The Microscope as Technical Frontier in Science (1966), in: ders., *Essays on the History of the Microscope*, Oxford 1980, S. 159-181.

Valentin, Gabriel Gustav, *Lehrbuch der Physiologie des Menschen. Für Aerzte und Studirende*, 2 Bde., Braunschweig 1844.

Valentiner, Wilhelm (Hg.), *Briefe von C. F. Gauss an B. Nicolai. Zu Carl Friedrich Gauss' hundertjährigem Geburtstage*, Karlsruhe 1877.

van de Velde, A. J. J., Joseph Plateau 1801-1883, *Briefwisseling met Adolphe Quetelet, chronologie en genealogie*, Brüssel 1948.

de Vere Higginson, Glenn, The visual apprehension of movement under succesive retinal excitations, *The American Journal of Psychology*, Bd. 37, 1926, S. 63-115.

Volta, Alessandro, Ueber die beim Contact ungleicher Leiter erregte Elektricität. Drei Briefe an Prof. Gren in Halle (1796-97), in: ders., *Untersuchungen über den Galvanismus* (= Ostwalds Klassiker der exakten Wissenschaften 118), Leipzig 1900, S. 3-75.

Wachelder, Joseph, Nachbilder, Natur und Wahrnehmung. Die frühen optischen Untersuchungen von Joseph Plateau, in: Gabriele Dürbeck u.a. (Hg.), *Wahrnehmung der Natur – Natur der Wahrnehmung. Studien zur Geschichte der visuellen Kultur um 1800*, Dresden 2001, S. 253-275.

Warner, Deborah Jean, What is a scientific instrument, when did it become one, and why?, *British Journal for the History of Science*, Bd. 23, 1990, S. 83-93.

Weber, Ernst Heinrich, *De Pulsu, Resorptione, Auditu et Tactu. Annotationes Anatomicae et Physiologicae*, Leipzig 1834.

Weber, Ernst Heinrich, Über den Tastsinn, *Archiv für Anatomie, Physiologie und wissenschaftliche Medicin*, Jg. 1835, S. 152-159.

Weber, Ernst Heinrich, Tastsinn und Gemeingefühl, in: Rudolph Wagner (Hg.), *Handwörterbuch der Physiologie mit Rücksicht auf physiologische Pathologie*, Bd. 3, 2. Abtheilung, Braunschweig 1846, S. 481-588.

Weber, Wilhelm, Compensation der Orgelpfeifen, *Annalen der Physik*, Bd. 90, 1828, S. 397-408.

Weber, Wilhelm, Ueber die Elasticität fester Körper, *Annalen der Physik*, Bd. 130, 1841, S. 1-18.

Weber, Wilhelm und Eduard Weber, *Mechanik der menschlichen Gehwerkzeuge. Eine anatomisch-physiologische Untersuchung*, Göttingen 1836.

Wertheimer, Max, Experimentelle Studien über das Sehen von Bewegung, *Zeitschrift für Psychologie und Physiologie der Sinnesorgane*, I. Abteilung, Bd. 61, 1912, S. 161-265.

Wertheimer, Max, Bemerkungen zu Hillebrands Theorie der stroboskopischen Erscheinungen, *Psychologische Forschung*, Bd. 3, 1923, S. 106-123.

Wiederkehr, Karl Heinrich, *Wilhelm Eduard Weber. Erforscher der Wellenbewegung und der Elektrizität 1804-1891*, Stuttgart 1967.

Wiener, Otto, *Die Erweiterung der Sinne. Akademische Antrittsvorlesung*, Leipzig 1900.

Williams, Mari, James Bradley and the 18th century ›gap‹ in attempts to measure annual stellar parallax, *Notes and Records of the Royal Society of London*, Bd. 37, 1982, S. 83-100.

Williams, Mari, Was there such a thing like stellar astronomy in the Eighteenth Century?, *History of Science*, Bd. 21, 1983, S. 369-385.

Wise, Norton, Mediating Machines, *Science in Context*, Bd. 2, 1988, S. 77-113.

Wise, Norton (Hg.), *The Values of Precision*, Princeton/New Jersey 1995.

Witchell, W. M., The Story of the Greenwich Transit Circle, *Occassional Notes of the Royal Astronomical Society*, Bd. 2, Nr. 14, Dezember 1952, S. 20-33.

Wolf, Rudolf, Jean-André Deluc von Genf. 1727-1817, in: ders., *Biographien zur Kulturgeschichte der Schweiz*, Vierter Cyclus, Zürich 1862, S. 193-210.

Wolf, Rudolf, *Handbuch der Astronomie, ihrer Geschichte und Litteratur*, 2 Bde., Zürich 1890-1892.

Wundt, Wilhelm, *Beiträge zur Theorie der Sinneswahrnehmung*, Leipzig, Heidelberg 1862.

Wurm, Johann Friedrich, Über die Genauigkeit neuerer astronomischer Beobachtungen seit Flamsteed's Zeiten, *Astronomisches Jahrbuch*, Erster Supplementband, Berlin 1793, S. 118-128.

Yeo, Richard, Reviewing Herschel's Discourse, *Studies in History and Philosophy of Science*, Bd. 20, 1989, S. 541-552.
Zedler, Johann Heinrich, *Grosses vollständiges Universal-Lexicon aller Wissenschaften und Künste* (1732-1750), 64 Bde., 2. vollständiger photomechanischer Nachdruck, Graz 1993-1999.
von Zglinicki, Friedrich, *Der Weg des Films. Die Geschichte der Kinematographie und ihrer Vorläufer*, Berlin 1956.

Personenregister

Kurisve Seitenzahlen verweisen auf Erwähnungen in den Anmerkungen.

Nachbemerkung

Dieses Buch behandelt Fragestellungen, denen ich mit vielen Unterbrechungen und Verschiebungen über fast zehn Jahre nachgegangen bin. Erste Ausarbeitungen rühren aus der Zeit am DFG-Graduiertenkolleg »Repräsentation-Rhetorik-Wissen« an der *Europa-Universität Viadrina* in Frankfurt (Oder) in den Jahren 1996 bis 1998. Die Anfänge der Niederschrift datieren auf einen Aufenthalt am *Zentrum für Literaturforschung* in Berlin im Frühjahr und Sommer 2001, ein Stipendium der *Deutschen Forschungsgemeinschaft* hat in den Jahren 2002 bis 2004 Fortführung und Abschluß der Arbeit am *Max-Planck-Institut für Wissenschaftsgeschichte* in Berlin ermöglicht.

Ich danke Anselm Haverkamp, Hans-Jörg Rheinberger, Rüdiger Campe, Jutta Schickore, Michael Hagner, Wolfgang R. Dick und Klaus-Dieter Herbst. Ich danke den verschiedenen Bibliotheken und Archiven, insbesondere den Mitarbeiterinnen und Mitarbeitern des Akademiearchivs in Berlin. Ich danke den Tieren, die in ganz anderen Landschaften leben. Und da ist diese Stimme im Ohr:

Zu den Fragen der Zeit fällt mir auch nur mehr Unsinn ein

Gedruckt mit Unterstützung
durch die Deutsche Forschungsgemeinschaft.

Bibliografische Information der Deutschen Nationalbibliothek
Die Deutsche Nationalbibliothek verzeichnet diese Publikation in der
Deutschen Nationalbibliografie; detaillierte bibliografische Daten
sind im Internet über http://dnb.d-nb.de abrufbar.

www.wallstein-verlag.de
Vom Verlag gesetzt aus der Adobe Garamond
Umschlag: Basta Werbeagentur, Steffi Riemann,
unter Verwendung einer Abbildung des »Compteur
astronomique à oculaire« von Abraham-Louis Breguet.
Druck: Hubert & Co, Göttingen
ISBN 10: 3-8353-0075-x
ISBN 13: 978-3-8353-0075-0